Bernhard Beetz

Elektroniksimulation mit PSPICE

Aus dem Programm
Elektronik

Sensorschaltungen
von P. Baumann

Elemente der angewandten Elektronik
von E. Böhmer, D. Ehrhard und W. Oberschelp

**Elemente der Elektronik –
Repetitorium und Prüfungstrainer**
von E. Böhmer

Elektronik in der Fahrzeugtechnik
von K. Borgeest

Sensoren für die Prozess- und Fabrikautomation
herausgegeben von S. Hesse und G. Schnell

Hochfrequenztechnik
von H. Heuermann

Infotainmentsysteme im Kraftfahrzeug
von A. Meroth und B.Tolg

**Bussysteme in der Automatisierungs-
und Prozesstechnik**
von G. Schnell und B. Wiedemann

Grundkurs Leistungselektronik
von J. Specovius

Elektronik für Entscheider
von M. Winzker

Elektronik
von D. Zastrow

Bussysteme in der Fahrzeugtechnik
von W. Zimmermann und R. Schmidgall

vieweg

Bernhard Beetz

Elektroniksimulation mit PSPICE

Analoge und digitale Schaltungen mit ausführlichen Simulationsanleitungen

3., verbesserte und erweiterte Auflage

Mit 406 Abbildungen und 85 Tabellen sowie 122 ausführlich beschriebenen Übungsaufgaben mit Lösungen

Viewegs Fachbücher der Technik

Bibliografische Information der Deutschen Nationalbibliothek
Die Deutsche Nationalbibliothek verzeichnet diese Publikation in der
Deutschen Nationalbibliographie; detaillierte bibliografische Daten sind im Internet über
<http://dnb.d-nb.de> abrufbar.

Die 1. Auflage des Buches erschien unter dem Titel „Elektronik-Aufgaben mit PSPICE" ebenfalls
im Vieweg Verlag.

1. Auflage 2000
2., vollständig überarbeitete und erweiterte Auflage September 2005
3., verbesserte und erweiterte Auflage 2008

Alle Rechte vorbehalten
© Friedr. Vieweg & Sohn Verlag | GWV Fachverlage GmbH, Wiesbaden, 2008

Lektorat: Reinhard Dapper

Der Vieweg Verlag ist ein ist ein Unternehmen von Springer Science+Business Media.
www.vieweg.de

Umschlaggestaltung: Ulrike Weigel, www.CorporateDesignGroup.de
Technische Redaktion: FROMM MediaDesign GmbH, Selters
Druck und buchbinderische Verarbeitung: MercedesDruck, Berlin
Gedruckt auf säurefreiem und chlorfrei gebleichtem Papier.
Printed in Germany

ISBN 978-3-8348-0238-5

Vorwort zur 3. Auflage

Die große Akzeptanz, die das vorliegende Buch inzwischen am Markt erhalten hat und die zahlreichen Leserzuschriften bestätigten das Konzept, die Anwendung von PSPICE anhand von sehr vielen, ausführlich beschrieben Beispielen zu erklären.

Der völlig neu gestaltete Einführungsteil; der inzwischen vergriffenen zweiten Auflage, sowie die detaillierte Beschreibung der Quellen wurden von den Lesern sehr positiv aufgenommen. Damit ist es möglich, in die Simulation elektronischer Schaltungen mit PSPICE sehr rasch einzusteigen. In vielen Hochschulen und berufsbildenden Schulen wird dieses Buch inzwischen in der Lehre eingesetzt.

Eine sehr große Resonanz hat insbesondere auch das Kapitel zur Erstellung und Einbindung von neuen Modellen gefunden. Durch die ausführliche Beschreibung der Vorgehensweise wird dieses nicht ganz einfache Thema gerade auch für den berufstätigen Praktiker verständlich und leicht handhabbar. Denn in der praktischen Anwendungen müssen ständig Modelle neuer Bauteile eingebunden werden.

Für die dritte Auflage wurde das Buch sorgfältig durchgesehen, Unklarheiten bereinigt, Tippfehler beseitigt und mit dem Thema *Analog Behavioral Modeling (ABM)* erweitert. Besonderen Dank gilt all jenen Lesern, die Hinweise zur Verbesserungen des Buches geliefert haben. Für alle Anregungen möchte sich der Autor herzlich bedanken.

Mit der Anwendung der *ABM*-Elementen von PSPICE öffnen sich völlig neue Simulationsmöglichkeiten. Damit kann das Verhalten eines beliebigen technischen Systems, das mit Kennlinien, Gleichungen, Tabellen und/oder Übertragungsfunktionen beschrieben ist, simuliert und untersucht werden. Besonders regelungstechnische Systeme werden gerne mit Hilfe der Laplace-Transformation beschrieben. Da es in der *ABM*-Bibliothek ein *LAPLACE*-Element gibt, steht einer Simulation nichts im Wege. In dem neuen Kapitel erfährt der Leser, welche Elemente in der ABM-Bibliothek verfügbar sind und wie er diese anwenden kann.

Ein weiteres wichtiges Anwendungsgebiet, das mit den *ABM*-Elementen leicht zugänglich wird, ist die Simulation von digitalen Filtern. Mit einfachen Beispielen wird erläutert, wie man die Strukturen von IIR- und FIR-Filtern in PSPICE realisieren und simulieren kann. Ebenso wird behandelt, wie die Filterkoeffizienten von Tiefpass-, Hochpass-, Bandpass- oder Bandsperre-Filtern generiert und in der Filterstruktur eingesetzt werden können.

Der Autor hat durch zahlreiche Erfahrungen mit seinen Studierenden die berechtigte Hoffnung, dass der Leser nach dem Durcharbeiten der vorhandenen Beispiele in der Lage ist, selbst komplexe Schaltungen mit neuen Bauelementen zu untersuchen. Um das Buch zu einem studentengerechten Preis anbieten zu können, wird auch weiterhin auf das Beilegen einer CD verzichtet. Schnelle Internet-Anschlüsse sind inzwischen so weit verbreitet, dass das Herunterladen von der Webseite des Autors meist keine Probleme bereitet.

Esslingen, im November 2007

Bernhard Beetz

Vorwort zur 2. Auflage

Das vorliegende Buch wurde für die zweite Auflage vollständig überarbeitet. Aus den zahlreichen positiven Leserzuschriften ging hervor, dass dieses Werk nicht nur als Übungsbuch, sondern auch als Lehrbuch für den Einstieg in die Simulation mit PSPICE genutzt wird. Deshalb haben sich Verlag und Autor entschlossen, den einführenden Teil des Buches zu erweitern. Eine neu aufgenommene Anleitung für die Installation der PSPICE-Software auf dem PC soll gleich zu Beginn evtl. auftretende Schwierigkeiten aus dem Weg räumen. In Kapitel "Schneller Einstieg in CAPTURE und PSPICE" wurde die Erläuterung der Ausgabedatei (Output-File) sowie die Anwendung von mehreren Simulationsprofilen zusätzlich aufgenommen. Die Behandlung der Quellen in Kapitel 3 wurde ausführlicher gestaltet. Die Analysearten in Kapitel 4 wurden vollständig überarbeitet und mit Beispielen verdeutlicht. Um die Neukonzeption auch nach außen hin zu zeigen, wurde der Titel des Buches geändert.

Bei der Anwendung von PSPICE in der täglichen Praxis eines Ingenieurs bzw. in praktischen Arbeiten von Studierenden werden häufig Bauelemente benötigt, die auch in den Bibliotheken der Vollversion nicht enthalten sind. Meistens stellen die Halbleiterhersteller jedoch PSPICE-Modelle ihrer Bauelemente frei zur Verfügung. Ein neues Kapitel befasst sich mit diesem Thema und liefert dem Leser das erforderliche Wissen, um neue Modelle erfolgreich in die Bibliotheken von PSPICE integrieren zu können. Dabei werden die Modelle von analogen und digitalen Bauteilen behandelt. Es kann jedoch auch vorkommen, dass für ein bestimmtes Bauteil kein PSPICE-Modell verfügbar ist, insbesondere natürlich auch bei selbst realisierten Bauelementen. Dann muss zunächst ein neues Modell entwickelt werden. Auch hierzu wird das notwendige Wissen geliefert.

Sämtliche Beispiele dieses Buches können weiterhin mit der Studentenversion 9.1 oder mit der OrCAD Lite-Version. 9.2 bearbeitet werden. Um den Übergang in die aktuelle Vollversion von PSPICE zu erleichtern, wurden die wesentlichen Besonderheiten der Version 10.0 in einem zusätzlichen Kapitel aufgenommen. Da die Demoversion 10.0 jedoch größere Einschränkungen hat als die Vorgängerversion, wird für die Bearbeitung der Beispiele weiterhin die Studentenversion 9.1 empfohlen, wenn die Vollversion nicht zur Verfügung steht.

Mit der Studentenversion 9.1 hat der Nutzer die Möglichkeit, für die Eingabe des Schaltplans zwischen den Schaltplaneditoren SCHEMATICS oder CAPTURE zu wählen. Entsprechend musste ich mich auch entscheiden, welcher Editor die Grundlage für dieses Buch bilden sollte. Da sich bei der Betreuung von Studierenden in ihren praktischen Tätigkeiten gezeigt hat, dass in den Firmen überwiegend der Schaltplaneditor CAPTURE verwendet wird, habe ich mich für diesen Editor entschieden. CAPTURE hat insbesondere beim Entwurf von umfangreichen, hierarchisch strukturierten Schaltplänen große Vorteile gegenüber SCHEMATICS. Außerdem können zu einer Schaltung mehrere unterschiedliche Simulationsprofile angelegt werden.

Sämtliche Bilder dieses Buches wurden überarbeitet und in einer besser lesbaren Darstellung aufgenommen. In vielen Fällen wurden dazu auch die Bauteilsymbole in CAPTURE verbessert. Ein ausführliches Sachwortregister rundet jetzt die zweite Auflage ab und erleichtert die Anwendung als Nachschlagewerk.

Esslingen, im Juli 2005

Bernhard Beetz

Vorwort zur 1. Auflage

Mit der breiten Verfügbarkeit leistungsfähiger und preisgünstiger Computer und grafischer Betriebssysteme sind die Voraussetzungen zum Einsatz von Simulationsprogrammen gegeben. Praktisch in allen Bereichen unseres Lebens von der Technik, Medizin und Umwelt bis hin zur Finanzwelt werden heute komplexe Vorgänge durch Simulation nachgebildet und gestaltet.

Für die Simulation von analogen und digitalen Schaltungen steht mit dem Simulationsprogramm PSPICE ein leistungsfähiges Entwicklungspaket zur Verfügung.

Zahlreiche Lehrbücher beschäftigen sich mit der Anwendung und Bedienung dieses Programms. Dabei wurden die behandelten Schaltungsbeispiele meistens danach ausgesucht, ob sie optimal zum gerade erläuterten Thema passen.

Das vorliegende Buch legt den Schwerpunkt auf das Verständnis analoger und digitaler Bauelemente und Schaltungen. Die Simulation mit PSPICE soll lediglich ein nützliches Werkzeug zur Verbesserung des Verständnisses sein. Sie soll zumindest ein Stück weit dem Studierenden den praktischen Aufbau von elektronischen Schaltungen im Labor ersparen und somit schneller und mit geringerem Aufwand zu Ergebnissen führen.

Dieses Buch besteht zum größten Teil aus Aufgaben mit analogen und digitalen Schaltungen, die durch Simulation näher zu untersuchen sind. Die Aufgaben sind so gewählt, dass sie als Begleitung für Vorlesungen über Elektronik und Digitaltechnik oder für das Selbststudium geeignet sind. Durch die große Anzahl von ca. 100 Schaltungen wird ein weites Gebiet behandelt.

Besonderer Wert wird auf ausführliche Beschreibung der Simulation der gestellten Aufgaben gelegt, da Anfänger häufig bereits an Kleinigkeiten scheitern. Weiterhin genügt für alle Schaltungen die Demo-Software von PSPICE. Somit ist dieses Buch sowohl für Schüler in technischen Leistungskursen und Berufsschulen als auch für Studierende der Fächer Elektronik und Digitaltechnik an Fachhochschulen und Universitäten geeignet.

Die Aufgaben wurden in den Vorlesungen Elektronik und Digitaltechnik des Autors bereits erprobt. Allen Studenten, deren Anregungen mit eingeflossen sind, sei an dieser Stelle gedankt. Herzlichen Dank auch an Frau Grübel für das unermüdliche Korrekturlesen. Besonderen Dank gilt der Firma OrCAD, deren großzügige Vergabe der Demo-Version (Evaluations-Software) von PSPICE erst den erfolgreichen Einsatz dieses Simulationspakets in der Ausbildung ermöglicht.

Esslingen, im März 2000

Bernhard Beetz

Inhaltsverzeichnis

Teil 2

5   Analoge Schaltungen mit PSPICE simulieren   **60**

6 Digitale Schaltungen mit PSPICE simulieren　　　　　　179

Teil 3

7 Wie man neue Modelle in CAPTURE einbindet   314

1 Bevor Sie beginnen

Um den optimalen Nutzen von diesem Buch zu haben, sollten Sie sich ein wenig Zeit zum Lesen der folgenden Abschnitte nehmen.

1.1 Lernziele und Konzeption des Buches

Lernziele:

In Ihren Händen befindet sich ein Buch, das Ihnen die Anwendung des Schaltplaneingabeeditors CAPTURE und des Simulationsprogramms PSPICE für die Simulation von Schaltungen aus der Elektronik und Digitaltechnik erleichtern und verdeutlichen soll. Es kann als eine Ergänzung zu entsprechenden Vorlesungen oder Büchern betrachtet werden, in denen die theoretischen Grundlagen der Elektronik gelegt werden.

Der Schwerpunkt dieses Buches liegt einerseits in der Behandlung von SPICE-Simulationen im Allgemeinen und andererseits im Einsatz von PSPICE als Werkzeug zum Verständnis analoger und digitaler Schaltungen. Die Aufgaben sind deshalb auch so ausgelegt, dass sie die typischen Sachverhalte und Zusammenhänge in der Elektronik und Digitaltechnik durch Simulation verdeutlichen. Fast nebenbei erlangen Sie dabei auch tiefere Kenntnisse über das Simulationsprogramm PSPICE. Der Umfang dieses Buches erlaubt es nicht, sämtliche Möglichkeiten von PSPICE aufzuzeigen. Dennoch werden Sie nach dem Durcharbeiten der Aufgaben in der Lage sein, die weiteren Feinheiten des Simulationsprogramms selbst zu erforschen.

Lernvoraussetzungen:

Es wird vorausgesetzt, dass der Leser Grundkenntnisse im Umgang mit den Betriebssystemen WINDOWS 95, 98, NT oder XP besitzt. Ebenso sollte er Grundkenntnisse in den Fächern Elektronik und Digitaltechnik, wie sie in entsprechenden Vorlesungen und Lehrbüchern vermittelt werden, mitbringen, damit die zahlreichen Beispielaufgaben auch inhaltlich verstanden und nicht nur blind simuliert werden.

Leser, die bereits Erfahrungen mit PSPICE haben und dabei für die Schaltplaneingabe das Programm SCHEMATICS benutzt haben, werden sehr schnell vorankommen. Im Wesentlichen muss dann nur die Bedienung der Schaltplaneingabe mit CAPTURE erlernt werden. Der eigentliche Simulationskern PSPICE und die Darstellungssoftware PROBE ist dann ja bereits bekannt.

Zu Aufbau und Konzeption des Buches:

Dieses Buch setzt sich grob aus drei Teilen zusammen. Die Kapitel 2, 3 und 4 bilden den *ersten Teil*. Er soll einen ersten grundsätzlichen Überblick über PSPICE und den Schaltplaneditor CAPTURE bringen sowie die Funktion der Quellen und Analysearten erläutern. Dieser Teil ist bewusst knapp gehalten, um dem Leser einen schnellen Einstieg zu vermitteln. In der Lehre kann der Inhalt dieser Kapitel in 2 bis 4 Unterrichtsstunden vermittelt werden.

Der Schwerpunkt dieses Buches liegt bei der praktischen Anwendung von PSPICE im *zweiten Teil*. Anhand von Aufgaben wird immer tiefer in die Simulation von elektronischen Schaltungen eingedrungen. Dabei widmet sich Kapitel 5 speziell den Schaltungen der Analogelektronik und Kapitel 6 den digitalen Schaltkreisen. Jede Aufgabe besteht aus zwei Teilen, der Aufgabenstellung und dem Lösungsteil mit der Beschreibung des Vorgehens bei der Schaltplaneingabe und Simulation. Um Ihnen den Überblick zu erleichtern, wurde die Aufgabenstellung stets am äußeren Rand, in der Marginalspalte, mit einem großen A versehen und der Lösungsteil entsprechend mit einem L.

Es wurde auf die ausführliche Beschreibung der Schaltplaneingabe und Simulation im Lösungsteil große Aufmerksamkeit gelegt. Denn beim Einsatz dieser Aufgaben in den Vorlesungen und Übungen des Autors zeigt sich immer wieder, dass viele PSPICE-Anfänger gerade an unscheinbaren Kleinigkeiten scheitern, da die Fehlermeldungen in PSPICE oft nicht genügend Hinweise auf die Ursache mitteilen.

Bei der Konzeption dieses Buches wurde davon ausgegangen, dass der Leser, die Aufgaben nicht unbedingt nacheinander durcharbeitet, sondern sich die ihn interessierenden Aufgaben heraussucht. Da sich andererseits viele Simulationen ähneln, musste folgerichtig eine gewisse Redundanz von Anfang an mit eingeplant werden. Um aber den Umfang dieses Werkes nicht zu groß werden zu lassen, wurden einfachere Sachverhalte nur in den ersten Aufgaben der Kapitel 5 bzw. 6 erläutert und später als bekannt vorausgesetzt. Leser mit sehr wenig oder keinen Kenntnissen sollten deshalb am Anfang dieser Kapitel einsteigen, wobei die Aufgaben zur Elektronik und Digitaltechnik weitgehend unabhängig voneinander sind. Erfahrenere Benutzer können sich selbstverständlich jede beliebige Aufgabe heraussuchen. Dazu steht im Anhang eine Übersicht über die in den Aufgaben verwendeten Analysearten, Quellen und Bauteile zur Verfügung. Hierbei ist auch das umfangreiche Sachwortverzeichnis hilfreich.

Nach der Bearbeitung der Aufgaben ist der Leser in der Lage, Schaltungen in der Praxis zu simulieren. Dabei wird er auch beim Einsatz der Vollversion sehr schnell mit dem Problem konfrontiert, dass einige benötigte Bauteile nicht in den Bibliotheken vorhanden sind. Deshalb behandelt der *dritte Teil* des Buches ausführlich die Einbindung und Erstellung neuer Modelle. Die meisten Halbleiterhersteller bieten im Internet auch SPICE-Modelle ihrer Bauelemente an. Im Kapitel 7 wird anhand von Beispielen erläutert, wie neue Modelle eingebunden werden. Ergänzend wird auch auf die Erstellung eigener Modelle eingegangen.

Das sehr umfangreiche Thema des sogenannten Analog Behavioral Modelings (ABM) wird in Kapitel 8 behandelt. Damit ergeben sich völlig neue Möglichkeiten für die Simulation von komplexen technischen Systemen.

Kapitel 9 schließlich erläutert die Installation und die Besonderheiten der OrCAD-Demoversion 10.0. Im Anhang gibt es eine Übersicht über die behandelten Analysearten, Antworten auf häufig gestellte Fragen, eine Erläuterung zum TRACE/ADD-Menü in PROBE und ein Literaturverzeichnis.

Programmvoraussetzungen und Unterstützung:

Die Aufgaben in diesem Buch sind so ausgewählt, dass sie mit den Demoversionen (Evaluations-Version, Studentenversion) von OrCAD bearbeitet können werden[1]. Der Autor hat die

---

[1] Vertrieb der Vollversion über FlowCAD: http://www.flowcad.de

Aufgaben mit der Studentenversion 9.1 und teilweise mit der Lite Version 9.2 erstellt und getestet. Alle Aufgaben wurden auch mit der Demoversion 10.0 getestet. Diese drei Versionen unterscheiden sich im Wesentlichen wie folgt:

Demoversion 9.1 (Studentenversion):	Eine mit 30 MB Festplattenbedarf sehr kompakte Version, die nur für die Simulation ausgelegt ist. Dabei können alle Beispiele in diesem Buch bearbeitet werden. Die Funktionalität ist gegenüber der Vollversion beschränkt.
Lite Version 9.2:	Ähnlich wie die Studentenversion, jedoch ist mit 300 MB ein wesentlich größerer Festplattenplatz erforderlich. Dafür sind dann auch die für ein Leiterkarten-Layout erforderlichen Programmteile installiert. Für die PSPICE-Simulation hat diese Version im Detail kleinere Verbesserungen.
Demoversion 10.0:	Diese Version ist mit Version 9.2 vergleichbar, benötigt aber ca. 400 MB auf der Festplatte und das Betriebssystem WINDOWS XP. Es gibt ein paar Veränderungen gegenüber den Vorgängerversionen, die im Kapitel 8 näher besprochen werden. Für den Leser, der auf eine Demoversion angewiesen ist, hat die Version 10.0 eher Nachteile, da die Beschränkungen größer sind als bei den anderen[2].

Die vielfältigen Möglichkeiten der Vollversion werden hier nicht weiter berücksichtigt, da der hohe Anschaffungspreis einen privaten Einsatz nicht ermöglicht. Wer die Evaluations-Version noch nicht besitzt, kann sich diese kostenlos übers Internet herunterladen.

Als besonderen Service bietet der Autor unter der Internetadresse

http://www.fht-esslingen.de/~beetz/pspice-b

weitere Unterstützung an. Insbesondere findet der Leser dort die Projekt-Dateien *.opj zu den Aufgaben, so dass er die Schaltungen nicht selbst zeichnen muss. Weiterhin sind dort Download-Adressen für die Demoversionen sowie die mit den einzelnen Aufgaben verfolgten Lernziele zu finden.

Im Buch verwendete Typografie:

Um Ihnen das Lesen dieses Buches zu erleichtern, wurden folgende Regeln eingehalten:

- Programmnamen, Dateinamen und Bibliotheksnamen:
  Großbuchstaben, z.B. WINDOWS, CAPTURE, PSPICE,

- Namen für Menüs, Optionen, Befehle, Schaltflächen:
  Kapitälchen, z.B. EDIT, DRAW, START FREQUENCY

- Befehlsfolgen werden durch Schrägstrich getrennt:
  z.B. PSPICE/RUN

---

[2] Die meisten Aufgaben in diesem Buch können problemlos mit der Demoversion 10.0 bearbeitet werden. Genauere Angaben sind auf den Internetseiten zu diesem Buch zu finden.

- Namen und Attribute von Bauteilen:
  Kursiv-Schrift, z.B. *DIN4002, VSRC, R*

- Tastenbezeichnungen:
  Spitze Klammern, z.B. <Entf>

Bei den Lösungen der Aufgaben wird immer angegeben, durch welche Befehlsfolgen die einzelnen Aktionen durchzuführen sind. Wo vorhanden, finden Sie zusätzlich auch am äußeren Rand der Seite, in der Marginalspalte, die entsprechende Schaltfläche der Werkzeugleiste.

PSPICE verwendet die amerikanischen Schaltzeichen, d.h. beispielsweise die Zickzacklinie für den Widerstand und eine stilisierte Spule für die Induktivität. In diesem Buch wird diese Darstellung bewusst beibehalten, weil die Arbeit mit der Originalsoftware geübt werden soll und die DIN-Bibliotheken nicht vollständig sind.

Bei den Indizes wurde folgende Konvention beachtet: Beispielsweise erhält der Widerstand R_1 normalerweise einen tief stehenden Index 1. Handelt es sich aber um die Bezeichnung eines Widerstands, der in CAPTURE gezeichnet wird (R1), so erfolgt die Schreibweise, wie es die Syntax von CAPTURE und PSPICE erfordert, d.h. der Index wird nicht tief gestellt.

1.2 Installation der PSPICE Demoversion 9.1

Im Folgenden wird die Installation der PSPICE Demoversion 9.1 (Studentenversion) beschrieben, mit der Sie alle Beispiele in diesem Buch bearbeiten können. Alternativ könnten Sie auch die OrCAD Lite Release 9.2 installieren. Die Vorgehensweise ist ähnlich[3].

Vorarbeiten:

- Überprüfen Sie, ob auf Ihrem Computer WINDOWS (95 oder höher) installiert ist. Stellen Sie sicher, dass alle Virenschutz- und alle WINDOWS-Programme geschlossen sind.

- Falls auf Ihrem Computer bereits eine ältere Versionen von PSPICE installiert ist, dann kopieren Sie sicherheitshalber alle alten Schaltungsdateien in einen neuen Ordner und deinstallieren Sie die alte Version. Sollte auf Ihrem Computer eine PSPICE-Vollversion installiert sein, so gibt es keinen Grund auch noch eine Demoversion zu installieren. Gegebenenfalls sollten Sie aber den Programmteil CAPTURE nachinstallieren, wenn nicht vorhanden.

Gehen Sie bei der Installation der PSPICE Demoversion 9.1 wie folgt vor:

1. Die Software liegt in Form der gepackten Datei *"91pspstu.exe"* vor. Entpacken Sie diese Datei z.B. mit WINZIP in einem temporären Verzeichnis.

2. Starten Sie die Installation durch einen Doppelklick auf den Dateinamen *Setup.exe* im WINDOWS-EXPLORER.

---

[3] Die Installation der OrCAD Demoversion 10.0 sowie ihre Eigenschaften sind in Kapitel 9 beschrieben.

3. Zunächst müssen Sie die beiden Hinweise, dass alle Virenschutzprogramme auszuschalten sind und dass Sie Administratorenrechte benötigen, mit OK bestätigen.

4. Wählen Sie im Dialogfenster "*Select Schematic Editors*" CAPTURE als Schaltplaneingabeprogramm, denn damit werden wir in diesem Buch unsere Schaltpläne eingeben.

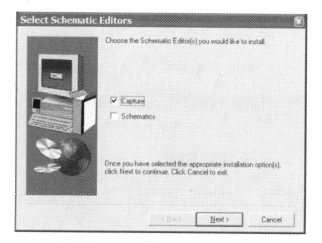

Bild 1.1 Dialogfenster "*Select Schematic Editors*" zum Auswählen des Schaltplaneditors

5. Sie haben dann im Dialogfenster "*Select Installation Directory*" die Möglichkeit, den gewünschten Installationspfad einzugeben. Das Installationsprogramm schlägt das Verzeichnis *C:\Program Files\OrCAD_Demo* vor. Sie können es vollständig ändern oder nur den Laufwerksbuchstaben anpassen. Falls Sie einen Ordner angegeben, der noch nicht existiert, werden Sie darauf hingewiesen und können ihn anlegen lassen.

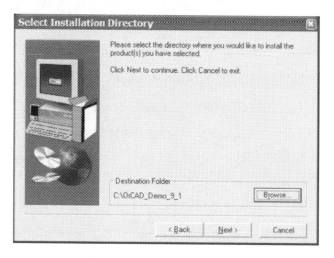

Bild 1.2 Dialogfenster "*Select Installation Directory*" zur Eingabe des Installationspfads

6. Im Fenster "*Select Program Folder*" können Sie einen Namen für den Ordner im WINDOWS-Startmenü eingeben oder den Vorschlag *PSpice Student* übernehmen

7. Das folgende Fenster "*Start Copying Files*" zeigt noch einmal alle gewählten Eingaben. Mit einem Klick auf Schaltfläche NEXT werden diese bestätigt und die Installation startet.

8. Die Installation läuft je nach vorhandener Rechenleistung relativ schnell durch. Möglicherweise öffnet sich ein Fenster "*File Extension Registration*", das darauf hinweist, dass einige Dateiendungen von anderen Programmen belegt sind, so dass ein Doppelklick auf den Dateinamen nicht die gewünschte Wirkung zeigt. Die Demoversion ermöglicht hier keine Änderungen.

9. Zum Schluss öffnet sich das Fenster "*Setup Complete*". Die Installation ist jetzt beendet und die Studentenversion von PSPICE steht Ihnen im Startmenü von WINDOWS zur Verfügung.

10. Die Dokumentation ist nicht in der Installation enthalten. Sie kann leicht über das Internet geladen werden. Ein entsprechender Link ist auf den Internetseiten zu diesem Buch zu finden.

Hinweis zum Schaltplaneditor:

In früheren Versionen stand für die Schaltplaneingabe nur das Programm SCHEMATICS von MicroSim zur Verfügung. Seit das Programmpaket von OrCAD übernommen wurde, werden Schaltpläne mit CAPTURE eingegeben. Zwar steht SCHEMATICS immer noch als Alternative zur Verfügung, wird aber nicht weiter gepflegt. CAPTURE gilt als das weltweit am weitesten verbreitete Werkzeug für die Schaltplaneingabe. CAPTURE hat bei der Arbeit mit großen, hierarchisch organisierten Schaltungen erhebliche Vorteile gegenüber SCHEMATICS. Deshalb ist CAPTURE in der professionellen Anwendungen vorzuziehen. Aus diesem Grund wird in diesem Buch CAPTURE verwendet. In zahlreichen Beispielen kann sich der Leser von der Überlegenheit des Schaltplaneditors CAPTURE bei komplexen Schaltungen überzeugen. Ist ein Leser bereits mit SCHEMATICS vertraut, so wird er mit Hilfe dieses Buches den Umstieg auf CAPTURE sehr leicht schaffen.

Andere SPICE-Adaptionen

Neben den in diesem Buch angewandten SPICE-Adaptionen der Firmen MicroSim und OrCad gibt es noch eine Vielfalt von weiteren SPICE-Adaptionen im PC-Bereich. Ein Versuch auch nur ein Teil dieser Programme einzubeziehen, würde den Rahmen dieses Buch weit überschreiten. Es soll an dieser Stelle nur auf einige Produkte hingewiesen werden: LTSPICE, National Instruments Multisim (früher Electronics Workbench), SIMPLORER, TOPSPICE, AIM-Spice, WSPICE, ICAP/4, Spiceopus, Superspice, B2 Spice, SABER.

Die PC-SPICE-Adaption LTSPICE von Linear Technology ist als „freeware" verfügbar und hat als besonderen Vorteil keinerlei Einschränkungen in der Größe der Schaltung und der Anzahl der Bauelemente. Das Produkt SABER ist ein Profisystem, mit dem sehr umfangreiche und komplexe Schaltungen mit größerer Genauigkeit simuliert werden können als beispielsweise mit dem semiprofessionellen System PSPICE. WSPICE wurde für Online-Simulationen entwickelt. AIM-spice von der Fa. AIM-Software erfährt gerade große Beliebtheit in der Spice-Gemeinde. Am weitesten verbreitet ist nach wie vor das Produkt PSPICE der Firmen MicroSim und ORCAD.

2 Schneller Einstieg in CAPTURE und PSPICE

Zum Softpaket ORCAD gehört eine Reihe von Programmen, welche die Eingabe einer Schaltung, deren Test sowie das Layout der Leiterkarte und EMV-Untersuchungen ermöglichen.
Der erste vorhandene Programmteil war PSPICE, der für die Simulation von Schaltungen zuständig ist. Ursprünglich wurde die Schaltung in einen Texteditor als so genannte Circuit-Datei eingegeben und PSPICE lieferte als Ergebnis der Simulation ebenfalls wieder eine Textdatei, die so genannte Output-Datei. Beide Dateien sind auch heute noch als Zwischenprodukte vorhanden, aber das Erstellen des Schaltplans und die Ausgabe der Ergebnisse erfolgen auf einer grafischen Oberfläche. Die Schaltungen werden heute überwiegend mit einem grafischen Schaltplaneditor, früher SCHEMATICS, ab Version 9 CAPTURE (s. Bild 2.1) eingegeben. Die Ergebnisse der Simulation können in vielen Fällen mit dem „Oszilloskop-Programm" PROBE grafisch dargestellt werden. Nur in wenigen Fällen wird noch die Output-Datei benötigt.

Bei der Entwicklung einer Schaltung geht man in vier Schritten vor:

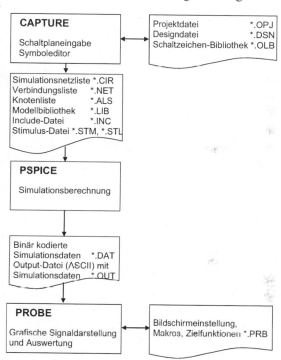

Bild 2.1 Die wichtigsten Programmteile und Dateien

1. Mit dem Programmteil CAPTURE die Schaltung zeichnen

2. Die Analyseart auswählen und festlegen, ebenfalls in CAPTURE

3. Mit PSPICE die Schaltung simulieren

4. Die Ergebnisse mit PROBE darstellen

2.1 Mit CAPTURE die Schaltung eingeben

Sie starten den Schaltplaneditor CAPTURE, indem Sie im WINDOWS Programmmenü (START-Taste, PROGRAMME) den Ordner ORCAD anklicken und darin je nach installierter

Version CAPTURE, CAPTURE CIS (LITE oder DEMO)[1] auswählen. Es öffnet sich darauf das
CAPTURE-Fenster mit dem Titel OrCAD CAPTURE, wie in Bild 2.2 dargestellt.

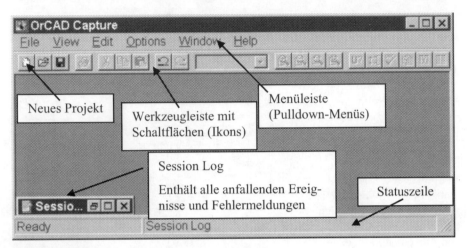

Bild 2.2 Oberfläche des Schaltplaneditors CAPTURE

Die zahlreichen Funktionen des Schaltplaneditors können über die Pulldown-Menüleiste ausgewählt werden. Die wichtigsten Befehle stehen zusätzlich über Werkzeug-Schaltflächen (I-
kons, Buttons) zur Verfügung. Bewegt sich der Cursor auf eine dieser Schaltflächen, so wird
nach kurzer Zeit eine Bezeichnung der Funktion eingeblendet.

Die Arbeit mit CAPTURE ist projektorientiert, d.h. Sie müssen erst ein Projekt anlegen, bevor
Sie eine Schaltung eingeben und simulieren können. Diesem Projekt werden alle anfallenden
Dateien, wie Schaltungs-, Stimulus- und Ergebnisdatei sowie die verwendeten Bauteile und
Simulationsprofile zugeordnet. Legen Sie nun ein neues Projekt an, indem Sie im Menü FILE
den Eintrag NEW/PROJECT anwählen oder auf die zugehörige Schaltfläche klicken. Es öffnet
sich das Fenster NEW PROJECT (s. Bild 2.3).

Geben Sie im Feld NAME einen Namen für das neue Projekt ein, beispielsweise *RCTiefpass*.
Wählen Sie die Option ANALOG OR MIXED-A/D und tragen Sie unter LOCATION ein, in welchem Unterverzeichnis (vollständiger Pfad) das Projekt abgespeichert werden soll[2]. Falls der
Ordner noch nicht vorhanden ist, wird er angelegt. Wenn Sie alle Angaben eingegeben haben,
verlassen Sie das Fenster durch Anklicken von OK.

Es wird sogleich das Fenster CREATE PSPICE PROJECT geöffnet. In den meisten Fällen werden
Sie ein vollständig neues Projekt beginnen und deshalb den Schalter CREATE A BLANK PROJECT
betätigen. Falls Ihr Projekt ähnlich sein soll, wie ein bereits vorhandenes, können Sie dessen
Eigenschaften durch Anklicken des Schalters CREATE BASED UPON AN EXISTING PROJECT und
Eingabe des Projektnamens in das neue Projekt kopieren.

---

[1] Selbstverständlich können Sie die Beispiele in diesem Buch auch mit der Vollversion durcharbeiten.

[2] Legen Sie zuvor in Ihrem OrCAD-Ordner ein Unterverzeichnis für ihre Projekte an, z.B. *C:\Program
Files\OrCAD_Demo\Projects*. Es ist sehr zu empfehlen, jedes einzelne Projekt in einem separaten Unterverzeichnis abzulegen.

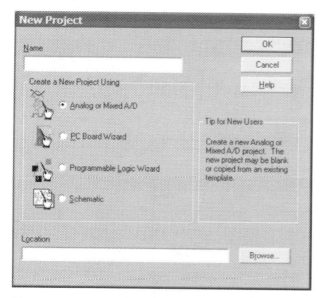

Bild 2.3 Das Fenster NEW PROJECT zum Anlegen eines neuen Projekts

Bild 2.4 Das Fenster CREATE PSPICE PROJECT zur Auswahl einer Projektvorlage

Hinweis:

Falls Sie noch mit einer älteren Version arbeiten und sich nicht das Fenster CREATE PSPICE PROJECT, sondern das Fenster ANALOG MIXED-MODE PROJECT WIZARD öffnet, klicken Sie einfach auf die Schaltfläche FERTIG STELLEN. Die gewünschten Bibliotheken werden später unter PLACE/PARTS geladen.

Im Arbeitsfenster von CAPTURE finden Sie jetzt zwei zusätzliche Fenster, die Sie nach Ihren Vorstellungen anordnen können (s. Bild 2.5). Das Fenster des Projektmanagers ist mit RCTIEFPASS.OPJ überschrieben, also mit dem Namen, den wir vorher eingegeben haben. Der Projektmanager gibt einen Überblick über die im Projekt angelegten Schaltungen und Simulationsprofile sowie über den hierarchischen Aufbau. Unter *rctiefpass.dsn* finden Sie einen Ordner *SCHEMATIC1* mit der ersten Seite *PAGE1,* dem noch leeren Schaltplan, dessen noch leere Zeichenoberfläche im rechten Fenster geöffnet ist. Dem Zeichnungsordner und der leeren Seite geben wir gleich einen sinnvollen Namen. Klicken Sie mit der rechten Maustaste auf den Namen SCHEMATIC1 und wählen Sie im sich öffnenden Kontextmenü den Eintrag *Rename* (alternativ: DESIGN/RENAME). Geben Sie im Dialogfenster RENAME SCHEMATIC den Namen *Schaltplan* ein. Verändern Sie ebenso die Bezeichnung PAGE1 in *RC-Tiefpass*. Entsprechend wird sich die Kopfzeile im Fenster des Schaltplans ändern in *Schaltplan:RC-Tiefpass*.

Im Ordner *Design Cache* legt CAPTURE alle verwendeten Bauteile ab, sodass die Schaltung
später unabhängig von den Bibliotheken wird. Im Ordner *Library* werden später die ausgewählten Schaltzeichenbibliotheken aufgeführt.

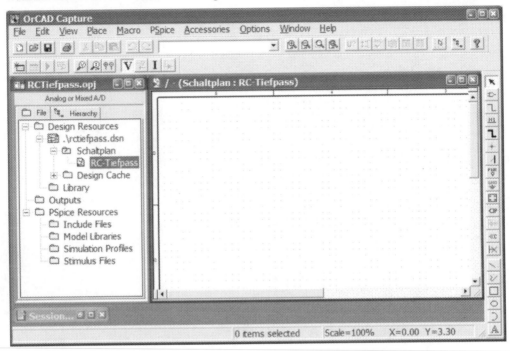

Bild 2.5 Das CAPTURE-Arbeitsfenster mit Projektmanager, Zeichenoberfläche und Session-Log-
Fenster

Wenn Sie mit der Maus in das Zeichenfenster klicken, wird am rechten Rand die Werkzeugpalette sichtbar. Klicken Sie nacheinander in die einzelnen Fenster und beobachten Sie, wie sich
dadurch die Fenster und die Schaltflächen in den Werkzeugleisten verändern. Die gewünschten Funktionen können über die Ikons und die Pulldown-Menüs sowie über Tastenkombinati-
onen (Shortcuts) und über das kontextsensitive Popup-Menü, das sich über die rechte Maustaste öffnet, ausgewählt werden.

Hier nun einen Überblick über die Bedeutung der Symbole in den Werkzeugleisten. Es werden
immer nur die Symbole farbig dargestellt, die im Augenblick angewendet werden können. Die
anderen sind grau. Die Symbole sind im Folgenden in den gleichen funktionalen Gruppen wie
in CAPTURE angeordnet. In den weiteren Kapiteln dieses Buches insbesondere bei den Ü-
bungsaufgaben werden die gerade hilfreichen Ikons am äußeren Rand, in der Marginalspalte,
aufgeführt.

Das Fenster SESSION LOG kann evtl. verdeckt sein, weil entweder der Projektmanager oder die
Zeichenoberfläche darüber liegt. Es ist aber auch möglich, dass das CAPTURE-Fenster erst
vergrößert werden muss. Vorerst kann dieses Fenster noch minimiert bleiben. Es wird verwendet, um Fortschrittsbericht und Fehlermeldungen bei der Simulation einzutragen.

Neues Projekt anlegen Projekt speichern Ausschneiden Einfügen Rückgängig-machen widerrufen Vergrößern Markierten Ausschnitt vergrößern

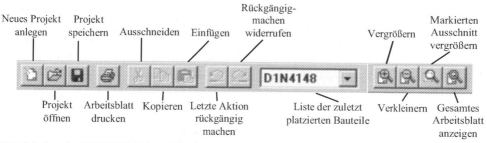

Projekt öffnen Arbeitsblatt drucken Kopieren Letzte Aktion rückgängig machen Liste der zuletzt platzierten Bauteile Verkleinern Gesamtes Arbeitsblatt anzeigen

Bild 2.6 Standard CAPTURE Schaltflächen

Annotate: Erneuern von Bauteil Referenzen Design-Regeln überprüfen Querreferenzliste mit Bauteileplatz und Bibliotheken generieren Einrastfunktion ein/aus schalten Hilfefunktion

Back annotation: Gehäuse Informationen übertragen Netzliste generieren Liste aller verwendeten Bauteile generieren Projektmanager aktivieren Listenfeld zur Auswahl der angelegten Simulationsprofile (ab Version 9.2)

Bild 2.7 Weitere Schaltflächen in CAPTURE

Neues Simulationsprofil anlegen Simulation starten Spannungs-marker platzieren Differenzspannungs-marker platzieren Anzeige der Arbeits-punkt-Spannungen an Knoten Anzeige der Ar-beitspunkt-Ströme an Bauteil-Pins

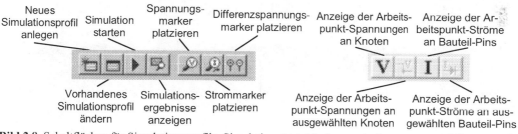

Vorhandenes Simulationsprofil ändern Simulations-ergebnisse anzeigen Strommarker platzieren Anzeige der Arbeits-punkt-Spannungen an ausgewählten Knoten Anzeige der Arbeits-punkt-Ströme an aus-gewählten Bauteil-Pins

Bild 2.8 Schaltflächen für Simulationsprofile, Simulationsstart, Marker sowie Spannungs- und Stromanzeige

Bauteile markieren Leitungen zeichnen Bus zeichnen Anschluss an einen Bus Masse-symbol Port (Interface) platzieren Off-Page-Connector drahtloser Verbinder Linie zeichnen Rechteck zeichnen Kreisbogen zeichnen

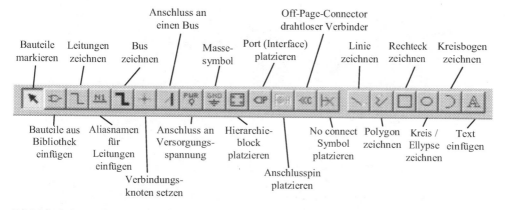

Bauteile aus Bibliothek einfügen Aliasnamen für Leitungen einfügen Anschluss an Versorgungs-spannung Hierarchie-block platzieren No connect Symbol platzieren Polygon zeichnen Kreis / Ellipse zeichnen Text einfügen

Verbindungs-knoten setzen Anschlusspin platzieren

Bild 2.9 Schaltfläche in der Werkzeug-Palette

Wir werden nun eine kleine Schaltung eingeben. Aktivieren Sie dazu das Zeichenfenster mit einem Mausklick und gehen Sie über das Menü PLACE/PART oder durch Anklicken der entsprechenden Schaltfläche in das Dialogfenster PLACE PART (s. Bild 2.10). Im Feld *Libraries* sind noch keine Bibliotheken eingetragen und der *Design Cache* ist noch leer, deshalb sehen Sie im Feld *Part List* auch keine Bauteile.

Bauteile sind in Bibliotheken untergebracht. Es gibt Schaltzeichenbibliotheken (Symbolbibliotheken), in denen die Schaltzeichen als grafische Information untergebracht sind, und die Modellbibliotheken, in denen sich die Modelle für die Berechnung des Verhaltens der Bauteile befinden. Zunächst benötigen wir die Schaltzeichenbibliotheken, um den Schaltplan zeichnen zu können. Diese haben in CAPTURE die Endung *.olb*. Die Berechnungsmodelle befinden sich in Bibliotheken mit der Dateiendung *.lib*. Die Anzahl der vorhandenen sowie der in einem Design gleichzeitig einsetzbaren Bibliotheken ist in der Demoversion stark begrenzt.

Nach Klick auf die Schaltfläche ADD LIBRARY öffnet sich das Fenster BROWSE FILE, in dem Sie in den Demoversionen den Inhalt des Verzeichnisses ..\CAPTURE\LIBRARY\PSPICE sehen. Wir benötigen für das erste sehr einfache Beispiel nur Bauteile aus den Bibliotheken *analog.olb* und *source.olb*. Markieren Sie nacheinander beide Dateinamen und halten Sie dabei die Taste <Strg> gedrückt. Nach Klick auf ÖFFNEN sind Sie wieder im Fenster PLACE PART und finden dort im Feld *Libraries* die gewählten Bibliotheken und im Feld *Part List* deren Inhalt.

Tippen Sie nun im linken oberen Fensterteil PART den Buchstaben r oder R ein. Es erscheint darunter der Eintrag *R/ANALOG*, also das Bauteil *R* aus der Bibliothek *analog.olb*. Wenn Sie dies markieren, erhalten Sie rechts unten das entsprechende Symbol des Bauteils abgebildet. Mit einem Klick auf die Schaltfläche OK übernehmen Sie den Widerstand in die Zeichenoberfläche.

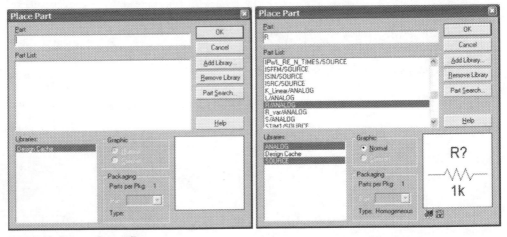

Bild 2.10 Fenster PLACE/Part
　　　　links: noch keine Bibliotheken ausgewählt, rechts: zwei Bibliotheken hinzugefügt.

Das Bauteil klebt nun am Mauszeiger und kann mit Mausklicks beliebig oft platziert werden. Bei Bedarf können Sie das Symbol durch Betätigen der Taste <R> (Rotate) bereits vor dem Platzieren von der waagrechten in die senkrechte Position drehen. Das Platzieren eines Bauteils können Sie nun auf zwei verschiedene Weisen abbrechen. Am einfachsten ist das Betätigen der Taste <ESC>. Sie können aber auch mit der rechten Maustaste das Popup-Menü aufrufen und darin den Eintrag END MODE anwählen. In diesem Menü finden Sie auch die wichtigen Funktionen Spiegeln (MIRROR HORIZONTALLY, MIRROR VERTICALLY) und Rotieren. Für unsere kleine Schaltung benötigen wir den Widerstand nur einmal. Holen Sie sich dann auf die gleiche Weise je ein Bauelement C und VSIN und platzieren Sie diese in der Anordnung wie im Bild dargestellt.

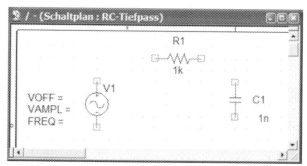

Bild 2.11 Die drei Bauteile für die Beispielschaltung

Zum Verdrahten der Bauteile müssen Sie auf die entsprechende Schaltfläche in der Werkzeugpalette oder auf die Option im Menü PLACE/WIRE klicken. Der Mauszeiger verwandelt sich in ein Fadenkreuz, das Sie in die quadratischen Kästchen am Ende der Anschlussdrähte der Bauteile führen und mit einem Mausklick platzieren müssen. Zu Ihrer Kontrolle verwandelt sich das Anschlusskästchen in einen roten Kreis, sobald Sie mit einem Draht am Mauszeiger nicht genau in dieses hineingehen. Zusätzlich weist ein gelbes Warndreieck mit einem Ausrufezeichen auf eine entstehende Verbindung hin.

Wichtiger Hinweis:
Beim Platzieren von Bauteilen und beim Verdrahten sollten Sie unbedingt darauf achten, dass die Funktion "Einschnappen in die Rasterung" eingeschaltet ist. Sie sehen das ganz schnell an der Schaltfläche SNAP TO GRID. Sie verfärbt sich rot, wenn die Rasterung ausgeschaltet ist.

Die Schaltung ist nun fast fertig, es fehlt nur noch das Massezeichen. Dieses heißt 0 und ist in der Bibliothek SOURCE.OLB gespeichert. Sie kommen aber nicht über das Menü PLACE/PART an dieses Symbol, sondern nur über PLACE/GROUND oder über die zugehörige Schaltfläche[3]. Der Grund dafür ist, dass in CAPTURE über PLACE/PART nur die Bauteile verfügbar sind, die auch für ein Platinen-Layout berücksichtigt werden müssen. Das Massezeichen gehört zu den so genannten Pseudo-Elementen, die nur über spezielle Befehle bzw. Schaltflächen platziert werden können. Platzieren Sie nun das Massesymbol in Ihrer Schaltung. Falls Sie ein falsches Massesymbol verwenden, wird die Simulation mit der Fehlermeldung "*ERROR -- Node N00xyz is floating*"[4] abgebrochen.

Wenn Sie zuletzt die Bauteilbezeichnungen (Namen und Werte) an die von der Norm verlangten Stellen bringen wollen, so wird Ihnen dabei das Einrasten (Schnappen) auf den Rasterpunkten des Schaltplans hinderlich sein. Sie können das Einrasten aber über das Menü

---

[3] Falls Sie im Dialogfenster PLACE GROUND das Massezeichen 0 nicht finden, so müssen Sie zunächst über die Schaltfläche ADD LIBRARY die Bibliothek *source.olb* (im Ordner PSPICE) hinzufügen.

[4] Diese Fehlermeldung steht wie viele andere Fehlermeldungen auch in dem Output-File (s. Abschnitt 2.5)

OPTIONS/ PREFERENCES/GRID DISPLAY/POINTER SNAP TO GRID oder über die zugehörige Schaltfläche ein- und ausschalten. Beim Ausschalten verfärbt sich der Ikon zur Warnung rot, denn nur bei eingeschalteter Einrastfunktion können die Bauteile sicher elektrisch verbunden werden. Sie könnten sonst später auch beim Setzen der Marker Probleme bekommen. Am besten Sie schalten hinterher das Einrasten gleich wieder ein.

Einige Eigenschaften (Properties, früher Attribute) der Bauteile sind bereits neben den Symbolen dargestellt und können leicht verändert werden. So können Sie beispielsweise den Widerstandswert dadurch ändern, dass Sie einen Doppelklick auf den Standardwert 1k ausführen. Daraufhin öffnet sich das Fenster DISPLAY PROPERTIES, in dem Sie im Feld VALUE den gewünschten Wert (im Beispiel: 2k) eingeben. Aber nicht alle Eigenschaften können auf diese einfache Weise geändert werden. Alle nicht dargestellten Eigenschaften müssen mit dem Property Editor bearbeitet werden. Bei der Quelle *VSIN* ist dies z.B. die Eigenschaft *AC*. Markieren Sie die Quelle mit einem Mausklick und rufen Sie den Property Editor über das Popup-Menü der rechten Maustaste oder durch einen Doppelklick auf das Quellensymbol auf (s. Bild 2.12). Es öffnet sich das Fenster PROPERTY EDITOR.

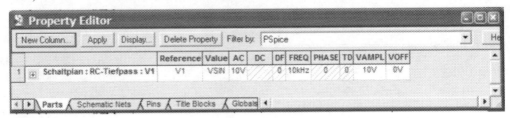

Bild 2.12 Property Editor für die Bearbeitung der Eigenschaften der Quelle *VSIN*

Achten Sie zunächst darauf, dass Sie sich in der Karteikarte *Parts* befinden[5]. Reduzieren Sie dann die Anzahl der angebotenen Eigenschaften, indem Sie unter FILTER BY die Option PSPICE wählen. In diesem Fall wechseln Sie einfach zur gewünschten Karteikarte. Sie sehen, der Property Editor ist eine Art Tabelle, bei der die Eigenschaften den Tabellenkopf bilden und die zugehörigen Werte in den jeweiligen Zellen darunter stehen. Über die Schaltfläche NEW COLUMN können Sie neue Eigenschaften (= Spalten) anlegen. Suchen Sie die Spalte *FREQ* und geben Sie darunter *10kHz* (ohne Leerzeichen dazwischen) ein. Ebenso bei *VAMPL* den Wert *10V*, bei *VOFF 0V* und schließlich bei *AC 10V*. Sie können auch festlegen, ob eine Eigenschaft in der Schaltung abgebildet wird. Markieren Sie die Spalte *AC* und wählen Sie nach einem Klick auf die Schaltfläche DISPLAY im Fenster DISPLAY PROPERTIES das Display-Format NAME AND VALUE. Wenn Sie den Editor wieder verlassen, stellen Sie fest, dass sich die dargestellten Eigenschaften der Quelle verändert haben und zusätzlich noch *AC = 10V* sichtbar ist. Geben Sie alle Werte in Ihrer Schaltung wie in Bild 2.13 dargestellt ein. Speichern Sie Ihre Schaltung über FILE/SAVE oder durch Anklicken der zugehörigen Schaltfläche.

Wenn Sie ein Bauteil platziert haben, es löschen und danach nochmals platzieren erhöht sich automatisch die Nummerierung in der Bauteilbezeichnung (z.B. von R1 auf R2). Sie können dies leicht durch einen Doppelklick auf die Bezeichnung im Fenster DISPLAY PROPERTIES

---

[5] Falls Sie beim Anklicken nicht das Quellensymbol, sondern beispielsweise einen Anschlussdraht treffen, öffnet sich zwar auch der Property Editor, aber Sie sehen nicht die Karteikarte *Parts*, sondern *Pins*. In diesem Fall wechseln Sie einfach zur gewünschten Karteikarte.

ändern. Achten Sie aber darauf, dass Sie in größeren Schaltungen keine doppelten Bezeichnungen haben.

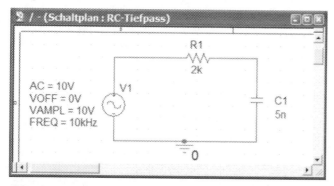

Bild 2.13 Die Beispielschaltung mit editierten Eigenschaften

Hinweis auf Fehlerquellen:

Ehe wir die Analyseart für unsere Schaltung festlegen und diese simulieren, müssen noch einige allgemeine Punkte besprochen werden. Sowohl im Property Editor als auch bei der Einstellung der Analysearten müssen die gewünschten Werte der Spannungen, Ströme und anderer Größen eingegeben werden. Dabei benötigt PSPICE nur die reinen Zahlen, die Einheiten darf man hinzufügen, sie werden jedoch von PSPICE ignoriert. Bitte beachten Sie aber, dass die Einheit immer direkt ohne Leerzeichen an den Wert angehängt wird, sie wird wie ein Kommentar behandelt. Andernfalls gibt es eine Fehlermeldung. Allerdings kennt PSPICE die gängigen Maßvorsätze, wie sie in Tabelle 2.1 aufgeführt sind.

Der Maßvorsatz ist ohne Leerzeichen anzuhängen. Hier gibt es eine typische Fehlerquelle bei Anfängern, denn man muss darauf achten, dass PSPICE nicht zwischen großen und kleinen Buchstaben unterscheidet. Der Maßvorsatz für 10^6 (Mega) ist also nicht M, wie sonst üblich, sondern Meg oder meg. Also: $1Meg = 10^6$. Außerdem verwendet PSPICE keine griechischen Buchstaben. Man muss also für Mikro (µ) den Maßvorsatz u verwenden, $1u = 10^{-6}$. Zusammen mit der Einheit ergibt sich somit beispielsweise: $1n = 1nF$ oder $10u = 10uV$.

Tabelle 2.1 Maßvorsätze
$1p = 10^{-12}$
$1n = 10^{-9}$
$1u = 10^{-6}$
$1m = 10^{-3}$
$1k = 10^{3}$
$1Meg = 10^{6}$

Weiterhin ist wichtig zu beachten, dass PSPICE bei gebrochenen Zahlen kein Komma kennt, sondern nur den Dezimalpunkt. Also, statt 2,5kOhm muss 2.5kOhm eingegeben werden.

Beim Zeichnen der Schaltungen gibt es einige typische Fehlermöglichkeiten, die dann zum Abbruch der Simulation führen. Bei analogen Schaltkreisen muss mindestens ein Masseknoten als Bezugspunkt vorhanden sein. Kapazitäten und Induktivitäten sowie Spannungs- und Stromquellen werden als ideale Elemente simuliert. Dies kann zu Problemen führen, wenn folgende Bedingungen nicht erfüllt werden.

1. Von allen Knoten muss ein Gleichstromweg mit einem endlichen Widerstand zum Bezugsknoten 0 (Masse) führen.

2. Es darf keine Masche vorhanden sein, deren gesamter Gleichstromwiderstand gleich Null ist.

Die Bedingung 1 wird beispielsweise schon dann verletzt, wenn ein Knoten nur über einen Kondensator oder eine Stromquelle angeschlossen ist. Da beide als ideale Bauelemente einen unendlich hohen Innenwiderstand besitzen, fließt kein Strom durch solch einen Zweig. Dieses Problem kann mit einem parallel geschalteten hochohmigen Widerstand beseitigt werden. Die Bedingung 2 wird zum Beispiel mit einer idealen Induktivität oder Spannungsquelle verletzt, da deren Innenwiderstand gleich Null ist. Zur Abhilfe muss hier ein niederohmiger Widerstand in Reihe geschaltet werden.

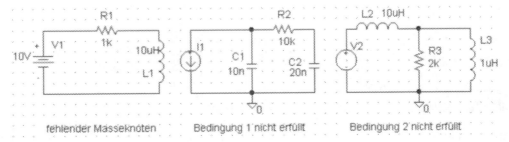

Bild 2.14 Beispiele für typische Fehlerquellen

2.2 Die Analyseart festlegen

Wenn die Schaltung eingegeben und die Eigenschaften der Bauteile und Quellen festgelegt sind, muss eine Analyseart ausgewählt und bestimmt werden. Zunächst wollen wir nur den zeitlichen Verlauf der Kondensatorspannung in PROBE betrachten. Wir benötigen dafür eine so genannte *Transienten-Analyse*. Unter CAPTURE können Sie dafür ein oder mehrere Simulationsprofile anlegen. Wählen Sie aus dem Menü PSPICE die Option NEW SIMULATION PROFILE oder klicken Sie auf das entsprechende Ikon. Es öffnet sich das Fenster NEW SIMULATION, in dem Sie im Feld NAME eine beliebige Bezeichnung (z.B. *Ausgangsspannung*) für das nun anzulegende Simulationsprofil eingeben. Wählen Sie bei INHERIT FROM die Option NONE aus und verlassen das Fenster über die Schaltfläche CREATE. Das Feld INHERIT FROM bietet die Möglichkeit, vorhandene Simulationsprofile zu kopieren.

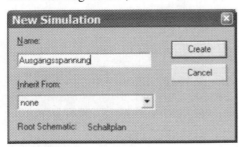

Bild 2.15 Anlegen eines neuen Simulationsprofils über das Fenster NEW SIMULATION

Es öffnet sich nun das Fenster SIMULATION SETTINGS, in dem die Analysearten ausgewählt, zusätzliche Modell-Bibliotheken eingebunden, die Darstellung in PROBE eingestellt und andere Optionen durchgeführt werden können. Es ist also eines der wichtigsten Fenster überhaupt. Klicken Sie auf den „Karteikartenreiter" ANALYSIS und wählen Sie unter ANALYSIS

TYPE die Option TIME DOMAIN (TRANSIENT). Geben Sie unter RUN TO TIME *1m* (oder *1ms*) ein, wodurch die Simulationszeit auf *1 ms* festgelegt wird. PSPICE berechnet die Werte im maximalen Abstand von *Run to time/100 = 10 µs*. Im vorliegenden Beispiel führt dies zu einem recht groben Verlauf der Ausgangsspannung. Geben Sie deshalb im Feld MAXIMUM STEP SIZE den Wert *1us* ein, um einen „glatteren" Signalverlauf zu erhalten. Bestätigen Sie die Eingaben durch einen Klick auf die Schaltfläche OK. Übrigens, ein bereits angelegtes Simulationsprofil können Sie über PSPICE/EDIT SIMULATION PROFILE jederzeit verändern. Im Projektmanager wurde das Simulationsprofil automatisch eingetragen.

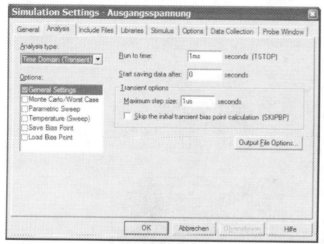

Bild 2.16 Einstellen eines Simulationsprofils im Fenster SIMULATION SETTINGS

PSPICE muss bei der Simulation wissen, in welchen Bibliotheken sich die Modelle der verwendeten Bauteile befinden. Diese Angabe wird ebenfalls im Dialogfenster SIMULATION SETTINGS durchgeführt, dort aber in der Karteikarte LIBRARIES. Öffnen Sie also wieder ihr Simulationsprofil und klicken Sie auf den entsprechenden Kartenreiter. Im Feld LIBRARY FILES sollte bei der Demoversion der Eintrag *nom.lib* stehen. Dahinter verbirgt sich ein Verweis auf die Bibliotheken *eval.lib* und *breakout.lib*, in denen sich alle benötigten Modelle befinden. Im Feld LIBRARY PATH muss die richtige Pfadangabe zu den Bibliotheken stehen. Diese befinden sich im OrCAD-Verzeichnis unter ..\CAPTURE\LIBRARY\PSPICE.

Erst nach dem Anlegen eines Simulationsprofils ist es möglich Marker in die Schaltung zu setzen, die eine automatische Darstellung der entsprechenden Größen in PROBE bewirken. Es gibt Spannungsmarker, Strommarker und Marker für Differenzspannungen[6]. Der Spannungsmarker bewirkt die automatische Darstellung der Spannung des gewählten Knotens, der Strommarker die Darstellung des Stroms an einem Bauteil-Pin[7]. Mit dem Marker für Differenzspannung kann die Spannungsdifferenz zwischen zwei Knoten dargestellt werden. Holen Sie sich über das Menü PSPICE/MARKERS/VOLTAGE LEVEL oder über das zugehörige Ikon einen Spannungsmarker und platzieren Sie ihn auf die Leitung zwischen Widerstand und Kon-

---

[6] In der Version 10.0 steht auch noch ein Leistungsmarker zur Verfügung.

[7] Der Strommarker muss genau an der Schnittstelle zwischen einem Bauteilanschlusspin und dem Verbindungsdraht angesetzt werden.

densator. Dadurch wird in PROBE automatisch der zeitliche Verlauf des Spannungsabfalls über dem Kondensator angezeigt. Der Marker wird zunächst noch grau dargestellt. Erst wenn nach einer Simulation das Ergebnis in PROBE vorliegt und PROBE geöffnet ist, wird der Marker farbig. Wenn das zu einem Marker gehörende Diagramm aus dem PROBE-Bildschirm gelöscht wird, erscheint der Marker wieder grau.

2.3 Die Schaltung simulieren und in PROBE darstellen

Starten Sie nun die Simulation über PSPICE/RUN oder über die Schaltfläche. Es öffnet sich das Fenster OrCAD Pspice A/D Demo, wo Sie unten rechts den Fortgang der Simulation verfolgen und letztlich das Ergebnis betrachten können.

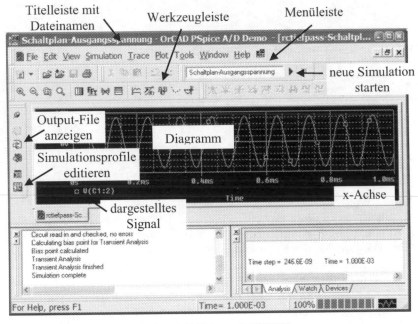

Bild 2.17 Fenster OrCAD PSPICE A/D Demo mit PROBE

 In sehr vielen Fällen werden die Ergebnisse der Simulation im Programmteil PROBE grafisch dargestellt. Wenn Sie Marker eingesetzt haben, werden die entsprechenden Signalverläufe automatisch abgebildet. Alle anderen Signale müssen Sie erst im Menü TRACE/ADD auswählen. Wie bereits bei CAPTURE besprochen, finden wir auch in PROBE wieder eine Titelleiste mit dem Dateinamen, eine Menüleiste mit Pulldown-Menüs und eine Werkzeugleiste mit Ikons. Im Hauptteil des Fensters werden die Diagramme dargestellt. Welche Signale abgebildet sind, steht in der linken unteren Ecke unter dem Diagramm. Die Schaltflächen der Werkzeugleiste lassen sich grob in drei Gruppen einteilen. Die erste Gruppe in Bild 2.18 sind Standard-Schaltflächen ähnlich wie in CAPTURE für Dateiöffnen, Drucken, Ausschneiden, Kopieren, usw.

Neues Simulationsprofil Öffnen einer Drucken des Markierte Letzte Aktion Lesezeichen Vorher-
oder zusätzlichen aktuellen Kurvenzüge rückgängig umschalten gehendes
neue Textdatei wählen Binärdatei Plots kopieren machen Lesezeichen

Öffnen einer speichern Markierte Windows- Rückgängig- Nächstes Alle
Binärdatei Kurvenzüge Zwischen- machen Lesezeichen Lesezeichen
*.DAT ausschneiden ablage widerrufen löschen
einfügen

Bild 2.18 Standard PROBE Schaltflächen File und Edit

Mit der zweiten Gruppe in Bild 2.19 kann die Diagrammgestaltung beeinflusst und weitere Analysen gestartet werden. So gibt es Schaltflächen, mit denen die Abszisse und Ordinate linear bzw. logarithmisch eingeteilt werden können. Weiter können neue Kurvenzüge ins bereits bestehende Diagramm aufgenommen, der Cursor eingeschaltet sowie Text eingefügt werden. Mit diesem Teil der Werkzeugleiste kann man auch die FFT- und Performance-Analyse starten.

Abszisseneinteilung
linear/logarithmisch

Vergrößern Markierten Performnce- Zusätzliche
Ausschnitt Analyse Signalverläufe Text einfügen
vergrößern einfügen

Cursor-
funktion
einschalten

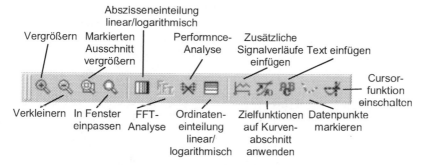

Verkleinern In Fenster FFT- Ordinaten- Zielfunktionen Datenpunkte
einpassen Analyse einteilung auf Kurven- markieren
linear/ abschnitt
logarithmisch anwenden

Bild 2.19 PROBE Schaltflächen für Diagrammgestaltung

Die dritte Gruppe von Schaltflächen unterstützt hauptsächlich die Arbeit mit der Cursorfunktion. Deshalb muss zunächst die Cursorfunktion mit der in Bild 2.19 dargestellten Schaltfläche oder über das Menü TOOLS/CURSOR/DISPLAY eingeschaltet werden, bevor diese Ikons aktiv werden.

Sprung zum
vorangegangenen
Cursor auf Cursor auf Cursor auf Punkt des zuvor
nächstes lokale nächsten absolutes Cursor- verwendeten
Maximum Wendepunkt Maximum suchbefehl Suchbefehls
platzieren platzieren platzieren eingeben

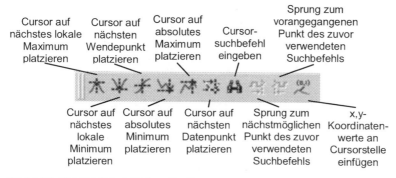

Cursor auf Cursor auf Cursor auf Sprung zum x,y-
nächstes absolutes nächsten nächstmöglichen Koordinaten-
lokale Minimum Datenpunkt Punkt des zuvor werte an
Minimum platzieren platzieren verwendeten Cursorstelle
platzieren Suchbefehls einfügen

Bild 2.20 PROBE Schaltflächen für Cursor

Mit den nächsten beiden Gruppen von Schaltflächen können Sie das aktuelle Simulationsprofil erkennen sowie die Simulation starten und unterbrechen. Weiterhin können Sie das Simulationsprofil editieren und die Ergebnisse als Kurvenform und Datei (Output-File) betrachten.

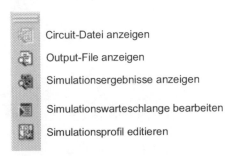

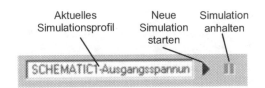

Bild 2.22 PROBE Schaltflächen View   **Bild 2.21** PROBE Schaltflächen für Simulation

Wenn in PROBE mehrere Kurvenzüge dargestellt und beschriftet wurden, vielleicht sogar mehrere Diagramme aufgebaut sind, möchte man diese Arbeit bei einer erneuten Simulation nicht nochmals tun müssen. Für diesen Fall wurde in PROBE glücklicherweise vorgesorgt, denn man kann alle durchgeführten Aktionen im Menü WINDOW/DISPLAY CONTROL abspeichern. Es öffnet sich dann das Fenster SAVE/RESTORE DISPLAY, in dem man den momentanen Aufbau des Bildschirms unter einem beliebigen Namen speichern kann. Nach einer neuen Simulation braucht man dann nur noch dieses Fenster zu öffnen und mit LOAD die Einstellungen wiederherzustellen. Da mehrere Namen möglich sind, können also auch verschiedene Diagrammaufbauten gespeichert werden.

2.4 Mit mehreren Simulationsprofilen arbeiten

Wir wollen jetzt noch den Amplitudengang unserer Beispielschaltung mit der AC-Sweep-Analyse simulieren. Gehen Sie dazu wieder in CAPTURE und legen Sie über PSPICE/NEW SIMULATION PROFILE ein neues Simulationsprofil an. Geben Sie für das neue Profil die Bezeichnung *Amplitudengang* ein. Es öffnet sich dann wieder das Fenster SIMULATION SETTINGS. Wählen Sie unter ANALYSIS TYPE die Option AC SWEEP/NOISE und klicken Sie auf den Button bei LOGARITHMIC, um eine logarithmische x-Achseneinteilung zu erhalten. Wählen Sie außerdem noch die Option DECADE für eine dekadische Einteilung. Geben Sie im Feld START FREQUENCY *10*, bei END FREQUENCY *1Meg* und für die Anzahl der Punkte pro Dekade *1000* ein. Wenn Sie jetzt das Dialogfenster über OK verlassen, werden Sie keinen Marker mehr in der Schaltung finden, denn dieser wurden ja dem Profil *Ausgangsspannung* zugeordnet. Platzieren Sie erneut einen Spannungsmarker zwischen Widerstand und Kondensator.

Bevor Sie die Simulation durchführen, schauen Sie doch mal in den Projektmanager. Dort finden Sie unter PSPICE RESOURCES den Ordner SIMULATION PROFILES mit zwei Einträgen für die beiden angelegten Simulationsprofile (s. Bild 2.23). Das gerade aktive Profil erkennen Sie an dem roten P mit Ausrufezeichen: P! Das Umschalten auf das andere Profil geht ganz einfach. Führen Sie den Mauszeiger auf das gewünschte Profil und öffnen Sie mit der rechten Maustaste das Popup-Menü. Wählen Sie daraus die Option MAKE AKTIV. Ab Version 9.2 steht

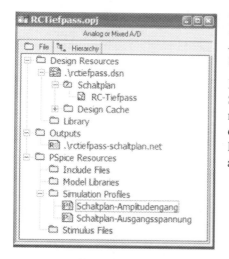

Bild 2.23 Fenster des Projektmanagers mit den beiden angelegten Simulationsprofilen

dafür zusätzlich in der Werkzeugleiste ein spezielles Listenfeld zur Verfügung. Aktivieren Sie das Profil *Amplitudengang* und starten Sie über PSPICE/RUN die Simulation.

In PROBE erhalten Sie nun eine weiteres Diagramm. Sie können die gewünschte Darstellung über die kleinen Kartenreiter am linken unteren Rand aktivieren oder über das Menü WINDOW/TILE VERTICALLY beide Ergebnisse nebeneinander anzeigen, wie im Bild 2.24 abgebildet.

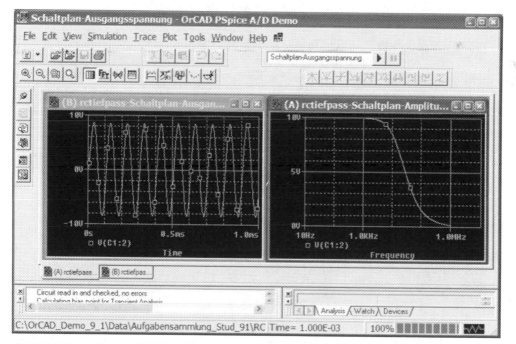

Bild 2.24 Darstellung in PROBE mit beiden Simulationsergebnissen

Sie haben jetzt ihr erstes CAPTURE-Projekt mit einer kleinen Schaltung durchgeführt und bereits wesentliche Eigenschaften von CAPTURE, PSPICE und PROBE kennen gelernt. Diese Kenntnisse werden in den nächsten beiden Kapiteln und insbesondere mit den Schaltungsbeispielen weiter vertieft.

2.5 Die Ausgabedatei von PSPICE (Output-File)

Wir haben im vorhergehenden Abschnitt die Ergebnisse der Simulation sehr komfortabel als Diagramme in PROBE dargestellt. Durch die Verwendung von Markern konnte dies sogar "automatisiert" werden. PSPICE erzeugt in jedem Fall noch zusätzlich eine ASCII-Datei, die Output-File genannt wird. Dies ist die ursprüngliche Ergebnisdatei, die von Anfang an dabei war noch lange bevor es die grafische Darstellung in PROBE gab. Auch heute ist das Output-File noch ein unverzichtbarer Teil von PSPICE. Meldungen, die sich auf Fehler im Schaltplan beziehen, werden dort eingetragen. Wird beispielsweise das Massesymbol in analogen Schaltungen vergessen, so erhält man mehrere Fehlermeldungen der Art: "ERROR – Node N00xyz is floating".

In dieser Meldung kommt eine Knotenbezeichnung vor, für deren "Entschlüsselung" man das Output-File dringend benötigt. Denn PSPICE vergibt für alle Knoten oft mehrere Namen, die in der Netzliste und bei den Alias-Namen definiert sind. Die Netzliste ist eine Art von "Sprache", mit der PSPICE die Verbindungen der einzelnen Bauelemente beschreibt. Das Verständnis der Netzliste und der Alias-Namen ist nicht nur für den Fehlerfall enorm wichtig. Die Alias-Namen werden beispielsweise in PROBE für die Darstellung der Spannungen und Ströme in den Diagrammen benötigt. Wie wir in den folgenden Kapiteln noch sehen werden, können in PROBE auch mathematische Verknüpfungen von Spannungen und Ströme (z.B. U/I, $U{\cdot}I$, $20{\cdot}log(U_a/U_e)$ usw.) dargestellt werden. Im Folgenden werden wir die wichtigsten Kenntnisse über das Output-File anhand des bereits simulierten Beispiels des RC-Tiefpasses erwerben.

 Öffnen Sie das Projekt mit dem RC-Tiefpass und führen Sie nochmals die Simulation der Ausgangsspannung durch. Es öffnet sich wieder das Fenster von PROBE und der sinusförmige Kurvenzug der Spannung über dem Kondensator wird dargestellt. Links unter der x-Achse sehen wir die Bezeichnung von PSPICE für diese Spannung *V(C1:2)*. Darauf werden wir gleich noch näher eingehen. Öffnen Sie jetzt das Output File über VIEW/OUTPUT FILE.

In der Ausgabedatei finden Sie beispielsweise (s. Bild 2.25):

*   Die eingebundenen Modellbibliotheken *.lib*. In der Demoversion ist das zunächst einmal die Bibliothek *nom.lib*. Wenn Sie später weitere Bibliotheken verwenden (z.B. Bauteile vom Internet laden), müssen hier die zugehörigen Modellbibliotheken aufgeführt sein (s.a. Kapitel 7).
*   Die durchgeführte Analyseart (***Analysis directives:)**
*   Die Netzliste
*   Die Namen der Knoten, an denen die Bauelemente angeschlossen sind.
*   Die Alias-Namen
*   Fehlermeldungen

Die Netzliste:

Für den RC-Tiefpass hat PSPICE folgende Netzliste erstellt.

```
R_R1      N00001 N00002  2k
C_C1      0 N00002  5n
V_V1      N00001 0  AC 10V
+SIN 0V 10V 10kHz 0 0 0
```

```
**** 03/15/05 09:36:19 *********** Evaluation PSpice (Nov 1999) *************
** Profile: "Schaltplan-Ausgangsspannung"
****     CIRCUIT DESCRIPTION
****************************************************************************

** Creating circuit file "rctiefpass-schaltplan-ausgangsspannung.sim.cir"
** WARNING: THIS AUTOMATICALLY GENERATED FILE MAY BE OVERWRITTEN BY
SUBSEQUENT SIMULATIONS

*Libraries:
* Local Libraries :
* From [PSPICE NETLIST] section of pspiceev.ini file:
.lib "nom.lib"


*Analysis directives:
.TRAN  0 1ms 0 1us
.PROBE
.INC "rctiefpass-Schaltplan.net"

**** INCLUDING rctiefpass-Schaltplan.net ****
* source RCTIEFPASS
R_R1      N00001 N00002  2k
C_C1      0 N00002  5n
V_V1      N00001 0  AC 10V
+SIN 0V 10V 10kHz 0 0 0

**** RESUMING rctiefpass-schaltplan-ausgangsspannung.sim.cir ****
.INC "rctiefpass-Schaltplan.als"
**** INCLUDING rctiefpass-Schaltplan.als ****
.ALIASES
R_R1       R1(1-N00001 2=N00002 )
C_C1       C1(1=0 2=N00002 )
V_V1       V1(+=N00001 -=0 )
.ENDALIASES
**** RESUMING rctiefpass-schaltplan-ausgangsspannung.sim.cir ****
.END


**** 03/15/05 09:36:19 *********** Evaluation PSpice (Nov 1999) *************
** Profile: "Schaltplan-Ausgangsspannung"
****     INITIAL TRANSIENT SOLUTION     TEMPERATURE =  27.000 DEG C
****************************************************************************
 NODE VOLTAGE    NODE VOLTAGE    NODE VOLTAGE    NODE  VOLTAGE
(N00009)  0.0000 (N00015)  0.0000
  VOLTAGE SOURCE CURRENTS
  NAME       CURRENT
  V_V1       0.000E+00
  TOTAL POWER DISSIPATION  0.00E+00  WATTS
    JOB CONCLUDED
    TOTAL JOB TIME        .27
```

Bild 2.25 Output-File zum Beispiel RC-Tiefpass (geringfügig gekürzt)

In der Netzliste wird die Schaltung, d.h. die Verbindung der Bauteile miteinander, vollständig beschrieben. Jedes Bauteil wird darin mit folgenden Angaben aufgeführt:

- Typ des Bauteils (s. Tabelle) gefolgt von dem Namen (z.B. *R1*, *C1*, *V1*) des Bauteils im Schaltplan in der Form: *Typ_Name*.

Bauteiltyp	Beschreibung
V	Spannungsquelle
I	Stromquelle
R	Ohmscher Widerstand
C	Kondensator
D	Diode
Q	Transistor

Tabelle 2.2: Bezeichnungen einiger Bauteiltypen (Modelltypen)

- Name der Knoten, an die das Bauteil angeschlossen ist (z.B. *N00001* oder *0*: Masse). Der Bezugsknoten zur Berechnung der Knotenpotenziale heißt immer *0*. Die übrigen Knoten werden in der Reihenfolge der Platzierung der Bauteile vergeben. Die Nummerierung beginnt bei *N00001*. Werden Bauteil gelöscht und wieder neu eingefügt, wird die Nummerierung der Knoten stets weiter erhöht.

- Kenngröße des Bauteils (z.B. 2k, 5n, 10V). Bei Quellen kommen noch weitere Angaben hinzu, welche die Art der Quelle näher beschreiben.

Die Alias-Namen:

Die von PSPICE in der Netzliste erzeugten Knotennamen (z.B. N00001) sind lediglich fortlaufende Nummerierungen. Mit ihnen werden zwar die Knoten vollständig beschrieben, sie sind aber nur schwer verständlich, da sie keinen Bezug zu den Bauteilnamen haben. Deshalb erzeugt PSPICE in einer zusätzlichen Liste Knotennamen, die von den Pin-Namen der angrenzenden Bauteile abgeleitet werden. Diese Namen werden unter der Bezeichnung Alias-Namen geführt. Der Anwender kann diese Bezeichnungen nach etwas Übung verstehen, ohne die Netzliste genauer betrachten zu müssen. Mit Hilfe der Alias-Namen ist es dann in PROBE sehr einfach, die gewünschten Signale darzustellen. Die Liste der Alias-Namen des RC-Tiefpasses sieht z.B. wie folgt aus:

```
.ALIASES
R_R1        R1(1=N00001 2=N00002 )
C_C1        C1(1=0 2=N00002 )
V_V1        V1(+=N00001 -=0 )
.ENDALIASES
```

Alle Bauelemente mit zwei Anschlüssen erhalten von PSPICE immer die Pin-Nummern *1* und *2*. Bei einem Bauteil mit drei Anschlüssen werden meist verständliche Pin-Namen vergeben, z.B. bei Transistoren die Namen *e*, *b* und *c* für Emitter, Basis und Collector.

In unserem Beispiel bedeutet die erste Zeile der Alias-Namen, dass das Bauteil R1 mit Pin 1 am Knoten N00001 und mit Pin 2 am Knoten N00002 liegt. Die zweite Zeile sagt aus, dass der Kondensator C1 mit dem Pin 1 am Knoten 0 liegt und mit Pin 2 am Knoten N00002. Die Spannungsquelle V1 liegt mit dem Pin + am Knoten N00001 und mit dem Pin – am Knoten 0. Welche Pin-Nummer an einem Knoten ist, hängt auch davon ab, ob ein Bauteil gedreht wurde.

Aus dieser Liste folgt, dass der Knoten *N00001* mit den Alias-Namen *R1:1* und *V1:+* bezeichnet wird. Der Knoten *N00002* wird mit *R1:2* und *C1:2* gekennzeichnet. Aus Netzliste und Liste der Alias-Namen kann unsere Schaltung somit wie folgt rekonstruiert werden:

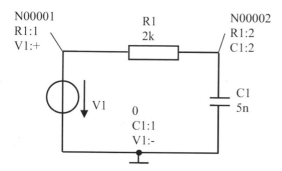

Bild 2.26 Schaltung des RC-Tiefpasses mit eingezeichneten Knotennamen

In PROBE werden die Potenziale an den Knoten mit *V(Knotenname)* bezeichnet. Für die Bezeichnung der Spannung zwischen dem Knoten *N00001* und der Masse können somit folgende Namen verwendet werden: *V(N00001)*, *V(U1:+)* oder *V(R1:1)*. Ebenso kann die Spannung zwischen Knoten *N00002* und Masse beschrieben werden als *V(N00002)*, *V(R1:2)* oder *V(C1:2)*.

Im unteren Teil der Ausgabedatei folgt das Simulationsergebnis. Es werden die Gleichspannungen und –ströme an den Knoten angegeben. Da wir im Beispiel wegen des Kondensators keinen Gleichstrom haben, sind alle Spannungen 0V.

CAPTURE / PSPICE korrekt beenden

Ihre Arbeitssitzung beenden Sie auf folgende Weise:

1. Speichern Sie Ihr Projekt mit FILE/SAVE.

2. Schließen Sie das PROBE-Fenster mit FILE/EXIT oder durch Anklicken der Schaltfläche mit dem Kreuz auf dem PROBE-Fenster.

3. Schließen Sie Ihr Projekt mit FILE/CLOSE PROJECT oder durch Anklicken der Schaltfläche mit dem Kreuz auf dem Projektmanager. Quittieren Sie das sich evtl. öffnende Dialogfenster SAVE FILES IN PROJECT mit einem Klick auf die Schaltfläche YES.

4. Schließen Sie CAPTURE mit FILE/EXIT oder durch Anklicken der Schaltfläche mit dem Kreuz auf dem CAPTURE-Fenster.

2.6 Zusammenfassung der wichtigsten Befehle

Die in diesem Kapitel gelernten Kenntnisse bilden für die weitere Arbeit eine wichtige Grundlage. Sie sind deshalb in der Tabelle 2.3 nochmals zusammengefasst.

Im nächsten Kapitel werden die in PSPICE verfügbaren Quellen mit ihren Eigenschaften behandelt. Kapitel 4 geht dann noch tiefer auf die einzelnen Analysearten ein.

Tabelle 2.3 Zusammenfassung der wichtigsten Aktionen

Aktion	Befehl	Ikon	Beschreibung
CAPTURE öffnen	WINDOWS Menütaste, OrCAD, CAPTURE oder CAPTURE CIS		
Ein neues Projekt öffnen	FILE/NEW/PROJECT		Im Fenster NEW PROJECT einen Namen vergeben und ein Verzeichnis auswählen. Option ANALOG OR MIXED-A/D wählen. Im Fenster CREATE PSPICE PROJECT die Option CREATE A BLANK PROJECT anklicken.
Ein vorhandenes Projekt öffnen	FILE/OPEN/PROJECT		Projekte haben die Dateiendung *.obj*
Ein Projekt speichern	FILE/SAVE		
Ein Projekt schließen	FILE/CLOSE		
Bauteile auswählen	PLACE/PART		Mit ADD/LIBRARY die gewünschte Bibliothek hinzufügen
Bauteile platzieren			Darauf achten, dass die Rasterung eingeschaltet ist. Mit dem Menü der rechten Maustaste können Bauteile gedreht oder gespiegelt werden.
Bauteile verdrahten	PLACE/WIRE		Mit einem einfachen Mausklick können Winkel gesetzt werden, mit Doppelklick Ende des Drahts.
Massesymbol platzieren	PLACE/GROUND		Bauteil *0* aus der Bibliothek SOURCE.OLB
Rasterung aus/einschalten	OPTIONS/PREFERENCES / GRID DISPLAY		Im Feld SCHEMATIC PAGE die Option POINTER SNAP TO GRID markieren.
Bauteil-Namen und -Werte verändern			Doppelklick auf Namen bzw. Wert und neue Bezeichnung eingeben.
Eigenschaften von Bauteilen editieren			Doppelklick auf Bauteil, im Property Editor den Filter: PSPICE, Karteikarte PARTS
Simulationsprofil anlegen	PSPICE/NEW SIMULATION PROFILE		Einen sinnvollen Namen für das Profil angeben
Simulationsprofil ändern	PSPICE/EDIT SIMULATION PROFILE		Änderung eines bereits vorhanden Profils
Spannungsmarker setzen	PSPICE/MARKERS/ VOLTAGE LEVEL		Erst möglich, wenn ein Simulationsprofil angelegt ist.
Strommarker setzen	PSPICE/MARKERS/ CURRENT INTO PIN		Strommarker müssen direkt an die Pins der Bauteile gelegt werden.
Simulation starten	PSPICE/RUN		Ein Simulationsprofil muss angelegt sein.
In PROBE Signale hinzufügen	TRACE/ADD TRACE		
Ein weiteres Diagramm anlegen	PLOT/ADD PLOT TO WINDOW		Die einzelnen Diagramme werden jeweils durch einen Klick in das Diagramm selektiert.
In PROBE eine Einstellung speichern	WINDOW/DISPLAY CONTROL		Der Einstellung einen Namen geben.
In PROBE die Output-Datei anschauen	VIEW/OUTPUT FILE		Die Output-Datei ist eine Textdatei.

3 Die Quellen in PSPICE kurz und bündig

In PSPICE steht eine große Anzahl von Quellen zur Verfügung. Sie können grob in analoge und digitale Quelle sowie in Stimulusquellen unterteilt werden. Jede analoge Quelle gibt es als Spannungs- und Stromquelle (s. Bild 3.2 und Bild 3.3). Die wichtigsten Spannungsquellen werden in den folgenden beiden Abschnitten beschrieben. Die Funktion der Stromquellen ist den Spannungsquellen sehr ähnlich und braucht deshalb nicht näher erläutert zu werden. Zusätzlich zu den hier aufgeführten unabhängigen Quellen gibt es noch eine Reihe abhängiger Quellen, die aber hier nicht weiter behandelt werden.

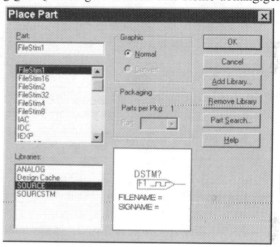

Alle Quellen sind in den Bibliotheken SOURCE.OLB und SOURCSTM.OLB (s. Bild 3.1) enthalten, die man über PLACE/PART oder über die Schaltfläche erreicht. Nach Auswahl einer Quelle wird das zugehörige Symbol auf der Zeichenoberfläche platziert.

Mit dem Stimulus-Editor[1] wird die Erzeugung von analogen und digitalen Signalen sehr erleichtert. Leider erlaubt die Demoversionen von PSPICE nur die Eingabe von sinusförmigen Quellen. Wir werden deshalb im Abschnitt 3.3 nur knapp auf dieses Werkzeug eingehen.

Bild 3.1 Fenster zur Auswahl der Quellen

3.1 Quellen für analoge Schaltungen

In diesem Abschnitt werden die analogen Quellen beschrieben.

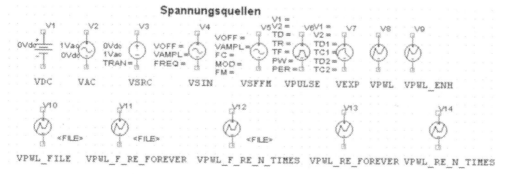

Bild 3.2 Überblick über die Spannungsquellen

---

[1] Der Stimulus Editor befindet sich im OrCAD-Programmordner: WINDOWS Startmenü, PSPICE Student (bzw. OrCAD)

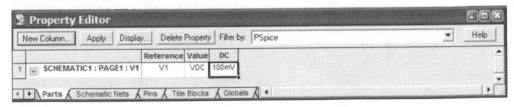

Bild 3.3 Überblick über die Stromquellen

3.1.1 Gleichspannungsquellen

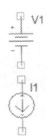

PSPICE stellt die Quelle *VDC* für Gleichspannung (Batteriesymbol) und *IDC* für Gleichstrom zur Verfügung. Darüber hinaus kann auch die Universalquelle *VSRC* bzw. *ISRC* als Quelle für Gleichspannung bzw. -strom verwendet werden. Die zugehörigen Symbole sind im Bild 3.2 bzw. Bild 3.3 zu finden. Weiterhin kann in nahezu allen anderen Quellen über die Eigenschaft *DC* ein Gleichspannungsanteil eingestellt werden. Bei der Stromquelle verläuft die positive technische Stromrichtung vom positiven Anschluss durch die Quelle hindurch und zum negativen Knoten wieder heraus.

Diese Quellen werden immer dann angewendet, wenn Gleichspannungen bzw. -ströme benötigt werden, also z.B. als Betriebsspannung von elektronischen Schaltungen, zur Arbeitspunkteinstellung, als Eingangssignalspannungen, usw. Sie werden bei der Bestimmung des Arbeitspunktes und bei der DC-Sweep-Analyse wirksam.

Eigenschaften der Quelle *VDC* bzw. *IDC*:
Nach einem Doppelklick auf den Spannungs- bzw. Stromwert (falls angezeigt) kann die Höhe der Gleichspannung bzw. des Gleichstromes im Feld VALUE eingegeben werden. Sie können aber auch einen Doppelklick auf das Quellensymbol ausführen. Es öffnet sich dann der Property Editor, in dem der Wert im Feld unterhalb des Spaltenkopfes *DC* verändert werden kann. Klicken Sie zunächst in dieses Feld und tippen Sie dann den gewünschten Spannungs- bzw. Stromwert einschließlich der Größenordnung ein, also z.B. *100m* für 100 mV. Die Einheit braucht nicht, darf aber eingegeben werden. Bitte beachten: zwischen Wert, Größenordnung und Einheit darf kein Leerzeichen stehen.

Bild 3.4 Property Editor der Quelle *VDC* zum Editieren der Eigenschaften

Achten Sie darauf, dass Sie unter FILTER BY die
Option PSPICE ausgewählt haben und am unteren
Rand die Auswahlfläche PARTS angeklickt ist.
Wenn die Spalte *DC* markiert ist, können Sie
über die Schaltfläche DISPLAY das Dialogfenster
DISPLAY PROPERTIES aufrufen, das Sie die Dar-
stellung der Eigenschaften in der Zeichenebene
beeinflussen lässt. Sie stellen hier ein, ob nur der
Zahlenwert oder auch der Name der Eigenschaft
oder beides zum Symbol dargestellt wird.

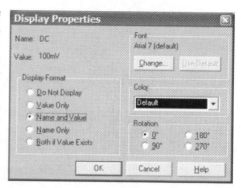

Bild 3.5 Menü für die Darstellung der
Quelleneigenschaften

Eigenschaften der Quelle *VSRC* bzw. *ISRC*:
Beide Quellen lassen die Vorgabe von DC- und AC-Werten sowie eines so genannten Tran-
sientenwertes zu. Die verfügbaren Eigenschaften zeigt die folgende Zusammenstellung:

Tabelle 3.1 Eigenschaften der Quelle *VSRC* bzw. *ISRC*

Properties	Bedeutung	Maßeinheit
DC	Gleichspannung bzw. -strom	V bzw. A
AC	Amplitude für Wechselspannungsquellen	V bzw. A
TRAN	Transientenwert, wie z.B. die Funktionen SIN, PULSE, EXP, PWL, FFM	

Mit der Eigenschaft *TRAN* können verschiedene Funktionen realisiert werden. Eine Auswahl
zeigt die nachfolgende Tabelle. Die Syntax wird bei der Erläuterung der zugehörigen Quellen
angegeben (s. Abschnitte 3.1.3 bis 3.1.7).

Tabelle 3.2 Mögliche Funktionen der Eigenschaft *TRAN*

Properties	Quelle
TRAN=SIN( )	Sinusquellen
TRAN=PULSE( )	impulsförmige Quellen
TRAN=EXP( )	Quellen mit exponentiellem Signalverlauf
TRAN=PWL( )	Quellen mit stückweisem linearem Signalverlauf
TRAN=SFFM( )	Quellen mit frequenzmoduliertem Signalverlauf

3.1.2 Einfache Wechselspannungsquelle *VAC*

Hierzu zählt zunächst einmal die Quelle *VAC* bzw. *IAC*. Sie dient zur Analyse im Frequenzbereich, im Wesentlichen zusammen mit der Analyseart *AC-Sweep*. Sie ist nicht für die Transienten-Analyse geeignet. Nach einem Doppelklick auf das Quellensymbol kann man folgende
Eigenschaften einstellen:

Tabelle 3.3 Eigenschaften der Quelle *VAC* bzw. *IAC*

Properties	Bedeutung	Standardwert	Maßeinheit
DC	Gleichspannung bzw. -strom	0	V bzw. A
ACMAG	Amplitude der Wechselspannung	0	V bzw. A
ACPHASE	Phasenlage der Wechselspannung		Grad

Für die Analyseart *AC-Sweep* kann man gleichberechtigt aber auch die Quellen *VSRC, VSIN, VPULSE* usw. mit dem Eigenschaften *AC* für die Amplitude der Wechselspannung verwenden.

3.1.3 Sinusquelle *VSIN*

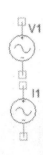

Mit der Quelle *VSIN* bzw. *ISIN* kann in der Transienten-Analyse ein sinusförmiger Signalverlauf erzeugt werden. Sie kann auch in der DC- und AC-Analyse eingesetzt werden. Über ihre Eigenschaften können Amplitude, Frequenz, Phasenlage, Startverzögerung und Dämpfung bestimmt werden. Folgende Eigenschaften stehen zur Verfügung:

Tabelle 3.4 Eigenschaften der Quelle *VSIN* bzw. *ISIN*

Properties	Bedeutung	Standardwert	Maßeinheit
DC	Gleichspannung bzw. -strom, nur für die DC-Sweep Analyse		V bzw. A
AC	Amplitude der Wechselspannung, nur für die AC-Sweep Analyse		V bzw. A
VOFF/IOFF	Offsetspannung bzw. -strom, wird nur bei der Transienten-Analyse benutzt		V bzw. A
VAMPL	Amplitude		V bzw. A
FREQ	Frequenz für Transienten-Analyse. Wird hier kein Wert eingetragen, so berechnet das Programm einen Wert entsprechend der Angabe unter RUN TO TIME. Bei AC-Sweep sollte hier ein beliebiger Wert stehen.	1/RUN TO TIME	Hz
TD	Verzögerungszeit beim Start	0	s
DF	Dämpfungsfaktor, bestimmt, wie schnell die Sinusschwingung abklingt. DF = 0: Sinus mit konstanter Amplitude	0	1/s
PHASE	Phasenlage des Signals beim Beginn	0	Grad

Anmerkung: Mit RUN TO TIME wird bei der Transienten-Analyse der gewünschte Zeitbereich festgelegt.

Nach Ablauf der Verzögerungszeit wird der sinusförmige Signalverlauf nach folgender Formel berechnet:

$$u(t) = VOFF + VAMPL \cdot \sin(2\cdot\pi\cdot(FREQ\cdot(t - TD) + PHASE/360°))\, e^{-(t-TD)\cdot DF}$$

Das gleiche Ergebnis erhält man auch mit der Quelle *VSRC* bzw. *ISRC* und der Eigenschaft *TRAN*:

   TRAN=sin*(VOFF VAMPL [FREQ [TD [DF [PHASE]]]])*,

wobei die eckigen Klammern [ ] optionale Eingaben umfassen.

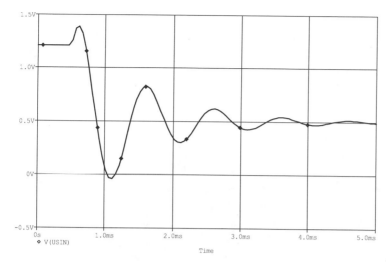

Bild 3.6 Beispiel für einen Signalverlauf der Quelle *VSIN*:
FREQ=1000Hz, VAMPL=1V, VOFF=0.5V, PHASE=45, TD=0.5ms, DF=1000

Es sind immer nur diejenigen Attribute wirksam, die zu der gerade durchgeführten Analyse gehören. Dennoch verlangt PSPICE, dass auch die Attribute, die bei einer Analyse nicht benötigt werden, irgendwelche Werte haben.

Sinusförmige Signale sind die einzigen Signalformen, die auch in der Evaluations-Version von PSPICE mit dem Stimulus-Editor erzeugt werden können.

3.1.4 Quellen mit frequenzmoduliertem Signalverlauf

Die Quellen *VSFFM* bzw. *ISFFM* erzeugen in der Transienten-Analyse einen frequenzmodulierten sinusförmigen Signalverlauf. Sie können auch in der DC- und AC-Analyse eingesetzt werden. Mit folgenden Eigenschaften kann der Signalverlauf festgelegt werden:

Tabelle 3.5 Eigenschaften der Quelle *VSFFM* bzw. *ISFFM*

Properties	Bedeutung	Standardwert	Maßeinheit
DC	Gleichspannung bzw. -strom, nur für die *DC-Sweep Analyse*		V bzw. A
AC	Amplitude der Wechselspannung, nur für die *AC-Sweep Analyse*		V bzw. A
VOFF/IOFF	Offsetspannung bzw. -strom, wird nur bei der *Transienten-Analyse* benutzt		V bzw. A
VAMPL	Amplitude		V bzw. A
FC	Trägerfrequenz, sie wird mit der Modulationsfrequenz FM moduliert	1/ RUN TO TIME	Hz
MOD	Modulationsindex	0	
FM	Modulationsfrequenz	1/ RUN TO TIME	Hz

Anmerkung: Mit RUN TO TIME wird bei der Transienten-Analyse der gewünschte Zeitbereich festgelegt.

Der Signalverlauf berechnet sich nach folgender Gleichung:

$$u(t) = VOFF + VAMPL \cdot sin(2 \cdot \pi \cdot FC \cdot t + MOD \cdot sin(2 \cdot \pi \cdot FM \cdot t))$$

Das gleiche Ergebnis erhält man auch mit der Quelle VSRC bzw. ISRC und der Eigenschaft *TRAN*:

TRAN=SFFM(VOFF VAMPL [FC [MOD [FS]]]).

Diese Quellen werden im Wesentlichen für die Transienten-Analyse verwendet.

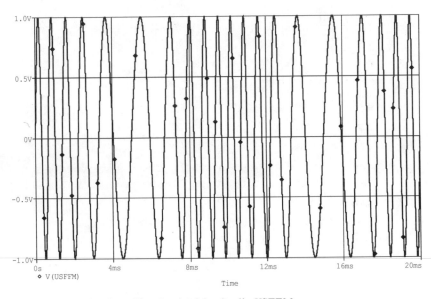

Bild 3.7 Beispiel für einen Signalverlauf der Quelle *VSFFM*:
FC=1000Hz, VAMPL=1V, VOFF=0V, MOD=5, FM=100Hz

3.1.5 Impulsförmige Quelle *VPULSE*

Mit der Quelle *VPULSE* bzw. *IPULSE* können ein oder mehrere Spannungs- bzw. Strompulse mit definierter Anstiegs- und Abfallzeit erzeugt werden. Hierbei sind folgende Eigenschaften zu beachten:

Tabelle 3.6 Eigenschaften der Quelle *VPULSE* bzw. *IPULSE*

Properties	Bedeutung	Standardwert	Maßeinheit
V1/ I1	Anfangswert der Spannung / Strom		V bzw. A
V2 / I2	Maximalwert des Impulses		V bzw. A
TD	Verzögerungszeit bis zur ersten ansteigenden Flanke	0s	s
TR	Anstiegszeit der steigenden Flanke des Impulses	1/TSTEP	s
TF	Abfallzeit der fallenden Flanke des Impulses	1/TSTEP	s
PW	Pulsweite, Länge des Impulsdaches	1/ RUN TO TIME	s
PER	Periodendauer, nach welcher der Impuls wiederholt wird	1/ RUN TO TIME	s

TSTEP wird durch PSPICE von dem Parameter *print step value* der Transienten-Analyse abgeleitet. Mit RUN TO TIME wird bei der Transienten-Analyse der gewünschte Zeitbereich festgelegt.

Das gleiche Ergebnis erhält man auch mit der Quelle *VSRC* bzw. *ISRC* und der Eigenschaft *TRAN*:

TRAN=PULSE(V1 V2 [TD [TR [TF [PW [PER]]]]]),

Diese Quellen werden im Wesentlichen für die Transienten-Analyse verwendet. Bild 3.8 zeigt ein Beispiel für einen impulsförmigen Signalverlauf mit eingezeichneten Eigenschaften.

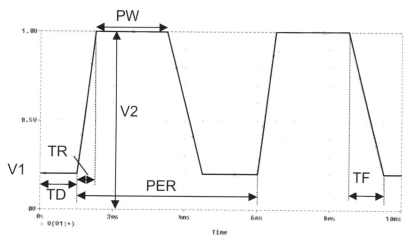

Bild 3.8 Beispiel für einen impulsförmigen Signalverlauf der Quelle VPULSE:
V1=0.2V, V2=1.0V, PER=5ms, PW=2ms, TD=1ms, TR=0.5ms, TF=1ms

3.1.6 Quellen mit stückweise linearem Verlauf

Mit der Quelle *VPWL* bzw. *IPWL* kann man einen stückweise linearen Signalverlauf erzeugen. Der Quelle werden dazu die Wertepaare an den einzelnen Punkten des Kurvenzuges übergeben. Beispielsweise kann man damit ein ähnliches Signal wie mit der Quelle *VPULSE* erzeugen. Insbesondere ist diese Quelle vorzuziehen, wenn nur ein einzelner Impuls benötigt wird. Andererseits ist es durch Approximation mittels Geradenstücken möglich, fast beliebige Signalformen zu erzeugen. Folgende Eigenschaften stehen der Quelle zu Verfügung:

Tabelle 3.7 Eigenschaften der Quelle *VPWL* bzw. *IPWL*

Properties	Bedeutung	Standardwert	Maßeinheit
DC	Gleichspannung bzw. -strom, nur für die DC-Sweep Analyse		V bzw. A
AC	Amplitude der Wechselspannung, nur für die AC-Sweep Analyse		V bzw. A
Tn	Ein Zeitpunkt, zu dem unter Vn ein zugehöriger Signalwert definiert werden muss		s
Vn / In	Signalwert zum Zeitpunkt Tn		V bzw. A

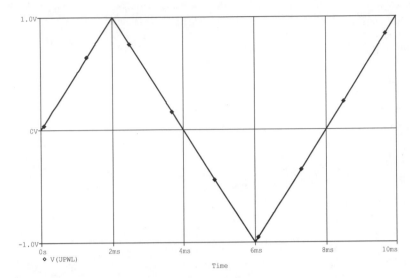

Bild 3.9 Beispiel für einen stückweise linearen Signalverlauf der Quelle VPWL:
        T1=0s, V1=0V, T2=2ms, V2=1V, T3=6ms, V3=-1V, T4=10ms, V4=1V

Das gleiche Ergebnis erhält man auch mit der Quelle *VSRC* bzw. *ISRC* und der Eigenschaft
TRAN:
    TRAN=PWL(T1 V1 [T2 V2 ...]).
Mit der Konstruktion
    REPEAT FOR <n> (Tn Vn) ENDREPEAT bzw. mit
    REPEAT FOREVER (Tn Vn) ENDREPEAT
ist es sogar möglich, einen Signalverlauf n-mal oder endlos zu wiederholen, was bei *VPWL*
nicht geht.
    Beispiel: PWL(REPEAT FOR 2(0 0V 1m 0V 1.1m 5V 2m 5V 2.1m 0V)ENDREPEAT 5.5m 4V 6m 0V)

Wird die Wiederholungsfunktion benötigt, kann man auch die erweiterte Signalquelle
VPWL_ENH bzw. *IPWL_ENH* verwenden, deren Eigenschaften wie folgt einzugeben sind:

Tabelle 3.8 Eigenschaften der Quelle *VPWL_ENH* bzw. *IPWL_ENH*

Properties	Bedeutung	Standardwert	Maßeinheit
DC	Gleichspannung bzw. -strom, nur für die DC-Sweep Analyse		V bzw. A
AC	Amplitude der Wechselspannung, nur für die AC-Sweep Analyse		V bzw. A
TSF	Zeitskalierungsfaktor, alle angegebenen Zeiten werden mit diesem Faktor multipliziert		
VSF	Wertskalierungsfaktor, alle angegebenen Signal-werte werden mit diesem Faktor multipliziert		
FIRST_nPAIRS	Wertepaare für einen ersten Kurvenzug in der Form T1,V1 T2,V2 ...		
SECOND_nPAIRS	Wertepaare für einen zweiten Kurvenzug		
THIRD_nPAIRS	Wertepaare für einen dritten Kurvenzug		
REPEAT_VALUE	Wiederholungsfaktor		

Ganz ähnliche Quellen sind *VPWL_RE_FOREVER* (wiederholt endlos) und *VPWL_RE_N_TIMES* (wiederholt n mal). Mit der Signalquelle *VPWL_FILE* kann eine ASCII-Datei angegeben werden, in der sich die Wertepaare befinden. Auch da gibt es die leicht veränderten Quellen *VPWL_F_RE_FOREVER* und *VPWL_F_RE_N_TIMES*.

Diese Quellen werden im Wesentlichen für die Transienten-Analyse verwendet.

3.1.7 Quellen mit exponentiellem Signalverlauf

Mit der Quelle *VEXP* bzw. *IEXP* kann in der Transienten-Analyse ein exponentiell an- und abklingender Impuls spezifiziert werden. Die Eigenschaften der Quelle haben folgende Bedeutung:

Tabelle 3.9 Eigenschaften der Quelle *VEXP* bzw. *IEXP*

Properties	Bedeutung	Standardwert	Maßeinheit
DC	Gleichspannung bzw. -strom, nur für die DC-Sweep Analyse		V bzw. A
AC	Amplitude der Wechselspannung, nur für die AC-Sweep Analyse		V bzw. A
V1 / I1	Anfangswert der Spannung / Strom		V bzw. A
V2 / I2	Endwert (Maximalwert) des exponentiellen Verlaufs		V bzw. A
TD1	Verzögerungszeit bis zum Anstieg des Signals	0s	s
TC1	Zeitkonstante des ansteigenden Kurvenzugs	TSTEP	s
TD2	Verzögerungszeit bis zum Abfall des Signals	TD1+TSTEP	s
TC2	Zeitkonstante des abfallenden Kurvenzugs	TSTEP	s

TSTEP wird durch PSPICE von dem Parameter *print step value* der Transienten-Analyse abgeleitet.

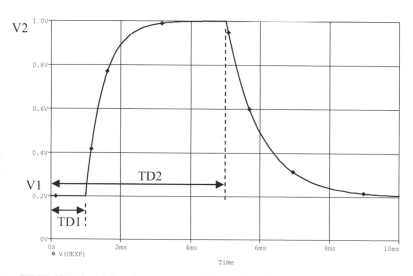
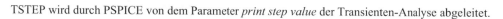

Bild 3.10 Beispiel für einen exponentiell ansteigenden und abfallenden Signalverlauf der Quelle *VEXP*:
V1=0.2V, V2=1V, TD1=1ms, TC1=0.5ms, TD2=5ms, TC2=1ms

Der Signalverlauf berechnet sich nach folgender Gleichung:

$u(t) = V1 + (V2-V1)·(1-exp(- (t-TD1)/TC1))·exp((t-TD2)/TC2)$

Das gleiche Ergebnis erhält man auch mit der Quelle *VSRC* bzw. *ISRC* und der Eigenschaft *TRAN*:

TRAN=EXP(V1 V2 [TD1 [TC1 [TD2 [TC2]]]]).

Diese Quellen werden im Wesentlichen für die Transienten-Analyse verwendet.

3.2 Quellen für digitale Schaltungen

Bei der Simulation digitaler Schaltungen sind wie bei analogen Schaltungen Signalquellen, d.h. digitale Eingangssignale (Stimuli) erforderlich, mit denen man die Schaltkreise erregen kann. PSPICE stellt hier die Quellen *STIM1, STIM4, STIM8* und *STIM16* sowie *DigClock, DigStim* und *FileStim* zur Verfügung. Die Quelle *FileStim* gibt es für 1 Bit (*Filestim1*) bis 32 Bit (*FileStim32*).

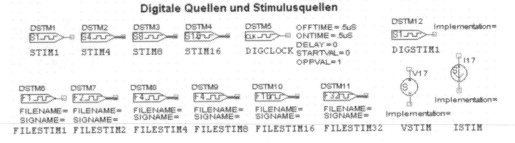

Bild 3.11 Überblick über digitale Quellen und Stimulusquellen

In PSPICE kann der logische Zustand und der Zustandswechsel eines digitalen Eingangssignals sehr genau definiert werden. Außer den beiden logischen Zuständen '0' und '1' können auch ansteigende und abfallende Flanken sowie hochohmiger und undefinierter Zustand festgelegt werden. In Tabelle 3.10 sind die Bezeichnungen, wie sie in den *COMMAND*-Eigenschaften einer digitalen Quelle verwendet werden müssen und die zugehörige Darstellung in PROBE aufgeführt. Die Darstellungen gelten auch für die logischen Zustände von Ausgangssignalen.

Tabelle 3.10 Mögliche Angaben für den logischen Zustand eines digitalen Signals in PSPICE

logischer Zustand	Bedeutung	Darstellung in PROBE	
		Zeichnung	Bildschirmkopie
0	Low-Pegel		
1	High-Pegel		
R	ansteigende Flanke		
F	fallende Flanke		
Z	hochohmig (Tristate)		
X	undefinierter Zustand		

Will man digitale Eingänge fest auf Low- oder High-Potenzial klemmen, so können dafür die Bauteile D_LO und D_HI aus der Bibliothek *SOURCE.OLB* verwendet werden. Sie müssen über das Menü PLACE/POWER platziert werden.

3.2.1 Digitale Signalquelle für 1 Bit

Bei der digitalen Quelle *STIM1* wird der gewünschte Signalverlauf ähnlich wie bei der analogen Quelle *VPWL* durch Zeit-Wert-Paare beschrieben. Dazu stehen im Property Editor der Quelle sechzehn *COMMAND*-Properties (Spalten) für je ein Zeit-Wert-Paar zur Verfügung, so dass also insgesamt sechzehn Signalveränderungen festgelegt werden können (s. Tabelle 3.11). Beim Eintippen der Zeit-Wert-Paare im Property Editor muss man aufpassen, dass zwischen dem ersten COMMAND1 und dem folgenden COMMAND2 leider die Spalten mit COMMAND10 bis COMMAND16 liegen. Hier erweist sich die Spaltenanordnung der Eigenschaft als nicht sehr praktisch. Angenehmer wäre eine Darstellung der Eigenschaften in Zeilen. Genau dies ist auch möglich. Man kann die Zeilen und Spalten der Tabelle wie folgt vertauschen: Öffnen Sie den Property-Editor eines Objekts und klicken Sie mit der rechten Maustaste auf das leere Feld direkt unter der Schaltfläche "*New Column*" (s. Bild 3.12). Wählen Sie im Kontextmenü den Punkt "*Pivot*". Danach sind die Zeilen und Spalten vertauscht und die Schaltfläche "*New Column*" hat ihren Namen in "*New Row*" geändert. Auf die gleiche Weise kommen Sie wieder in die alte Darstellung zurück.

Bild 3.12 Property Editor mit vertauschten Zeilen und Spalten

Tabelle 3.11 Eigenschaften der Quelle *STIM1*

Properties	Bedeutung	Standardwert	Maßeinheit
TIMESTEP	Für die Umrechnung der Zeitangaben, s. Anmerkung		s
COMMAND1	Erstes Zeit-Wert-Paar in der Form: T1 W1		
COMMAND2	Zweites Zeit-Wert-Paar in der Form: T2 W2		
...	...		
COMMAND16	Sechzehntes Zeit-Wert-Paar in der Form: T16 W16		
WIDTH	1, d.h. nur 1 Bit breit	1	
FORMAT	Format für die Werteingabe: hier 1, d.h. binär	1	

Anmerkung zu den Zeitangaben:

Steht nach der Zeitangabe ein „s", so steht der Zahlenwert für Sekunden. Beispiel:

5s 1   für 5 Sekunden und Signalwert high;

2ms 0   für 2 Millisekunden und Signalwert Low;

1us 1   für 1 Mikrosekunde und Signalwert High.

Fehlt dagegen nach der Zeitangabe das „s", so steht der Zahlenwert als Anzahl von Takt-zyklen und muss noch mit dem Wert *TIMESTEP* multipliziert werden.

Statt eines Zeit-Wert-Paares kann eine *COMMAND*-Zelle auch Steuerfunktionen enthalten. Beispielsweise bietet sich die Schleifenkonstruktion REPEAT / ENDREPEAT an, um periodi-sche Signalverläufe zu erzeugen. Der Anweisung REPEAT muss dabei noch hinzugefügt wer-den, wie oft die Schleife zu durchlaufen ist, beispielsweise REPEAT FOR 5 TIMES oder REPEAT FOREVER. Die Zeitangaben innerhalb der Schleifen werden dann häufig durch ein vorangestelltes „+"-Zeichen relativ zur letzten Zeitangabe angegeben, denn absolute Zeitanga-ben führen in Schleifen leicht zu Fehlermeldungen. Statt einer digitalen Wertangabe 0 bzw. 1 können in Schleifen vorteilhaft auch die Anweisungen INCR BY n oder DECR BY n stehen, wobei n eine ganze Zahl ist. Damit wird der Wert bei jedem Schleifendurchlauf um den Wert n erhöht bzw. erniedrigt. Bei der 1-Bit-Quelle *STIM1* ist zwar nur *n = 1* sinnvoll, aber bei ande-ren Quellen können hier durchaus größere Werte stehen.

Weitere Schleifenkonstruktionen sind:

LABEL=name / GOTO name n TIMES und

LABEL=name / GOTO name UNTIL GT Wert.

Bei der ersten Konstruktion wird mit LABEL ein Sprungziel definiert, das am Anfang einer Schleife steht. Am Ende der Schleife wird mit der Anweisung GOTO n mal an den Anfang gesprungen. Zu beachten ist, dass vor GOTO stets eine Zeitangabe stehen muss. Die zweite Konstruktion stellt eine kleine Variante dar, bei der die Anzahl der Schleifendurchläufe von einer Bedingung abhängt. Denn die Schleife wird nur ausgeführt, wenn der Signalwert der Quelle größer ist als der angegebene Wert (GT). Weitere mögliche Bedingungen sind GE, für größer oder gleich, LT, für kleiner, und LE für kleiner oder gleich.

3.2.2 Digitale Signalquelle für 4 und mehr Bits

Eine digitale Signalquelle kann gleichzeitig auch mehrere Leitungen speisen, die dann häufig zu einem Bus zusammen gefasst werden. PSPICE liefert hier die Quellen *STIM4, STIM8* und *STIM16* mit denen vier, acht oder sechzehn Leitungen versorgt werden können. Das Eingabe-menü dieser Quellen unterscheidet sich nur in den Eigenschaften *WIDTH* und *FORMAT* von der Quelle *STIM1*. Dabei gibt *WIDTH* die Anzahl von Anschlussknoten (= digitale Leitungen) an und *FORMAT* beschreibt das Zahlenformat für die Wertangabe, z.B. *FORMAT=1* für binä-re, *FORMAT=3* für oktale und *FORMAT=4* für hexadezimale Daten, und die Anzahl der Stel-len. *FORMAT* erlaubt auch eine gemischte Darstellung, z.B. *134*. Bitte beachten Sie, die Sum-me der Ziffern beim Eigenschaften *FORMAT* muss stets der Angabe *WIDTH* entsprechen.

STIM4:   WIDTH = 4,   FORMAT = 1111   (4 binäre Stellen)

STIM8:   WIDTH = 8,   FORMAT = 11111111   (8 binäre Stellen)

STIM16: WIDTH = 16,   FORMAT = 4444   (4 hexadezimale Stellen)

Diese Quellen müssen jeweils an einen Bus geeigneter Breite angeschlossen werden. Alle im vorangehenden Abschnitt erläuterten Schleifenkonstruktionen gelten auch für diese Quellen.

3.2.3 Digitale Taktquelle *DigClock*

Die Quelle *DigClock* erlaubt auf einfache Weise ein periodisches Taktsignal zu generieren. Im Property Editor der Quelle sind folgende Angaben einzugeben:

Tabelle 3.12 Eigenschaften der Quelle *DigClock*

Properties	Bedeutung	Standardwert	Maßeinheit
DELAY	Gibt die Verzögerungszeit der ersten Änderung ab dem Zeitpunkt Null an.		s
ONTIME	Gibt die Zeitdauer an, in der das Signal in jeder Periode den High-Zustand hat.		s
OFFTIME	Gibt die Zeitdauer an, in der das Signal in jeder Periode den Low-Zustand hat.		s
STARTVAL	Low-Zustand des Clocksignals	0	
OPPVAL	High-Zustand des Clocksignals	1	

3.2.4 Digitale Signalverläufe in einer Datei

Werden für eine digitale Signalquelle mehr als 16 Signaländerungen benötigt oder sollen Signalverläufe, die von anderen Simulatoren erzeugt wurden, verwendet werden, so kann es günstig sein, eine der Quellen *FileStim1, FileStim2* bis *FileStim32* zu verwenden, bei welcher der Signalverlauf in einer Datei festgelegt wird. Die Ziffer hinter *FileStim* gibt die Anzahl der Bits der Quelle an. Im Attributfenster der Quelle sind dazu die nachfolgend aufgeführten Eigenschaften einzugeben.

Tabelle 3.13 Eigenschaften der Quelle *FileStim*

Properties	Bedeutung
FileName	Name der Textdatei, welche die Angaben zum gewünschten Signalverlauf enthält. Zum Format dieser Datei s. Angaben nach dieser Tabelle. Befindet sich die Datei in einem anderen Verzeichnis wie die Schaltung, so muss der vollständige Pfad angegeben werden.
SigName	Die Namen der Signalausgänge der Quelle

Alle anderen Eigenschaften sind bereits standardmäßig festgelegt. Die gewünschten Signalwerte müssen in einer Textdatei stehen, die aus einem Kopf und der Signalbeschreibung besteht, wobei beide Teile durch eine Leerzeile zu trennen sind. Ein Beispiel für *FileStim4*:

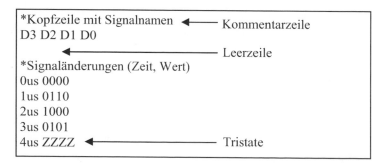

Die Zeitangaben müssen immer in Sekunden angegeben werden, Taktzyklen sind nicht erlaubt. Kommentarzeilen beginnen mit einem Stern „*".

3.3 Stimulus-Quellen

Für die komfortable Parametrisierung der Signalquellen steht ein Stimulus-Editor für analoge und digitale Signale zur Verfügung.

3.3.1 Analoge Stimulus-Quelle VSTIM

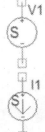

Nach dem Platzieren der Stimulus-Quelle *VSTIM* bzw. *ISTIM* und anschließendem Markieren des Symbols kann man über das Menü EDIT/PSPICE STIMULUS den Stimulus-Editor aktivieren. Es öffnet sich das Dialogfenster NEW STIMULUS. Hier muss im Feld NAME eine Bezeichnung für das Signal, das erzeugt werden soll, eingegeben werden. Diese Bezeichnung wird der Eigenschaft IMPLEMENTATION des Quellensymbols zugeordnet (s. Zeichenebene). In der Vollversion stehen die fünf analogen Signalformen *EXP*, *PULSE*, *PWL*, *SFFM* und *SIN* zur Verfügung. In der Demoversion können mit dem Stimulus-Editor nur sinusförmige Signale erzeugt werden. Quittieren Sie die Eingabe und die Auswahl von *SIN* mit einem Klick auf das Fenster OK. Darauf wird das Fenster SIN ATTRIBUTES geöffnet, in dem folgende Attribute zu bestimmen sind:

Tabelle 3.14 Eigenschaften der Quelle *VSTIM* bzw. *ISTIM*

Properties	Bedeutung	Standardwert	Maßeinheit
Offset Value	Offsetspannung bzw. Offsetstrom		V bzw. A
Amplitude	Amplitude der Sinusschwingung		V bzw. A
Frequency	Frequenz der Sinusschwingung		Hz
Time Delay	Anfangsverzögerung	0	s
Damping Factor	Dämpfungsfaktor, bestimmt, wie schnell die Sinusschwingung abklingt	0	1/s
Phase Angle	Phase in Grad	0	Grad

Geben Sie die gewünschten Werte für die Attribute ein und testen Sie mit einem Klick auf die Schaltfläche APPLY, dass die gewünschte Signalform erzeugt wird. Sie sehen dies im darunter liegenden Fenster STIMULUS EDITOR. Sobald Sie die Eingabe mit OK bestätigen, wird das Dialogfenster geschlossen und Sie sind im Stimulus-Editor. Sie können jederzeit die Attribute wieder ändern. Markieren Sie einfach die von Ihnen vergebene Bezeichnung links unter dem Diagramm und wählen Sie im Menü EDIT/ATTRIBUTES. Sogleich öffnet sich wieder das Attribut-Fenster. Mit FILE/SAVE wird das Signal unter *Projektname.stl* abgespeichert. Mit FILE/EXIT kommt man wieder zu CAPTURE zurück.

Wenn Sie jetzt im Dialogfenster SIMULATION SETTINGS den „Karteikartenreiter" STIMULUS anklicken, finden Sie im Teilfenster STIMULUS FILES den von Ihnen erzeugten Stimulusfile. Sie können diesen markieren und nach einem Klick auf die Schaltfläche EDIT öffnet sich wieder der Stimulus-Editor. Mit den Schaltflächen ADD AS GLOBAL und ADD TO DESIGN können Sie festlegen, ob dieser Stimulus nur dem aktuellen Projekt zugeordnet werden soll oder für alle Projekte vorhanden sein soll.

3.3.2 Digitale Stimulus-Quelle DigStim

Mit dem Stimulus-Editor können auch digitale Signalverläufe sehr leicht erzeugt werden. Es stehen dafür die Quellen *DigStim1*, *DigStim2*, *DigStim4*, *DigStim8*, *DigStim16* und *DigStim32* zur Verfügung, wobei die Ziffer die Breite des Signals in Bit bezeichnet. Nach Platzieren und Markieren der Quelle *DigStim1* kann über das Menü EDIT/PSPICE STIMULUS der Stimulus-Editor gestartet werden. Wie bereits bei der Quelle *VSTIM* erläutert, muss zunächst eine Bezeichnung für das Signal eingegeben werden. In der Vollversion stehen die drei Beschreibungsmöglichkeiten *Signal*, *Clock* und *Bus* für beliebige digitale Signalverläufe, Takt- und Bussignale zur Verfügung. In der Evaluations-Version können mit dem Stimulus-Editor nur Taktsignale erzeugt werden. Deshalb macht auch nur die Quelle *DigStim1* Sinn.

Man hat im Dialogfenster CLOCK ATTRIBUTES zunächst die Wahl, ob man das Taktsignal über seine Frequenz oder über seine Periodendauer spezifizieren möchte. Wählt man die Frequenz, so muss zusätzlich zum Frequenzwert noch das Tastverhältnis (*duty cycle*) eingegeben werden. Im anderen Fall ist die Periodendauer und die Einschaltzeit in Sekunden vorzugeben. Bei beiden Möglichkeiten hat man noch die Option, den Anfangswert (0 bzw. 1) und die Anfangsverzögerung zu bestimmen. Sobald die Eingabe mit OK bestätigt wird, erhält man den zeitlichen Verlauf des Taktsignals dargestellt. Mit FILE/SAVE wird das Signal unter *Projektname.stl* abgespeichert. Mit FILE/EXIT geht es wieder zu CAPTURE zurück.

Anmerkung:

Die in diesem Kapitel besprochenen Quellen werden noch intensiv in den Beispielschaltungen der Kapitel 5 und 6 eingesetzt. Einen Überblick darüber liefert die Zusammenstellung im Anhang.

4 Kompaktkurs Analysearten

Vor einer Simulation muss in PSPICE zunächst ein Simulationsprofil erstellt werden, das die gewünschte Analyseart festlegt. Sind verschiedene Analysen erforderlich, so wird für jede Analyse ein eigenes Simulationsprofil erstellt. Im Project Manager kann bequem von einem zum anderen Profil umgeschaltet werden. Marker werden den Simulationsprofilen zugeordnet und können deshalb erst nach dem Festlegen eines Profils gesetzt werden.

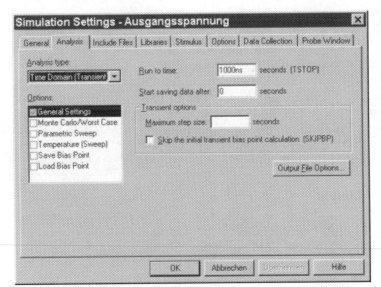
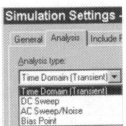

Bild 4.1 Auswahl der Analyseart

Bild 4.2 Dialogfenster Simulation Settings mit Eingabefeld Analysis

Ein neues Simulationsprofil wird über das Menü PSPICE/NEW SIMULATION PROFILE oder über die zugehörige Schaltfläche angelegt. Im Dialogfenster NEW SIMULATION ist im Feld NAME eine Bezeichnung für das Profil einzugeben. Wählen Sie im Feld INHERIT FROM zunächst NONE aus. Alternativ kann hier der Name eines bereits existierenden Profils eingegeben werden, dessen Einstellungen übernommen werden sollen. Danach öffnet sich das wichtige Fenster SIMULATION SETTINGS (s. Bild 4.2), in dem die Einstellungen durchgeführt werden. Das Dialogfenster besteht aus verschiedenen "Karteikarten".

Auf der "Karteikarte" ANALYSIS sind die wichtigsten Einstellmöglichkeiten für die Analysearten zusammengefasst. Die Hauptanalysearten *Transient*, *DC-Sweep*, *AC-Sweep* und *Bias-Point* können Sie unter ANALYSIS TYPE auswählen (s. Bild 4.1). Im Teilfenster OPTIONS sind Analysen aufgeführt, die zusätzlich oder als Neben-Sweep eingesetzt werden. Nach Auswahl einer Analyseart werden jeweils die entsprechenden Parameter zum Editieren eingeblendet. Detaileinstellungen für analoge und digitale Simulationen sowie für die Output-Datei werden in der „Karteikarte" OPTIONS vorgenommen. Durch Anklicken der Schaltfläche OK werden die Eingaben übernommen. Wenn Sie später Ihre Einstellungen überarbeiten wollen, so kommen Sie über das Menü PSPICE/EDIT SIMULATION SETTINGS oder über die zugehörige Schaltfläche wieder in Dialogfenster SIMULATION SETTINGS.

Im Folgenden wird eine Kurzbeschreibung der Analysearten gegeben. Am häufigsten werden sicherlich die *Bias-Point-*, *DC-Sweep-*, *AC-Sweep-* und *Transienten-Analyse* verwendet. Diese Analysearten werden in den Schaltungsbeispielen der folgenden Kapitel 5 und 6 noch intensiv eingesetzt. Dazu gibt es im Anhang eine Tabelle, in der aufgelistet ist, in welchen Beispielen einzelne Analysearten vorkommen.

4.1 Arbeitspunktanalysen (Bias Point)

Bei der Festlegung des Arbeitspunktes einer Halbleiterschaltung können die drei Analysen, die in den folgenden Abschnitten beschrieben werden, nützlich sein. Das Ergebnis ist jeweils im Output-File zu finden. Zuvor jedoch noch eine sehr praktische Methode für die Anzeige der Spannungen und Ströme im Arbeitspunkt.

Für das korrekte Arbeiten einer Schaltung ist es unabdingbar, dass die Spannungen und Ströme im Arbeitspunkt (Bias Point) richtig eingestellt sind. Sie können sich diese Informationen sehr leicht und übersichtlich an den Knoten (Spannungen) und Pins der Bauelemente (Ströme) **nach einer Simulation** auf der Schematic-Zeichenoberfläche anzeigen lassen. Dies geht über das Menü PSPICE/BIAS POINTS oder die entsprechenden Ikons in der Werkzeugleiste. Zunächst muss diese Funktion grundsätzlich über PSPICE/BIAS POINTS/ENABLE freigegeben werden. Dann können Sie mit PSPICE/BIAS POINTS/ENABLE BIAS VOLTAGE DISPLAY die Spannungen und über PSPICE/BIAS POINTS/ENABLE BIAS CURRENT DISPLAY die Ströme einblenden. Die Vielzahl der eingeblendeten Spannungen und Ströme kann störend sein. Dem kann aber leicht abgeholfen werden. Markieren Sie einfach die unerwünschten Angaben und drücken Sie dann die Löschtaste <Entf>. Wollen Sie später die gelöschten Angaben wieder anzeigen, so markieren Sie die zugehörige Leitung bzw. den Bauteil-Pin und klicken auf das Ikon TOGGLE VOLTAGES ON SELECTED NET(S) bzw. auf TOGGLE CURRENTS ON SELECTED PART(S)/PIN(S).

Wichtiger Hinweis: Die Anzeige der Spannungen und Ströme im Arbeitspunkt funktioniert bei allen Analysearten mit Ausnahme der *DC-Sweep-Analyse*. Werden mehrere Analysearten nacheinander durchgeführt, so beziehen sich die Arbeitspunktangaben nur auf die zuletzt durchgeführte Analyse.

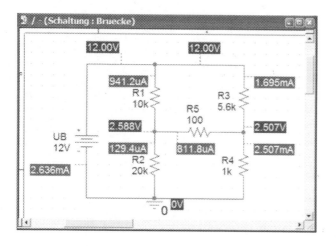

Bild 4.3
Beispiel Brückenschaltung mit eingeblendeten Knotenspannungen und Strömen an Bauteil-Pins (*Brücke.obj*)

In Bild 4.3 sind als Beispiel die Spannungen und Ströme einer Brückenschaltung eingeblendet. Wie leicht zu sehen ist, fließt ein Strom durch den Brückenwiderstand *R5*. Verändern Sie den Widerstand *R4* so lange bis der Strom durch den Brückenwiderstand vernachlässigbar klein ist.

4.1.1 Bias-Point-Detail-Analyse

PSPICE ermittelt bei jeder Analyse die analogen Knotenspannungen, die digitalen Knotenzustände, die Ströme der Spannungsquellen sowie den gesamten Leistungsverbrauch und schreibt diese Informationen in das Output-File *.out*. Aber nur wenn die Option BIAS POINT im Dialogfenster SIMULATION SETTINGS unter ANALYSIS TYPE ausgewählt und das Kästchen bei INCLUDE DETAILED BIAS POINT INFORMATION aktiviert wurde, stehen auch die Kleinsignalparameter der Halbleiter und der nichtlinearen gesteuerten Quellen im Output-File zur Verfügung.

Bei der Transienten- und der AC-Sweep-Analyse können diese Informationen noch zusätzlich gewonnen werden, wenn man unter OUTPUT FILE OPTIONS das Kästchen bei INCLUDE DETAILED BIAS POINT INFORMATION mit einem Mausklick aktiviert.

Der Inhalt des Output-Files wird in PROBE über das Menü VIEW/OUTPUT FILE angezeigt. Unter der Überschrift *Small Signal Bias Solution* sind die Knotenpunktpotenziale und die Ströme der verwendeten Spannungsquellen zu finden. Man kann sich dabei die Orientierung erleichtern, wenn man vor der Simulation die Leitungen an den interessierenden Knoten mit

einem Alias-Namen bezeichnet (PLACE/NET ALIAS). Weiterhin sind unter der Überschrift *Operating Point Information* die für den Arbeitspunkt ermittelten Kleinsignalparameter der verwendeten elektronischen Bauelemente aufgeführt. Eine Liste mit Schaltungsbeispielen hierzu finden Sie im Anhang.

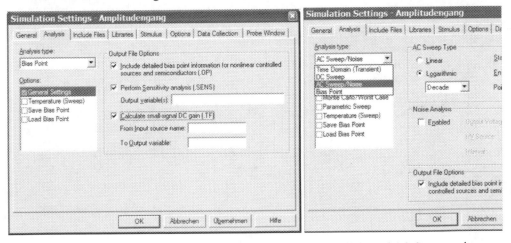

Bild 4.4 Dialogfenster SIMULATION SETTINGS mit Bias-Point-Analyse links und AC-Sweep rechts

4.1.2 Transfer-Function-Analyse (Kleinsignal-Übertragungsfunktion)

Bei der Transfer-Function-Analyse bestimmt PSPICE die Gleichstromverstärkung, den Eingangswiderstand und den Ausgangswiderstand einer Schaltung. Dazu wird die Schaltung im

Arbeitspunkt linearisiert und Induktivitäten werden als Kurzschlüsse und Kapazitäten als Unterbrechungen behandelt. Die Ergebnisse dieser Analyse werden in die Output-Datei geschrieben und stehen dort unter der Überschrift *Small-Signal Characteristics*.

Die Analyse wird über das Dialogfenster SIMULATION SETTINGS eingestellt. Wählen Sie unter ANALYSIS TYPE die Option BIAS POINT und haken Sie das Kästchen bei CALCULATE SMALL-SIGNAL DC GAIN ab (s. Bild 4.4). Es müssen dann zwei Variablen eingegeben werden: Unter TO OUTPUT VARIABLE wird nach der Spannung gefragt, die man als Ausgangsspannung definiert. Handelt es sich hierbei um eine Spannung zwischen zwei Knoten, dann sind die beiden Knotenbezeichnungen durch ein Komma getrennt einzugeben. Beispiel: *V(C1:1, RL:2)* ermittelt die Spannung zwischen dem Pin 1 des Bauelements *C1* und dem Pin 2 des Widerstands *RL*. Beachten Sie, dass die beiden Knotenpunkte in der Klammer mit einem Komma getrennt werden müssen. Im Feld FROM INPUT SOURCE NAME ist der Name der Eingangsspannungsquelle einzutragen. Eine Liste mit Schaltungsbeispielen hierzu finden Sie im Anhang.

4.1.3 DC-Sensitivity-Analyse (Empfindlichkeitsanalyse)

Die Empfindlichkeitsanalyse ermittelt, wie sich Änderungen einzelner Schaltungsparameter auf eine spezifizierte Ausgangsspannung auswirken. Damit kann man also die zulässigen Toleranzen der Bauelemente herausfinden, damit die Schaltung stets das gewünschte Verhalten liefert. Diese Analyse können Sie nur mit den Modellen von Widerständen, Dioden, Bipolartransistoren, unabhängigen Spannungs- und Stromquellen sowie von spannungs- und stromgesteuerten Schaltern durchführen.

Die Analyse wird über das Dialogfenster SIMULATION SETTINGS eingestellt. Wählen Sie unter ANALYSIS TYPE die Option BIAS POINT und haken Sie das Kästchen bei PERFORM SENSITIVITY ANALYSIS ab (s. Bild 4.4). Tragen Sie dann in das Eingabefeld OUTPUT VARIABLE(S) den Namen der Spannung ein, deren Empfindlichkeit gegen Parameteränderung Sie ermitteln wollen (z.B. *V(RL:1)* oder *V(Ua)*). Es können hier auch mehrere Spannungen eingetragen werden, die dann durch ein Leerzeichen zu trennen sind (z.B. *V(R1:1) V(Ua)*). Verlassen Sie nun dieses Fenster über die Schaltfläche OK und das Setup-Fenster durch einen Klick auf CLOSE. Wenn Sie jetzt die Simulation durchführen, finden Sie anschließend in der Output-Datei im Abschnitt *DC Sensitivity Analysis* das Ergebnis der Analyse. Dort stehen unter der Spalte ELEMENT NAME die Bauelemente, die Einfluss auf die spezifizierte Ausgangsvariable nehmen. Unter der Spalte ELEMENT SENSITIVITY findet man dann Angaben, die Auskunft geben, welchen prozentualen Einfluss die einzelnen Bauelemente haben. Ein Beispiel hierzu finden Sie im Abschnitt 5.2.2.

4.2 DC-Sweep-Analyse

Bei den bisher behandelten Gleichstromanalysen werden die Spannungen und Ströme der Schaltung in einem Arbeitspunkt ermittelt. Bei der Ermittlung der Kennlinie eines Bauelements genügt es aber nicht mehr nur einen Arbeitspunkt zu berechnen, vielmehr müssen die Spannungen und Ströme in einer Vielzahl von Punkten bestimmt werden. Hier hilft die DC-Sweep-Analyse weiter, die in kleinen Schritten eine Schaltungsgröße verändert und nacheinander eine ganze Reihe einfacher Gleichstromanalysen durchführt. Diese Analyse ermöglicht es, einen gewünschten Wertebereich von folgenden Größen zu durchlaufen:

- Gleichspannungs- bzw. Gleichstromquellen
- Schaltungsparameter (z.B. Widerstandswerte, Kapazitäten)
- Modellparameter
- Temperatur

Für jeden Wert des Wertebereichs wird der Arbeitspunkt berechnet (Großsignalanalyse). Darüber hinaus bietet diese Analyse noch eine weitere Möglichkeit. Zusätzlich zum Haupt-Sweep lässt sich in einem Neben-Sweep (SECONDARY SWEEP) eine weitere Variable verändern. Erst dadurch wird es möglich, ganze Kurvenscharen zu erzeugen, wie beispielsweise die Durchlasskennlinie einer Diode für verschiedene Temperaturen oder die Ausgangskennlinie eines Transistors. Besonders interessant ist die Simulation des Temperaturverhaltens einer Schaltung, denn dafür sind experimentelle Versuche sehr aufwändig.

 Wählen Sie im Dialogfenster SIMULATION SETTINGS unter ANALYSIS TYPE die Option DC SWEEP. Zunächst müssen Sie die gewünschte Sweep-Variable auswählen. Dafür finden Sie rechts oben im Feld SWEEP VARIABLE die fünf Möglichkeiten VOLTAGE SOURCE, CURRENT SOURCE, GLOBAL PARAMETER, MODEL PARAMETER und TEMPERATURE. Wählen Sie eine dieser Möglichkeiten durch Klick auf die zugehörige Schaltfläche aus. Dabei ist VOLTAGE SOURCE bzw. CURRENT SOURCE zu wählen, wenn Sie die Werte einer Spannungs- bzw. Stromquelle verändern wollen. Entsprechend klicken Sie auf die Schaltfläche bei TEMPERATURE, wenn Sie die Spannungen und Ströme einer Schaltung bei verschiedenen Temperaturwerten berechnen wollen. GLOBAL PARAMETER ist zu wählen, wenn beispielsweise ein Widerstands-, Kapazitäts- oder Induktivitätswert variiert werden soll. Schließlich haben Sie noch den Eintrag MODEL PARAMETER zur Verfügung, falls Sie den Einfluss eines Modellparameters eines Bauteils, z.B. des Bahnwiderstands einer Diode, untersuchen möchten. Im Eingabefeld NAME rechts oben ist der Name der zu sweependen Spannungs- bzw. Stromquelle einzutragen. Der Name eines globalen Parameters wird im Feld PARAMETER NAME eingesetzt und der Name eines Modellparameters im Feld MODEL NAME. Unter MODEL TYPE muss die Kurzbezeichnung für ein Modell, z.B. D für Diode, ausgewählt werden (s.a. Tabelle 4.1).

In der unteren mit SWEEP TYPE bezeichneten Hälfte des Dialogfensters können Sie in START VALUE, END VALUE und INCREMENT den Wertebereich für den Durchlauf sowie den Abstand der Stützstellen festlegen. Weiter müssen Sie bestimmen, wie die Stützstellen verteilt werden. Bei einer linear eingeteilten x-Achse sollte man LINEAR wählen, bei einer logarithmisch skalierten x-Achse DECADE (OCTAVE bewirkt eine logarithmische Einteilung zur Basis 2). Soll ein Durchlauf nur für einzelne bestimmte Werte durchgeführt werden, so ist es günstiger, die Schaltfläche VALUE LIST auszuwählen und im Eingabefeld VALUES die gewünschten Werte durch Leerzeichen oder Komma getrennt einzugeben.

 Als Beispiel wollen wir mit einem Global Sweep den Widerstand *R4* in der Brückenschaltung (s. Bild 4.3) verändern, um den Wert herauszufinden, bei dem die Brücke abgeglichen ist. Bei einem Global Sweep werden Schaltungsparameter, wie beispielsweise ein Widerstandswert, in einem gewünschten Bereich verändert. Der Schaltungsparameter muss dazu mit einer globalen Variable beschrieben werden. Geben Sie für den Wert des Widerstands *R4* statt *1k* einen Namen, z.B. *Rvar*, ein. Der Name muss in geschweifte Klammern gesetzt werden, also {*Rvar*}. Damit wird der Widerstand R4 als Parameter definiert. Holen Sie jetzt aus der Bibliothek SPECIAL.OLB das Element PARAM und platzieren Sie es auf der Zeichenoberfläche. Mit einem Doppelklick auf das Element öffnet sich der Property Editor (Filter: PSPICE). Falls noch keine Eigenschaft (Spaltenkopf) *Rvar* (ohne geschweifte Klammern) vorhanden ist, müssen Sie diese über NEW COLUMN neu anlegen. Geben Sie dieser Eigenschaft einen beliebigen Wert, z.B. *1k*.

Markieren Sie die Spalte *Rvar* und klicken Sie auf DISPLAY. Wählen Sie im Fenster DISPLAY PROPERTIES die Option NAME AND VALUE, damit die neue Eigenschaft auf der Zeichenoberfläche angezeigt wird. Wenn Sie dann den Property Editor verlassen, sehen Sie beim Element PARAM die neue Eigenschaft. Zuletzt ist im Dialogfenster SIMULATION SETTINGS die DC-SWEEP-Analyse mit der Option GLOBAL PARAMETER zu wählen und im Feld PARAMETER NAME der Name *Rvar* (ohne Klammern) einzutragen. Geben Sie im Feld SWEEP TYPE ein: LINEAR, START VALUE: 4k, END VALUE: 20k, INCREMENT: 100. Setzen Sie an den Pin des Widerstands *R5* in der Brückendiagonale einen Strommarker und starten Sie die Simulation. Aus dem Diagramm in PROBE können Sie leicht ablesen, dass die Brücke mit *R4 = 11,7kΩ* abgeglichen ist.

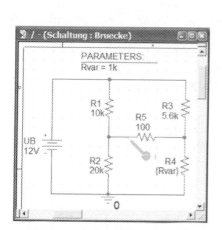
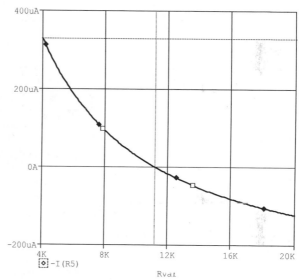

Bild 4.5 Brückenschaltung mit globalem Parameter *Rvar* und Simulationsergebnis

Wird ein verschachtelter Sweep benötigt, beispielsweise weil die Veränderung eines globalen Parameters in Abhängigkeit von einem zweiten Parameter untersucht werden soll, so klicken Sie im Dialogfenster SIMULATION SETTINGS auf die Schaltfläche SECONDARY SWEEP. Sie erhalten daraufhin nochmals die gleichen Eingabemöglichkeiten wie für den ersten Parameter. Hier sind jedoch die Werte für die Neben-Sweep-Variable einzugeben. Der Neben-Sweep wird aber nur durchgeführt, wenn das Kästchen neben SECONDARY SWEEP mit einem Mausklick aktiviert wurde. Bei der Simulation fallen jetzt deutlich mehr Daten an als bei den vorher besprochenen Analyseverfahren. Im Oszilloskop-Programm PROBE erhält man eine Kurvenschar, wobei die Kurven nicht einzeln ausgewählt werden können. Jedoch ist es weiterhin möglich, die x- und y-Achse zu vertauschen.

Ergänzen Sie das Beispiel der Brückenschaltung mit einem Secondary Sweep mit der SWEEP VARIABLE Spannungsquelle *UB*. Geben Sie beispielsweise die Werte *5V*, *10V* und *12V* im Feld VALUE LIST ein und lassen Sie noch einmal simulieren. Sie erhalten jetzt in PROBE drei Kurven, jeweils für einen Wert der Spannungsquelle *UB*.

Tabelle 4.1 DC-Sweep-Typen und ihre Parameter, gilt ebenso für den *Secondary-Sweep* und den *Parametric-Sweep*

DC-Sweep-Typ		Sweep Variable mit Parameter	
Spannungsquelle	VOLTAGE SOURCE	NAME:	Name der Spannungsquelle
Stromquelle	CURRENT SOURCE	NAME:	Name der Stromquelle
Temperatur	TEMPERATURE		
Modellparameter	MODEL PARAMETER	MODEL TYPE:	Codewort für Typ des Modells (z.B. RES: Widerst., CAP: Kondens., IND: Indukt., D: Diode, NPN: NPN-Trans., NMOS: n-Kanal MOSFET
		MODEL NAME:	Name des Modells (z.B. Rbreak, Dbreak)
		PARAMTER NAME:	Name des zu sweependen Modell-parameters (z.B. TC1, N, RS)
Globaler Parameter	GLOBAL PARAMETER	PARAMETER NAME:	Name des zu sweependen globalen Parameters (z.B. *Rvar*, *Cvar*)
			Zusätzlich muss dem Bauelement als Wert der globale Parameter in geschweiften Klammern gegeben werden (z.B. *{Rvar}*). Weiterhin wird das Element PARAM benötigt, in dem unter NAME1 der globale Parameter ohne Klammern (z.B. *Rvar*) eingetragen wird. Unter VALUE1 wird ein Wert (z.B. *10k*) eingetragen, der ohne Sweep verwendet werden soll.

Sweep Type			
LINEAR:	START VALUE:	Anfangswert	
	END VALUE:	Endwert	
	INCREMENT:	Abstand der Datenpunkte	
LOGARITHMIC:	OCTAVE/DECADE:	Logarithmische Einteilung zur Basis 2 / 10	
	START VALUE:	Anfangswert	
	END VALUE:	Endwert	
	POINTS/DECADE (OCTAVE):	Anzahl Punkte pro Dekade bzw. Oktave	
VALUE LIST:	Liste mit einzelnen Werten, durch Leerzeichen bzw. Komma getrennt.		

4.2.1 Parametric-Sweep (Parameter-Analyse)

Der Parametric-Sweep verhält sich sehr ähnlich wie der bereits behandelte Secondary-Sweep, jedoch kann er nicht nur für den DC-Sweep, sondern auch für den AC-Sweep und für die Transienten-Analyse verwendet werden. Wählen Sie im Dialogfenster SIMULATION SETTINGS die Option PARAMETRIC SWEEP. Sie erhalten dann die gleichen Eingabemöglichkeiten wie beim Secondary-Sweep. Deshalb müssen die Eingabemöglichkeiten hier nicht weiter erläutert werden.

Einen wesentlichen Unterschied zwischen Secondary-Sweep und Parametric-Sweep ist nach der Simulation in PROBE zu erkennen. Sie werden nämlich zunächst in einem Fenster AVAILABLE SECTIONS aufgefordert, auszuwählen, ob alle oder nur einzelne der durchlaufenen Parameterwerte zu verwenden sind. Werden alle ausgewählt, so erhält man eine Kurvenschar ähnlich wie mit Secondary-Sweep, jedoch sind die Kurven nun verschiedenfarbig. Durch einen Doppelklick auf eines der zugehörigen Farbsymbole am unteren Bildrand oder mit dem Popup-Menü der rechten Maustaste wird der entsprechende Wert des Parameters eingeblendet. Ein Nachteil sei nicht verschwiegen, die x- und y-Achse können nicht mehr vertauscht werden, wenn mehrere Kurven dargestellt werden. Beim Secondary-Sweep ist dies möglich.

4.3 Analyse im Zeitbereich, Transienten-Analyse

Die Transienten-Analyse wird verwendet, um die zeitliche Abhängigkeit der Spannungen, Ströme und digitalen Schaltungszustände zu untersuchen. Zusammen mit dem Programmteil PROBE verhält sich PSPICE dann wie ein „Software-Oszilloskop". Im Dialogfenster SIMULATION SETTINGS wählen Sie unter ANALYSIS TYPE die Option TIME DOMAIN (TRANSIENT) für die Transienten-Analyse. Ein erstes Beispiel mit dieser Analyseart wurde bereits in Kapitel 2 mit dem RC-Tiefpass behandelt (s. Bild 2.16).

Die Transienten-Analyse startet immer zum Zeitpunkt $t = 0$ und dauert bis zu einem Zeitpunkt $t = RUN\ TO\ TIME$, der im Eingabefenster festgelegt werden muss. Für die Berechnung der Zeitverläufe benutzt PSPICE eine interne Schrittweite für die Zeitschritte, die aber nicht fest ist, sondern sich an die Kurvenverläufe anpasst. Ändert sich das Signal stark, dann wählt PSPICE automatisch kleinere Abstände, und bei geringeren Änderungen größere Abstände. Der größtmögliche Abstand wird allerdings durch den Wert im Feld MAXIMUM STEP SIZE vorgegeben. Bleibt das Feld leer, dann geht PSPICE von insgesamt 100 Stützstellen aus und berechnet den größtmöglichen Abstand nach der Gleichung:

MAXIMUM STEP SIZE = $RUN\ TO\ TIME\ /\ 100$.

Um die Qualität der Darstellung in PROBE zu verbessern, d.h. um „glattere" Kurvendarstellungen zu erhalten, muss im Feld MAXIMUM STEP SIZE ein entsprechend großer Wert eingegeben werden. Dadurch erhöht sich aber auch die Rechenzeit. Zusammenfassend haben die Eingabefelder folgende Bedeutung:

Tabelle 4.2 Parameter der Transienten-Analyse

Parameter	Bedeutung	Standardwert	Maßeinheit
RUN TO TIME	Endzeitpunkt der Analyse		s
START SAVING DATA AFTER	Zeitverzögerung für die Ausgabe der Werte		s
MAXIMUM STEP SIZE	Maximal zulässige interne Rechenschrittweite	RUN TO TIME/ 100	s
SKIP THE INITIAL TRANSIENT BIAS POINT CALCULATION	Hiermit kann die Arbeitspunktanalyse übersprungen werden. PSPICE verwendet für die Anfangsbedingungen die mit den Symbolen *IC1* und *IC2* vorgegebenen Werte und setzt alle anderen Anfangswerte auf Null.	0	
OUTPUT FILE OPTIONS...	Liefert detaillierte Informationen zum Arbeitspunkt in der Output-Datei Ermöglicht die Berechnung der Fourier-Koeffizienten (s. 4.4.1)		

Über das gleiche Dialogfenster wird auch die Fourier-Analyse bestimmt. Die Einzelheiten dazu werden im Abschnitt 4.4.1 behandelt.

4.4 Analysen im Frequenzbereich

4.4.1 Fourier-Analyse (Spektralanalyse)

Durch die harmonische Analyse nach Fourier (Fourier-Analyse genannt) kann eine *periodische* Schwingung in eine Summe von reinen Sinusschwingungen unterschiedlicher Amplituden und Frequenzen sowie in einen konstanten Anteil zerlegt werden. Durch die Fourier-Analyse werden die Fourier-Koeffizienten (Gleichanteil und Amplituden der Oberschwingungen) ermittelt.

Die Fourier-Analyse kann in PSPICE nur in Verbindung mit einer Transienten-Analyse durchgeführt werden. Es stehen dabei zwei unterschiedliche Verfahren zur Verfügung. Bei dem einen Verfahren werden die Fourier-Koeffizienten im Anschluss an die Transienten-Analyse aus den in PROBE dargestellten Kurven berechnet und dargestellt. Bei dem anderen Verfahren werden die Berechnungen bereits während der Simulation durchgeführt und in das Output-File geschrieben. Das Ergebnis liegt dann lediglich in Form von Werten für die Fourier-Koeffizienten vor, nicht aber als Diagramm. Es wird nun die Vorgehensweise für beide Verfahren am Beispiel eines Rechtecksignals erläutert. Legen Sie ein neues Projekt an. Wählen Sie die Spannungsquelle VPULS und belasten Sie diese mit einem Widerstand (1k).

 Wählen Sie zunächst im Dialogfenster SIMULATION SETTINGS unter ANALYSIS TYPE die Option TIME DOMAIN (TRANSIENT) und geben Sie die entsprechenden Parameter ein. Beim Parameter RUN TO TIME müssen Sie unbedingt darauf achten, dass Sie genau eine Periode oder ein ganzzahliges Vielfaches der Periode simulieren. Sollten Sie aus irgendeinem Grund kein ganzzahliges Vielfaches der Periodendauer simulieren, so müssen Sie in PROBE vor der Fourier-Analyse im Menü PLOT/AXIS SETTINGS/X AXIS mit dem Schalter USE DATA/RESTRICTED den Datenbereich einschränken. Ebenso darf bei einem einschwingenden Signal nur der eingeschwungene Zustand verwendet werden.

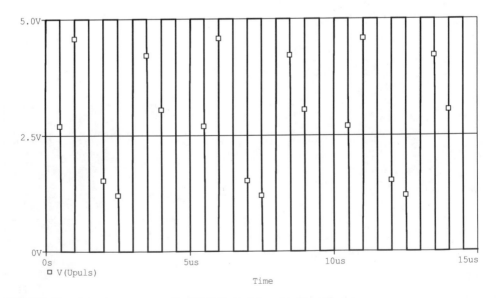

Bild 4.6 Signal der Spannungsquelle VPULS mit folgender Einstellung:
V1=0V, V2=5V, TD=0s, TR=TF=15ns, PW=485ns, PER=1us

Starten Sie wie gewohnt die Simulation und bringen Sie den zeitlichen Verlauf des gewünschten Signals in PROBE zur Darstellung (s Bild 4.6). Erst jetzt kann die Fourier-Analyse im
Menü PLOT/AXIS SETTINGS/X AXIS durch Anklicken des Kästchens vor FOURIER oder über die
Schaltfläche FFT gestartet werden. In einer neuen Darstellung werden dann die Spektrallinien
des Signals abgebildet. Oft interessiert nur ein kleiner Teil der Frequenzachse. Dann kann man
den dargestellten Frequenzbereich im Menü PLOT/X AXIS SETTINGS/X AXIS im Eingabefeld
DATA RANGE/USER DEFINED einschränken. Mit der Schaltfläche FFT können Sie beliebig
zwischen der zeitlichen Darstellung und den Spektrallinien eines Signals hin- und herschalten.

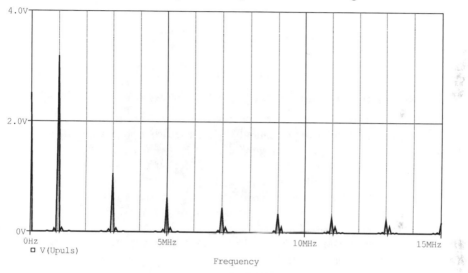

Bild 4.7 Ergebnis der Fourier-Berechnung eines Rechtecksignals mit *f = 1MHz*

Der Abstand der berechneten Stützstellen hängt von der Größe des verwendeten Zeitbereichs
ab: *Stützstellenabstand = 1/RUN TO TIME*. Je größer der verwendete Zeitbereich des Signals ist,
je mehr Perioden also berücksichtigt werden, desto präziser wird die Spektralanalyse. Der
Rechenaufwand wird entsprechend größer. Der Zeitbereich muss jedoch stets einem ganzzah-
ligen Vielfachen der Periodendauer entsprechen. Die Fourier-Koeffizienten entsprechen der
Höhe der abgebildeten Spektrallinien. Da das Rechtecksignal einen Gleichanteil von 2,5 V hat,
gibt es auch eine Spektrallinie bei f = 0 Hz mit der Höhe 2,5 V. Das Ergebnis zeigt sehr schön,
dass sich ein Rechtecksignal aus ungeradzahligen Vielfachen der Grundfrequenz zusammen-
setzt.

Sie brauchen jetzt aber nicht mit der Cursorfunktion in PROBE jede einzelne Linie auszumes-
sen. PSPICE stellt auf Wunsch die Daten der Fourier-Analyse auch tabellarisch in der Output-
Datei zur Verfügung. Um dieses zweite Verfahren durchführen zu können, gehen Sie wieder
in das Dialogfenster SIMULATION SETTINGS und wählen Sie die Transientenanalyse. Klicken
Sie jetzt auf die Schaltfläche OUTPUT FILE OPTIONS. Es öffnet sich das Fenster TRANSIENT
OUTPUT FILE OPTIONS. Wählen Sie die Option PERFORM FOURIER ANALYSIS.

Geben Sie im Feld CENTER FREQUENCY die Frequenz der Grundwelle (1. Harmonische) ein,
für welche die Fourier-Analyse erfolgen soll. PSPICE errechnet daraus die Periodendauer
T = 1/ CENTER FREQUENCY des Signals. Für die Berechnung wird automatisch die letzte Periode des simulierten Signals verwendet. Man muss also bei diesem Verfahren nicht darauf ach-

ten, ein ganzzahliges Vielfaches der Periodendauer einzuhalten. Im Feld NUMBER OF HARMONICS wird die gewünschte Anzahl von Oberwellen eingetragen. Unter OUTPUT VARIABLES ist die Variable einzutragen, von der eine Fourier-Analyse erfolgen soll.

 Nach der Simulation finden Sie das Ergebnis im Output-File unter der Überschrift *Fourier Components of transient Response*. Die Spalte FREQUENCY beinhaltet die Frequenzen der Grundschwingung sowie der Oberschwingungen. Unter der Spalte FOURIER COMPONENT sind die Werte der Fourier-Koeffizienten aufgeführt. Unterhalb der Liste finden Sie auch den Wert für die Harmonische Störung (TOTAL HARMONIC DISTORTION), welche die Leistung der Oberwellen zur Leistung der Grundwellen ins Verhältnis setzt. Für Werte kleiner 10 % entspricht die Harmonische Störung etwa dem Klirrfaktor, einem wichtigen Faktor zum Beurteilen von Verstärkerschaltungen.

4.4.2 Wechselstromanalyse und Frequenzgang (AC-Sweep)

Der AC-Sweep[1] berechnet die Amplituden und Phasenwinkel aller Spannungen und Ströme einer Schaltung mit frequenzabhängigen Bauteilen (Wechselstromschaltungen) im stationären, d.h. eingeschwungenen Zustand, bei einer gewünschten Frequenz oder in einem Frequenzbereich (Frequenzgang). Dabei wird vorausgesetzt, dass die zu untersuchende Schaltung aus linearen Bauteilen und ausschließlich sinusförmigen Signalquellen einer einzigen Frequenz besteht. Sind nichtlineare Bauteile, wie beispielsweise Transistoren, vorhanden, so werden diese von PSPICE automatisch vor der Analyse um den Arbeitspunkt herum linearisiert. D.h. die nichtlinearen Kennlinien werden im Arbeitspunkt durch Geradenstücke ersetzt. Weiterhin ersetzt PSPICE alle Gleichspannungsquellen durch Kurzschlüsse sowie alle Gleichstromquellen durch unendlich große Widerstände.

Da die AC-Analyse bei einer einzelnen Frequenz nur sehr wenig Rechenzeit benötigt, kann diese Berechnung leicht für mehrere Frequenzen wiederholt und als Frequenzgang dargestellt werden. Voraussetzung für den AC-Sweep ist eine Wechselspannungs- bzw. Wechselstromquelle wie beispielsweise *VAC, IAC, VSRC, ISRC, VSIN, ISIN* u.a. Dabei muss der im Property Editor für die Eigenschaft *AC* eingetragene Wert immer größer *0 V* sein.

 Zunächst wollen wir die AC-Analyse nur bei einer einzigen Frequenz durchführen. Öffnen Sie dazu das im zweiten Kapitel angelegte Projekt *RCTiefpass.obj*. Der Tiefpass wurde für die Transienten-Analyse mit der Quelle *VSIN* gespeist. Diese Quelle kann auch für die AC-Analyse verwendet werden. Es muss lediglich im Property-Editor für den Parameter *AC* ein Wert, z.B. *AC=10V* eingegeben werden. Alle anderen Parameter werden bei der AC-Analyse ignoriert, sie müssen aber irgendwelche Werte haben, sonst gibt es eine Fehlermeldung. Damit das Ergebnis der AC-Analyse in das Output-File geschrieben wird, müssen Sie noch einen Spannungsmesser an der Schaltung anschließen. Dazu gibt es das Bauteil *VPRINT1* in der Bibliothek *special.olb*, das wir an den Knoten zwischen Widerstand und Kondensator anschließen werden. Mit *VPRINT1*[2] können Potenziale an Knoten erfasst werden (mit *IPRINT* Ströme in Zweigen). Alternativ könnte man mit dem Bauteil *VPRINT2* den Spannungsabfall

---

[1] AC: **A**lternating **C**urrent, Wechselstrom

[2] Auf ähnliche Weise kann auch das Bauteil *VPLOT1* verwendet werden. Etwas anders verhält sich das Bauteil *WATCH1*. Bei diesem muss bei der Eigenschaft *ANALYSIS* die gewünschte Analyseart, hier also *AC*, eingegeben werden. Das Ergebnis wird dann in PROBE im SIMULATION STATUS WINDOW (rechts unten) im Teilfenster WATCH dargestellt. Es sind maximal drei *WATCH1*-Bauteile möglich.

über dem Kondensator messen. Damit der Spannungsmesser richtig arbeitet müssen Sie mit einem Doppelklick auf das Bauteil den Property-Editor öffnen und bei der Eigenschaft[3] *AC* irgendeinen Buchstaben oder Zahl eingeben (z.B. J, Y). Das Bauelement soll die Amplitude und Phase in das Output-File schreiben. Dies teilen Sie dem Element mit, indem Sie bei den Eigenschaften *MAG* und *PHASE* ebenfalls einen beliebigen Buchstaben oder eine Zahl eingeben. Sie könnten auch den Real- und Imaginärteil der Spannung (*REAL*, *IMAG*) oder den Spannungswert in Dezibel (*DB*) ausgeben lassen. Damit ist das Bauteil *VPRINT1* vorbereitet. Geben Sie zuletzt dem Knoten noch einen Alias-Namen, z.B. *aus*.

Wählen Sie im Dialogfenster SIMULATION SETTINGS unter ANALYSIS TYPE die Option AC SWEEP/NOISE aus. Es sind zunächst nur die Parameter in der oberen Hälfte interessant (s.a. Tabelle 4.3). Im unteren Bereich kann man noch eine Rauschanalyse starten, die aber erst im nächsten Abschnitt behandelt wird. Damit der AC-Sweep die Analyse nur für eine einzige Frequenz durchführt, müssen Sie einen kleinen Trick anwenden. Wählen Sie die Option LINEAR. Lassen Sie die Analyse bei $f = 100kHz$ (START FREQUENCY) beginnen und bei $f = 100kHz$ (END FREQUENCY) enden mit insgesamt einem Punkt (TOTAL POINTS). Starten Sie jetzt die Simulation und öffnen Sie in PROBE das Output-File. Sie finden dort unter der Überschrift *AC ANALYSIS* folgendes Ergebnis:

> *FREQ   VM(AUS)   VP(AUS)*
> *1.000E+05   8.467E-01   -3.214E+01*

Bei der Frequenz 100kHz hat die Spannung an dem Knoten *AUS* eine Amplitude (*VM*) von 0,8467V und einen Phasenwinkel (*VP*) von 32,14°.

Tabelle 4.3 Parameter des AC-Sweeps

Parameter	Bedeutung	Maßeinheit
START FREQUENCY	Unterste Frequenz des interessierenden Frequenzbereichs, muss stets größer 0 sein	Hz
END FREQUENCY	Oberste Frequenz des interessierenden Frequenzbereichs, muss größer oder gleich der Startfrequenz sein	Hz
TOTAL POINTS	Gesamtzahl der Berechnungspunkte bei linear: zwischen Start Frequency und End Frequency bei octav: pro Oktave bei decade: pro Dekade	
LINEAR	Bewirkt ein lineares Durchlaufen der Frequenz von der Startfrequenz bis zur Endfrequenz	
OKTAVE	Bewirkt ein logarithmisches Durchlaufen des definierten Frequenzbereichs (Logarithmus zur Basis 2)	
DECADE	Bewirkt ein logarithmisches Durchlaufen des definierten Frequenzbereichs (Logarithmus zur Basis 10)	

Viel öfters interessiert man sich aber für das Verhalten einer Schaltung in einem bestimmten Frequenzbereich, der durch Start- und Endfrequenz definiert ist. Dann wird für jede einzelne, durch die Anzahl von Punkten vorgegebene Frequenz eine AC-Sweep-Analyse durchgeführt. Die Gesamtheit der Ergebnisse kann als Amplituden- und Phasengang in PROBE dargestellt

---

[3] Soll der Spannungsmesser bei der DC- oder Transienten-Analyse eingesetzt werden, ist die Spalte *DC* bzw. *TRAN* zu wählen.

werden. Beide Koordinatenachsen können wahlweise linear oder logarithmisch eingeteilt werden. Die Einteilung der Frequenzachse wird, wie oben erläutert, im Dialogfenster SIMULATION
SETTINGS bei AC SWEEP festgelegt. Die Einteilung der Ordinate wird in PROBE im Menü
PLOT/AXIS SETTINGS/Y AXIS bestimmt. Wir werden im Kapitel 5 mehrere Beispiele dazu
betrachten (s.a. Überblick im Anhang).

4.4.3 Rauschanalyse

Unter Rauschen versteht man die statistischen Prozesse in Widerständen und Halbleitern. Sie
entstehen durch Wärmebewegung der Elektronen im Leiter, thermisches Rauschen genannt,
bzw. durch Rekombination und Paarbildung von Elektronen und Löchern im Halbleiter.
Rauschspannungen werden in Verstärkerschaltungen verstärkt und verfälschen so das eigentliche Nutzsignal. Somit ist das Verhältnis von Nutzsignal und Rauschen am Ausgang eines
Verstärkers ein wichtiges Gütekriterium, das man als Rauschabstand bezeichnet. Physikalisch
ist Rauschen stets ein Frequenzgemisch.

PSPICE stellt die Analyseart *Noise Analysis* zur Verfügung, um den Rauschabstand zu
bestimmen. Den Eingabebereich erreicht man im Dialogfenster SIMULATION SETTINGS, wenn
man unter ANALYSIS TYPE die Option AC SWEEP/NOISE auswählt. Zunächst müssen Sie die
obere Hälfte wie bei einem normalen AC-Sweep ausfüllen. Dann ist in der unteren Hälfte
NOISE ANALYSIS das Kästchen ENABLED zu aktivieren und im Feld OUTPUT VOLTAGE müssen
Sie die Spannung in der Schaltung angeben, an der Sie das Rauschen der Schaltung bestimmen
wollen. Im Eingabefeld I/V SOURCE muss eine unabhängige Quelle der Schaltung eingetragen
werden. PSPICE berechnet für diese Quelle das äquivalente Eingangsrauschen. Darunter versteht man die Spannung, welche diese Quelle liefern müsste, damit sie in einer sonst rausch-
freien Schaltung die gleiche Rauschspannung am Ausgang erzeugt, wie die zu analysierende
Schaltung. Die Eingabezeile INTERVAL ist auszufüllen, wenn gewünscht wird, dass die Ergebnisse auch in die Output-Datei geschrieben werden. Da bei dieser Analyse sehr viele Daten
anfallen, bewirkt die Angabe einer Zahl *n* in diesem Feld, dass nur Angaben zu jedem n-ten
Frequenzwert in die Datei aufgenommen werden.

Nach der Simulation erhalten Sie in PROBE zunächst noch keine Darstellung zum Rauschen.
Falls Sie in Ihrer Schaltung Marker gesetzt haben, sehen Sie den Amplitudengang dieser Grö-
ßen. Um Aussagen zum Rauschen zu erhalten, müssen Sie eine zweite y-Achse einfügen
(PLOT/ADD Y AXIS) und in die Trace-Liste (TRACE/ADD TRACE) gehen. Sie finden dort eine
Reihe von Einträgen, die mit dem Buchstaben *N* für Noise beginnen, sowie *V(ONOISE) und
V(INOISE)*. Die einzelnen Rauschquellen der Schaltung, wie Widerstände und Halbleiterbau-
elemente, erzeugen an dem in der Simulationseinstellung (SIMULATION SETTINGS) ausgewählten Netzknoten (OUTPUT VOLTAGE) einen Beitrag zum Gesamtrauschen. Die spektralen Leis-
tungsdichten dieser Rauschquellen beginnen alle mit dem Buchstaben N. Die spektrale Leistungsdichte S, die insgesamt an dem ausgewählten Knoten auftritt, wird mit *NTOT(ONOISE)*
bezeichnet. Sie setzt sich aus der Summe der spektralen Leistungsdichte der einzelnen
Rauschquellen zusammen. Da sich die spektrale Leistungsdichte S aus dem Quadrat des Effektivwertes dividiert durch die Bandbreite berechnet ($S = U_{eff}^2/2B$), ist ihre Einheit V²/Hz. Sie
verdeutlicht also, welche Leistung (bezogen auf einen Einheitswiderstand von 1 Ω) sich auf
den Frequenzbereich von 2 B ergibt. Die Größe *V(ONOISE)* wird als Spannungsdichte bezeichnet und berechnet sich aus der Quadratwurzel aus *NTOT(ONOISE)*:

$$V(ONOISE) = \sqrt{NTOT(ONOISE)} \text{ , Einheit} : \frac{V}{\sqrt{Hz}}.$$

V(INOISE) schließlich gibt die Amplitude an, die eine im Feld I/V SOURCE im Dialogfenster SIMULATION SETTINGS angegebene (Rausch-) Quelle liefern müsste, um *V(ONOISE)* zu erzeugen. Ein Beispiel zur Rauschanalyse ist im Abschnitt 5.3.5 zu finden.

4.5 Weitere Analysen

4.5.1 Statistische Analyse (Monte-Carlo-Analyse)

Die Monte-Carlo-Analyse ist eine Vorgehensweise, bei der mehrfache Rechengänge einer Simulationsart durchgeführt und dabei die toleranzbehafteten Bauteile zufällig verändert werden. Dadurch sollen statistische Abweichungen der Werte der Bauteile vom Nominalwert nachgebildet werden. Damit kann bereits in der Entwicklungsphase beurteilt werden, wie sich produktionsübliche oder auch alterungsbedingte Toleranzen der Bauteile auf die Schaltung auswirken.

Die Monte-Carlo-Analyse kann mit dem DC-Sweep, dem AC-Sweep und der Transienten-Analyse kombiniert werden. Zunächst wird immer ein Nominal-Lauf durchgeführt, bei dem alle Bauteile ihre Nennwerte haben. Danach kann die Monte-Carlo-Analyse beliebig oft hintereinander durchgeführt werden, wobei bei jedem Lauf die Parameter, die mit einer Toleranz behaftet sind, durch Zufall neu festgelegt werden.

Erster Schritt: den toleranzbehafteten Bauelementen einen Toleranzwert zuweisen.

Einem einzelnen passiven Bauelement R, C oder L kann der Toleranzwert unmittelbar im Property Editor eingetragen werden, der sich per Doppelklick auf das jeweilige Symbol öffnet. Geben Sie der Eigenschaft *TOLERANCE* den gewünschten Wert einschließlich Prozentzeichen (z.B. *5%*). Um die Eingabe etwas eleganter zu gestalten, können Sie beispielsweise zuerst alle Widerstände markieren (<Strg> gedrückt halten) und dann im Menü EDIT/PROPERTIES den Property Editor aufrufen. Dort finden Sie dann für alle Widerstände die Eigenschaften untereinander angeordnet und Sie können leicht die Toleranzen eingeben. Geben Sie auf die gleiche Weise den anderen Bauelementen in Ihrer Schaltung eine Toleranz, z.B. den Kapazitäten und Induktivitäten.

Die Definition der Toleranzwerte bei aktiven Bauelementen und bei Modellen aus der Breakout-Bibliothek wird über den Modell-Editor durchgeführt. Markieren Sie beispielsweise einen Transistor und rufen Sie über das Menü EDIT/PSPICE MODEL den Modell-Editor auf, mit dem für beliebig viele Modellparameter des Transistors Toleranzwerte zugewiesen werden können. Dies erfolgt stets nach dem jeweiligen Modellparameter durch die Angabe von *DEV=* (z.B. *DEV=1%*) oder *LOT=* (z.B. *LOT=1%*). Das *DEV* Attribut erzeugt für den entsprechenden Parameter jedes Transistors einen zufälligen Toleranzwert (unkorrelierte Toleranz). Das Attribut *LOT* bewirkt, dass der entsprechende Parameter aller Transistoren gemeinsam, d.h. korreliert, verändert wird. Die Angabe *LOT* ist beispielsweise bei integrierten Bauteilen angebracht. *DEV* und *LOT* können miteinander kombiniert werden. Der Modellname erhält automatisch eine Erweiterung, damit das Originalmodell aus der Bibliothek nicht überschrieben wird. Zusätzlich wird das Modell in einer neuen Bibliothek abgespeichert.

In PSPICE können Sie verschiedene Verteilungsfunktionen auswählen, nach denen die Parameter gestreut werden. Als Standardwert ist eine gleichmäßige Verteilung innerhalb der gewählten Toleranzbreite (UNIFORM) eingestellt. Aber auch eine Gaußverteilung (GAUSSIAN) oder jede beliebige andere Verteilung (USER DEFINED), die dann in einer Datei festgelegt werden muss, ist möglich (nähere Hinweise dazu z.B. in [7]). Die Verteilung wird mit Schrägstrich an die Attribute *DEV* bzw. *LOT* angehängt, z.B. *DEV/GAUSS=0.5%*.

Zweiter Schritt: Einstellen der Monte-Carlo-Analyse.

Wählen Sie im Dialogfenster SIMULATION SETTINGS zunächst unter ANALYSIS TYPE eine Analyseart (z.B. AC Sweep) aus und markieren Sie dann zusätzlich das Kästchen neben MONTE CARLO/WORST CASE. Klicken Sie auf den Button MONTE CARLO und führen Sie die übrigen Eingaben gemäß Tabelle 4.4 durch.

Dritter Schritt: Darstellung der Ergebnisse in PROBE.

Wählen Sie nach dem Start von PROBE im Fenster AVAILABLE SECTIONS die gewünschten Monte-Carlo-Durchläufe aus. Es werden dann alle diese Kurven übereinander gezeichnet. Weiterhin können Sie nun eine Histogrammverteilung der gewünschten Größe (z.B. Resonanzfrequenz, Bandbreite, usw.) mit der Performance-Analyse erzeugen. Löschen Sie alle Diagramme in PROBE, aktivieren Sie die Schaltfläche für die Performance-Analyse und wählen Sie im Menü TRACE/GOAL FUNCTIONS eine geeignete Größe.

Als Beispiel wollen wir wieder den bereits mehrfach verwendeten RC-Tiefpass betrachten. Markieren Sie zunächst den Widerstand und Kondensator (<Strg>-Taste dabei gedrückt halten) und geben Sie im Property Editor dem Widerstand eine Toleranz von 5% und dem Kondensator 10%. Wir wählen hier absichtlich große Toleranzen, damit wir später auch deutliche Auswirkungen sehen können. Legen Sie im nächsten Schritt ein Simulationsprofil für eine AC-Analyse an:

LOGARITHMIC, START FREQUENCY: *10Hz*, END FREQUENCY *1MegHz*, POINTS/DECADE: *100*.

Wählen Sie zusätzlich unter OPTIONS den Eintrag MONTE CARLO/WORST CASE. Achten Sie darauf, dass das Kästchen davor aktiviert (abgehakt) ist. Geben Sie im Feld Output Variable die Größe *V(out)* ein, wobei *out* ein Aliasname für den Knoten zwischen Kondensator und Widerstand ist. Da die Schaltung sehr einfach ist und damit schnell berechnet wird, wollen wir gleich 100 Durchläufe rechnen lassen (NUMBER OF RUNS: 100). Weitere Angaben sind jetzt nicht erforderlich. Beenden Sie das Simulationsprofil und starten Sie die Simulation. PROBE meldet sich mit dem Fenster AVAILABLE SECTIONS, in dem wir alle 100 Ergebnisse wählen. Wählen Sie mit dem Befehl TRACE/ADD TRACE die Spannung *V(out)* und stellen Sie damit die 100 Amplitudengänge der Durchläufe dar. Die Verteilung der Grenzfrequenz wollen wir mit Hilfe der Performance-Analyse näher untersuchen. Klicken Sie dazu auf das Ikon PERFORMANCE ANALYSIS. Es öffnet sich ein weiteres Diagramm mit der Bezeichnung *Histogram* unter der x-Achse. Gehen Sie wieder über TRACE/ADD TRACE in das Dialogfenster ADD TRACES und wählen Sie im rechten Fenster den Ausdruck LPBW(1,db_level). Darauf finden Sie im Eingabefeld TRACE EXPRESSION den Eintrag *LPBW(,)*, den Sie vor dem Komma noch mit dem Signalname *V(out)* und nach dem Komma mit der Abweichung in dB ergänzen müssen: *LPBW(V(aus),3)*. Sie erhalten dann ein Säulendiagramm ähnlich wie im Bild 4.8, das aber mit Ihren statistischen Daten etwas anders aussehen kann. Die 3-dB-Grenzfrequenz variiert im Bereich von *14 kHz* bis *18 kHz*.

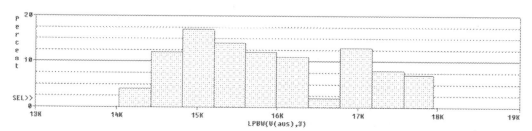

Bild 4.8 Ergebnis der Monte-Carlo-Analyse beim RC-Tiefpass, Toleranzen: R 5% und C 10%

Tabelle 4.4 Die wichtigsten Parameter der Monte-Carlo-Analyse

Parameter	Bedeutung
NUMBER OF RUNS	Anzahl der Monte-Carlo-Simulationen (mindestens 2) Der erste Durchlauf wird mit den Nominalwerten durchgeführt. Bei allen weiteren Durchläufen werden vor dem Lauf die Toleranzwerte neu berechnet.
USE DISTRIBUTION	Uniform: Gleichverteilung der Toleranzwerte Gaussian: Gaußverteilung der Toleranzwerte Distributions: Vorgabe beliebiger Verteilungen als x,y-Wertepaare, z.B. (-1,0.3)(-0.9,0.6)...(+1,0.7)
OUTPUT VARIABLE	Ausgangsgröße, ist nur für die Output-Datei interessant, es muss aber eine Größe eingetragen werden (z.B. V(out)).
RANDOM NUMBER SEED	Dieser Wert dient dem Zufallsgenerator als Basis zur Ermittlung der Zufallszahlen. Es muss eine ungerade ganze Zahl zwischen 1 und 32767 sein. Wird nichts eingegeben, wird der **Standardwert 17533** verwendet. Zu einer bestimmten Zahl werden immer die gleichen Zufallszahlen generiert. Möchte man also eine Analyse nochmals mit anderen Zufallszahlen durchführen, so muss hier eine andere Zahl eingegeben werden.
SAVE DATA FROM	Legt fest, welche Daten der Monte-Carlo-Simulation gespeichert werden. Dies betrifft sowohl das Speichern der Daten für die Darstellung in PROBE (.dat) als auch die Daten für das Output-File (.out). NONE: nur die Analyseergebnisse des ersten Durchlaufs (Nominalwerte) ALL: Ausgabe der Ergebnisse aller Durchläufe FIRST: Ausgabe der ersten *n* Durchläufe, Anzahl *n* unter RUNS eingeben EVERY: Ausgabe jedes n-ten Durchlaufs, Anzahl *n* unter RUNS eingeben RUNS: Ausgabe nur für die angegebenen Durchlaufnummern
MORE SETTINGS..	Hier wird eine Vergleichsfunktion festgelegt, mit der die Ausgangsgröße (s. Output Variable) untersucht wird. Jeder Durchlauf wird mit dem Nominaldurchlauf verglichen. Das Ergebnis wird in das Output-File geschrieben.
YMAX	Ausgabe der maximalen Differenz zwischen den berechneten Werten des ersten Durchlaufs und allen weiteren Durchläufen
MAX	Gibt den Maximalwert einer jeden Kurve aus. Dabei kann der x-Achsenabschnitt durch die Angabe von Range Lo und Range Hi eingeschränkt werden.
MIN	Gibt den Minimalwert einer jeden Kurve aus. Dabei kann der x-Achsenabschnitt durch die Angabe von Range Lo und Range Hi eingeschränkt werden.
RISE_EDGE	Gibt das erstmalige Überschreiten eines vorgegebenen Schwellwertes an.
FALL_EDGE	Gibt das erstmalige Unterschreiten eines vorgegebenen Schwellwertes an.

4.5.2 Worst-Case-Analyse

Während bei der Monte-Carlo-Analyse die Simulationen mit statistisch verteilten Toleranzwerten durchgeführt werden, geht man bei der Worst-Case-Analyse nur vom schlimmsten Fall aus, um einen Eindruck vom extremen Verhalten einer Schaltung zu erhalten. Dabei wird angenommen, der schlimmste Fall stellt sich dann ein, wenn die vorgegebenen Toleranzen so wirken, dass eine Größe maximal vom Nominalfall abweicht. Nicht immer ergibt diese Analyse tatsächlich einen Überblick über den schlimmsten Fall, denn es ist durchaus möglich, dass sich mit anderen Toleranzwerten noch schlimmere Fälle ergeben. Die Worst-Case-Analyse kann nämlich nur dann ein korrektes Ergebnis liefern, wenn bei einer monotonen Änderung eines Parameters sich auch die Ausgangsgröße monoton ändert. Diese Anforderung ist gerade bei aktiven Bauelementen problematisch. Weiterhin dürfen sich die einzelnen Parameter bezüglich der Worst-Case-Auswirkung nicht gegenseitig beeinflussen. Es ist deshalb sehr empfehlenswert vor der Worst-Case-Analyse eine Monte-Carlo-Analyse durchzuführen, um sicher zu stellen, dass alle Durchläufe der Monte-Carlo-Analyse innerhalb der Grenzen der Worst-Case-Analyse liegen..

Für eine Worst-Case-Analyse müssen Sie zunächst wieder die toleranzbehafteten Bauteile mit einer Toleranz versehen, wie das bereits im Abschnitt 4.5.1 für die Monte-Carlo-Analyse erläutert wurde. Wählen Sie im Dialogfenster SIMULATION SETTINGS zunächst unter ANALYSIS TYPE eine Analyseart (z.B. AC Sweep) aus und markieren Sie dann zusätzlich das Kästchen neben MONTE CARLO/WORST CASE. Klicken Sie auf den Button WORST CASE und geben Sie im Feld OUTPUT VARIABLE die Ausgangsgröße ein, für welche die Untersuchung durchgeführt werden soll. Die Funktionen YMAX, MAX, MIN, RISE und FALL wurden bereits im Abschnitt 4.5.1 beschrieben. Neu hinzu kommen die Optionen in Tabelle 4.5. In der Regel müssen nacheinander zwei Worst-Case-Analysen berechnet werden, einmal mit der Einstellung WORST-CASE DIREKTION HI, um die größte Abweichung nach oben zu bestimmen. Eine weitere Analyse mit der Einstellung WORST-CASE DIREKTION LO liefert dann die größte Abweichung nach unten. In PROBE können alle Ergebnisse problemlos über die Append-Funktion FILE/APPEND WAVEFORM (.DAT) in einem Diagramm dargestellt werden.

Beim ersten Simulationslauf wird mit den Nominalwerten gerechnet. Danach wird vor jedem Durchlauf jeweils nur der Parameter eines Bauteils so lange um seine Toleranzwerte verändert, bis die größtmögliche Abweichung, bezogen auf das zu untersuchende Ausgangssignal, gefunden wurde. Im letzten Simulationslauf erhält dann jedes Bauelement den Parameter, der den größten Einfluss auf das Analyseergebnis ausübte.

4.5.3 Temperaturanalyse

PSPICE nimmt bei jeder Simulation standardmäßig eine Temperatur von 27°C an. Diese nominale Temperatur ist im Dialogfenster SIMULATION SETTINGS in der „Karteikarte" OPTIONS beim Parameter DEFAULT NOMINAL TEMPERATURE *(TNOM)* eingetragen. In der „Karteikarte" ANALYSIS kann die Temperatur mit der Option TEMPERATURE (SWEEP) für alle Bauteile global verändert werden. Im oberen Eingabefeld kann eine einzelne Temperatur, im darunter liegenden Feld können mehrere Temperaturen in Celsius durch Leerzeichen oder Komma voneinander getrennt eingegeben werden. Für jede dieser Temperaturen werden die gewählten Analysen (DC, AC, TRANSIENT) durchgeführt. Abweichend dazu kann die Temperatur einzelner Bauelemente individuell durch Modellparameter wie *T_ABS, T_REL_GLOBAL* und

T_REL_LOCAL definiert werden. Weiterhin kann man eine Temperaturanalyse auch mit Secondary-Sweep oder Parametric-Sweep durchführen.

Tabelle 4.5 Optionen der Worst-Case-Analyse

Parameter	Bedeutung
VARY DEVICES	Dev: Erzeugt für den entsprechenden Parameter jedes Bauelements einen zufälligen Toleranzwert (unkorrelierte Toleranz). Lot: Bewirkt, dass der entsprechende Parameter aller Bauelemente gemeinsam, d.h. korreliert, verändert wird. Die Angabe LOT ist beispielsweise bei integrierten Bauteilen angebracht. Both: Es wird Dev und Lot berücksichtigt.
LIMIT DEVICES TO TYPES	Werden hier Baugruppen eingetragen, so wird die Analyse nur auf diese eingeschränkt. Es sind lediglich die Kennbuchstaben der Baugruppen einzutragen, z.B. RDQ (ohne Leerzeichen) für Widerstand, Dioden und Bipolartransistoren.
SAVE DATA	Erzeugt in der Output-Datei für jeden Parameter der Worst-Case-Analyse einen Wert. Wenn nicht markiert: nur Nominal- und Endwert in Output-Datei.
DIRECTION	HI: Die größte Abweichung vom Maximum soll in positiver Richtung oberhalb des Nominalwertes gesucht werden. LO: Die größte Abweichung vom Maximum soll in negativer Richtung unterhalb des Nominalwertes gesucht werden.
LIST	Erzeugt in der Output-Datei ein Protokoll über die aktuellen Parameter eines jeden Durchlaufs.

5 Analoge Schaltungen mit PSPICE simulieren

In diesem Kapitel finden Sie zahlreiche ausführlich beschriebene Simulationsbeispiele mit analogen Bauelementen und Schaltungen. Die Aufgaben wurden so ausgewählt, dass sie den Stoff der Grundlagenvorlesung und Bücher zum Thema Elektronik vertiefen. Der Studierende lernt, die wesentlichen Sachverhalte durch Simulation nachzuvollziehen und gewinnt dadurch ein tieferes Verständnis.

Die Beispiele sind so aufgebaut, dass zunächst eine Aufgabenstellung erfolgt, in der bei umfangreicheren oder schwierigeren Fällen auch Hinweise zur Lösung erfolgen. Es werden auch stets die erforderlichen Bauelemente und Bibliotheken angegeben. Danach werden der Lösungsweg und die Ergebnisse beschrieben. Alle Aufgaben sind mit der PSPICE-Demo-Software ab Version 9.1 von ORCAD durchführbar.

Für einen optimalen Lernerfolg wird empfohlen, die Schaltungen entsprechend den Anweisungen in den Lösungen selbst in OrCAD CAPTURE einzugeben und zu simulieren. Wer jedoch die Aufgaben rascher bearbeiten möchte, kann sich die Projekt-Dateien zu den Lösungen von der Homepage des Autors laden (s. Kapitel 1). Alle Schaltungen zur Analog-Elektronik sind in der Datei *analog.zip* gepackt und können mit einem Entpack-Programm, wie z.B. WINZIP.EXE, wieder entpackt werden. Bei den Lösungen ist immer die zugehörige CAPTURE-Projekt-Datei angegeben.

Jede Aufgabe erfordert, dass in CAPTURE ein neues Projekt angelegt und ein Simulationsprofil erstellt wird. Damit sich diese Beschreibungen nicht ständig wiederholen, werden sie in den folgenden Beispielen vorausgesetzt. Zum Nachschlagen dieser ersten Schritte stehen die nachfolgende Kurzfassung und die ausführliche Darstellung in Kapitel 2 zur Verfügung.

Anlegen eines neuen Projekts in CAPTURE

1. Starten Sie OrCAD CAPTURE über die Start-Schaltfläche in WINDOWS.

2. Öffnen Sie im Pulldown-Menü FILE/NEW/PROJECT oder über das Symbol in der Werkzeugleiste ein neues Projekt.

3. Im Fenster NEW PROJECT ist im Feld NAME ein Projektname zu vergeben. Markieren Sie ANALOG OR MIXED A/D und tragen Sie unter LOCATION das Verzeichnis ein, in dem die Daten abgelegt werden sollen. Klicken Sie auf OK.

4. Es wird dann das Dialogfenster CREATE PSPICE PROJECT geöffnet. Wählen Sie die Option CREATE A BLANK PROJECT und klicken Sie auf OK.

5. Es öffnet sich nun ein Fenster mit dem *Project Manager* und ein weiteres mit der Zeichenoberfläche. Achten Sie zunächst darauf, dass das automatische Einrasten der Bauteile und Leitungen im Menü OPTIONS/PREFERENCES/GRID DISPLAY eingeschaltet ist (POINTER SNAP TO GRID), um Verbindungsprobleme zu vermeiden. Klicken Sie auf die Zeichenoberfläche und holen Sie die benötigten Bauteile aus dem Menü PLACE/PART. In PLACE/PART müssen Sie zunächst über ADD LIBRARY die erforderlichen Bibliotheken einbinden. Die für die Simulation geeigneten Bibliotheken liegen im Unterverzeichnis PSPICE.

6. „Verdrahten" Sie die Bauelemente mit PLACE/WIRE. Dabei ist auf ein sicheres „Einrasten" der Leitungen im quadratischen Anschlusskästchen der Bauteile zu achten.

7. Bei analogen Schaltungen ist stets ein Massesymbol aus dem Menü PLACE/GROUND (Symbol *0*, Bibliothek *Source*) zu holen und zu platzieren. Es ist jetzt noch nicht möglich, Marker zu setzen, da diese den Simulationsprofilen zugeordnet werden.

Ein Simulationsprofil erstellen

8. Vor der Simulation müssen Sie noch ein Simulationsprofil mit Ihren Angaben zur gewünschten Analyseart erstellen. Holen Sie sich über PSPICE/NEW SIMULATION PROFILE das Dialogfenster NEW SIMULATION und geben Sie im Feld NAME einen Namen für das Profil ein.

9. Es öffnet sich dann das Fenster SIMULATION SETTINGS, in dem Sie unter ANALYSIS die gewünschte Analyseart auswählen und die Parameter einstellen. Unter ANALYSIS TYPE finden Sie die vier Hauptanalysearten und im Fenster OPTIONS zusätzliche Analysemöglichkeiten.

10. Erst nachdem ein Simulationsprofil erstellt ist, können Sie Marker in die Schaltung setzen. Beachten Sie bitte, dass diese Marker wieder verschwinden, sobald Sie ein neues Simulationsprofil anlegen. Sie müssen dann für dieses Profil neue Marker setzen. Wenn Sie auf das erste Profil umschalten, so sind dort die alten Marker noch vorhanden.

5.1 Statisches und dynamisches Verhalten von Dioden

In diesem Abschnitt werden das statische und dynamische Verhalten von Dioden sowie Schaltungen mit Dioden durch Simulation untersucht.

5.1.1 Durchlass-Kennlinie einer Diode

- Es ist die Durchlass-Kennlinie einer Diode zu simulieren. Geben Sie dafür im Programmteil CAPTURE die Schaltung in   177 ein. Verändern Sie den Diodenstrom von 0 bis 200 mA.

- Stellen Sie im Programmteil PROBE das Ergebnis der Simulation $I = f(U)$ dar. Dabei soll auf der senkrechten Achse der Diodenstrom und auf der waagrechten Achse die Durchlassspannung abgebildet werden.

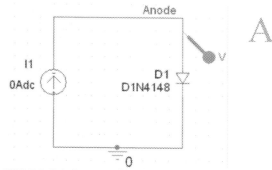

Bild 5.1 Schaltung zur Simulation der Durchlass-Kennlinie einer Diode

Die Bauelemente finden Sie über das Menü PLACE/PART in nebenstehenden Bibliotheken (Libraries):

Bauelement	Bibliothek	Bemerkung
ISRC	source.olb	Stromquelle
D1N4148	eval.olb	Diode
0	source.olb	Masse, analog mit PLACE/GROUND

Lösung (Datei: *di_aufga.opj*)

Gehen Sie in OrCAD CAPTURE und öffnen Sie im Menü FILE/NEW/PROJECT ein neues Projekt. Holen Sie die benötigten Bauelemente über das Menü PLACE/PART oder durch einen Klick mit der linken Maustaste auf das am Rand dargestellte Symbol aus den Bibliotheken und platzieren Sie diese auf der Zeichenoberfläche. Das Massezeichen wird über das Menü PLACE/GROUND oder über die Schaltfläche aufgerufen. Wählen Sie das Symbol *0* aus der Bibliothek SOURCE.OLB. Danach sind die Elemente zu „verdrahten". Dazu holt man sich im Menü PLACE/WIRE oder über das abgebildete Symbol einen Stift zum Zeichnen von Linien.

Die gewünschte Art der Analyse können Sie im Menü PSPICE/NEW SIMULATION PROFILE oder über das Symbol eingeben. Sie müssen zunächst im Fenster NEW SIMULATION einen Namen für das Simulationsprofil eingeben. Darauf öffnet sich das Fenster SIMULATION SETTINGS, in dem Sie die gewünschte Analyseart auswählen können. Wählen Sie zunächst die Karteikarte ANALYSIS und dann den ANALYSIS TYPE DC-SWEEP. Es ist die Schaltfläche für eine Stromquelle (CURRENT SOURCE) anzuklicken und der Name der Stromquelle (I1) einzugeben. Schließlich sind noch Anfangswert (START VALUE: *0*), Endwert (END VALUE: *200m*) und die Schrittweite (INCREMENT: *1m*) für eine lineare Analyse (LINEAR markieren) in die vorgesehenen Felder einzutippen. Damit ist das Simulationsprofil definiert, und Sie können die Eingabe über die Schaltfläche OK beenden. Sollten Sie später die Einstellungen ändern wollen, so

kommen Sie über das Menü PSPICE/EDIT SIMULATION SETTINGS oder über die Schaltfläche wieder in dieses Eingabefeld.

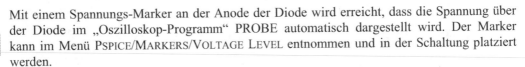

Mit einem Spannungs-Marker an der Anode der Diode wird erreicht, dass die Spannung über der Diode im „Oszilloskop-Programm" PROBE automatisch dargestellt wird. Der Marker kann im Menü PSPICE/MARKERS/VOLTAGE LEVEL entnommen und in der Schaltung platziert werden.

Über PSPICE/RUN oder über das Symbol wird die Simulation gestartet. Das Ergebnis wird automatisch in PROBE in der Form $U = f(I)$ abgebildet. Da wir jedoch den Strom als Funktion der Spannung darstellen wollen, müssen wir noch die x- und y-Achse vertauschen.

Gehen Sie ins Menü PLOT/AXIS SETTINGS/X AXIS und klicken Sie auf den Schalter AXIS VARIABLE. Wählen Sie im geöffneten Fenster X AXIS VARIABLE die Variable V(D1:1) aus und verlassen Sie dieses und das nächste Fenster wieder über die Schaltfläche OK. Jetzt muss nur noch die y-Variable geändert werden. Löschen Sie zunächst die momentan dargestellte Variable *V(D1:1)*, indem Sie den Ausdruck links unter der x-Achse anklicken und anschließend die Taste <Entf> drücken. Die neue Variable *I_I1* müssen Sie im Menü TRACE/ADD TRACE auswählen. Dann sollten Sie die im Bild 5.2 dargestellte Durchlass-Kurve auf Ihrem Bildschirm

haben.

Hinweis:

Es ist möglich, dass die Bezeichnung der Bauteile bei Ihnen leicht von den Angaben in diesem Buch abweicht. Das liegt daran, das PSPICE die Bauteile i.d.R. mit einem Buchstaben und einer laufenden Nummer kennzeichnet. Wenn Sie nun beispielsweise die Diode mit der Bezeichnung *D1* löschen und anschließend wieder neu platzieren, erhält die Diode die Bezeichnung *D2*. Sie können jedoch die Bezeichnungen jederzeit korrigieren. Mit einem Doppelklick auf *D2* öffnet sich das Fenster DISPLAY PROPERTIES, in dem Sie im Feld VALUE die Bezeichnung ändern können. Achten Sie unbedingt darauf, dass keine Bezeichnung doppelt vorkommt, sonst erhalten Sie die Meldung:

"Simulation aborted because there are errors during netlisting. Please refer to the session log."

Im Session Log (WINDOW/SESSION LOG) steht dann beispielsweise bei zwei gleich bezeichneten Kondensatoren die Fehlermeldung:

"ERROR [NET0051]   Duplicate reference found 'C1' ".

Sie können aber auch im Output-File (PSPICE/VIEW OUTPUT FILE) nachschauen, dort steht die Meldung:

"ERROR -- Name "C_C1" is defined more than once".

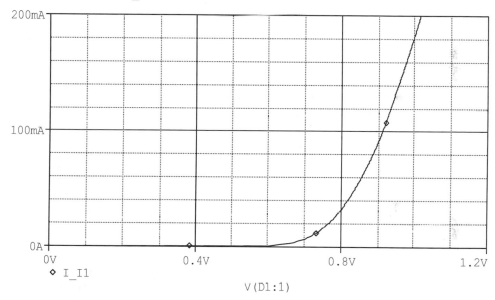

Bild 5.2 Simulierte Durchlass-Kennlinie der Diode *1N4148*

5.1.2 Emissionskoeffizient und Bahnwiderstand einer Diode

Es ist der Einfluss des Emissionskoeffizienten *m* (in PSPICE Parameter *N*) der Shockley-Gleichung auf die Durchlasskennlinie einer Diode zu untersuchen.

- Geben Sie dafür im Programmteil CAPTURE die abgebildete Schaltung ein. Die Diode muss aus der Breakout-Bibliothek genommen werden, damit der Parameter *N* von 0,5 bis 3 in Schritten von 0,5 verändert werden kann.

- Im Programmteil PROBE ist das Ergebnis der Simulation darzustellen. Die einzelnen Kurven sind zu beschriften.

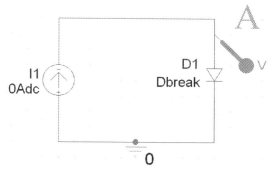

Bild 5.3 Schaltung zur Simulation des Emissionskoeffizienten einer Diode

- Anschließend soll ebenso der Einfluss des Bahnwiderstands r_B (in PSPICE Parameter *RS*) auf die Durchlass-Kennlinie einer Diode untersucht werden. Der Bahnwiderstand soll nacheinander die Werte $1 \cdot 10^{-3}$, 1, 5 und 10 annehmen. Das Ergebnis der Simulation ist einmal in einem linearen und dann in einem einfach-logarithmischen Maßstab darzustellen.

Die Bauelemente finden Sie über das Menü PLACE/PART in nebenstehenden Bibliotheken (Libraries):

Bauelement	Bibliothek	Bemerkung
IDC	source.olb	Stromquelle
Dbreak	breakout.olb	Diode
0	source.olb	Masse, analog mit PLACE/GROUND

Lösung (Datei: *di_aufgb.opj*)

Zunächst sind die benötigten Bauelemente auf der Zeichenoberfläche zu platzieren und anschließend mit PLACE/WIRE zu „verdrahten". In der Bibliothek BREAKOUT.OLB befinden sich Bauelemente, deren Modellparameter frei verändert werden können. Es ist so schnell möglich, einem Bauteil gewünschte Eigenschaften zuzuweisen. Zum Editieren der Parameter steht der Modell-Editor zur Verfügung, den Sie nach dem Markieren des Bauteils (die Diode wird rot gezeichnet) im Menü EDIT/PSPICE MODEL aufrufen können. Überprüfen Sie, ob in der Zeile, die mit *.model Dbreak D* beginnt, der Parameter *N* bereits eingetragen ist. Wenn nicht, ist beispielsweise am Ende der Ausdruck *N=1* (ohne Leerzeichen dazwischen, aber mit Leerzeichen zum vorhergehenden Ausdruck) einzufügen, d.h. der Parameter *N* wird mit dem frei gewählten Wert *1* belegt. Speichern Sie die Änderungen mit FILE/SAVE ab und verlassen Sie den Modell-Editor über FILE/EXIT. Das geänderte Modell wird in der Datei *Projektname.lib* (hier: *di_aufgb.lib*) im Projektverzeichnis abgelegt[1].

Legen Sie ein neues Simulationsprofil über das Menü PSPICE/NEW SIMULATION PROFILE an. Die gewünschte Art der Analyse wird im Dialogfenster SIMULATION SETTINGS/ANALYSIS eingegeben. Wählen Sie unter ANALYSIS TYPE die Analyseart DC SWEEP aus. Es ist die Stromquelle (CURRENT SOURCE) anzuklicken und der Name der Stromquelle (NAME: *I1*) einzugeben. Schließlich sind noch Anfangswert (START VALUE: *0*), Endwert (END VALUE: *200m*) und die Schrittweite (INCREMENT: *1m*) für eine lineare Analyse in die vorgesehenen Felder einzutippen. Damit ist der Sweep des Quellenstroms festgelegt.

Zusätzlich müssen Sie für die Veränderung des Modellparameters N noch einen zweiten Sweep einstellen. Versehen Sie unter OPTIONS die Analyseart PARAMETRIC SWEEP durch Anklicken mit einem Häkchen. Wählen Sie dann die Schaltfläche MODEL PARAMETER aus. Geben Sie im Feld MODEL TYPE den Buchstaben *D* (für Diode[2]), im Feld MODEL NAME den Modellnamen *Dbreak* und im Feld PARAMETER NAME den Parameter *N* ein. Zuletzt ist noch die Schaltfläche LINEAR anzuklicken und die Werte für Anfangswert (START VALUE: 0.5), Endwert (END VALUE: 3) und die Schrittweite (INCREMENT: 0.5) einzutippen. Durch diese Eingaben wird jetzt für jeden Wert des Parameters *N* nacheinander die Durchlasskurve berechnet.

---

[1] Die neue Bibliothek wird in der Version 9.x automatisch im Dialogfeld SIMULATION SETTINGS unter LIBRARIES/LIBRARY FILES eingetragen. In der Version 10 dagegen im Dialogfeld SIMULATION SETTINGS unter CONFIGURATION FILES, CATEGORY: *Library*, unter CONFIGURED FILES.

[2] S.a. Tabelle 2.2

Mit einem Spannungs-Marker an der Anode der Diode wird erreicht, dass die Spannung über der Diode im „Oszilloskop-Programm" PROBE automatisch dargestellt wird. Der Marker kann im Menü PSPICE/MARKERS/VOLTAGE LEVEL entnommen und in der Schaltung platziert werden.

Über PSPICE/RUN oder über das Symbol wird die Simulation gestartet. Das Ergebnis wird automatisch in PROBE abgebildet. Zuvor öffnet sich noch ein Fenster (AVAILABLE SECTIONS), das alle berechneten Kurven ankündigt. Wir markieren alle Einträge und bestätigen mit OK.

Es können alle Kurven in der Darstellung $U = f(I)$ abgebildet werden. Es ist jedoch jeweils nur für einen Parameter die Darstellung $I = f(U)$ möglich, da die Variation des Parameters N über die Analyseart PARAMETRIC SWEEP als separate Simulation durchgeführt wurde. Es ist auch möglich, den Modellparameter N über den Neben-Sweep (SECONDARY SWEEP) der Analyseart DC-SWEEP zu verändern. Dann ist die Darstellung $I = f(U)$ für alle Parameter N möglich, aber die einzelnen Kurven können nicht mehr separat dargestellt werden.

Vor einem Ausdruck wäre es schön, wenn die Kurven mit dem Parameter N beschriftet wären. Dazu holen wir uns über PLOT/LABEL/TEXT ein Eingabefeld für Text, in das wir den Wert des Parameters N eingeben, also z.B. $N=0,5$. Dazu sollte man natürlich wissen, welche Kurve zu welchem Wert von N gehört. Dies findet man leicht durch Doppelklick auf eines der farbigen Symbole (Quadrat, Kreis, Dreieck, usw.) links unterhalb des Diagramms heraus. Dadurch öffnet sich ein Fenster mit den zugehörigen Simulationsdaten, unter denen man auch den Wert für N findet. Alternativ können Sie auch den Cursor auf eine Kurve setzen und die rechte Maustaste betätigen. Es erscheint dann ein Popup-Menü, aus dem Sie den Eintrag INFORMATION wählen.

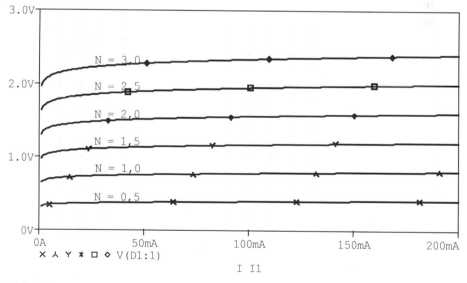

Bild 5.4 Abhängigkeit der Durchlass-Kennlinie der Diode *1N4148* vom Emissionskoeffizienten N

Die Simulation zeigt, dass der Emissionskoeffizient die Durchlass-Kennlinie parallel verschiebt. Mit kleinen Werten von N erhält man kleine Durchlass-Spannungen, mit großen Werten von N große Durchlass-Spannungen.

Mit derselben Schaltung wollen wir ebenfalls den Einfluss des Bahnwiderstands r_B untersuchen. Markieren Sie erneut die Diode und öffnen Sie über EDIT/PSPICE MODEL den Modell-Editor. Überprüfen Sie, ob in der Zeile, die mit .model Dbreak D beginnt, der Parameter RS bereits eingetragen ist. Wenn nicht, ist beispielsweise am Ende der Ausdruck RS=1 (ohne Leerzeichen dazwischen, aber mit Leerzeichen zum vorhergehenden Ausdruck) einzufügen, d.h. der Parameter RS wird mit dem frei gewählten Wert 0.1 belegt.

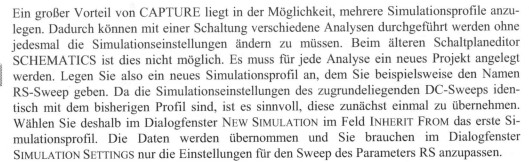

Ein großer Vorteil von CAPTURE liegt in der Möglichkeit, mehrere Simulationsprofile anzulegen. Dadurch können mit einer Schaltung verschiedene Analysen durchgeführt werden ohne jedesmal die Simulationseinstellungen ändern zu müssen. Beim älteren Schaltplaneditor SCHEMATICS ist dies nicht möglich. Es muss für jede Analyse ein neues Projekt angelegt werden. Legen Sie also ein neues Simulationsprofil an, dem Sie beispielsweise den Namen RS-Sweep geben. Da die Simulationseinstellungen des zugrundeliegenden DC-Sweeps identisch mit dem bisherigen Profil sind, ist es sinnvoll, diese zunächst einmal zu übernehmen. Wählen Sie deshalb im Dialogfenster NEW SIMULATION im Feld INHERIT FROM das erste Simulationsprofil. Die Daten werden übernommen und Sie brauchen im Dialogfenster SIMULATION SETTINGS nur die Einstellungen für den Sweep des Parameters RS anzupassen.

Wir wollen diesmal einen Secondary Sweep einstellen, um die Unterschiede zum vorhergehenden Parametric Sweep deutlich zu machen. Klicken Sie deshalb unter OPTIONS auf das Kästchen vor SECONDARY SWEEP. Wählen Sie als SWEEP VARIABLE wieder MODEL PARAMETER und geben Sie unter Parameter Name RS ein. Zuletzt ist noch VALUE LIST anzuklicken und im Feld VALUES die gewünschten Werte für RS (1E-3, 1, 5, 10) mit einem Komma oder einem Leerzeichen dazwischen einzutippen. Beenden Sie mit OK die Eingaben. Ein Blick in das Fenster des Projektmanagers zeigt, dass jetzt unter Simulation Profiles zwei Profile eingetragen sind und das zuletzt eingegebene Profil für den Parameter RS rot hervorgehoben (d.h. aktiv) ist.

Da Marker immer den einzelnen Profilen zugeordnet sind, ist der für die vorhergehende Simulation gesetzte Marker jetzt verschwunden. Vor der Simulation müssen Sie also noch einen Spannungsmarker an die Anode der Diode setzen. Starten Sie über PSPICE/RUN die Simulation. Das Ergebnis wird automatisch in PROBE in der Form $U = f(I)$ abgebildet. Da wir jedoch den Strom als Funktion der Spannung darstellen wollen, müssen wir noch die x- und y-Achse vertauschen.

Gehen Sie ins Menü PLOT/AXIS SETTINGS/X AXIS und klicken Sie auf den Schalter AXIS VARIABLE . Wählen Sie im geöffneten Fenster X AXIS VARIABLE die Variable V(D1:1) aus und verlassen Sie dieses und das nächste Fenster wieder über die Schaltfläche OK. Jetzt muss nur noch die y-Variable geändert werden. Löschen Sie zunächst die momentan dargestellte Variable V(D1:1), indem Sie den Ausdruck links unter der x-Achse anklicken und anschließend die Taste <Entf> drücken. Die neue Variable I_I1 müssen Sie im Menü TRACE/ADD TRACE auswählen. Dann sollten Sie die im Bild 5.5 dargestellte Durchlass-Kurve auf Ihrem Bildschirm haben. Beschriften Sie die einzelnen Kurven. Die Kurven sind jetzt alle im linearen Maßstab abgebildet. Der Bahnwiderstand bewirkt, dass die Steilheit der Kurven abnimmt, denn zum Spannungsabfall über dem eigentlichen P-N-Übergang kommt noch der Spannungsabfall über dem Bahnwiderstand hinzu.

Im nächsten Schritt soll die Stromachse logarithmisch abgebildet werden. Dazu klicken wir im Menü PLOT/AXIS SETTINGS/X AXIS im Feld SCALE den Button LOG an. Mit OK verlassen wir wieder das Eingabefeld und schon wird die x-Achse logarithmisch dargestellt. Beim logarithmischen Maßstab der Stromachse sollte die Kennlinie eine Gerade sein. Infolge des Bahnwiderstands weicht die Kennlinie jedoch bei größeren Stromwerten davon ab, da der Spannungsabfall entsprechend groß wird.

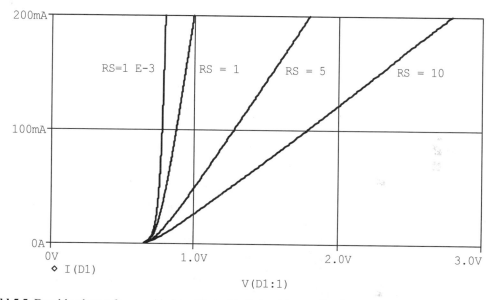

Bild 5.5 Durchlasskurve für verschiedene Werte des Bahnwiderstands *RS*

5.1.3 Temperatureinfluss auf die Kennlinie einer Diode

Mit dieser Simulation soll der Einfluss der Temperatur auf die Kennlinie einer Diode im Durchlass- und Sperrbereich untersucht werden.

- Für den Durchlassbereich gehen wir wieder von der bereits in der ersten Aufgabe verwendeten Schaltung aus (s. 177). Die Bauelemente finden Sie in den dort angegebenen Bibliotheken (Libraries). Simulieren Sie die Durchlasskennlinie für einen Diodenstrom von *0* bis *200 mA* für folgende Temperaturen:

  20, 25, 30, 40 und *60 °C*

  Hinweis: Die Temperatur ist in einem dem Hauptsweep (DC-Sweep) unterlagerten Neben-Sweep (Secondary Sweep) zu simulieren.

- Für die Simulation des Sperrbereichs ist es günstiger, die Stromquelle durch eine Spannungsquelle (*VSRC*) zu ersetzen (s. Bild 5.6). Verändern Sie die Sperrspannung von *0* bis *-80 V* und die Temperatur wie oben angegeben.

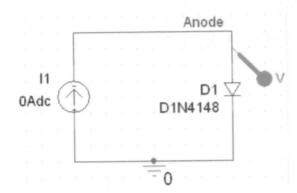

Bild 5.6
Schaltung für die Simulation der
Sperrkennlinie

Lösung (Datei: *di_aufgd.opj*)

Platzieren und verdrahten Sie die Bauelemente auf der Oberfläche[3].

Die gewünschte DC Sweep-Analyse wird im Dialogfenster SIMULATION SETTINGS/ANALYSIS ausgewählt. Es ist die Stromquelle (CURRENT SOURCE) anzuklicken und der Name der Stromquelle (*I1*) einzugeben. Schließlich sind noch Anfangswert (*0*), Endwert (*200m*) und die Schrittweite (*1m*) für eine lineare Analyse in die vorgesehenen Felder einzutippen. Damit sind die Angaben für den Hauptsweep beendet. Dem Hauptsweep soll aber noch ein Neben-Sweep mit der Temperatur überlagert werden. Prinzipiell ist dies mit der Option PARAMETRIC möglich. In diesem Fall, da der Hauptsweep ein DC-Sweep ist, ist es aber günstiger den SECONDARY SWEEP (verschachtelter Sweep) zu verwenden. Nach Anklicken des Kästchens öffnet sich ein weiteres Fenster. Hier klicken wir unter SWEEP VARIABLE den Punkt TEMPERATURE und im Feld SWEEP TYPE die VALUE LIST an. Anschließend werden bei VALUES die gewünschten Temperaturwerte mit Komma oder mit Leerzeichen zwischen den einzelnen Werten eingegeben.

Bringen Sie einen Spannungs-Marker an der Anode der Diode an, damit die Spannung über der Diode im „Oszilloskop-Programm" PROBE automatisch dargestellt wird.

Über PSPICE/RUN oder über das Symbol wird die Simulation gestartet. Das Ergebnis wird automatisch in PROBE abgebildet, aber die x- und y-Achse sind noch vertauscht. Da der Neben-Sweep mit dem Secondary Sweep durchgeführt wurde, können wir jetzt im Menü PLOT/AXIS SETTINGS/X AXIS den Knopf AXIS VARIABLE betätigen und dann aus der Liste die Spannung *V(D1:1)* auswählen. Die bisherige y-Variable *V(D1:1)* wird gelöscht und über TRACE/ADD TRACE der Strom *I_I1* für die y-Achse gewählt. Zuletzt müssen nur noch die einzelnen Kurven beschriftet werden (Bild 5.7).

Die Kennlinie verschiebt sich mit steigender Temperatur in Richtung kleinerer Spannungswerte.

Für die Simulation des Temperatureinflusses auf die Sperrkennlinie einer Diode wird die Schaltung, wie in der Aufgabenbeschreibung erläutert, eingegeben (statt Stromquelle nun eine Spannungsquelle). Wegen der Spannungsquelle wird jetzt ein Strommarker benötigt.

---

[3] Sie können auch die Schaltung und Einstellungen des Projekts *di_aufga.opj* übernehmen. Legen Sie ein neues Projekt an und klicken Sie im Dialogfenster CREATE PSPICE PROJECT auf die Option CREATE BASED UPON AN EXISTING PROJECT. Wählen Sie dann das bereits vorhandene Projekt aus.

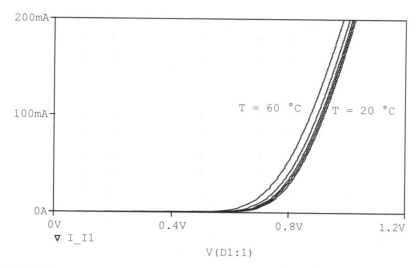

Bild 5.7 Abhängigkeit der Durchlasskennlinie der Diode *1N4148* von der Temperatur

Die gewünschte Art der Analyse wird im Dialogfenster SIMULATION SETTINGS/ANALYSIS/DC SWEEP eingegeben. Es ist die Schaltfläche für Spannungsquelle (VOLTAGE SOURCE) anzuklicken und der Name der Quelle (*V1*) einzugeben. Schließlich sind noch Anfangswert (*0*), Endwert (*-80*) und die Schrittweite (*0.1*) für eine lineare Analyse (LINEAR markieren) in die vorgesehenen Felder einzutippen. Damit sind die Angaben für den Hauptsweep beendet.

Über SECONDARY SWEEP wird der Neben-Sweep für die Temperatur, wie bereits bei der Durchlasskennlinie beschrieben, eingegeben. Nach der Simulation werden in PROBE automatisch die gewünschten Kennlinien dargestellt (Bild 5.8). Die Kennlinie verschiebt sich mit steigender Temperatur, wie zu erwarten war, in Richtung größerer Sperrströme.

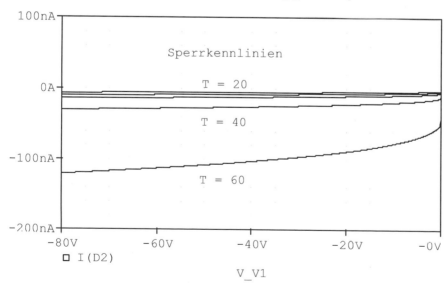

Bild 5.8 Abhängigkeit der Sperrkennlinie der Diode *1N4148* von der Temperatur

5.1.4 Simulation des Umschaltverhaltens einer Diode

Mit dieser Simulation soll das Umschaltverhalten, genauer gesagt das Abschaltverhalten, einer Diode untersucht werden. Dazu wird die Diode von einer Rechteckspannungsquelle gespeist, die von einem positiven zu einem negativen Spannungswert umschaltet.

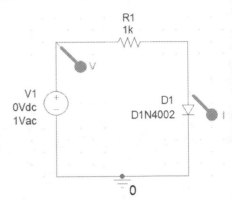

- Geben Sie dafür im Programmteil CAPTURE die Schaltung nach Bild 5.9 ein. Von den in der Demo-Version verfügbaren Dioden wird die „langsamere" ausgewählt, damit der Abschaltvorgang deutlich sichtbar ist (*D1N4148* eignet sich hierfür nicht).

- Parametrierung der Spannungsquelle: Die Spannungsquelle VSRC erlaubt neben der Vorgabe eines DC- und/oder AC-Wertes die Eingabe von Transienten (*tran=*). Beispielsweise können mit der Funktion PULSE Rechteckimpulse festgelegt werden:

Bild 5.9
Schaltung zur Simulation des Umschaltverhaltens der Diode *1N4002*

$$tran=PULSE(V1\ V2\ [[Td[[Tr\ [[Tf\ [[Pw\ [[Period]]\ ]]\ ]]\ ]]\ ]])$$

Dabei bedeuten die Parameter:

Parameter	Bedeutung
V1	unteres Spannungsniveau
V2	oberes Spannungsniveau
Td	Anfangsverzögerung
Tr	Anstiegszeit
Tf	Abfallzeit
Pw	Pulsbreite
Period	Periodendauer

Legen Sie damit fest, dass die Signalquelle nach *10 µs* von *+15 V* auf *-15 V* umschaltet und dort nochmals *10 µs* bleibt. Die Anfangsverzögerung sei *0 s*, die Anstiegs- und Abfallzeit jeweils *1 ns*.

- Im Programmteil PROBE ist der zeitliche Verlauf des Stroms, der Spannungsquelle und der Spannung über der Diode darzustellen.

Die Bauelemente finden Sie über das Menü PLACE/PART in nebenstehenden Bibliotheken (Libraries):

Bauelement	Bibliothek	Bemerkung
VSRC	source.olb	Spannungsquelle
D1N4002	eval.olb	Diode
R	analog.olb	Widerstand
0	source.olb	Masse, analog mit PLACE/GROUND

Lösung (Datei: *di_aufge.opj*)

Zunächst ist die Schaltung wie in der Aufgabenstellung beschrieben einzugeben. Nach Doppelklick auf das Symbol der Spannungsquelle geben Sie im Property Editor zum Parameter *tran* folgende Werte ein:

PULSE(-15 15 0 1n 1n 10u 20u)

Die gewünschte Art der Analyse wird im Dialogfenster SIMULATION SETTINGS/ANALYSIS/TRANSIENT eingegeben. Im oberen Eingabebereich ist der wichtigste Parameter RUN TO TIME, der den Schluss-Zeitpunkt der Analyse bestimmt. Im vorliegenden Fall ist dies 20 μs. Das Feld MAXIMUM STEP SIZE kann leer gelassen werden. Dann legt PSPICE selbst den Abstand der Stellen fest, an denen es die Schaltung analysiert. Da das Programm automatisch an Stellen, an denen sich die Ströme und Spannungen stark ändern, die Abstände kleiner legt, kann man dieses Feld getrost freilassen. Reichen die Stützstellen nicht aus, so können Sie hier einen Wert eingeben, der ca. 1/1000 des Wertes RUN TO TIME ist.

Starten Sie die Simulation (PSPICE/RUN). In PROBE wird automatisch der Diodenstrom und die Quellspannung abgebildet. Da der Strom jedoch deutlich kleinere Werte als die Spannung hat, wird er nur durch einen waagrechten Strich dargestellt.

Zunächst wird der Strom gelöscht. Klicken Sie dafür auf die Bezeichnung *I(D1)* links unter dem Diagramm und drücken Sie danach auf die Taste <Entf>. Anschließend wird über PLOT/ADD PLOT TO WINDOW ein zweites Diagramm hinzugefügt, in das wir über TRACE/ADD TRACE gleich den Diodenstrom *I(D1)* einzeichnen lassen. Deutlich ist jetzt am Verlauf des Stroms zu sehen, dass er nach dem Umpolen der Diode in Sperrrichtung ca. 3 μs lang noch in entgegengesetzter Richtung fließt, ehe er auf das Niveau des Sättigungssperrstroms zurückgeht.

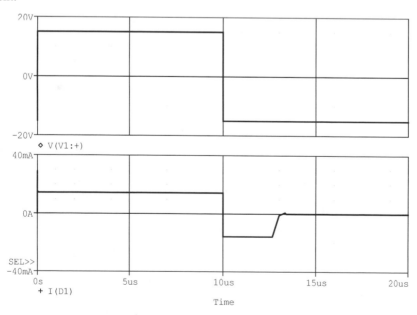

Bild 5.10 Abschaltverhalten der Diode *D1N4002*

5.1.5 Einweggleichrichterschaltung ohne Ladekondensator

- Geben Sie in CAPTURE die Schaltung eines Einweggleichrichters ein und simulieren Sie den zeitlichen Verlauf der sinusförmigen Quellspannung, der Spannung über der Diode und über dem Vorwiderstand sowie des Diodenstroms im Zeitbereich von 0 bis 2,5 ms. Die Quellspannung habe eine Amplitude von 10 V und eine Frequenz von 1000 Hz.

- Stellen Sie den Verlauf von Strom und Spannungen in zwei getrennten Diagrammen dar.

Die Bauelemente finden Sie über das Menü PLACE/PART in nebenstehenden Bibliotheken (Libraries):

Bauelement	Bibliothek	Bemerkung
VSIN	source.olb	Spannungsquelle
D1N4002	eval.olb	Diode
R	analog.olb	Widerstand
0	source.olb	Masse, analog mit PLACE/GROUND

Lösung (Datei: *di_aufgf.opj*)

Platzieren und verdrahten Sie die Bauelemente nach Bild 5.11 auf der Oberfläche. Die Spannungs- und Strommarker können erst nach dem Anlegen des Simulationsprofils eingesetzt werden. Die Alias-Namen (PLACE/NET ALIAS) erleichtern später die Darstellung in PROBE.

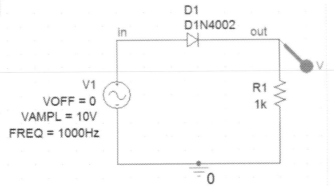

Bild 5.11 Einweggleichrichterschaltung

Geben Sie nach einem Doppelklick auf die Spannungsquelle die Werte für die Amplitude (*VAMPL=10V*) und die Frequenz (*FREQ=1000Hz*) in den entsprechenden Feldern des Property Editors ein. Die Offsetspannung (VOFF) wird auf 0 gesetzt. Alternativ können Sie auch nacheinander auf VOFF, VAMPL und FREQ einen Doppelklick ausführen und im Dialogfenster DISPLAY PROPERTIES im Feld VALUE den entsprechenden Wert eingeben.

Für diese Untersuchung wird die Transienten-Analyse benötigt. Zunächst ist im Dialogfenster SIMULATION SETTINGS/ANALYSIS/TRANSIENT im Feld RUN TO TIME der Endzeitpunkt der Simulation (*2.5m*) festzulegen. Im Feld MAXIMUM STEP SIZE geben wir den Wert 2us ein, damit wir eine ausreichende Anzahl von Stützpunkten erhalten (Der Defaultwert RUN TO TIME/100 liefert hier zu wenig Abtastwerte).

Starten Sie die Simulation. Das Ergebnis in Form des Diodenstroms wird automatisch in PROBE abgebildet. Jetzt fehlen nur noch die gewünschten Spannungsverläufe, die aber in separate Diagramme gezeichnet werden sollen. Über PLOT/ADD PLOT TO WINDOW öffnen wir ein zweites und drittes Diagramm und fügen über TRACE/ADD TRACE die Spannungen *V(in)*, *V(out)* und die Spannungsdifferenz *V(D1:1)-V(D1:2)* für den Spannungsabfall über der Diode hinzu.

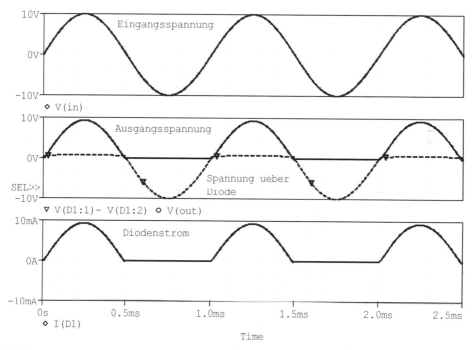

Bild 5.12 Strom- und Spannungsverläufe des Einweggleichrichters

5.1.6 Einweggleichrichterschaltung mit Ladekondensator

- Geben Sie in CAPTURE die Schaltung eines Einweggleichrichters mit einem Ladekondensator C ein und simulieren Sie den zeitlichen Verlauf der Spannung über dem Widerstand im Zeitbereich von *0* bis *2,5 ms*. Dabei soll der Kondensator nacheinander die Werte *0 μF, 0,1 μF, 1 μF und 10 μF* haben. Dies führt uns zu einem Sweep mit einem globalen Parameter (hier: *C*). Dazu müssen Sie beim Kondensator statt eines Wertes für die Kapazität einen Namen (z.B. *Cvar*) eingeben. Zusätzlich wird noch das Bauelement *PARAM* benötigt, dessen Eigenschaften mit dem vergebenen Namen und einem beliebigen Wert ergänzt werden müssen. Die Quellspannung habe eine Amplitude von *10 V* und eine Frequenz von *1000 Hz*.

- Welche Dimensionierungsregel für C kann in Abhängigkeit vom Laststrom aufgestellt werden?

- Führen Sie danach eine weitere Simulation durch, bei der Sie *C* = 1 μF fest einstellen und den Wert des Widerstands ändern (*100 Ω, 1kΩ, 10 kΩ*). Simulieren Sie ebenfalls den Verlauf der Ausgangsspannung U_R über dem Lastwiderstand und vergleichen Sie die Ergebnisse mit dem vorhergehenden Fall.

Die Bauelemente finden Sie über das
Menü PLACE/PART in nebenstehenden Bibliotheken (Libraries):

Bauelement	Bibliothek	Bemerkung
VSIN	source.olb	Spannungsquelle
D1N4002	eval.olb	Diode
R	analog.olb	Widerstand
C	analog.olb	Kondensator
PARAM	special.olb	Parameterliste
0	source.olb	Masse, analog mit PLACE/GROUND

Lösung (Datei: *di_aufgg.opj*)

Kapazität C verändern:
Platzieren und verdrahten Sie die Bauelemente auf der Oberfläche. Denken Sie daran, auch das Element PARAM einzusetzen.

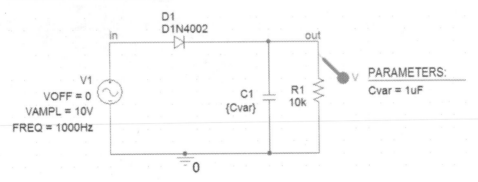

Bild 5.13 Einweggleichrichterschaltung für Variation der Kapazität

Führen Sie einen Doppelklick auf der Spannungsquelle durch und geben Sie im Property Editor die Amplitude (*VAMPL=10V*) sowie die Frequenz (*FREQU=1000Hz*) ein. Die Offsetspannung (*VOFF*) wird auf 0 gesetzt.

Nun wird ein Doppelklick auf dem Kondensator ausgeführt und für den Parameter VALUE der Name {*Cvar*} in geschweiften Klammern eingegeben. Danach wird der Property Editor für das Element *PARAM* mit Doppelklick geöffnet und mit der Schaltfläche NEW COLUMN bzw. ROW eine neue Eigenschaft mit dem Namen *Cvar* erzeugt. Es wird sogleich eine neue Spalte mit *Cvar* als Kopf gebildet. Geben Sie darunter den Wert *1uF* ein. Dieser Kapazitätswert wird von PSPICE immer dann verwendet, wenn kein Sweep des Kapazitätswertes aktiviert ist. Der Sweep dieses globalen Parameters *Cvar* wird jetzt als Parametric-Sweep durchgeführt, da die eigentliche Untersuchung eine Transienten-Analyse ist.

Dazu gehen Sie in das Dialogfenster SIMULATION SETTINGS und klicken Sie auf das Kästchen PARAMETRIC. Markieren Sie die Option GLOBAL PARAMETER und geben Sie unter NAME den vorher vergebenen Namen *Cvar* für den Parameter ein. Als nächstes ist noch unter SWEEP TYPE die Option VALUE LIST zu wählen und bei VALUES die gewünschten Kapazitätswerte (*0 0.1u 1u 10u*) einzugeben. Zwischen den einzelnen Werten kann entweder ein Leerzeichen oder ein Komma stehen. Wichtig ist, dass zwischen Wert und Größenangabe (u) kein Leerzeichen ist.

Zuletzt muss noch die TRANSIENTEN-ANALYSE eingestellt werden. Zunächst wird im Dialogfenster SIMULATION SETTINGS/ANALYSIS/TRANSIENT im Feld RUN TO TIME der Endzeitpunkt der Simulation (*2.5m*) eingegeben. Im Feld MAXIMUM STEP SIZE geben wir den Wert *2us* ein, damit wir eine ausreichende Anzahl von Stützpunkten erhalten (Der Defaultwert RUN TO TIME/100 liefert hier zu wenig Abtastwerte). Verlassen Sie das Simulationsprofil und bringen Sie am Widerstand einen Spannungsmarker an.

Über PSPICE/RUN oder über das Symbol wird die Simulation gestartet. Das Ergebnis in Form der Ausgangsspannung wird automatisch in PROBE abgebildet, nachdem wir im Fenster AVAILABLE SECTIONS alle Angaben mit OK bestätigt haben.

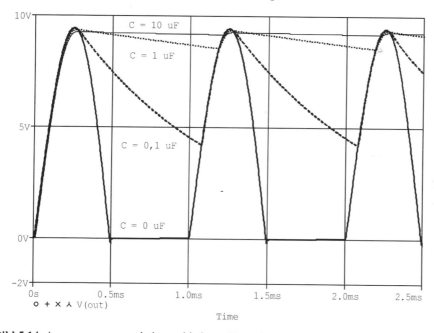

Bild 5.14 Ausgangsspannung bei verschiedenen Kapazitätswerten

Es ist an den Kurvenverläufen deutlich zu erkennen, dass für $C = 10\ \mu F$ die beste Glättung vorhanden ist. Da der Strom durch den Widerstand ca. 10 V/1 kΩ = 10 mA beträgt, finden wir hier die Faustformel bestätigt: $C = 1\ \mu F$ pro 1 mA Laststrom.

Widerstand R1 verändern:
Als zweite Simulation wird die Kapazität C fest auf den Wert $C = 1\ \mu F$ eingestellt und der Wert des Widerstands geändert (*100 Ω, 1 kΩ, 10 kΩ*). Im Parameterblock PARAM ist nun eine weitere Eigenschaft (Spalte) *Rvar* anzulegen, der wir den Wert *10k* geben. Der bisherige Wert des Widerstands *R1* ist durch den Ausdruck *{Rvar}* zu ersetzen. Den Kapazitätswert brauchen wir nicht zu verändern, da PSPICE den im Parameterblock eingestellten Wert nimmt, wenn kein Sweep durchgeführt wird.

Legen Sie ein neues Simulationsprofil an, in dem (ähnlich wie vorher *Cvar*) der globale Parameter *Rvar* verändert wird. Starten Sie die Simulation und stellen Sie das Ergebnis in PROBE dar (s. Bild 5.15). Erwartungsgemäß ist die Glättung um so besser, desto weniger die Schaltung belastet wird.

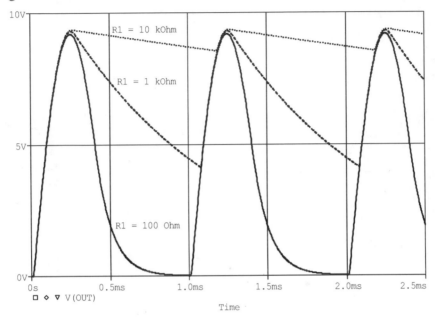

Bild 5.15 Ausgangsspannung bei verschiedenen Werten des Lastwiderstands $R1$

5.1.7 Zweiweggleichrichterschaltung ohne und mit Ladekondensator

- Geben Sie in CAPTURE die Schaltung eines Zweiweggleichrichters mit einem Ladekondensator C ein und simulieren Sie den zeitlichen Verlauf der sinusförmigen Quellspannung und der Ausgangsspannung über dem Widerstand im Zeitbereich von 0 bis 2,5 ms. Dabei soll der Kondensator nacheinander die Werte 0 µF und 10 µF haben. Wie in der vorhergehenden Aufgabe müssen Sie beim Kondensator statt eines Wertes für die Kapazität einen Namen (z.B. *Cvar*) eingeben. Zusätzlich wird noch das Bauelement *PARAM* benötigt, in das der vergebene Name und ein beliebiger Wert eingetragen werden muss. Die Quellspannung habe eine Amplitude von 10 V und eine Frequenz von 1000 Hz.

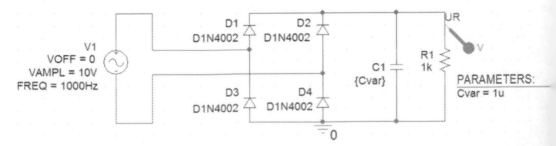

Bild 5.16 Schaltung des Zweiweggleichrichters

Die Bauelemente finden Sie über das Menü PLACE/PART in nebenstehenden Bibliotheken (Libraries):

Bauelement	Bibliothek	Bemerkung
VSIN	source.olb	Spannungsquelle
D1N4002	eval.olb	Diode
R	analog.olb	Widerstand
C	analog.olb	Kondensator
PARAM	special.olb	Parameterliste
0	source.olb	Masse, analog mit PLACE/GROUND

Lösung (Datei: *di_aufgh.opj*)

Platzieren und verdrahten Sie die Bauelemente auf der Oberfläche. Nach Doppelklick auf der Spannungsquelle wird im Property Editor die Amplitude (*VAMPL=10V*) und die Frequenz (*FREQU=1000Hz*) eingegeben. Die Offsetspannung (*VOFF*) ist auf 0 zu setzen. Führen Sie einen Doppelklick auf dem Kapazitätswert beim Kondensator aus und geben Sie für den Parameter VALUE den Ausdruck *{Cvar}* in geschweiften Klammern ein. Danach wird der Property Editor für das Element PARAM mit Doppelklick geöffnet und eine neue Eigenschaft *Cvar* erzeugt, falls noch nicht vorhanden. Der Vorgang ist im vorangehenden Abschnitt erläutert. Unter *Cvar* muss ein Kapazitätswert (hier *1uF*) eingetragen werden, der von PSPICE in dem Fall genommen wird, wenn kein Sweep des Kapazitätswertes aktiviert ist.

Der Sweep des globalen Parameters *Cvar* wird mit Parametric-Sweep durchgeführt, da die eigentliche Untersuchung eine TRANSIENTEN-ANALYSE ist. Dazu öffnen Sie das Dialogfenster SIMULATION SETTINGS/ANALYSIS und klicken auf das Kästchen bei PARAMETRIC. Markieren Sie dann das Feld GLOBAL PARAMETER an und geben unter NAME den vorgegebenen Namen *Cvar* für den Parameter ein. Als nächstes wählen Sie unter SWEEP TYPE noch VALUE LIST aus und geben bei VALUES die gewünschten Kapazitätswerte (*0, 10u*) ein. Zwischen den einzelnen Werten kann entweder ein Leerzeichen oder ein Komma stehen. Wichtig ist, dass zwischen Wert und Größenangabe (u) kein Leerzeichen ist. Zuletzt ist noch die Transienten-Analyse einzustellen. Wählen Sie in ANALYSIS TYPE den Eintrag TRANSIENT und geben Sie im Feld RUN TO TIME den Endzeitpunkt der Simulation (*2.5m*) ein. Im Feld MAXIMUM STEP SIZE geben wir den Wert 2 μs (2us) ein, damit wir eine ausreichende Anzahl von Stützpunkten erhalten (Der Defaultwert RUN TO TIME/100 liefert hier zu wenig Abtastwerte). Beenden Sie das Simulationsprofil und setzen Sie einen Spannungsmarker an den Widerstand *R1*.

Über PSPICE/RUN wird die Simulation gestartet. Das Ergebnis in Form des Diodenstroms wird automatisch in PROBE abgebildet, nachdem wir im Fenster AVAILABLE SECTIONS alle Angaben mit OK bestätigt haben.

Es ist an den Kurvenverläufen deutlich zu erkennen, dass für $C = 0$ μF die Ausgangsspannung aus zwei positiven Halbwellen in jeder Periode besteht und ungeglättet ist. Für $C = 10$ μF ist die Ausgangsgröße bereits gut geglättet.

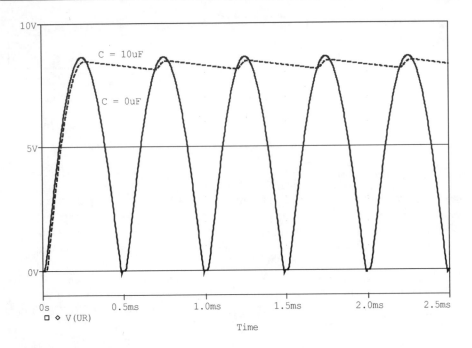

Bild 5.17 Ausgangsspannung eines Zweiweggleichrichters mit und ohne Ladekondensator C

5.2 Statisches und dynamisches Verhalten von Z-Dioden

In diesem Abschnitt werden das statische und dynamische Verhalten von Z-Dioden sowie Schaltungen mit Z-Dioden durch Simulation untersucht.

5.2.1 Durchlass- und Sperrkennlinie einer Z-Diode

 Es ist die Durchlass- und Sperrkennlinie einer Z-Diode zu simulieren. Geben Sie dafür im Programmteil CAPTURE die abgebildete Schaltung ein.

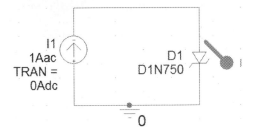

Bild 5.18 Schaltung zur Simulation der Kennlinien

- Im Programmteil PROBE ist das Ergebnis der Simulation darzustellen. Der Diodenstrom ist im Bereich -200mA bis 200 mA abzubilden.

- Wie groß ist die Z-Spannung?

Hinweis: Die Z-Spannung wird durch den Modellparameter *Bv* beschrieben.

- Verändern Sie die Z-Spannung des Bauelements *D1N750* auf den Wert 9,1 V und überprüfen Sie die Maßnahme anhand der Sperrkennlinie.

- Zeichnen Sie in die Sperrkennlinie den differentiellen Widerstand der Z-Diode hinein.
  Beschränken Sie die Darstellung auf Sperrspannungen von 4,8 V bis 4,5 V.

Hinweis: Der differentielle Widerstand ist an jedem Punkt der Kennlinie gleich der inver-
sen Steigung der Tangente an der Kennlinie. Mit dem Operator "*d*" (differentiate)
kann in PROBE die Steigung $\Delta I/\Delta U$ bestimmt werden. Also ist der Ausdruck
1/d(I(I1)) zu zeichnen.

Die Bauelemente finden Sie über das
Menü PLACE/PART in nebenstehenden Bibliotheken (Libraries):

Bauelement	Bibliothek	Bemerkung
ISRC	source.olb	Stromquelle
D1N750	eval.olb	Z-Diode
0	source.olb	Masse, analog mit PLACE/GROUND

Lösung (Datei: *zd_aufga.opj*)

Sperr- und Durchlasskennlinie:
Geben Sie die Schaltung in CAPTURE ein und legen Sie einen DC-Sweep für die Stromquelle
an. Wir wollen in einer Simulation die Sperr- und Durchlasskennnlinie ermitteln. Klicken Sie
deshalb im Dialogfenster SIMULATION SETTINGS/ANALYSIS/DC SWEEP auf den Button für
Stromquelle (CURRENT SOURCE) und geben Sie den Namen der Stromquelle (*I1*) ein. Schließlich sind noch Anfangswert (*-200mA*), Endwert (*+200mA*) und die Schrittweite (*1mA*) für eine
lineare Analyse in die vorgesehenen Felder einzutippen.

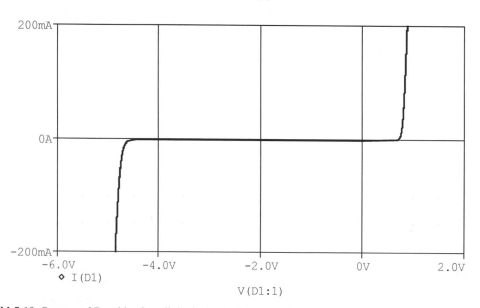

Bild 5.19 Sperr- und Durchlasskennlinie der Z-Diode *D1N750*

Mit einem Strom-Marker an der Anode der Diode wird erreicht, dass im „Oszilloskop-Programm" PROBE der Strom durch die Diode automatisch dargestellt wird. Der Marker kann im Menü PSPICE/MARKERS/CURRENT INTO PIN entnommen und in der Schaltung platziert werden. Starten Sie die Simulation.

Das Ergebnis wird automatisch in PROBE abgebildet. Allerdings wollen wir auf der x-Achse nicht den Quellstrom (*I_I1*), sondern die Spannung über der Z-Diode *V(D1:1)* darstellen. Dies lässt sich aber schnell ändern. Öffnen Sie über PLOT/AXIS SETTINGS das Dialogfenster AXIS SETTINGS und klicken Sie dort auf die Schaltfläche AXIS VARIABLE. Wählen Sie dann als TRACE EXPRESSION den Ausdruck *V(D1:1)* und verlassen Sie mit Klick auf OK die Dialogfenster. Sie sollten nun in PROBE eine Darstellung ähnlich wie in Bild 5.19 haben.

Z-Spannung:

Die Z-Spannung kann grafisch aus der Sperrkennlinie ermittelt werden. Verwenden Sie dazu die Cursor aus dem Menü TRACE/CURSOR/DISPLAY. Die Z-Spannung kann aber auch nach der Simulation dem Output-File entnommen werden. Gehen Sie dazu in das Pulldown-Menü VIEW/OUTPUT-FILE und suchen Sie unter der Überschrift *Diode Model Parameters* den Parameter *Bv* (hier: *Bv* = 4,7, s. Bild 5.20). Die Z-Diode *D1N750* hat demnach eine Z-Spannung von *4,7 V*.

**** Diode MODEL PARAMETERS
****
D1N750

IS	880.500000E-18
ISR	1.859000E-09
BV	4.7
IBV	.020245
NBV	1.6989
IBVL	1.955600E-03
NBVL	14.976
RS	.25
CJO	175.000000E-12
VJ	.75
M	.5516
TBV1	-21.277000E-06

Bild 5.20 Modell-Parameter Z-Diode

Z-Spannung auf 9,1 V verändern:

Die Z-Spannung wird dadurch geändert, dass man den Wert des Parameters *Bv* in der Modellbeschreibung der Z-Diode verändert. Wie ein Modellparameter geändert wird, haben wir bereits beim Emissionskoeffizienten und Bahnwiderstand der Diode kennen gelernt. Markieren Sie zunächst das Bauelement, hier also die Z-Diode mit einem Klick auf die linke Maustaste. Dadurch färbt sich das Bauelement rot. Gehen Sie dann in das Menü EDIT/PSPICE MODEL, um den Modelleditor aufzurufen. Verändern Sie nun den Wert des Parameters *Bv* von 4.7 auf 9.1 und speichern Sie die Änderung über FILE/SAVE. Führen Sie nach dem Verlassen des Editors (FILE/EXIT) erneut eine Simulation der Kennlinien durch. In PROBE können Sie mit den Cursorn überprüfen, dass sich der Kennlinienknick bei ca. 20 mA tatsächlich auf 9,1 V verschoben hat. Editieren Sie nach der Simulation den Wert des Parameters *Bv* wieder auf den ursprünglichen Wert 4.7 .

Differentieller Widerstand der Z-Diode:

Die Z-Spannung ist jetzt wieder 4,7 V. Legen Sie ein zweites Simulationsprofil ausschließlich für die Sperrkennlinie an und führen Sie die Simulation durch. Schränken Sie in PROBE zunächst die x-Achse auf den Ausschnitt von -4,9 V bis -4,5 V ein: PLOT/AXIS SETTINGS/X AXIS/USER DEFINED. Fügen Sie dann im Menü PLOT/ADD Y AXIS eine zweite y-Achse hinzu. Die beiden y-Achsen werden an ihrem oberen Ende mit 1 bzw. 2 bezeichnet, wobei sich die Achse 1 auf den Sperrstrom *I(D1)* bezieht. Am unteren Ende der y-Achsen wird durch das Zeichen » die gerade aktive y-Achse markiert. Sie können dies durch einen Klick auf die andere Achse leicht ändern. Sorgen Sie jetzt dafür, dass die mit 2 bezeichnete y-Achse markiert ist und fügen Sie über das Menü TRACE/ADD TRACE folgenden Ausdruck hinzu: *1/D(I(I1))*. Wie bereits in der Aufgabenstellung erläutert, bestimmt der Operator $D()$ die Steigung ($\Delta I/\Delta U$) einer Kennlinie. Somit wird zur Sperrkennlinie noch der differentielle Widerstand eingezeichnet.

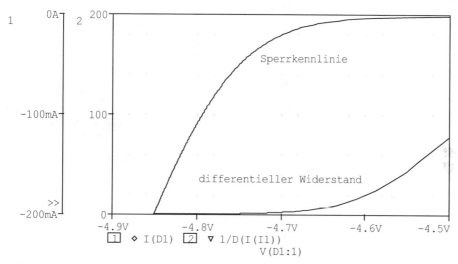

Bild 5.21 Sperrkennlinie und differentieller Widerstand der Z-Diode

5.2.2 Spannungsstabilisierung mit Z-Diode

Es ist eine Schaltung zur Spannungsstabilisierung mit einer Z-Diode, die mit einem Widerstand R_L belastet wird, zu untersuchen.

- Geben Sie die abgebildete Schaltung in CAPTURE ein und simulieren Sie den Spannungsabfall über dem Last- und dem Vorwiderstand, wenn die Eingangsspannung $V1$ von $0\ V$ auf $12\ V$ in Schritten von $0,1\ V$ geändert wird.

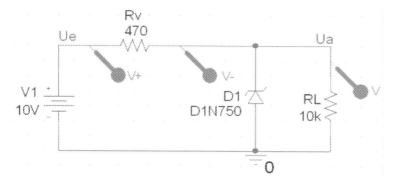

Bild 5.22 Spannungsstabilisierung mit Z-Diode

- Welche Spannung fällt bei $V1 = 10$ V über dem Widerstand R_L ab?

- Zuletzt ist noch eine Sensitivity-Analyse durchzuführen, um festzustellen, wie sich Schwankungen von Schaltungsparametern auf die zu stabilisierende Ausgangsspannung auswirken. Geben Sie dazu unter SIMULATION SETTINGS/ANALYSIS/SENSITIVITY für OUTPUT VARIABLE die Ausgangsvariable $V(Ua)$ ein.

Die Bauelemente finden Sie über das Menü PLACE/PART in nebenstehenden Bibliotheken (Libraries):

Bauelement	Bibliothek	Bemerkung
VDC	source.olb	Gleichspannungsquelle
D1N750	eval.olb	Z-Diode
R	analog.olb	Widerstand
0	source.olb	Masse, analog mit PLACE/GROUND

Lösung (Datei: *zd_aufgb.opj*)

Ausgangsspannung in Abhängigkeit von der Eingangsspannung:
Geben Sie in CAPTURE die Schaltung ein und dimensionieren Sie die Widerstände. Nach Doppelklick auf der Gleichspannungsquelle wird im Property Editor für die Gleichspannung *DC=10V* eingegeben, wie es später für die BIAS POINT ANALYSE benötigt wird.

Die gewünschte Art der Analyse wird im Dialogfenster SIMULATION SETTINGS/ANALYSIS/DC SWEEP eingegeben. Es ist die Option Spannungsquelle (VOLTAGE SOURCE) anzuklicken und der Name der Gleichspannungsquelle (*V1*) einzugeben. Schließlich sind noch Anfangswert (*0*), Endwert (*12V*) und die Schrittweite (*0.1*) für eine lineare Analyse in die vorgesehenen Felder einzutippen.

Am Lastwiderstand wird ein Spannungsmarker angebracht und über dem Vorwiderstand zwei Differenzspannungs-Marker (MARKERS/MARK VOLTAGE DIFFERENTIAL) für den Spannungsabfall über dem Bauelement.

Starten Sie die Simulation, das Ergebnis wird automatisch in PROBE abgebildet. Wir können die Ausgangsspannung und den Spannungsabfall über dem Vorwiderstand in Abhängigkeit von der Eingangsspannung ablesen. Ab der Z-Spannung (ca. 4,7 V) ist die Ausgangsspannung etwa konstant und der Vorwiderstand muss die weitere Spannungserhöhung auffangen.

Spannung über Lastwiderstand R_L:
Gehen Sie in das Zeichnungsfenster in CAPTURE mit Ihrer Schaltung und schalten Sie über PSPICE/BIAS POINT/ENABLE BIAS VOLTAGE DISPLAY die Darstellung der Knotenspannungen in der Schaltung ein. Falls Sie keine Spannungsangaben sehen, ist vermutlich die Darstellung der Spannung bzw. Ströme noch nicht freigegeben. Führen Sie deshalb zunächst den Befehl PSPICE/BIAS POINT/ENABLE aus. Jetzt können Sie ablesen, dass bei der Eingangsspannung U_e=10 V die Ausgangsspannung U_a=4,668 V beträgt.

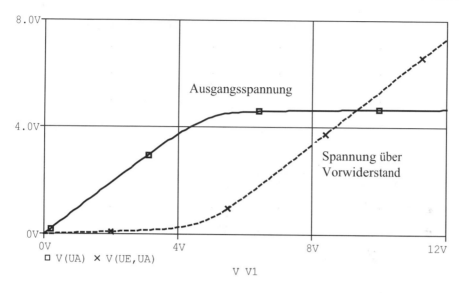

Bild 5.23 Ausgangsspannung und Spannungsabfall über Vorwiderstand in Abhängigkeit der Eingangsspannung

Sensitivity-Analyse:

Die Sensitivity-Analyse berechnet die Auswirkungen von Änderungen einzelner Schaltungsparameter auf eine im Setup als Ausgangsspannung definierte Spannung. Auf diese Weise kann
man herausfinden, welche Bauelemente mit möglichst geringen Toleranzen zu wählen sind,
um ein bestimmtes Verhalten der Schaltung zu garantieren. Legen Sie ein neues Simulationsprofil an und wählen Sie im Dialogfenster SIMULATION SETTINGS/ANALYSIS unter ANALYSIS
TYPE den Eintrag BIAS POINT. Markieren Sei dann das Kästchen bei PERFORM SENSITIVITY
ANALYSIS. Im Feld OUTPUT VARIABLE müssen Sie die Bezeichnung der Spannung eintragen,
deren Empfindlichkeit gegen Veränderungen der Bauteilegrößen Sie herausfinden wollen, in
diesem Fall *V(Ua)*.

Hinweis: Es können auch mehrere Ausgangsgrößen eingetragen werden, die dann durch Leerzeichen zu trennen sind.

Starten Sie nun die Simulation. Das Analyseergebnis finden Sie im Output-File im Abschnitt
DC Sensitivity Analysis. Wie nicht anders zu erwarten war, findet man den größten Wert, d.h.
den größten Einfluss bei der Quellspannung V1. Weiterhin hat die Schaltung auch eine gewisse Empfindlichkeit auf Änderungen des Vorwiderstands.

```
DC SENSITIVITIES OF OUTPUT V(V2)

    ELEMENT      ELEMENT        ELEMENT         NORMALIZED
     NAME         VALUE       SENSITIVITY      SENSITIVITY
                             (VOLTS/UNIT)    (VOLTS/PERCENT)
    R_RL        1.000E+04      2.298E-07        2.298E-05
    R_Rv        4.700E+02     -1.188E-04       -5.585E-04
    V_V1        1.000E+01      1.047E-02        1.047E-03
```

Bild 5.24 Ergebnis der Sensitivity-Analyse

5.2.3 Spannungsstabilisierung mit Z-Diode bei veränderlicher Last

A Es ist zu untersuchen, wie sich die Ausgangsspannung und die Ströme einer Schaltung zur Spannungsstabilisierung mit Z-Diode mit der Belastung durch den Widerstand R_L verändern.

- Geben Sie die abgebildete Schaltung in CAPTURE ein und simulieren Sie die Ausgangsspannung sowie den Dioden- und Laststrom, wenn sich der Lastwiderstand R_L von *10 Ω* auf *1 kΩ* verändert.

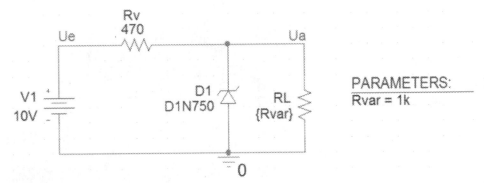

Bild 5.25 Schaltung zur Spannungsstabilisierung

- Ermitteln Sie näherungsweise den kleinsten Wert von R_L, sodass die Spannungsstabilisierung noch arbeitet.

- Ermitteln Sie die Ströme und Spannungen bei einem Lastwiderstand von $R_L = 1$ kΩ und vergleichen Sie diese Werte mit den Angaben im Diagramm in PROBE.

Die Bauelemente finden Sie über das Menü PLACE/PART in nebenstehenden Bibliotheken (Libraries):

Bauelement	Bibliothek	Bemerkung
VDC	source.olb	Gleichspannungsquelle
D1N750	eval.olb	Z-Diode
R	analog.olb	Widerstand
PARAM	special	Parameterliste
0	source.olb	Masse, analog mit PLACE/GROUND

Lösung (Datei: *zd_aufgf.opj*)

L Geben Sie die Schaltung in CAPTURE ein. Führen Sie auf dem Widerstandswert des Lastwiderstands *RL* einen Doppelklick durch und geben Sie für den Parameter VALUE den Ausdruck *{Rvar}* in geschweiften Klammern ein. Danach wird das Element *PARAM* mit Doppelklick geöffnet und in der Spalte *Rvar* der Wert 1k eingetippt[4]. Nach Doppelklick auf der Gleichspannungsquelle wird die Gleichspannung *DC=10V* eingegeben.

---

[4] Hierbei wird vorausgesetzt, dass Sie in einer der vorangehenden Aufgaben bereits die Spalte *Rvar* erzeugt haben. Falls nicht, können Sie im Property Editor über NEW COLUMN eine neue Eigenschaft mit der Bezeichnung *Rvar* anlegen.

Die gewünschte Art der Analyse wird im Dialogfenster SIMULATION SETTINGS/ANALYSIS unter der Analyseart DC SWEEP festgelegt. Es ist die Schaltfläche GLOBAL PARAMETER anzu- klicken und der Name des Parameters (*Rvar*) im Feld NAME einzugeben. Schließlich sind noch Anfangswert (*10*), Endwert (*2k*) und die Schrittweite (*1*) für eine lineare Analyse in die vorgesehenen Felder einzutippen. Setzen Sie in der Nähe des Lastwiderstands einen Span- nungsmarker.

Über PSPICE/RUN oder über das Symbol wird die Simulation gestartet. Die Ausgangsspannung in Abhängigkeit vom Lastwiderstand wird automatisch in PROBE abgebildet. Für die Darstel- lung des Dioden- und Laststroms fügen wir zunächst im Menü PLOT/ADD Y AXIS eine zweite y-Achse ein. Die beiden y-Achsen werden an ihrem oberen Ende mit 1 bzw. 2 bezeichnet, wobei sich die Achse 1 auf die Ausgangsspannung bezieht. Am unteren Ende der y-Achsen wird durch das Zeichen "»" die gerade aktive y-Achse markiert. Sie können dies durch einen Klick auf die andere Achse leicht ändern. Sorgen Sie jetzt dafür, dass die mit 2 bezeichnete y- Achse markiert ist und fügen Sie über das Menü TRACE/ADD TRACE den negativen Dioden- strom *-I(D1)* und den negativen Laststrom *-I(RL)* hinzu (s. Bild 5.26).

Bei sehr kleinen Lastwiderständen fließt nahezu der gesamte Strom durch den Lastwiderstand und der Diodenstrom ist verschwindend klein. Es findet keine Stabilisierung mehr statt. Die Stabilisierung beginnt erst für Lastwiderstände größer als ca. 500 Ω. Je größer der Lastwider- stand wird, um so mehr Strom fließt durch die Diode und weniger durch R_L.

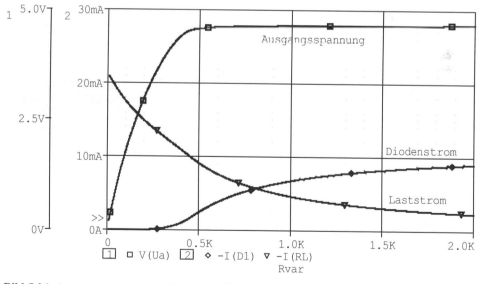

Bild 5.26 Ausgangsspannung und Ströme in Abhängigkeit vom Lastwiderstand *RL*

Ströme und Spannungen beim Lastwiderstand $R_L = 1\ k\Omega$::
Wenn kein DC-Sweep durchgeführt wird, ist der Lastwiderstand durch den Parameterblock auf den Wert *1kΩ* dimensioniert. Gehen Sie in das Zeichnungsfenster in CAPTURE mit Ihrer Schaltung und schalten Sie über PSPICE/BIAS POINT/ENABLE BIAS VOLTAGE DISPLAY die Dar- stellung der Knotenspannungen in der Schaltung ein. Schalten Sie auf ähnliche Weise die Darstellung der Ströme ein. Falls Sie keine Werte sehen, ist vermutlich die Darstellung der Spannung bzw. Ströme noch nicht freigegeben. Führen Sie deshalb zunächst den Befehl

PSPICE/BIAS POINT/ENABLE aus. Jetzt können Sie für die Ausgangsspannung den Wert 4,64 V ablesen. Der Diodenstrom ist 6,76 mA und der Laststrom zu 4,64 mA. Damit berechnet sich der Quellenstrom 11,4 mA. Diese Werte finden Sie im Diagramm Bild 5.26 bei R_L = 1 kΩ bestätigt. Verwenden Sie zum Ablesen der Werte die Cursor.

5.2.4 Spannungsbegrenzung

Es ist eine Schaltung zur Begrenzung des Spitzenwertes einer Spannung zu untersuchen.

- Geben Sie die abgebildete Schaltung in CAPTURE ein und simulieren Sie den Spannungsabfall über dem Last- und dem Vorwiderstand, wenn die Eingangsspannung u_1 den im Diagramm dargestellten zeitlichen Verlauf hat.

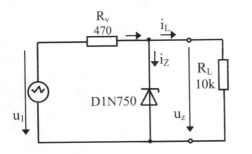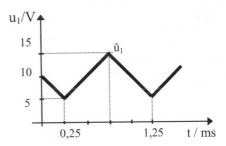

Bild 5.27 Schaltung zur Spannungsbegrenzung und zeitlicher Verlauf der Eingangsspannung u_1

- Die sägezahnförmige Eingangsspannung wird mit der Spannungsquelle *VSRC* erzeugt, indem beim Parameter *tran* ein stückweise linearer Signalverlauf eingegeben wird. Dazu gilt folgende Syntax

  tran=pwl(t1,v1,t2,v2,...),

  wobei die *ti, vi* die Wertepaare der einzelnen Eckpunkte der Kurve sind.

Die Bauelemente finden Sie über das Menü PLACE/PART in nebenstehenden Bibliotheken (Libraries):

Bauelement	Bibliothek	Bemerkung
VSRC	source.olb	Spannungsquelle
D1N750	eval.olb	Z-Diode
R	analog.olb	Widerstand
0	source.olb	Masse, analog mit PLACE/GROUND

Lösung (Datei: *zd_aufgc.opj*)

Geben Sie die Schaltung in CAPTURE ein. Nach Doppelklick auf der Spannungsquelle wird über den Parameter *tran* die sägezahnförmige Spannung definiert. Geben Sie dazu folgende Anweisung ein:

pwl(0m,5V,0.25m,2.5V,0.75m,7.5V,1.25m,2.5V,1.5m,5V)

Damit sind alle interessierenden Abschnitte des Spannungsverlaufs definiert.

Die benötigte Transientenanalyse wird im Dialogfenster SIMULATION SETTINGS/ ANALYSIS/TRANSIENT festgelegt. Im Eingabeteil TRANSIENT ANALYSIS geben Sie im Feld RUN TO TIME das Ende der Analyse mit 1,5 ms (*1.5ms*) ein. Das Feld MAXIMUM STEP SIZE kann hier freigelassen werden. Am Lastwiderstand und an der Spannungsquelle wird jeweils ein Spannungsmarker angebracht.

Starten Sie die Simulation. Das Ergebnis wird automatisch in PROBE abgebildet. Die Spannungsverläufe zeigen, dass die Ausgangsspannung den gleichen Verlauf hat wie die Eingangsspannung, solange diese kleiner als die Z-Spannung (4,7 V) ist. Ist die Eingangsspannung größer, wird sie durch die Z-Diode begrenzt.

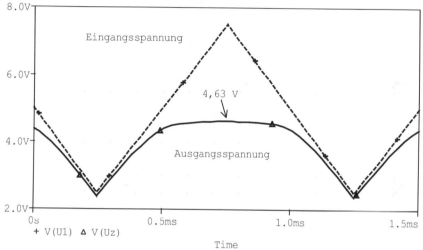

Bild 5.28 Ein- und Ausgangsspannung

5.2.5 Begrenzerschaltung mit zwei Z-Dioden

- Geben Sie die abgebildete Schaltung in CAPTURE ein und simulieren Sie die Eingangsspannung sowie die Ausgangsspannung über beide Z-Dioden.

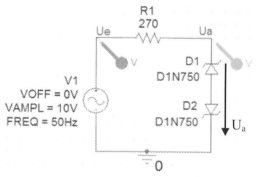

Bild 5.29 Begrenzerschaltung

- Wie verändert sich die Ausgangsspannung, wenn man eine der beiden Z-Dioden überbrückt?

Die Bauelemente finden Sie über das Menü PLACE/PART in nebenstehenden Bibliotheken (Libraries):

Bauelement	Bibliothek	Bemerkung
VSIN	source.olb	Sinus-Spannungsquelle
D1N750	eval.olb	Z-Diode
R	analog.olb	Widerstand
0	source.olb	Masse, analog mit PLACE/GROUND

Lösung (Datei: *zd_aufgd.opj*)

Geben Sie die Schaltung in CAPTURE ein. Nach Doppelklick auf die Spannungsquelle wird im Property Editor für den Parameter Amplitude *VAMPL=10V*, für die Frequenz *FREQ=50Hz* und für die Offsetspannung *VOFF=0* eingegeben.

Die erforderliche Transientenanalyse wird im Dialogfenster SIMULATION SETTINGS/ ANALYSIS/TRANSIENT festgelegt. Im Eingabeteil TRANSIENT ANALYSIS geben Sie im Feld RUN TO TIME das Ende der Analyse mit *0.1s* ein. Das Feld MAXIMUM STEP SIZE kann hier mit *0.1ms* belegt werden. An der oberen Z-Diode und an der Spannungsquelle wird jeweils ein Spannungsmarker angebracht.

Über PSPICE/RUN oder über das Symbol wird die Simulation gestartet. Das Ergebnis wird automatisch in PROBE abgebildet. Die Spannungsverläufe zeigen, dass die Ausgangsspannung U_a den gleichen Verlauf hat wie die Eingangsspannung U_e, solange diese kleiner als die Z-Spannung (4,7 V) ist. Ist die Eingangsspannung größer, so wird die positive und die negative Halbwelle auf den Wert der Z-Spannung (hier: 4,7 V) plus der Durchlass-Spannung der jeweils in Durchlassrichtung betriebenen Z-Diode, insgesamt also auf ca. 5,5 V, begrenzt.

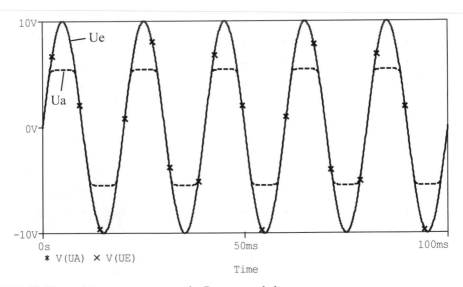

Bild 5.30 Ein- und Ausgangsspannung der Begrenzerschaltung

Wird eine der beiden Z-Dioden überbrückt (z.B. die obere), so ist das Ergebnis bei negativen Halbwellen unverändert. Bei positiven Halbwellen wird die verbleibende Z-Diode jedoch in Durchlassrichtung betrieben und folglich sinkt die Ausgangsspannung auf ca. 0,8 V.

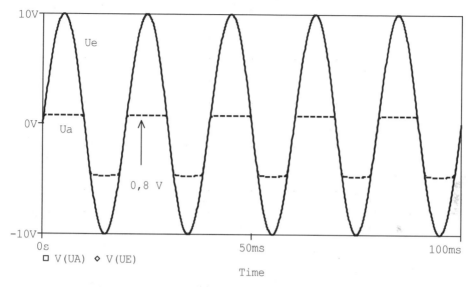

Bild 5.31 Ein- und Ausgangsspannung bei Überbrückung der oberen Z-Diode

5.2.6 Sollspannungsmesser

Die Schaltung in Bild 5.32 zeigt einen Sollspannungsmesser, der in seinem Brückendiagonal-
zweig mit einem Amperemeter anzeigt, ob sich die Eingangsspannung in einem vorgegebenen
Sollbereich befindet. Ist die Eingangsspannung genau auf dem Sollwert, so ist die Brückendiagonale stromlos. Das Amperemeter ist durch seinen Innenwiderstand R_i in der Schaltung ersetzt.

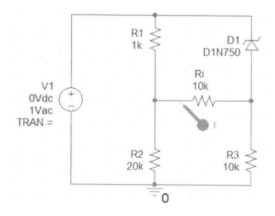

Bild 5.32
Schaltung des Sollspannungsmessers

- Geben Sie die abgebildete Schaltung in CAPTURE ein und simulieren Sie den Strom durch
  die Brückendiagonale in Abhängigkeit von der Eingangsspannung.

- Wie groß ist die Sollspannung?

Die Bauelemente finden Sie über das Menü PLACE/PART in nebenstehenden Bibliotheken (Libraries):

Bauelement	Bibliothek	Bemerkung
VSRC	source.olb	Spannungsquelle
D1N750	eval.olb	Z-Diode
R	analog.olb	Widerstand
0	source.olb	Masse, analog mit PLACE/GROUND

Lösung (Datei: *zd_aufge.opj*)

Zunächst sind die benötigten Bauelemente aus den Bibliotheken zu holen und auf der Oberfläche zu platzieren und zu „verdrahten". Die Spannungsquelle braucht in diesem Fall nicht parametriert werden.

Die gewünschte Art der Analyse wird im Dialogfenster SIMULATION SETTINGS/ANALYSIS/DC SWEEP festgelegt. Im Bereich SWEEP VARIABLE wird VOLTAGE SOURCE markiert und der Name *V1* eingegeben. Im Eingabeteil SWEEP TYPE wählen Sie LINEAR aus und geben Sie als Anfangswert *0*, als Endwert *150* und als Increment *1* ein.

Setzen Sie am Innenwiderstand in der Brückendiagonale einen Strommarker. Starten Sie die Simulation. Das Ergebnis wird automatisch in PROBE abgebildet. Der Kurvenverlauf hat bei ca. 98 V einen Nulldurchgang. Dann ist also das Amperemeter stromlos und zeigt somit die Sollspannung an. Bei kleineren Eingangsspannungen steigt der Strom durch die Brückendiagonale in die positive Richtung, bei größeren Werten der Eingangsspannung in die negative Richtung. Es kann leicht eine Abweichung vom Sollwert festgestellt werden.

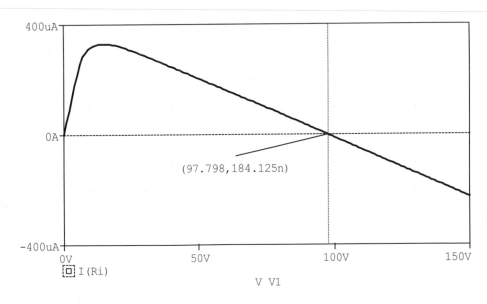

Bild 5.33 Strom durch Amperemeter in Abhängigkeit von Eingangsspannung

5.3 Statisches und dynamisches Verhalten von Transistoren

In diesem Abschnitt werden das statische und dynamische Verhalten von Bipolar-Transistoren sowie Schaltungen mit Bipolar-Transistoren durch Simulation untersucht.

5.3.1 Kennlinien eines Transistors

- Simulieren Sie die Ausgangskennlinien $I_C = f(U_{CE})$ und die Rückkopplungskennlinien $U_{BE} = f(U_{CE})$ des Transistors $Q2N3904$.

- Zeichnen Sie in die Ausgangskennlinien die Verlustleistungshyperbel für $P_{tot} = 500$ mW und die Arbeitsgerade, wenn die Versorgungsspannung $U_B = 15$ V beträgt und die Summe aus Kollektor- und Emitterwiderstand gleich $R_C + R_E = 500\ \Omega$ ist.

- Ermitteln Sie weiterhin für den gleichen Transistor die Stromverstärkungskennlinien $I_C = f(I_B)$ und die Eingangskennlinien $U_{BE} = f(I_B)$.

Die Bauelemente finden Sie über das Menü PLACE/PART in nebenstehenden Bibliotheken (Libraries):

Bauelement	Bibliothek	Bemerkung
ISRC	source.olb	Stromquelle
VSRC	source.olb	Spannungsquelle
Q2N3904	eval.olb	Bipolartransistor
0	source.olb	Masse, analog mit PLACE/GROUND

Lösung (Datei: *tr_aufga.opj*)

Geben Sie die nebenstehende Schaltung in CAPTURE ein. Die Stromquelle ist nach einem Doppelklick auf den vorgegebenen Namen mit *IB* und die Spannungsquelle mit *UCE* zu bezeichnen.

Die gewünschte Art der Analyse wird im Dialogfenster SIMULATION SETTINGS/ ANALYSIS/DC SWEEP eingegeben. Es ist die Option Spannungsquelle (VOLTAGE SOURCE) anzuklicken und der Name der Spannungs- quelle (*UCE*) einzugeben. Schließlich sind noch Anfangswert (*0V*), Endwert (*20V*) und

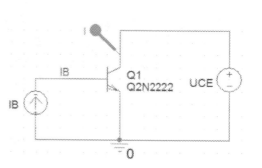

Bild 5.34
Schaltung zum Simulieren der Kennlinien

die Schrittweite (*0.1V*) für eine lineare Analyse in die vorgesehenen Felder einzutippen. Über- lagert dazu wird auch noch der Basisstrom schrittweise verändert. Dazu klicken wir auf das Kästchen neben SECONDARY SWEEP (das Kästchen muss jetzt abhakt sein) und markieren in dem neuen Fenster den Typ CURRENT SOURCE. Im Feld NAME wird *IB* eingetragen. Nach Eingabe von Anfangswert (*20uA*), Endwert (*200uA*) und Schrittweite (*20uA*) ist das Simulati- onsprofil festgelegt.

Mit einem Strom-Marker am Kollektoranschluss wird erreicht, dass der Kollektorstrom des Transistors im „Oszilloskop-Programm" PROBE automatisch dargestellt wird. Der Marker kann im Menü PSPICE/MARKERS/CURRENT INTO PIN entnommen und in der Schaltung platziert werden. Achten Sie darauf, dass der Marker direkt am Anschlussdraht des Transistors zu liegen kommt.

 Über PSPICE/RUN oder über das Symbol wird die Simulation gestartet. Die Ausgangskennlinien werden automatisch in PROBE abgebildet. Wir öffnen mit dem Menü PLOT/ADD PLOT TO WINDOW zunächst ein zweites Diagramm und verschieben mit „Cut" und „Paste" die Kennlinienschar *IC(Q1)* vom unteren in das obere Diagramm (vorher den Namen der Kennlinienschar *IC(Q1)* links unterhalb des Diagramms mit der Maus markieren). Über TRACE/ADD TRACE wird jetzt die Verlustleistungshyperbel

Tabelle 5.1
Benennung der Spannungen und Ströme am Transistor in PSPICE (PROBE)

Spannungen/Ströme		PSPICE
Basis-Spannung	U_B	V(Q1:b)
Kollektor-Spannung	U_C	V(Q1:c)
Emitter-Spannung	U_E	V(Q1:e)
Basisstrom	I_B	IB(Q1)
Kollektorstrom	I_C	IC(Q1)
Emitterstrom	I_E	IE(Q1)

P_{tot}/U_{CE} hinzugefügt, indem wir im Feld TRACE EXPRESSION den Ausdruck *0.5W/V_UCE* eingeben. Auf die gleiche Weise lassen wir noch die Arbeitsgerade $(U_B-U_{CE})/(R_C+R_E)$ mit dem Ausdruck *(15V-V_UCE)/500* zeichnen. Danach aktivieren wir mit einem Mausklick das untere Diagramm (an der y-Achse erscheint SEL») und fügen über TRACE/ADD TRACE die Basis-Emitter-Spannung *V(Q1:b)* hinzu. Nach dem Beschriften der Kurven, sollten Sie das Bild 5.35 auf Ihrem Bildschirm haben.

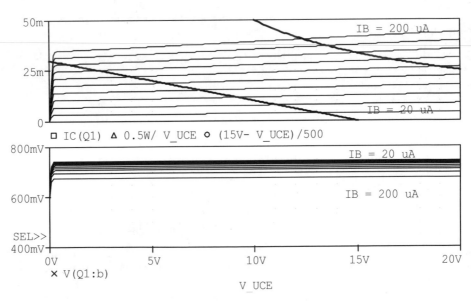

Bild 5.35 oben: Ausgangskennlinien, unten: Rückkopplungskennlinien

Simulation der Stromverstärkungs- und Eingangskennlinien eines Transistors:
Für diese Kennlinien wird die gleiche Schaltung mit einem neuen Simulationsprofil verwendet. Wählen Sie unter DC-SWEEP jetzt die Stromquelle *IB* aus: Anfangswert: *0*, Endwert: *300uA* und Schrittweite: *1uA*. In SECONDARY SWEEP wird VOLTAGE SOURCE markiert und *UCE* eingegeben im Bereich von 0 bis 10 V mit einer Einteilung von 2 V.

Nach der Simulation ist in PROBE ein zweites Diagramm zu öffnen. Im oberen Diagramm wird der Kollektorstrom *IC(Q1)* und im unteren die Basis-Emitter-Spannung *V(Q1:b)* dargestellt. Da im Vierquadranten-Kennlinienfeld auf der x-Achse der Basisstrom gewöhnlich von rechts nach links abgebildet wird, ist die Reihenfolge der x-Achsenbeschriftung zu ändern. Gehen Sie über PLOT/AXIS SETTINGS/X AXIS in das Dialogfenster AXIS SETTINGS und markieren Sie unter DATA RANGE die Option USER DEFINED. Im linken Eingabefeld ist jetzt der Wert *300uA* und im rechten *0A* einzugeben. Nach Verlassen des Dialogfensters sollte die Darstellung um die y-Achse gespiegelt erscheinen.

Die Darstellung der Basis-Emitterspannung in Abhängigkeit vom Basisstrom im unteren Diagramm ist noch nicht korrekt, die Spannungswerte sollen auf der y-Achse von oben nach unten verlaufen. Klicken Sie zunächst auf das untere Diagramm so, dass sich der Zeiger SEL>> nach unten verschiebt. Jetzt können Sie im Dialogfenster PLOT/AXIS SETTINGS/Y AXIS die Anfangs- und Endwerte der y-Achse auf ähnliche Weise ändern, wie vorher bei der x-Achse.

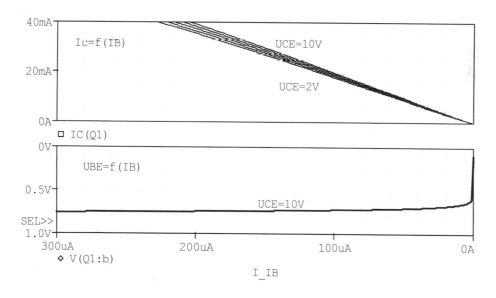

Bild 5.36 oben: Stromverstärkungskennlinien, unten: Eingangskennlinien

5.3.2 Kleinsignalverstärker in Emitterschaltung

A Geben Sie die in Bild 5.37 dargestellte Schaltung eines Kleinsignalverstärkers in Emitterschaltung ein. Die Eingangsspannung ist sinusförmig mit einer Amplitude von 10 mV und einer Frequenz von 1000 Hz.

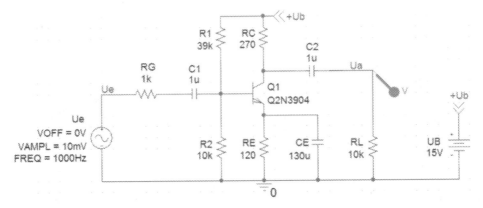

Bild 5.37 Schaltung eines Kleinsignalverstärkers in Emitterschaltung

- Simulieren Sie den zeitlichen Verlauf der Ausgangsspannung u_a im Zeitbereich von 0 bis 15 ms.
- Nach wie vielen Perioden ist der Signalverlauf eingeschwungen?
- Lässt die Ausgangsspannung auf einen einigermaßen gut eingestellten Arbeitspunkt schließen?
- Wie groß ist die Spannungsverstärkung?
- Wie verändert sich die Spannungsverstärkung, wenn man den Kondensator C_E entfernt?

Die Bauelemente finden Sie über das Menü PLACE/PART in nebenstehenden Bibliotheken (Libraries):

Bauelement	Bibliothek	Bemerkung
VDC	source.olb	Gleichspannungsquelle
VSIN	source.olb	Sinus-Spannungsquelle
Q2N3904	eval.olb	Bipolartransistor
R	analog.olb	Widerstand
C	analog.olb	Kondensator
OFFPAGELEFT-L	capsym.olb	Off-Page Connector (drahtloser Verbinder) mit PLACE/OFF-PAGE CONNECTOR
0	source.olb	Masse, analog mit PLACE/GROUND

L **Lösung** (Datei: *tr_aufgb.opj*)

Geben Sie die Schaltung des Kleinsignalverstärkers in CAPTURE ein und stellen Sie die Gleichspannungsquelle *UB* auf eine Spannung von *15 V* ein. Die Versorgungsspannungsquelle *UB* könnte direkt mit dem Kollektorwiderstand *RC* verdrahtet werden. Im Schaltbild wird eine andere Möglichkeit mit OFF PAGE CONNECTORS gezeigt, das sind drahtlose Verbinder.

Jeweils zwei mit dem gleichen Namen werden wie mit Draht verbunden behandelt (in SCHEMATICS: BUBBLE). Die Verbinder können auch auf verschiedenen Seiten innerhalb des SCHEMATIC Ordners liegen. Platzieren Sie an jedem Ende über PLACE/OFF-PAGE CONNECTOR einen Verbinder und ändern Sie dessen Namen in +Ub. Die Amplitude der sinusförmigen Quelle ist $VAMPL=10mV$ und die Frequenz beträgt $FREQ=1000Hz$. Beide Werte sowie $VOFF=0V$ sind nach Doppelklick auf die neben der Quelle abgebildete Eigenschaft einzugeben. Der Ausgang wird mit PLACE/NET ALIAS mit dem Alias-Namen Ua und der Eingang mit Ue bezeichnet.

Die gewünschte Art der Analyse wird im Dialogfenster SIMULATION SETTINGS/ANALYSIS/ TRANSIENT eingestellt. Für RUN TO TIME ist $15ms$ einzutippen. Bei MAXIMUM STEP SIZE ergibt ein Wert von $10us$ gute Ergebnisse in der Darstellung.

Setzen Sie an die Ausgangsleitung einen Spannungs-Marker (PSPICE/MARKERS/VOLTAGE LEVEL) und starten Sie die Simulation. Die Ausgangsspannung u_a wird automatisch in PROBE abgebildet. Sie hat wie erwartet einen sinusförmigen Verlauf mit einer Amplitude von ca. 295 mV. Ab der Zeit $t = 0$ s ist ein Einschwingvorgang sichtbar, der aber spätestens nach ca. 2 ms abgeklungen ist. Weder in der positiven noch in der negativen Halbwelle ist eine Verzerrung bemerkbar, sodass man auf einen einigermaßen gut eingestellten Arbeitspunkt schließen kann. Die Spannungsverstärkung U_a/U_e beträgt ca. 29 bei den gegebenen Werten von R_G, C_1, C_2 und C_E.

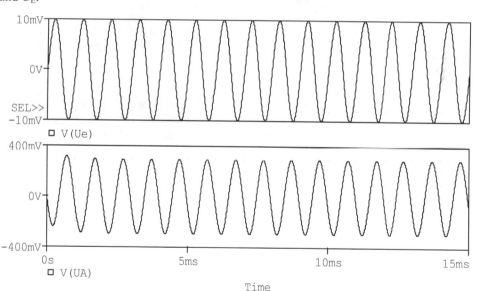

Bild 5.38 Zeitlicher Verlauf der Ein- und Ausgangsspannung mit $C_E = 130$ μF

Entfernt man den Kondensator C_E (neue Simulation!), so geht die Spannungsverstärkung auf einen Wert von ca. *23* zurück ($\hat{u}_a = 233$ mV), da dann der Emitterwiderstand R_E auch für das Wechselstromsignal eine Stromgegenkopplung bewirkt.

5.3.3 Klirrfaktor eines Kleinsignalverstärkers in Emitterschaltung

- Nehmen Sie die Schaltung des Kleinsignalverstärkers aus der vorhergehenden Aufgabe und erhöhen Sie die Eingangsamplitude auf 150 bis 200 mV.

- Wir wollen diesmal den Klirrfaktor der Ausgangsspannung u_a bestimmen. Der Klirrfaktor ist ein Maß für die Verzerrungen einer Spannung. Er ist als das Verhältnis des Effektivwertes der Oberschwingungen einer Spannung zum Effektivwert der Spannung selber definiert. Sie müssen also die Oberschwingungen der Ausgangsspannung u_a bestimmen. Dazu führen Sie zunächst wieder eine Transienten-Analyse von 0 bis 15 ms durch. In PROBE beschränken Sie dann den Datenbereich auf den eingeschwungenen Zustand. Starten Sie anschließend die Fourier-Analyse mit der Schaltfläche FFT.

Die Bauelemente finden Sie über das Menü PLACE/PART in nebenstehenden Bibliotheken (Libraries):

Bauelement	Bibliothek	Bemerkung
VDC	source.olb	Gleichspannungsquelle
VSIN	source.olb	Sinus-Spannungsquelle
Q2N3904	eval.olb	Bipolartransistor
R	analog.olb	Widerstand
C	analog.olb	Kondensator
OFFPAGELEFT-L	capsym.olb	Off-Page Connector (drahtloser Verbinder) mit PLACE/OFF-PAGE CONNECTOR
0	source.olb	Masse, analog mit PLACE/GROUND

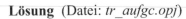

Lösung (Datei: *tr_aufgc.opj*)

Nach Eingabe der Schaltung und Festlegung der Parameter wird sogleich eine Transienten-Analyse wie in der vorhergehenden Aufgabe durchgeführt. Der einzige Unterschied ist, dass hier die Eingangsamplitude um einen Faktor 15 bis 20 größer ist. Dadurch erreicht das Ausgangssignal die Aussteuergrenze und wird leicht verzerrt (die positiven Halbwellen). Die Größe der Verzerrung soll jetzt in der Fourier-Analyse festgestellt werden.

In PROBE wird zuerst der Datensatz auf den eingeschwungenen Zustand zwischen 5 ms und 15 ms eingeschränkt (Menü PLOT/AXIS SETTINGS/X AXIS/USE DATA/RESTRICTED: *5ms* bis *15ms*).

Hinweis: Bei der Fourier-Analyse geht PSPICE davon aus, dass sich der gesamte Funktionsverlauf periodisch wiederholt, gleichgültig, welcher Teil des Funktionsverlaufs gerade in PROBE dargestellt ist. Deshalb ist es sehr wichtig, dass man genau eine Periode der zu untersuchenden Funktion oder ein ganzzahliges Vielfaches der Periode simuliert, sonst ergibt die Analyse Unsinn.

Starten Sie jetzt die Fourier-Analyse mit der Schaltfläche *FFT*. Das Ergebnis zeigt PROBE in Form der Spektrallinien über der Frequenz. Es ist hier günstig, zunächst den Frequenzbereich auf 0 bis 5 kHz einzuschränken (PLOT/AXIS SETTINGS/X AXIS/DATA RANGE /USER DEFINED). Die Hauptlinie liegt bei 1 kHz, der Frequenz der Signalquelle. Darüber gibt es Oberwellen bei 2 kHz, 3 kHz und 4 kHz, deren Amplituden man leicht ablesen kann. Daraus lässt sich nun der Klirrfaktor berechnen.

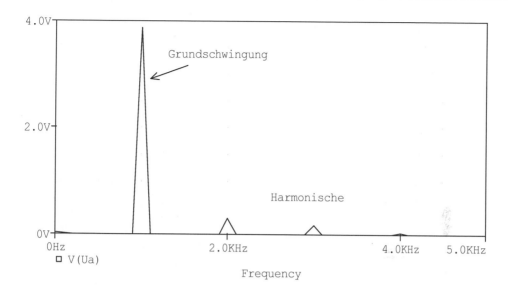

Bild 5.39 Spektrallinien der Ausgangsspannung mit $\hat{u}_e = 150\,$mV

Wenn Sie jetzt in das Output-File schauen, werden Sie dort keine Daten zur Fourier-Analyse finden. PSPICE stellt die Daten nur dann zur Verfügung, wenn man dies vorher angemeldet hat. Gehen Sie in das Dialogfenster SIMULATION SETTINGS/ANALYSIS, wählen Sie dort TRANSIENT aus und klicken Sie auf die Schaltfläche OUTPUT FILE OPTIONS. Es öffnet sich das Fenster TRANSIENT OUTPUT FILE OPTIONS, in dem Sie das Kästchen PERFORM FOURIER ANALYSIS markieren. Geben Sie bei CENTER FREQUENCY *1k* für die Frequenz der Signalquelle ein. Legen Sie die Anzahl der gewünschten Harmonischen auf *5* fest und tippen Sie als Ausgangsvariable *V(Ua)* ein. Nach einer neuen Simulation (mit $\hat{u}_e = 150\,$mV) finden Sie im Output-File unter der Überschrift *FOURIER COMPONENTS OF TRANSIENT RESPONSE V(UA)* folgendes Ergebnis:

DC COMPONENT = 1.369248E-02

HARMONIC NO	FREQUENCY (HZ)	FOURIER COMPONENT	NORMALIZED COMPONENT	PHASE (DEG)	NORMALIZED PHASE (DEG)
1	1.000E+03	3.869E+00	1.000E+00	-1.651E+02	0.000E+00
2	2.000E+03	3.042E-01	7.864E-02	1.249E+02	4.552E+02
3	3.000E+03	1.716E-01	4.436E-02	-1.377E+02	3.577E+02
4	4.000E+03	2.736E-02	7.071E-03	-4.834E+01	6.123E+02
5	5.000E+03	7.260E-03	1.877E-03	-8.863E+01	7.371E+02

TOTAL HARMONIC DISTORTION = 9.058596E+00 PERCENT

Die Harmonische Störung (harmonic distortion) entspricht etwa dem Klirrfaktor. Demnach hat das Ausgangssignal einen Klirrfaktor von ca. 9,1 %, ein Wert, der für Verstärkerschaltungen unerträglich groß ist.

5.3.4 Amplituden- und Phasengang eines Kleinsignalverstärkers

- Simulieren Sie den Amplituden- und Frequenzgang des bereits behandelten Kleinsignal-verstärkers aus Aufgabe 5.3.2, Bild 5.37, für Frequenzen von *10 Hz* bis *10 MHz*. Stellen Sie dazu die Amplitude der Eingangsspannung auf *10 mV* ein. Die Simulation soll nacheinander mit verschiedenen Kapazitätswerten der Kondensatoren C_1 und C_2 durchgeführt werden:

    $C_1 = C_2 = 1\ \mu F,\ 5\ \mu F,\ 10\ \mu F$ und $30\ \mu F$.

- Was bewirkt die Änderung der Kapazität?

Die Bauelemente finden Sie über das Menü PLACE/PART in nebenstehenden Bibliotheken (Libraries):

Bauelement	Bibliothek	Bemerkung
VDC	source.olb	Gleichspannungsquelle
VSIN	source.olb	Sinus-Spannungsquelle
Q2N3904	eval.olb	Bipolartransistor
R	analog.olb	Widerstand
C	analog.olb	Kondensator
PARAM	spezial.olb	Parametereingabe
OFFPAGELEFT-L	capsym.olb	Off-Page Connector (drahtloser Verbinder) mit PLACE/OFF-PAGE CONNECTOR
0	source.olb	Masse, analog mit PLACE/GROUND

Lösung (Datei: *tr_aufgd.opj*)

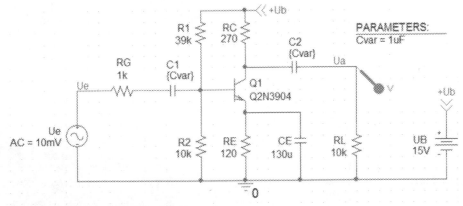

Bild 5.40 Schaltung des Kleinsignalverstärkers

Nach Eingabe der Schaltung ist zunächst die Signalquelle zu parametrieren. Für die durchzuführende AC-Sweep-Analyse ist nur der Parameter AC interessant. Geben Sie also nach einem Doppelklick auf der Signalquelle im Property Editor für AC den Wert *10mV* ein. Die bei der Transienten-Analyse gebrauchten Parameter *VAMPL* und *FREQ* können jedoch unverändert bleiben. Dem AC-Sweep wird ein Parametric-Sweep für die Kapazitätswerte von C_1 und C_2 überlagert. Wir ersetzen also zunächst die beiden Kapazitätswerte durch globale Parameter, indem wir den Ausdruck, *{Cvar}*, in geschweiften Klammern in das Feld VALUE der Kapazität anstelle des bisherigen Wertes eingeben. Anschließend holen wir uns noch das Element *PARAM* aus der Bibliothek und geben nach einem Doppelklick darauf in der Spalte *Cvar* einen beliebigen Wert, z.B. *1uF* ein. Falls die Eigenschaft *Cvar* noch nicht existiert, müssen Sie diese über die Schaltfläche NEW COLUMN (bzw. ROW) anlegen. Jetzt ist die Schaltung fertig und es ist lediglich noch die Analyseart einzustellen.

Im Dialogfenster SIMULATION SETTINGS/ANALYSIS/AC SWEEP wählen wir die Schaltfläche DECADE für eine dekadische Einteilung der Frequenzachse aus und geben die Anfangsfrequenz (*START FREQUENCY = 10Hz*) und die Endfrequenz (*END FREQUENCY = 10MegHz*) ein. Für die Anzahl der pro Dekade zu berechnenden Werte geben wir z.B. *100* ein. Jetzt ist nur noch die Analyseart Parametric anzuklicken (SIMULATION SETTINGS/ ANALYSIS/ PARAMETRIC), die Schaltfläche GLOBAL PARAMETER auszuwählen und im Feld NAME *Cvar* einzutippen. Im Eingabebereich SWEEP TYPE wählen wir noch VALUE LIST aus und geben die gewünschten Kapazitätswerte *1uF, 5uF, 10uF, 30uF* im Feld VALUES ein.

Nach der Simulation wird in PROBE zunächst der Amplitudengang für alle vier *Cvar*-Werte in einem linearen Maßstab für U_a dargestellt. Da aber meist das Verhältnis von Ausgangs- zu Eingangsspannung in einem logarithmischen Maßstab gewünscht wird, löschen wir die Kurven wieder. Im Menü TRACE/ADD TRACE. geben wir im Feld TRACE EXPRESSION den Ausdruck *DB(V(Ua)/V(Ue))* ein. Nach Klick auf OK werden die Amplitudengänge gezeichnet. Nun fehlt nur noch die Darstellung der Phasengänge. Dazu generieren wir zunächst im Menü PLOT/ADD PLOT TO WINDOW ein zweites Diagramm und geben im Menü TRACE/ADD TRACE den Ausdruck *P(V(Ua)/V(Ue))* ein.

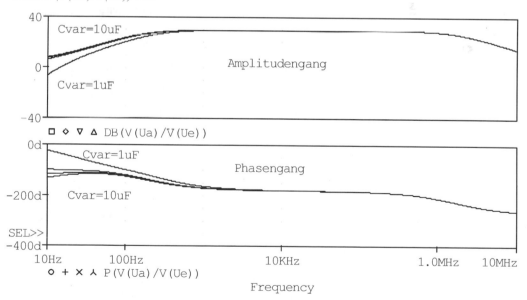

Bild 5.41 Amplituden- und Phasengang für verschiedene Kapazitätswerte

Die Kurven zeigen, dass sich die unterschiedlichen Kapazitätswerte nur im unteren Frequenzbereich auswirken und dass bereits für Kapazitätswerte ab $C = 5$ µF ein günstiges Verhalten bei niederen Frequenzen erreicht wird. Zwischen ca. *300 Hz* und *1 MHz* ist der Amplitudengang konstant.

5.3.5 Rauschanalyse an einem Kleinsignalverstärker

A

- Untersuchen Sie das Verhältnis von Nutzsignal und Rauschen am Ausgang des bereits behandelten Kleinsignalverstärkers aus Aufgabe 5.3.2, Bild 5.37. Führen Sie dazu eine Rauschanalyse, Noise Analysis, für die Ausgangsvariable $V(Ua)$ durch. Diese Analyse ist mit dem AC-Sweep gekoppelt. Für den AC-Sweep geben Sie die gleichen Parameter wie in der Aufgabe „Amplituden- und Phasengang" in Abschnitt 5.3.4 ein.

Die Bauelemente finden Sie über das Menü PLACE/PART in nebenstehenden Bibliotheken (Libraries):

Bauelement	Bibliothek	Bemerkung
VDC	source.olb	Gleichspannungsquelle
VSIN	source.olb	Sinus-Spannungsquelle
Q2N3904	eval.olb	Bipolartransistor
R	analog.olb	Widerstand
C	analog.olb	Kondensator
OFFPAGELEFT-L	capsym.olb	Off-Page Connector (drahtloser Verbinder) mit PLACE/OFF-PAGE CONNECTOR
0	source.olb	Masse, analog mit PLACE/GROUND

Lösung (Datei: *tr_aufge.opj*)

L

Nach Eingabe der Schaltung ist zunächst die Signalquelle zu parametrieren. Durch die Kopplung der Rauschanalyse mit der AC-Sweep-Analyse ist bei der Signalquelle nur der Parameter AC interessant (*AC=10mV*). Die beiden Kapazitäten *C1* und *C2* erhalten den Wert *1uF*.

Wir öffnen das Menü für die AC-Sweep-Analyse (SIMULATION SETTINGS/ANALYSIS/AC SWEEP) und füllen die Felder für den AC-Sweep wie in der Aufgabe „Amplituden- und Phasengang" in Abschnitt 5.3.4 aus.
    DECADE auswählen, *POINTS/DEC.=100*, *START FREQ.=10*, *END FREQ.=10Meg*

Jetzt müssen wir noch zusätzlich im Bereich NOISE ANALYSIS das Feld ENABLED durch einen Mausklick aktivieren und im Feld OUTPUT VOLTAGE die Spannung eintragen, für welche die Rauschanalyse durchgeführt werden soll, hier also *V(Ua)*, weil wir uns für das Rauschen der Ausgangsspannung U_a interessieren. Danach geben Sie im Eingabefeld I/V die Quelle an, für die das äquivalente Eingangsrauschen berechnet werden soll: *Ue*. PSPICE berechnet dann für diese Quelle eine Rauschspannung, die am Ausgang der als rauschfrei angenommenen Schaltung die gleiche Rauschspannung hervorruft wie die analysierte Schaltung. Im Eingabefeld INTERVAL ist anzugeben, in welchen Abständen detaillierte Angaben über das Ausgangsrauschen in das Output-File zu schreiben sind. Beispielsweise wird jedes zehnte Ergebnis eingetragen, wenn *INTERVAL=100* ist und 1000 Punkte pro Dekade berechnet werden. Geben Sie hier den Wert *100* ein, damit pro Dekade nur ein Ergebnis ins Output-File kommt.

Das Verhältnis von Nutzsignal zum Rauschsignal wird als Rauschabstand bezeichnet. Das Rausch, das die interessierende Ausgangsgröße *V(Ua)* überlagert, wird von PSPICE als spektrale Rauschleistungsdichte *NTOT(ONOISE)* berechnet (Einheit: V²/Hz). Für einen korrekten Vergleich von Nutz- und Rauschsignal muss zunächst aus der Ausgangsgröße eine der Leistungsdichte äquivalente Größte berechnet werden. Dazu wird das Quadrat des Effektivwerts der Ausgangsspannung auf die Nutzbandbreite B bezogen: $U_{aeff}^2 / B = \hat{u}_a^2 / 2B$. Der Rauschabstand in dB errechnet sich gemäß folgender Gleichung:

$$A = 10 \cdot \log\left(\frac{\hat{u}_a^2 / (2 \cdot B)}{S}\right) = 10 \cdot \log\left(\frac{V(Ua) \cdot V(Ua) / (2 \cdot B)}{NTOT(ONOISE)}\right) = 10 \cdot \log\left(\frac{V(Ua) \cdot V(Ua)}{2 \cdot B \cdot NTOT(ONOISE)}\right)$$

Nach Starten der Simulation wird in PROBE automatisch der Amplitudengang des Ausgangssignals dargestellt. Wir löschen die Kurve gleich wieder und stellen stattdessen das Quadrat der Ausgangsgröße geteilt durch 2 dar. Geben Sie im Menü TRACE/ADD TRACE ein: $V(Ua)*V(Ua)/2$.

Für die Darstellung der spektralen Rauschleistungsdichte ist es zweckmäßig, über das Menü PLOT/ADD Y AXIS eine zweite y-Achse zu ergänzen, da die Amplitude des Rauschsignals (hoffentlich) deutlich kleiner ist als die des Nutz-Ausgangssignals. Anschließend fügen wir für diese zweite y-Achse die spektrale Leistungsdichte NTOT(ONOISE) ein.

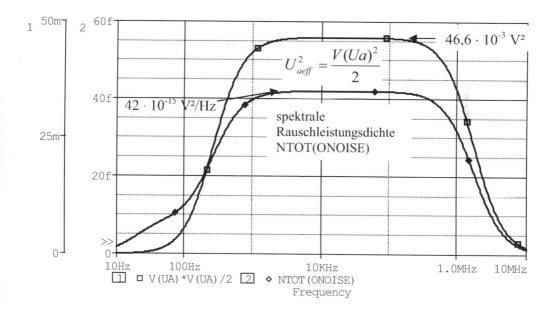

Bild 5.42 Quadrat der Ausgangsspannung und spektrale Rauschleistungsdichte in Abhängigkeit von der Frequenz, $R_G = 1\,k\Omega$

Geht man von einer Nutzbandbreite von ca. 1 MHz aus, so lässt sich aus dem Ergebnis der Simulation folgender Rauschabstand berechnen:

$$A = 10 \cdot \log\left(\frac{46{,}6 \cdot 10^{-3}}{10^6 \cdot 42 \cdot 10^{-15}}\right) dB = 60{,}5 dB$$

Um die Ursachen des Rauschens herauszufinden, schauen wir im nächsten Schritt in das Output-File, in dem wir für verschiedene Frequenzen jeweils eine Auflistung finden, die uns die Beiträge der Widerstände und der Transistorparameter zum Rauschen zeigt. Suchen Sie zunächst nach dem ersten Auftreten der Überschrift *NOISE ANALYSIS*. Gleich darunter steht dann die erste Frequenz, hier 10 Hz, für welche die Ergebnisse der Rauschanalyse gelistet werden. Danach folgen die Daten für höhere Frequenzen. Nehmen wir beispielsweise die zweithöchste Frequenz von ca. 100 kHz heraus. Dort erhalten Sie unter der Überschrift *Resistor Squared Noise Voltages (SQ V/HZ)* den in Tabelle 5.2 aufgeführten Beitrag der einzelnen Widerstände zum Rauschen.

Tabelle 5.2 Beitrag der Widerstände der Schaltung zum Rauschen bei $f = 1 \cdot 10^5$ Hz

R_R1	R_RC	R_RE	R_R2	R_RL	R_RG
3.948E-16	3.879E-18	2.443E-23	1.540E-15	1.048E-19	1.540E-14

Die Tabelle sagt, dass der wesentliche Beitrag (d.h. größter Wert) vom Innenwiderstand R_G der Signalquelle kommt. Dies können Sie jetzt sofort in einer zweiten Simulation überprüfen, indem Sie den Widerstand R_G auf den Wert 200 Ω verringern. Das Ergebnis in PROBE bestätigt, dass die Rauschkurve im Frequenzbereich von 1000 Hz bis 1 MHz gesunken ist. Gleichzeitig ist natürlich das Ausgangssignal aufgrund des kleineren Spannungsabfalls an R_G größer geworden, d.h. das Nutzsignal-Rauschverhältnis wurde besser (Rauschabstand = 70,2 dB).

5.3.6 Konstantstromquelle

- Geben Sie in CAPTURE die in Bild 5.43 dargestellte Schaltung einer Konstantstromquelle mit Transistor und Z-Diode ein und simulieren Sie die Abhängigkeit des Laststroms I_C vom Lastwiderstand R_L und vom Emitterwiderstand R_E. Der Lastwiderstand R_L soll Werte zwischen *10 Ω* und *20 kΩ* annehmen. Für R_E wählen Sie folgende Werte: *500, 1000, 2000, 4000, 10000 Ω*.

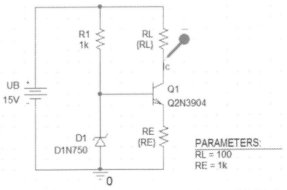

Bild 5.43 Konstantstromquelle mit Transistor und Z-Diode

Die Bauelemente finden Sie über das Menü PLACE/PART in nebenstehenden Bibliotheken (Libraries):

Bauelement	Bibliothek	Bemerkung
VDC	source.olb	Gleichspannungsquelle
D1N750	eval.olb	Z-Diode
Q2N3904	eval.olb	Bipolartransistor
R	analog.olb	Widerstand
PARAM	special.olb	Parametereingabe
0	source.olb	Masse, analog mit PLACE/GROUND

Lösung (Datei: *tr_aufgg.opj*)

Geben Sie die Schaltung in CAPTURE ein und beachten Sie, dass sowohl beim Widerstand R_L als auch bei R_E statt eines Widerstandwertes ein globaler Parameter (*{RL}* bzw. *{RE}*) eingegeben wird. Beide Variablennamen müssen noch im Bauelement *PARAM* mit einem beliebigen Wert eingetragen werden. Sie müssen dazu im Property Editor des Parameterblocks über die Schaltfläche NEW COLUMN (bzw. ROW) zwei neue Eigenschaften (*RL* und *RE*), d.h. Spalten in der Tabelle, erzeugen. Die Z-Diode hat eine Z-Spannung von ca. 4,7 V. Die Analyse wird mit dem DC-Sweep durchgeführt, wobei für R_L der Haupt-Sweep von 10 Ω bis 20 kΩ und für R_E ein Neben-Sweep (SECONDARY SWEEP) mit den in der Aufgabenstellung angegebenen Werten durchgeführt wird. Starten Sie dann die Simulation.

In PROBE wird der Laststrom (Kollektorstrom) in Abhängigkeit vom Lastwiderstand R_L abgebildet. Die Kurvenschar kann mit dem Emitterwiderstand R_E als Parameter beschriftet werden.

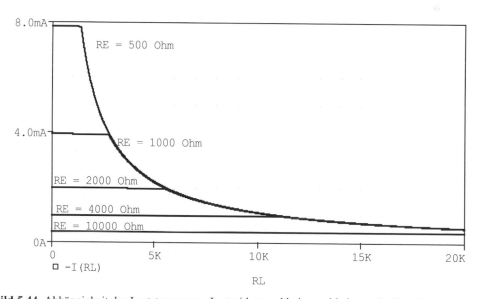

Bild 5.44 Abhängigkeit des Laststroms vom Lastwiderstand bei verschiedenen Emitterwiderständen

Der Kurvenverlauf zeigt deutlich, dass der Emitterwiderstand R_E die Größe des Laststroms bestimmt. Für jeden Wert von R_E gibt es einen bestimmten Wertebereich für den Lastwiderstand R_L, in dem der Strom sehr gut konstant ist. Wird der Lastwiderstand über diesen Bereich hinaus erhöht, so nimmt der Strom mit wachsenden Widerstandswerten wieder ab, da der große Spannungsabfall über R_L eine Reduktion des Stroms bewirkt.

5.3.7 Kollektorschaltung

A

- Geben Sie in CAPTURE die abgebildete Kollektorschaltung ein. Durch Simulation ist zu ermitteln, wie groß die untere und obere Aussteuergrenze für die Ausgangsspannung u_a ist.

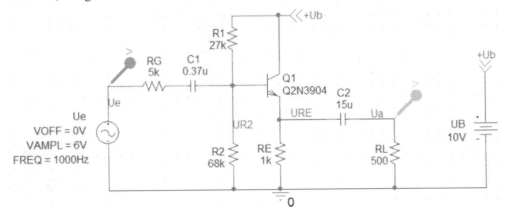

Bild 5.45 Kollektorschaltung

Die sinusförmige Eingangsspannung habe eine Frequenz von 1000 Hz. Die Amplitude ist so hoch (z.B. 6 V) einzustellen, dass das Ausgangssignal in die Sättigung geht.

- Führen Sie eine Transienten-Analyse für die Eingangs- und Ausgangsspannung im Zeitbereich von 0 bis 10 ms durch und aktivieren Sie dabei die Bias Point Analyse.

- Der zeitliche Verlauf der Ausgangsspannung ist in PROBE darzustellen und die obere und untere Aussteuerungsgrenze auszumessen. Vergleichen Sie diese Werte mit den im Output-File aufgeführten.

Die Bauelemente finden Sie über das Menü PLACE/PART in nebenstehenden Bibliotheken (Libraries):

Bauelement	Bibliothek	Bemerkung
VDC	source.olb	Gleichspannungsquelle
VSIN	source.olb	Sinus-Spannungsquelle
Q2N3904	eval.olb	Bipolartransistor
R	analog.olb	Widerstand
C	analog.olb	Kondensator
0	source.olb	Masse, analog mit PLACE/GROUND

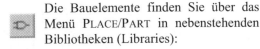

Lösung (Datei: *tr_aufgh.opj*)

Geben Sie die Schaltung in CAPTURE ein. Tragen Sie unter SIMULATION SETTINGS/ANALYSIS/TRANSIENT im Feld RUN TO TIME *10ms* für den Endwert des Zeitbereichs ein. Mit dem Wert *10us* im Feld MAXIMUM STEP SIZE wird das Ausgangssignal in PROBE hinreichend fein dargestellt. Klicken Sie auf die Schaltfläche OUTPUT FILE OPTIONS und aktivieren Sie im Dialogfenster TRANSIENT OUTPUT FILE OPTIONS das Kästchen INCLUDE DETAILED BIAS POINT INFORMATION, damit die Arbeitspunktinformationen in die Output-Datei eingetragen werden.

Deutlich ist nach der Simulation zu erkennen, dass das Ausgangssignal besonders in den negativen Halbwellen (aber auch in den positiven) begrenzt wird. Mit den Cursorn können wir die positive und negative Amplitude der Ausgangsspannung im eingeschwungenen Zustand ab ca. 5 ms ablesen. Die Begrenzungen liegen bei ca. +3,6 V und -2 V.

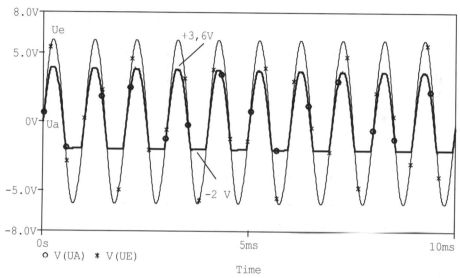

Bild 5.46 Ein- und Ausgangsspannung der Kollektorschaltung

Jetzt vergleichen wir die gemessenen Werte mit denen, die wir im Output-File finden. Dazu öffnen wir in PROBE über VIEW/OUTPUT FILE die Datei und unter der Überschrift *Operating Point Information* die Werte zum Arbeitspunkt:

```
MODEL    Q2N3904
IB       3.49E-05
IC       5.74E-03
VBE      7.12E-01
VBC      -3.52E+00
VCE      4.23E+00
```

Somit gilt für den Emitterstrom I_E und die Spannung U_{RE}:

$$I_E = I_C - I_B = (5,74 + 0,0349)\ \text{mA} = 5,7749\ \text{mA} \qquad \text{Gl. 5.1}$$

$$U_{RE} = U_B - U_{CE} = 10\ \text{V} - 4,23\ \text{V} = 5,77\ \text{V} \qquad \text{Gl. 5.2}$$

Hinweis: Die Angaben zum Arbeitspunkt können mit dem Befehl PSPICE/BIAS POINTS sehr leicht im Schaltbild in CAPTURE eingeblendet werden.

Die obere Aussteuerungsgrenze kann damit wie folgt bestimmt werden:

$$U_{a+} = U_B - U_{CEsat} - U_{RE} = 3,3\ \text{V, mit}\ U_{CEsat} = 0,2\ \text{V angenommen.} \qquad \text{Gl. 5.3}$$

Für die untere Aussteuerungsgrenze gilt:

$$U_{a-} = -I_E \cdot R_E \parallel R_L = -1{,}9 \text{ V} \hspace{4cm} \text{Gl. 5.4}$$

Das Minuszeichen ergibt sich aus dem Wechselstromersatzbild der Schaltung, dem folgende Maschengleichung entnommen werden kann: $u_a + u_{CE} = 0$. Die Berechnung zeigt, dass die Begrenzung schon etwas früher beginnt als man am Ausgangssignal ablesen kann.

5.3.8 Impedanzwandler mit Kollektorschaltung

In dieser Aufgabe soll die Wirkung der Kollektorschaltung als Impedanzwandler untersucht werden. Dazu simulieren wir die Ausgangsspannung einer Kollektorstufe bei verschiedenen Innenwiderständen R_G der Signalquelle.

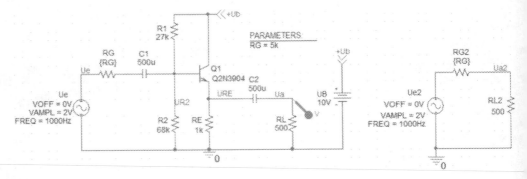

Bild 5.47 links: Impedanzwandler zwischen Signalquelle und Lastwiderstand
rechts: direkte Belastung der Signalquelle

- Geben Sie in CAPTURE die abgebildete Kollektorschaltung ein und führen Sie eine Transienten-Analyse mit überlagertem Parametric-Sweep für den Innenwiderstand R_G durch. Dabei sollen für R_G nacheinander die Werte 100 Ω, 1000 Ω, 5000 Ω und 10000 Ω eingesetzt werden.

  Die sinusförmige Eingangsspannung habe eine Frequenz von 1000 Hz mit einer Amplitude von 2 V.

- Wie würde sich die Ausgangsamplitude in Abhängigkeit vom Widerstand R_G verändern, wenn die Kollektorschaltung zwischen Quelle und Lastwiderstand R_L nicht vorhanden wäre? Simulieren Sie diese einfache Schaltung (s. Bild 5.47 rechts) ebenfalls und vergleichen Sie die Ergebnisse der beiden Simulationen.

Die Bauelemente finden Sie über das Menü PLACE/PART in nebenstehenden Bibliotheken (Libraries):

Bauelement	Bibliothek	Bemerkung
VDC	source.olb	Gleichspannungsquelle
VSIN	source.olb	Sinus-Spannungsquelle
Q2N3904	eval.olb	Bipolartransistor
R	analog.olb	Widerstand
C	analog.olb	Kondensator
PARAM	special.olb	Parametereingabe
0	source.olb	Masse, analog mit PLACE/GROUND

Lösung (Datei: *tr_aufgi.opj*)

Geben Sie die in der Aufgabenstellung abgebildete Schaltung in CAPTURE ein. Tragen Sie unter SIMULATION SETTINGS/ANALYSIS/TRANSIENT im Feld RUN TO TIME *15ms* für den End-wert des Zeitbereichs ein. Mit dem Wert *10u* im Feld MAXIMUM STEP SIZE wird das Ausgangs-signal in PROBE hinreichend fein dargestellt. Für den überlagerten Parametric-Sweep ist unter OPTIONS die Analyseart PARAMETRIC SWEEP durch Anklicken mit einem Häkchen zu verse-hen. Wählen Sie dann die Schaltfläche GLOBAL PARAMETER aus und geben Sie den Namen *RG* ein. Zuletzt müssen Sie noch VALUE LIST markieren und die gewünschten Werte *100, 1k, 5k, 10k* für den Innenwiderstand R_G eintragen.

Nun können Sie die Simulation starten und in PROBE wird die Ausgangsspannung u_a für die vier Parameterwerte angezeigt. Da wir uns aber lediglich für die Amplituden im eingeschwun-genen Zustand interessieren, schränken wir zunächst über PLOT/AXIS SETTINGS/X AXIS/ USE DATA RESTRICTED den Datensatz auf den Zeitbereich 5ms bis 15ms ein. Außerdem wählen wir über TRACE/ADD TRACE/TRACE EXPRESSION die Darstellung der Maxima der vier Kurven aus, indem wir den Ausdruck *Max(V(Ua))* eingeben. Sogleich werden vier horizontale Linien für die Maxima der Ausgangsspannungen dargestellt, deren Werte wir mit dem Cursor messen können. Den jeweiligen Parameter *RG* erfährt man durch Doppelklick auf die kleinen Symbole links unterhalb des Diagramms oder über das Popup-Menü INFORMATION, das man durch einen Klick auf die rechte Maustaste öffnet, wenn der Mauszeiger über der gewünschten Kur-ve liegt.

Die Amplitude der Ausgangsspannung ist also stets kleiner als die der Eingangsspannung, wie bei einer Kollektorstufe zu erwarten war. Die Spannungsverstärkung sinkt mit dem Impe-danzwandler aber nur um den Faktor 1,7 bei einer Erhöhung des Innenwiderstands um den Faktor 100 von 100 Ω auf 10000 Ω.

Tabelle 5.3 Amplituden der Ausgangsspannung und Verstärkung in Abhängigkeit vom Innenwiderstand, wenn Impedanzwandler eingesetzt wird

R_G/Ω	100	1000	5000	10000
$\hat{u}_a/V$	1,96	1,85	1,46	1,16
$V_u = \hat{u}_a/\hat{u}_e$	0,98	0,92	0,73	0,58

Zum Vergleich simulieren wir noch die Schaltung in Bild 5.47 rechts, ohne die Kollektorstufe, d.h. die Signalquelle mit Innenwiderstand R_{G2} wird vom Lastwiderstand R_{L2} direkt belastet. Auch hier erzeugen wir wieder die Ausgangssignale für die vier Werte des Innenwiderstands

und bestimmen deren Amplitude und Spannungsverstärkung. Das Ergebnis zeigt die folgende
Tabelle:

Tabelle 5.4 Amplitude der Ausgangsspannung und Verstärkung in Abhängigkeit des Innenwiderstands,
ohne Impedanzwandler

R_G/Ω	100	1000	5000	10000
$\hat{u}_{a2}/V$	1,67	0,67	0,18	0,095
$V_u = \hat{u}_{a2}/\hat{u}_e$	0,83	0,33	0,09	0,048

Deutlich ist der Unterschied zu erkennen. Die Spannungsverstärkung sinkt ohne Impedanzwandler um den Faktor 17,3 , wenn der Innenwiderstand auf den Wert 10000 Ω erhöht wird.
Bei einem großen Innenwiderstand ist die Ausgangsspannung um mehr als eine Zehnerpotenz
kleiner gegenüber der Schaltung mit dem Impedanzwandler.

5.3.9 Indikator für Widerstandsänderung

Die abgebildete Schaltung realisiert einen Indikator für Widerstandsänderungen in einem Sensor. Der mit $R_{fühler}$ bezeichnete Widerstand stellt den Widerstand eines Sensors dar, z.B. könnte
es sich um einen Feuchtefühler handeln, der seinen Widerstandswert in Abhängigkeit von der
Umgebungsfeuchte ändert.

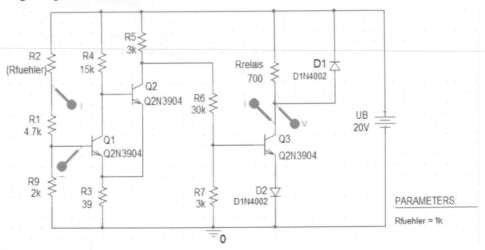

Bild 5.48 Schaltung zur Überwachung des Widerstandswertes eines Messfühlers

Die Schaltung überwacht die beiden Zustände, niedriger und hoher Widerstandswert, die für
feucht bzw. trocken stehen, und zeigt diese über ein Relais an, das hier mit dem Widerstand
R_{relais} berücksichtigt wurde.

- Simulieren Sie diese Schaltung und finden Sie den Widerstandswert für $R_{fühler}$ heraus, bei
dem das Relais umschaltet.

Die Bauelemente finden Sie über das Menü PLACE/PART in nebenstehenden Bibliotheken (Libraries):

Bauelement	Bibliothek	Bemerkung
VDC	source.olb	Gleichspannungsquelle
D1N4002	eval.olb	Diode
Q2N3904	eval.olb	Bipolartransistor
R	analog.olb	Widerstand
C	analog.olb	Kondensator
PARAM	special.olb	Parametereingabe
0	source.olb	Masse, analog mit PLACE/GROUND

Lösung (Datei: *tr_aufgj.opj*)

Geben Sie die in der Aufgabenstellung abgebildete Schaltung in CAPTURE ein. Um den Widerstandswert $R_{fühler}$ bestimmen zu können, bei dem das Relais umkippt, simulieren wir die Kollektorspannung des Ausgangstransistors Q3 bei verschiedenen Werten des Sensorwiderstands. Dies ist also eine typische Aufgabenstellung für die DC-Sweep-Analyse mit einem globalen Parameter. Der Widerstandswert des Sensors R_2 wird als globaler Parameter *Rfühler* definiert, indem wir den Ausdruck *{Rfühler}* im VALUE-Feld des Widerstands eingeben. Im Parameterblock *PARAM* muss eine neue Eigenschaft *Rfühler* über die Schaltfläche NEW COLUMN (bzw. ROW) mit einem beliebigen Wert angelegt werden. Selektieren Sie unter SIMULATION SETTINGS/ANALYSIS/DC SWEEP die Option GLOBAL PARAMETER und tragen Sie im Feld PARAMETER NAME die Bezeichnung *Rfühler* ein. Dann markieren Sie noch LINEAR für eine lineare Veränderung der Widerstandswerte, die wir bei *1k* (START VALUE) beginnen und bei *200k* (END VALUE) enden lassen, mit einer Schrittweite von *1k* (INCREMENT). Nun können wir die Simulationseinstellung beenden und die im Bild eingezeichneten Strom- und Spannungsmarker platzieren.

Starten Sie die Simulation. In PROBE wird die Kollektorspannung und der Kollektorstrom des Ausgangstransistors Q3 sowie der Strom durch R_2 und der Basisstrom des Transistors Q1 dargestellt. Da die Stromwerte deutlich kleiner sind als der Spannungswert, sieht man die Ströme nur als horizontale Linie. Aber am Verlauf der Spannungskurve ist schon das Ergebnis ablesbar: sie schaltet bei R_2 = 47 kΩ von 10 V auf 20 V, d.h. für R_2 < 47 kΩ leitet der Transistor Q3 und das Relais (bzw. R_{relais}) ist Strom durchflossen, zeigt also z.B. den Feuchtezustand am Sensor an. Für größere Widerstandswerte sperrt Q3 und das Relais ist stromlos, zeigt somit den trockenen Zustand an.

Für eine detailliertere Betrachtung fügen wir ein zweites Diagramm ein (PLOT/ADD PLOT TO WINDOW), in das wir die Ströme *IC(Q3), I(R2) und IB(Q1)* einfügen. Da auch diese Werte sehr unterschiedlich groß sind, fügen wir für *IC(Q3)* eine zweite y-Achse ein (PLOT/ADD Y AXIS). Im anderen Diagramm bilden wir die Ausgangsspannung *V(Q3:c)*, die Basisspannung *V(Q3:b)* und die Kollektorspannung des Transistors Q2 *(V(Q2:c))* ab.

Mit wachsendem Widerstandswert R_2 sinkt der durch den Sensor fließende Strom bis schließlich der Transistor Q1 schaltet, wodurch dann auch die Transistoren Q2 und Q3 zum Schalten gebracht werden.

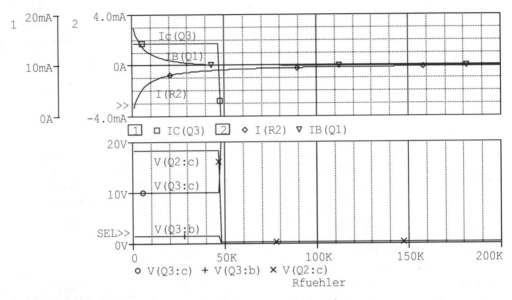

Bild 5.49 Zeitlicher Verlauf der Ströme und Spannungen der Schaltung

5.3.10 Blinkgeber für 24 V Wechselspannung

Die in Bild 5.50 abgebildete Schaltung realisiert einen Blinkgeber für 24 V Wechselspannung. Der Widerstand R_L repräsentiert den Lastwiderstand eines Relais, an welches eine Lampe anzuschließen ist. Die Frequenz, mit der das Relais schaltet und somit die Lampe blinkt, wird mit einem Potentiometer eingestellt.

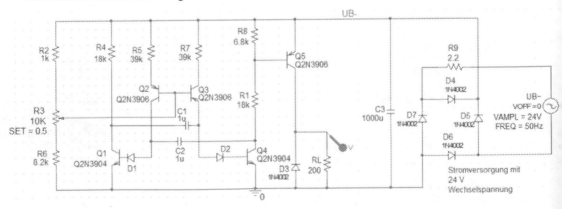

Bild 5.50 Schaltung des Blinkgebers

- Simulieren Sie diese Schaltung und bestimmen Sie, in welchen Grenzen die Blinkfrequenz eingestellt werden kann.

- Ermitteln Sie den zeitlichen Verlauf der gleichgerichteten Versorgungsspannung *UB-* sowie deren Mittelwert.

Die Bauelemente finden Sie über das Menü PLACE/PART in nebenstehenden Bibliotheken (Libraries):

Bauelement	Bibliothek	Bemerkung
VDC	source.olb	Gleichspannungsquelle
D1N4002	eval.olb	Diode
Q2N3904	eval.olb	npn-Bipolartransistor
Q2N3906	eval.olb	pnp-Bipolartransistor
R	analog.olb	Widerstand
C	analog.olb	Kondensator
POT	breakout.olb	Potentiometer
PARAM	special.olb	Parametereingabe
0	source.olb	Masse, analog mit PLACE/GROUND

Lösung (Datei: *tr_aufgk.opj*)

Geben Sie die in der Aufgabenstellung abgebildete Schaltung in CAPTURE ein. Das Potentiometer (Bauelement *POT*) hat einen Parameter VALUE für den Gesamtwiderstand und einen Parameter SET mit einem Wert zwischen 0 und 1, der angibt, welcher Anteil des Widerstands am Schleifer abgegriffen wird (z.B. 0: Schleifer oben, 1: Schleifer unten, abhängig von Drehung bzw. Spiegelung des Bauelements). Geben Sie für VALUE den Wert *10k* und für SET *0.5* ein. Die Ausgangsspannung über dem Lastwiderstand R_L ist zu simulieren. Dazu wählen wir die Transienten-Analyse (SIMULATION SETTINGS/ANALYSIS/TRANSIENT). Für RUN TO TIME ist *2s* ein günstiger Wert.

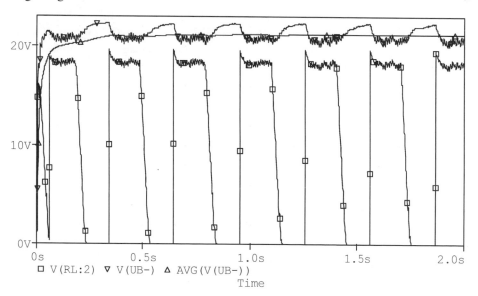

Bild 5.51 Schaltverhalten des Relais mit *SET* = 0,5 sowie gleichgerichtete Versorgungsspannung *UB-* mit Mittelwert

Nach Starten der Simulation wird in PROBE automatisch der zeitliche Verlauf der Ausgangs-spannung im Zeitbereich 0 bis 2 s dargestellt. Sie schwankt periodisch zwischen 0 V und ca. 18 V, d.h. das Relais ist abwechselnd vom Strom durchflossen und stromlos mit ca. 3,3 Perioden pro Sekunde. Fügen Sie über TRACE/ADD TRACE den zeitlichen Verlauf der gleichgerichteten Versorgungsspannung V(Ub-) ein. Das Signal zeigt noch einen deutlich pulsierenden Verlauf. Der Mittelwert dieses Signals (AVR(V(UB-))) liegt bei ca. 21 V.

Jetzt wiederholen wir die Simulation mit verschiedenen Werten des Parameters SET des Potentiometers. Daraus ergeben sich die in Tabelle 5.5 zusammengestellten Schaltfrequenzen des Relais.

D.h. das Relais schaltet je nach Potentiometer-Stellung zwischen 0,9 und 6,4 mal in der Sekunde.

Hinweis:
Alle Poti-Stellungen können mit einer Simulation durchgespielt werden. Dazu müssen Sie beim Para-

Tabelle 5.5
Zusammenhang zwischen Parameter SET und der Anzahl von Perioden pro Sekunde

Set	Perioden/s
0,1	0,9
0,5	3,2
0,9	5,8
1,0	6,4

meter SET statt eines Wertes einen globalen Parameter (z.B. *{alpha}*) in geschweiften Klammern eingeben und diesen Namen in einen Parameterblock (*PARAM*) zusammen mit einem beliebigen Wert eintippen. Dann sind die Analyseart Parametric auszuwählen, GLOBAL PARAMETER zu markieren, im Feld PARAMETER NAME der Name des globalen Parameters einzutippen und die gewünschten Werte unter VALUES (VALUE LIST ist markiert) einzugeben.

5.3.11 Schaltung eines einfachen Operationsverstärkers

Geben Sie die im Bild 5.52 dargestellte Schaltung eines einfachen Operationsverstärkers in CAPTURE ein und simulieren Sie den Amplituden- und Phasengang für Frequenzen von 10 Hz bis 10 MHz.

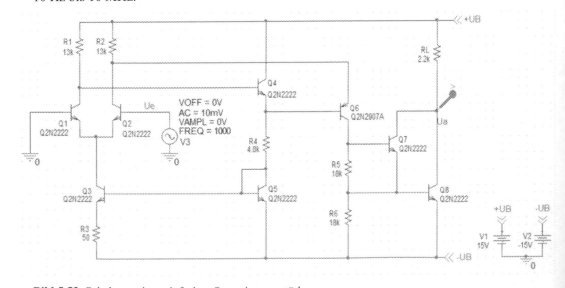

Bild 5.52 Schaltung eines einfachen Operationsverstärkers

- Wie groß ist die Leerlaufverstärkung bei 10 Hz?

- Führen Sie danach eine Transienten-Analyse durch und setzen Sie dafür die Amplitude der Eingangsspannung u_e auf 0 V. Wie groß ist die Ausgangsspannung?

- Wie groß muss die Offsetspannung am Eingang eingestellt werden, damit der Gleichanteil am Ausgang nahezu verschwindet?

- Geben Sie auf den Eingang u_e eine sinusförmige Spannung mit der Amplitude 60 µV und der Frequenz 1000 Hz sowie der vorher berechneten Offsetspannung. Simulieren Sie die Ausgangsspannung u_a.

Die Bauelemente finden Sie über das Menü PLACE/PART in nebenstehenden Bibliotheken (Libraries):

Bauelement	Bibliothek	Bemerkung
VSIN	source.olb	Sinus-Spannungsquelle
VDC	source.olb	Gleichspannungsquelle
Q2N2222	eval.olb	npn-Bipolartransistor
Q2N2907	eval.olb	pnp-Bipolartransistor
R	analog.olb	Widerstand
OFFPAGELEFT-L	capsym.olb	Off-Page-Connector mit PLACE/OFF-PAGE CONNECTOR
0	source.olb	Masse, analog mit PLACE/GROUND

Lösung *(Datei: tr_aufgl.opj)*

Geben Sie die in der Aufgabenstellung abgebildete Schaltung in CAPTURE ein. Führen Sie dann einen Doppelklick auf der Signalquelle *V3* aus und legen Sie die Wechselstromamplitude auf *AC* = 10 mV fest.

Frequenzgang:

Den Amplituden- und Phasengang erhalten Sie mit der AC-Sweep-Analyse (SIMULATION SETTINGS/ANALYSIS/AC SWEEP). Wählen Sie dekadischen Sweep (DECADE) von 10 Hz (START FREQ.: *10Hz*) bis zu 10 MHz (END FREQ.: *10Meg*) mit 100 Punkten pro Dekade (POINTS/DECADE: *100*). Beenden Sie das Simulationsprofil und setzen Sie am Kollektor von *Q8* einen Spannungsmarker für die Ausgangsspannung *Ua*.

Nach Starten der Simulation wird in PROBE automatisch die Ausgangsamplitude in Abhängigkeit von der Frequenz dargestellt. Da wir aber den Amplituden- und Phasengang abbilden wollen, löschen wir zunächst einmal diese Kurve (Variablenbezeichnung unter dem Diagramm markieren und <Entf>-Taste drücken). Wir fügen ein zweites Diagramm ein (PLOT/ADD PLOT TO WINDOW) und klicken mit der Maus in das obere Diagramm so, dass am linken Rand ein Pfeil mit der Bezeichnung SEL erscheint. Jetzt können wir den Amplitudengang $|F|_{dB} = |Ua/Ue|$ in dB einfügen. Wir öffnen das Menü TRACE/ADD TRACE und geben im Feld TRACE EXPRESSION den Ausdruck *DB(V(Ua)/V(Ue))* ein. Danach markieren wir das untere Diagramm und erzeugen auf die gleiche Weise mit dem Ausdruck *P(V(Ua)/V(Ue))* den Phasengang.

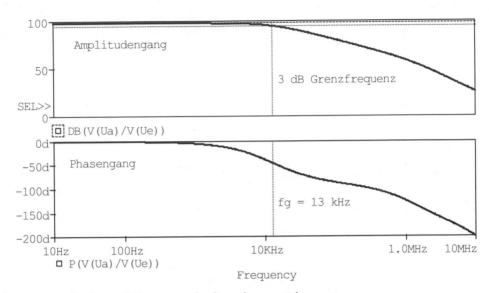

Bild 5.53 Amplituden- und Phasengang des Operationsverstärkers

 Mit der Cursorfunktion TRACE/CURSOR/DISPLAY können Sie jetzt die 3-dB-Grenzfrequenz ermitteln. Setzen Sie dazu den Cursor zunächst mit einem Klick auf die linke Maustaste bei

kleinen Frequenzen auf den Amplitudengang. Bewegen Sie ihn dann solange mit
einem Klick auf die rechte Maustaste nach
rechts, bis Sie im Cursor-Fenster PROBE
CURSOR als Differenz 3,01 dB erhalten.
Jetzt können Sie die Grenzfrequenz zu ca.
13 kHz ablesen.

Bild 5.54 Cursor-Fenster PROBE CURSOR für die
Bestimmung der 3-dB-Grenzfrequuenz

Das Suchen nach einem Datenpunkt können Sie auch von PROBE durchführen lassen. Sie müssen dazu lediglich den gewünschten y-Wert in einen Suchbefehl eingeben. In unserem Fall ist das der Amplitudenwert bei kleinen Frequenzen minus 3,01 dB, also:

97,89 dB - *3,01* dB = *94,88* dB.

 Der Suchbefehl wird über das Menü TRACE/CURSOR/SEARCH COMMANDS eingegeben. Die Cursorfunktion muss dazu bereits eingeschaltet sein (s.o.). Es öffnet sich das Fenster SEARCH COMMAND, in das Sie den Befehl

search forward LE(94.88)

eingeben. Der Cursor muss dazu links vor der Grenzfrequenz stehen, andernfalls ist die Richtung *backward* einzusetzen. Alternativ zum Amplitudengang können Sie auch im Phasengang die Frequenz bei der Phase -45° bestimmen. Bei der Frequenz 10 Hz hat der OP eine Verstärkung von fast 98 dB und die Phase ist 0°.

Offsetspannung:

Sctzen Sie die Amplitude der sinusförmigen Signalquelle auf *VAMPL=0*, die Frequenz *FREQ=1000Hz* und die Offsetspannung ebenfalls auf 0 (*VOFF=0*). Legen Sie ein neues Simulationsprofil für eine Transientenanalyse im Zeitbereich 0 bis 1ms an. Jetzt sollte das Ausgangssignal nach der Simulation nahezu auf *0 V* sein. Tatsächlich können wir aber *+9,87445 V* messen. Um diese Verschiebung des Ausgangssignals zu kompensieren, müssen wir am Eingang eine sehr kleine (wegen der hohen Verstärkung des OPs) negative Gleichspannung aufschalten. Durch mehrmaliges Probieren mit verschiedenen Werten[5], können Sie herausfinden, dass mit *VOFF=-92.27uV* die Ausgangsspannung mit -200 µV recht nahe bei dem gewünschten Wert liegt.

Hinweis: Mit dem Programm PSPICE OPTIMIZER in der OrCAD-Programmgruppe können Sie den optimalen Wert für VOFF iterativ ermitteln lassen.

Zuletzt stellen wir die Amplitude des Eingangssignals auf *VAMPL=6uV* ein und führen eine Transienten-Analyse durch. Das sinusförmige Ausgangssignal verläuft symmetrisch um die Zeitachse mit einer Amplitude von ca. 0,77 V. Die Schaltung verstärkt somit das Eingangssignal mit einem Faktor von ca. 128000.

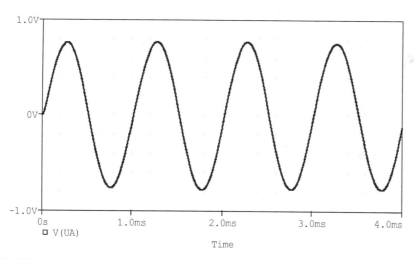

Bild 5.55 Ausgangsspannung bei sinusförmiger Erregung des Operationsverstärkers mit $VAMPL = 6mV$ und Offsetkompensation mit $VOFF = -92,27µV$

---

[5] Hierfür eignet sich gut ein überlagerter Parametric Sweep mit einem globalen Parameter für die Offsetspannung.

5.3.12 Komplementäre Ausgangsstufe

A Geben Sie die im Bild 5.56 dargestellte Schaltung einer komplementären Ausgangsstufe in CAPTURE ein und simulieren Sie den zeitlichen Verlauf der Ausgangsspannung von 0 bis 4 ms, bei einer sinusförmigen Eingangsspannung mit einer Amplitude von 5 V und der Frequenz von 1000 Hz.

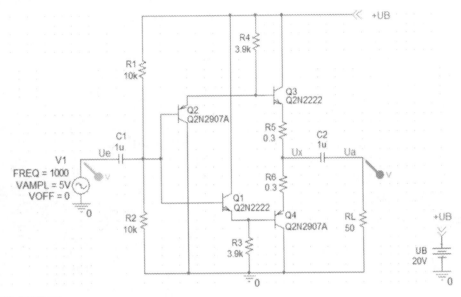

Bild 5.56 Schaltung der komplementären Ausgangsstufe

Die Bauelemente finden Sie über das Menü PLACE/PART in nebenstehenden Bibliotheken (Libraries):

Bauelement	Bibliothek	Bemerkung
VSIN	source.olb	Sinus-Spannungsquelle
VDC	source.olb	Gleichspannungsquelle
Q2N2222	eval.olb	npn-Bipolartransistor
Q2N2907	eval.olb	pnp-Bipolartransistor
R	analog.olb	Widerstand
OFFPAGELEFT-L	capsym.olb	Off-Page-Connector mit PLACE/OFF-PAGE CONNECTOR
0	source.olb	Masse, analog mit PLACE/GROUND

Lösung (Datei: *tr_aufgm.opj*)

Geben Sie die in der Aufgabenstellung abgebildete Schaltung in CAPTURE ein. Wählen Sie die Transienten-Analyse (SIMULATION SETTINGS/ANALYSIS/TRANSIENT) für den Zeitbereich von 0 bis 4 ms (RUN TO TIME : *4ms*). Für MAXIMUM STEP SIZE bringt der Wert *1us* gute Ergebnisse.

Nach Starten der Simulation wird in PROBE automatisch der zeitliche Verlauf der Ein- und Ausgangsamplitude dargestellt. Beachten Sie besonders die Übergänge von der positiven zur negativen Halbwelle am Ausgangssignal, da hier zwischen dem oberen und unteren Transistor umgeschaltet wird. Es sind keine Verzerrungen feststellbar. Lediglich die Amplitude der Ausgangsspannung ist etwas klein. Wenn Sie jetzt die Spannung U_x links vom Kondensator C_2 betrachten, so ist die Amplitude etwa gleich groß wie beim Eingangssignal. Folglich wird die Dämpfung des Ausgangssignals vom Kondensator C_2 verursacht, der für diese Signalfrequenz etwas zu klein gewählt wurde. Eine Erhöhung der beiden Kapazitäten auf $C_1 = C_2 = 33$ μF bringt den gewünschten Erfolg.

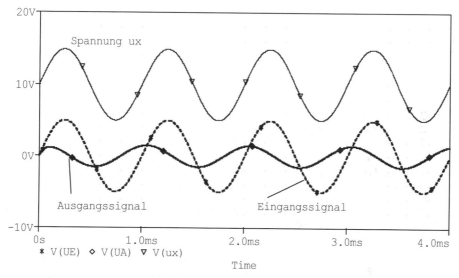

Bild 5.57 Ein- und Ausgangssignalverlauf mit $C_1 = C_2 = 1$ μF

Stellen Sie jetzt die Emitterströme *IE(Q3)* und *IE(Q4)* der Transistoren Q3 und Q4 in PROBE dar. Deutlich ist zu erkennen, dass während der positiven Halbwelle der Ausgangsspannung der obere Transistor Q3 leitet und während der negativen Halbwelle der untere Transistor Q4.

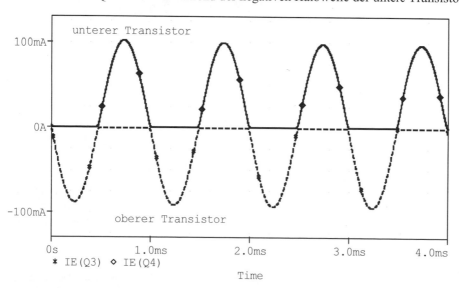

Bild 5.58 Die Emitterströme der beiden Ausgangstransistoren

5.4 Statisches und dynamisches Verhalten von Feldeffekttransistoren

In diesem Abschnitt werden das statische und dynamische Verhalten von Feldeffekttransistoren (JFET und MOSFET) sowie Schaltungen mit FET durch Simulation untersucht.

5.4.1 Kennlinien eines Feldeffekttransistors

Für den N-Kanal-Sperrschicht-FET *J2N3819* sind folgende Aufgaben zu analysieren und darzustellen:

- Das Ausgangskennlinienfeld $I_D = f(U_{DS})$ mit U_{GS} als Parameter, wobei U_{DS} = 0 bis *20* V in Schritten von 0,1 V und U_{GS} = -3 bis *0* V in Schritten von 0,2 V zu verändern sind. In das Kennlinienfeld ist die Verlustleistungshyperbel für P_{tot} = 0,15 W und die Widerstandsgerade $U_{DS} = U_B - (R_D + R_S) I_D$ mit U_B = 12 V und $R_D + R_S$ = 4,3 kΩ einzuzeichnen.

- Das Übertragungskennlinienfeld $I_D = f(U_{GS})$ mit U_{DS} als Parameter, wobei U_{GS} = -3 bis 0 V in Schritten von 0,1 V und U_{DS} = 0,5 V, 1 V, 2 V, 5 V und 10 V zu wählen sind.

- Für U_{DS} = 10 V, U_{GS} = -1 V ist eine Arbeitspunktanalyse durchzuführen und die Steilheit S und der differentielle Ausgangswiderstand r_{DS} zu bestimmen.

Die Bauelemente finden Sie über das Menü PLACE/PART in nebenstehenden Bibliotheken (Libraries):

Bauelement	Bibliothek	Bemerkung
VSRC	source.olb	Spannungsquelle
J2N3819	eval.olb	N-Kanal FET
R	analog.olb	Widerstand
0	source.olb	Masse, analog mit PLACE/GROUND

Lösung (Datei: *fe_aufga.opj*)

Ausgangskennlinien und Arbeitspunktanalyse:
Zunächst sind die benötigten Bauelemente aus den Bibliotheken zu holen und auf der Oberfläche zu platzieren. Für die beiden Spannungsquellen U_{DS} und U_{GS} kann das Bauelement *VSRC* verwendet werden. Danach sind die Bauelemente zu „verdrahten". Die Masse (Element *0* über MENÜ PLACE/GROUND) darf nicht vergessen werden. Jetzt sind noch die beiden Spannungsquellen mit *UGS* bzw. *UDS* zu bezeichnen und die Spannungen für den Arbeitspunkt einzugeben.

Jetzt müsste Ihre Schaltung ähnlich wie im Bild 5.59 dargestellt aussehen. Der Marker kann erst nach dem Simulationsprofil eingesetzt werden Mit einem Strom-Marker am Drain-Anschluss wird erreicht, dass der Drain-Strom im „Oszilloskop-Programm" PROBE automatisch dargestellt wird. Der Marker kann im Menü PSPICE/MARKERS/CURRENT INTO PIN entnommen und in der Schaltung platziert werden.

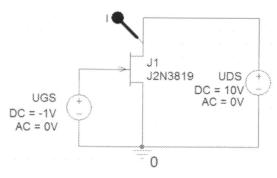

Bild 5.59
Schaltung zur Simulation der Kennlinien
des FET

Die gewünschte Art der Analyse wird im Dialogfenster Simulation SETTINGS/ANALYSIS/DC SWEEP eingegeben. Da der Drainstrom I_D in Abhängigkeit von der Spannung U_{DS} dargestellt werden soll, ist die Schaltfläche VOLTAGE SOURCE mit einem Mausklick zu markieren sowie der Name der Spannungsquelle (*UDS*) im Feld NAME einzugeben. Schließlich sind noch unter SWEEP TYPE der Button LINEAR zu markieren sowie Anfangswert (*0V*), Endwert (*20V*) und die Schrittweite (*0.1V*) für eine lineare Analyse in die vorgesehenen Felder einzutippen.

Damit nicht nur eine Kennlinie, sondern eine Kennlinienschar mit U_{GS} als Parameter dargestellt wird, benötigen wir noch einen überlagerten Sweep. Klicken Sie auf das Kästchen neben SECONDARY SWEEP und geben Sie die Werte für die Steuerspannung U_{GS} ein: also wieder VOLTAGE SOURCE anklicken, den Namen *UGS* eintippen, SWEEP TYPE LINEAR aktivieren, START VALUE: *-3V*, END VALUE: *0V*, INCREMENT: *0.2V* eingeben.

Nach dem Start der Simulation wird das Ergebnis automatisch in PROBE abgebildet. Es sind nur noch über PLOT/LABEL/TEXT die Kurven mit dem zugehörigen Parameter zu beschriften (s. Bild 5.60).

Verlustleistungshyperbel und Widerstandsgerade:
In dieses Kennlinienfeld können Sie nun die Verlustleistungshyperbel P_{tot} einzeichnen. Im Menü TRACE/ADD TRACE geben Sie im Feld TRACE COMMAND den Ausdruck *0.15W/V_UDS* ein, wobei die Dimensionsangabe *W* auch entfallen kann (zwischen 5 und W darf keinesfalls ein Leerzeichen sein). Nach Drücken von OK wird die Kurve gezeichnet. Da sich aber bei kleinen Werten von U_{DS} für die Verlustleistungshyperbel sehr große Werte ergeben, wählt PSPICE den Maßstab so groß, dass keine sinnvollen Ergebnisse mehr abzulesen sind. Also muss der Y-Maßstab erst über PLOT/AXIS SETTINGS/Y AXIS/USER DEFINED (*0 bis 15m*) wieder an die Kennlinien angepasst werden. Auf ähnliche Weise wie die Verlustleistungshyperbel ist noch die Arbeitsgerade $U_{DS} = U_B - (R_D+R_S) \cdot I_D$ darzustellen (Eingabe: *(12V - V_UDS)/4.3k*).

Übertragungskennlinienfeld:
Es wird dieselbe Schaltung wie vorher, jedoch eine andere Einstellung der Analyseart verwendet. Unter SIMULATION SETTINGS/ANALYSIS/DC SWEEP:

VOLTAGE SOURCE, NAME: *UGS*; SWEEP TYPE: LINEAR, START VALUE: *0V*, END VALUE: *-3V*, INCREMENT: *0.1V*

Dann nach Anklicken von SECONDARY SWEEP:

VOLTAGE SOURCE, NAME: *UDS*; SWEEP TYPE/VALUE LIST, VALUES: *0.5 1 2 5 10*.

Das Kästchen SECONDARY SWEEP ist zu aktivieren und das Dialogfenster mit OK zu verlassen.

Nach der Simulation werden die Kennlinien automatisch dargestellt. Die y-Achse ist nur noch anzupassen, sodass sie mit der beim Ausgangskennlinienfeld übereinstimmt: PLOT/AXIS SETTINGS/Y AXIS, dann USER DEFINED anklicken und die passenden Werte eingeben. Zuletzt sind die Kurven noch mit dem Parameter U_{DS} zu beschriften.

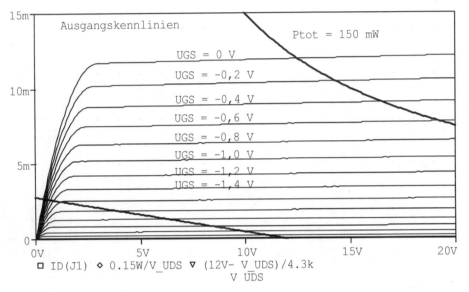

Bild 5.60 Ausgangskennlinienfeld des Transistors *J2N3819* mit Widerstandsgerade und Verlustleistungshyperbel

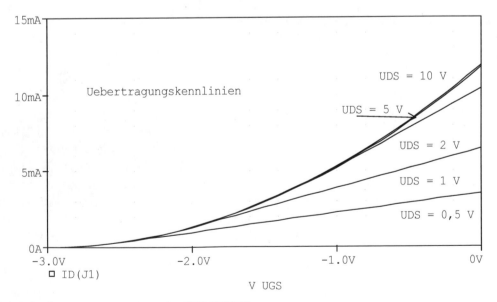

Bild 5.61 Übertragungskennlinien des FET *J2N3819*

Steilheit und Ausgangswiderstand:
Die Steilheit S und der Ausgangswiderstand r_{DS} im Arbeitspunkt $U_{DS} = 10$ V und $U_{GS} = -1$ V können auf zwei verschiedene Arten bestimmt werden:

- Die Werte werden mit Hilfe von Cursorn aus den Kurven abgelesen. Die Cursor erhält man mit TRACE/CURSOR/DISPLAY. Um den Arbeitspunkt kann man jetzt für S ablesen:

$$S = \Delta I_D / \Delta U_{GS} \approx 2{,}11 \text{ mA} / 0{,}4 \text{ V} = 5{,}3 \text{ mS.} \qquad \text{Gl. 5.5}$$

Für den differentiellen Ausgangswiderstand ergibt sich:

$$r_{DS} = \Delta U_{DS} / \Delta I_D \approx 17{,}9 \text{ V} / 0{,}208 \text{ mA} = 86 \text{ k}\Omega. \qquad \text{Gl. 5.6}$$

- Sie können diese Werte noch genauer mit einer Arbeitspunktanalyse berechnen lassen. Gehen Sie dazu in das Dialogfenster SIMULATION SETTINGS/ANALYSIS und wählen Sie unter ANALYSIS TYPE die Analyseart BIAS POINT aus. Klicken Sie danach auf das Kästchen INCLUDE DETAILED BIAS POINT INFORMATION , sodass es abgehakt wird. Nach einem neuen Simulationslauf finden Sie die Ergebnisse in PROBE unter VIEW/OUTPUT FILE in der Output-Datei. Suchen Sie dort die Überschrift „*OPERATING POINT INFORMATION*". Da steht dann:

$$GM \ (\,\hat{=}\ S) = 5{,}32 \text{ E-03 und } GDS \ (\,\hat{=}\ 1/r_{DS}) = 1.17 \text{ E-05.} \qquad \text{Gl. 5.7}$$

5.4.2 Kleinsignalverstärker in Source-Schaltung

Geben Sie die im Bild 5.62 abgebildete Schaltung eines Kleinsignalverstärkers in Source-Schaltung ein. Die Eingangsspannung ist sinusförmig mit einer Amplitude von *10 mV* und einer Frequenz von *1000 Hz*.

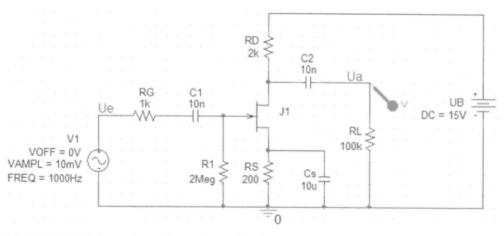

Bild 5.62 FET-Kleinsignalverstärker in Source-Schaltung

- Simulieren Sie den zeitlichen Verlauf der Ausgangsspannung u_a im Zeitbereich von 0 bis 15 ms.

- Nach wie vielen Perioden ist der Signalverlauf eingeschwungen?

- Lässt die Ausgangsspannung auf einen einigermaßen gut eingestellten Arbeitspunkt schließen?

- Wie groß ist die Spannungsverstärkung?

- Wie verändert sich die Spannungsverstärkung, wenn man den Kondensator C_S entfernt?

Die Bauelemente finden Sie über das Menü PLACE/PART in nebenstehenden Bibliotheken (Libraries):

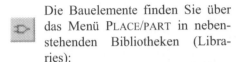

Bauelement	Bibliothek	Bemerkung
VDC	source.olb	Gleichspannungsquelle
VSIN	source.olb	Sinus-Spannungsquelle
J2N3819	eval.olb	N-Kanal FET
R	analog.olb	Widerstand
C	analog.olb	Kondensator
0	source.olb	Masse, analog mit PLACE/GROUND

Lösung (Datei: *fe_aufgb.opj*)

Platzieren Sie die Bauelemente des Kleinsignalverstärkers auf der Zeichenfläche und „verdrahten" Sie diese wie in der Schaltung abgebildet. Stellen Sie die Gleichspannungsquelle auf eine Spannung von *DC=15V* ein. Die Amplitude der sinusförmigen Quelle ist *VAMPL=10mV* und die Frequenz beträgt *FREQ=1000Hz*. Beide Werte sind nach Doppelklick auf das Quellensymbol im Property Editor einzugeben. Der Ausgang wird mit dem Alias-Namen *Ua* bezeichnet (PLACE/NET ALIAS).

Die gewünschte Art der Analyse wird im Dialogfenster SIMULATION SETTINGS/ANALYSIS/TRANSIENT eingestellt. Für RUN TO TIME ist *15ms* einzutippen. Bei MAXIMUM STEP SIZE ergibt ein Wert von *10uV* gute Ergebnisse in der Darstellung. Zuletzt setzen wir an die Leitung einen Spannungs-Marker (PSPICE/MARKERS/VOLTAGE LEVEL).

Über PSPICE/RUN oder über das Symbol wird die Simulation gestartet. Die Ausgangsspannung U_a wird automatisch in PROBE abgebildet (Bild 5.63). Die Ausgangsspannung hat wie erwartet einen sinusförmigen Verlauf mit einer Amplitude von ca. 100 mV. Ab der Zeit $t = 0$ s ist ein Einschwingvorgang sichtbar, der aber nach 2 bis 3 ms (2-3 Perioden) abgeklungen ist. Weder in der positiven noch in der negativen Halbwelle ist eine Verzerrung bemerkbar, was auf einen einigermaßen gut eingestellten Arbeitspunkt schließen lässt. Die Spannungsverstärkung U_a/U_e beträgt ca. *-10* bei den gegebenen Werten von R_G, C_1, C_2 und C_S.

Die Spannungsverstärkung kann mit der Gleichung $V_u = -S \cdot R_D$ überprüft werden. Die Steilheit S können Sie wieder dem Output-File entnehmen (Parameter $GM = 5{,}19$ E-03), wenn Sie vor der Transienten-Analyse im Dialogfenster SIMULATION SETTINGS/ ANALYSIS/ TRANSIENT auf die SCHALTFLÄCHE OUTPUT FILE OPTIONS geklickt und im Fenster TRANSIENT OUTPUT FILE OPTIONS das Kästchen INCLUDE DETAILED BIAS POINT INFORMATION abgehakt haben. Es ergibt sich:

$$V_u = -5{,}19 \text{ mS} \cdot 2000 \text{ } \Omega = -10.38 \qquad \qquad \text{Gl. 5.8}$$

Dieser Wert entspricht recht genau der in PROBE abgelesenen Verstärkung.

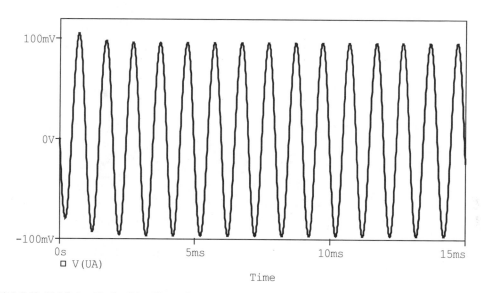

Bild 5.63 Zeitlicher Verlauf der Verstärker-Ausgangsspannung mit Kondensator C_S

Überprüfen Sie selbst den Arbeitspunkt des FET anhand der in der vorhergehenden Aufgabe gewonnenen Kennlinien. Tragen Sie dort die Widerstandsgeraden ein und vergleichen Sie die Strom- und Spannungswerte im AP mit den Werten in der Output-Datei.

Entfernt man den Kondensator C_S (neue Simulation!), so bricht die Spannungsverstärkung auf einen Wert von ca. $U_a/U_e = -5$ zusammen ($\hat{u}_a = 50$ mV), da dann der Source-Widerstand R_S auch für das Wechselstromsignal eine Stromgegenkopplung bewirkt.

5.4.3 Amplituden- und Phasengang eines Kleinsignalverstärkers

- Simulieren Sie den Amplituden- und Phasengang des Kleinsignalverstärkers in Bild 5.64 für Frequenzen von *10 Hz* bis *100 MHz*. Stellen Sie dazu die Amplitude der Eingangsspannung auf *10 mV* ein. Die Simulation soll nacheinander mit verschiedenen Kapazitätswerten des Kondensators C_S durchgeführt werden: $C_S = 0,1$ μF, 1 μF, 10 μF und 100 μF.

- Wie wirkt sich die Änderung der Kapazität auf den Amplitudengang aus?

Die Bauelemente finden Sie über das Menü PLACE/PART in nebenstehenden Bibliotheken (Libraries):

Bauelement	Bibliothek	Bemerkung
VDC	source.olb	Gleichspannungsquelle
VSIN	source.olb	Sinus-Spannungsquelle
J2N3819	eval.olb	N-Kanal FET
R	analog.olb	Widerstand
C	analog.olb	Kondensator
PARAM	special.olb	Parametereingabe
0	source.olb	Masse, analog mit PLACE/GROUND

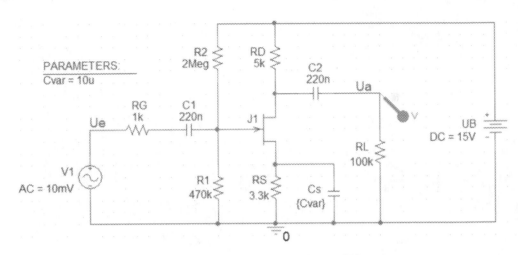

Bild 5.64 Kleinsignalverstärker für die Simulation des Amplituden- und Phasengangs

Lösung (Datei: *fe_aufgc.opj*)

Nach Eingabe der Schaltung ist zunächst die Signalquelle zu parametrieren. Für die durchzuführende AC-Sweep-Analyse ist nur der Parameter *AC* interessant (*AC=10mV*). Dem AC-Sweep wird ein Parametric-Sweep für den Kapazitätswert von C_S überlagert. Wir ändern also zunächst den Kapazitätswert im Eingabefeld VALUE der Kapazität in einen globalen Parameter, z.B. *{Cvar}*, in geschweiften Klammern. Anschließend holen wir uns noch das Element *PARAM* aus der Bibliothek und geben nach einem Doppelklick darauf im Feld *Cvar* den Wert *10uF* ein. Falls im Property Editor die Eigenschaft ($\hat{=}$ Spalte bzw. Reihe) *Cvar* noch nicht angelegt ist, können Sie das jetzt über die Schaltfläche NEW (COLUMN bzw. ROW) tun.

Jetzt ist die Schaltung fertig und es muss lediglich noch die Analyseart eingestellt werden. Im Dialogfenster SIMULATION SETTINGS/ANALYSIS/AC SWEEP wählen wir DECADE für eine dekadische Einteilung der Frequenzachse aus und geben die Anfangsfrequenz (START FREQUENCY = *10Hz*) und die Endfrequenz (END FREQUENCY = *100Meg*) ein. Für die Anzahl der pro Dekade zu berechnenden Werte (POINTS/DECADE) tippen wir z.B. *100* ein.

Wir führen jetzt gleich eine Simulation durch. Da wir noch nicht die Analyseart Parametric gewählt haben, wird für den Kondensator C_S der im PARAM-Block voreingestellte Wert 10 µF verwendet. In PROBE wird automatisch der Amplitudengang in einem linearen Maßstab für U_a dargestellt. Da aber häufig das Verhältnis von Ausgangs- zu Eingangsspannung in einem logarithmischen Maßstab gewünscht wird, löschen wir die Kurve gleich wieder. Im Menü TRACE/ADD TRACE geben wir im Feld TRACE EXPRESSION den Ausdruck *DB(V(Ua)/V(V1:+))* ein. Nach einem Klick auf die Schaltfläche OK wird der Amplitudengang gezeichnet (Bild 5.65).

Nachdem die Analyse für einen bestimmten Kapazitätswert funktioniert hat, überlagern wir den AC-Sweep mit der Analyseart Parametric. Dazu brauchen wir nur im Setup-Menü SIMULATION SETTINGS/ANALYSIS/OPTIONS das Kästchen bei PARAMETRIC SWEEP anzuklicken, die Option GLOBAL PARAMETER auszuwählen und bei PARAMETER NAME *Cvar* einzutippen. Bei SWEEP TYPE wählen wir noch VALUE LIST aus und geben die gewünschten Kapazitätswerte (0.1u 1u 10u 100u) im Feld VALUES ein.

Nach der Simulation stellen wir in PROBE den Amplitudengang wie im Bild 5.65 dar. Die
unterschiedlichen Kapazitätswerte wirken sich sehr stark im unteren Frequenzbereich aus.
Bereits für Kapazitätswerte ab $C_S = 10$ µF wird ein günstiges Verhalten bei niederen Frequenzen (d.h. eine größere Bandbreite) erreicht. Zwischen ca. 200 Hz und 2 MHz ist der Amplitudengang konstant.

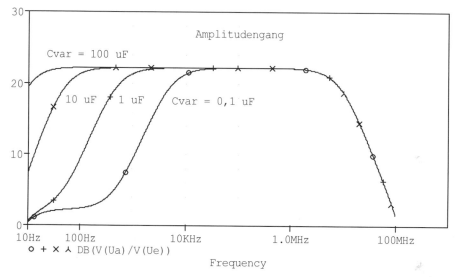

Bild 5.65 Amplitudengang für verschiedene Werte der Kapazität C_S

Nun fehlt nur noch die Darstellung des Phasengangs. Dazu generieren wir zunächst ein zweites
Diagramm (PLOT/ADD PLOT TO WINDOW) und geben im Menü TRACE/ADD TRACE den Ausdruck *P(V(Ua)/V(Ue))* ein.

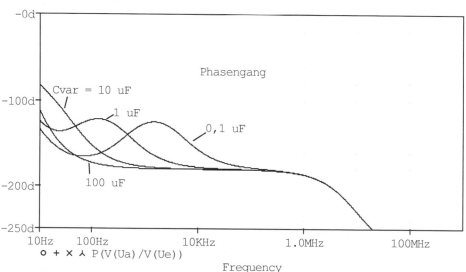

Bild 5.66 Phasengang für verschiedene Werte der Kapazität C_S

5.4.4 FET in Drain-Schaltung

Untersuchen Sie das Verhalten einer Drain-Schaltung. Geben Sie dazu die folgende Schaltung in CAPTURE ein. Legen Sie die Amplitude der sinusförmigen Eingangsspannung u_e auf 2 V und die Frequenz auf 1000 Hz fest.

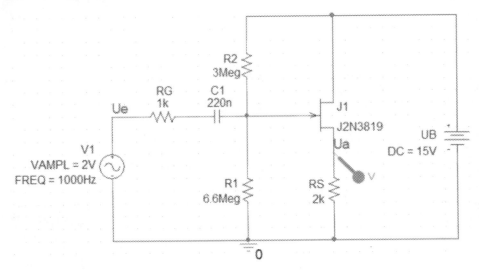

Bild 5.67 Drain-Schaltung

- Bestimmen Sie den Ein- und Ausgangswiderstand der Schaltung.
- Simulieren Sie den zeitlichen Verlauf der Ausgangsspannung u_a bei sinusförmiger Erregung.
- Simulieren Sie den Amplitudengang für Frequenzen von *0,1 Hz* bis *500 MHz*.

Die Bauelemente finden Sie über das Menü PLACE/PART in nebenstehenden Bibliotheken (Libraries):

Bauelement	Bibliothek	Bemerkung
VDC	source.olb	Gleichspannungsquelle
VSIN	source.olb	Sinus-Spannungsquelle
J2N3819	eval.olb	N-Kanal FET
R	analog.olb	Widerstand
C	analog.olb	Kondensator
PARAM	special.olb	Parametereingabe
0	source.olb	Masse, analog mit PLACE/GROUND

Lösung (Datei: *fe_aufgd.opj*)

Zeitlicher Verlauf der Ausgangsspannung:
Nach Eingabe der Schaltung ist zunächst die Signalquelle zu parametrieren. Für die durchzuführende Transienten-Analyse ist *VAMPL=2V* und *FREQ=1000Hz* einzugeben.

Nach Fertigstellung der Schaltung ist noch die Analyseart einzustellen. Im Dialogfenster SIMULATION SETTINGS/ANALYSIS/TRANSIENT tippen Sie im Feld RUN TO TIME *15ms* ein. Für MAXIMUM STEP SIZE ist ein geeigneter Wert zu wählen (z.B. *15us*).

Nach der Simulation wird in PROBE automatisch der zeitliche Verlauf der Ausgangsspannung u_a dargestellt (sofern ein Marker gesetzt wurde, s. Bild 5.68). Da eine sinusförmige Signalquelle verwendet wird, ist auch die Ausgangsspannung sinusförmig. Sie hat eine Amplitude von ca. *1,8 V* und einen Mittelwert von *11,24 V* (in PROBE: AVG(V(Ua))). Die Simulation bestätigt also, dass bei einer Drain-Schaltung die Verstärkung $V_u < 1$ ist ($V_u = 2V/1,8V = 0,9$). Die Ausgangsspannung schwankt um einen Mittelwert, der sich aus dem Spannungsabfall der Arbeitspunkteinstellung über dem Sourcewiderstand R_S ergibt. Den Arbeitspunkt am Source-Anschluss des FET können Sie leicht in CAPTURE überprüfen, indem Sie mit dem Befehl PSPICE/BIAS POINT/ENABLE BIAS VOLTAGE DISPLAY die Knotenspannungen in der Schaltung einblenden.

Ein- und Ausgangswiderstand:
Den Ein- und Ausgangswiderstand bestimmen wir mit der Transfer-Function-Analyse. Legen Sie dafür ein neues Simulationsprofil an (PSPICE/NEW SIMULATION PROFILE) und wählen Sie im Dialogfenster SIMULATION SETTINGS/ANALYSIS die Analyseart BIAS POINT aus. Markieren Sie dann das Kästchen bei CALCULATE SMALL-SIGNAL DC GAIN mit einem Mausklick. Geben Sie für INPUT-SOURCE NAME *V1* und für OUTPUT-VARIABLE *V(Ua)* ein.

Der Ein- und Ausgangswiderstand der Schaltung kann nach der Simulation in PROBE dem Output-File (VIEW/OUTPUT FILE) entnommen werden. Dort findet man unter der Überschrift *SMALL-SIGNAL CHARACTERISTICS* den Eingangswiderstand (input resistance) $r_e = 1 \cdot 10^{20}$ Ω und den Ausgangswiderstand (output resistance) $r_a = 169$ Ω. Die Schaltung ist also ein Impedanzwandler mit einem sehr hohen Eingangs- und niedrigem Ausgangswiderstand.

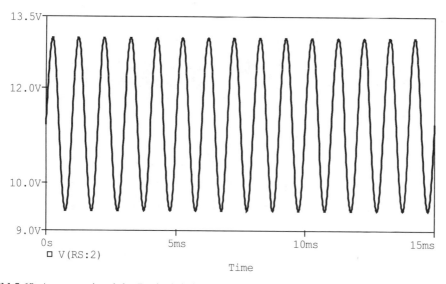

Bild 5.68 Ausgangssignal der Drain-Schaltung

Amplitudengang:
Für die Berechnung des Amplitudengangs benötigen wir den AC-Sweep. Dafür muss der AC-Parameter der Signalquelle *V1* geeignet dimensioniert werden (z.B. *AC=1V*). Legen Sie wieder ein neues Simulationsprofil an. Im AC-Sweep-Menü (SIMULATION SETTINGS/ ANALYSIS/ AC SWEEP) wählen wir die Schaltfläche DECADE für eine dekadische Einteilung der Frequenzach-

se aus und geben die Anfangsfrequenz (*START FREQ.: 0.1Hz*) und die Endfrequenz (*END FREQ.: 500Meg*) ein. Für die Anzahl der pro Dekade zu berechnenden Werte tippen wir z.B. *100* ein.

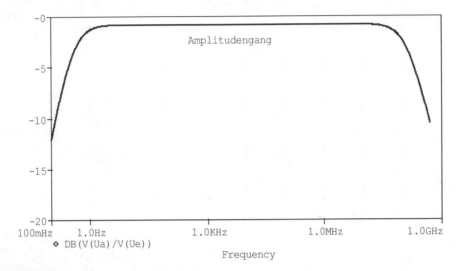

Bild 5.69 Amplitudengang der Drain-Schaltung

 Wir führen jetzt die Simulation durch und erhalten in PROBE automatisch den Amplituden-gang in einem linearen Maßstab für U_a dargestellt, falls wir am Ausgang einen Marker gesetzt haben. Da aber häufig das Verhältnis von Ausgangs- zu Eingangsspannung in einem logarith-
 mischen Maßstab gewünscht wird, löschen wir zunächst die Kurven wieder. Im Menü TRACE/ADD TRACE geben wir im Feld TRACE EXPRESSION den Ausdruck *DB(V(Ua)/V(Ue))* ein. Nach Klick auf OK wird der Amplitudengang gezeichnet (s. Bild 5.69, x- und y-Achse sind angepasst). Die Verstärkung der Drain-Schaltung ist von sehr kleinen bis zu Frequenzen über *20 MHz* konstant mit einem Wert von *-0,79 dB*. Dies entspricht etwa dem bereits oben ermittelten Faktor *0,9*.

5.4.5 FET als steuerbarer Widerstand

 Untersuchen Sie das Verhalten eines FET, wenn er als steuerbarer Widerstand eingesetzt wird.

*   Kanalwiderstand als Funktion der Gate-Source-Spannung:
    Geben Sie die folgende Schaltung in CAPTURE ein und simulieren Sie den Kanalwider-stand bei einer Drain-Source-Spannung von $U_{DS} = 0,2$ V in Abhängigkeit von der Gate-Source-Spannung U_{GS}. Der Kanalwiderstand berechnet sich aus dem Verhältnis von Drain-Source-Spannung zu Drain-Strom: U_{DS}/I_D. Die Gate-Source-Steuerspannung ist zwischen einer Flussspannung von *0,3 V* und einer Sperrspannung nahe der Abschnürspannung von -*3 V* in Schritten von *10 mV* zu verändern. Die Simulation soll für die Temperaturen *20 °C*, *50 °C* und *80 °C* durchgeführt werden.

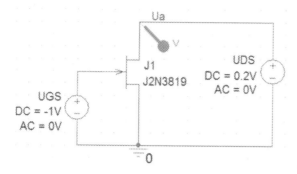

Bild 5.70
FET als steuerbarer Widerstand

- FET als steuerbarer Widerstand in einem Spannungsteiler:
  Ergänzen Sie nun die Schaltung mit einem Widerstand R_D in der Drain-Leitung des FET.
  Für den Drain-Widerstand sollen nacheinander folgende Werte verwendet werden: *500 Ω,
  1 kΩ* und *2 kΩ*.

  Simulieren Sie die Spannung am Drain in Abhängigkeit von der Gate-Source-
  Steuerspannung bei den Temperaturen *20 °C, 50 °C* und *80 °C*.

Die Bauelemente finden Sie über das Menü PLACE/PART in nebenstehenden Bibliotheken (Libraries):

Bauelement	Bibliothek	Bemerkung
VSRC	source.olb	Spannungsquelle
J2N3819	eval.olb	N-Kanal FET
R	analog.olb	Widerstand
PARAM	special.olb	Parametereingabe
0	source.olb	Masse, analog mit PLACE/GROUND

Lösung (Datei: *fe_aufge.opj*)

Kanalwiderstand als Funktion der Gate-Source-Spannung:
Nach Eingabe der Schaltung ist zunächst die Spannungsquelle *UDS* mit *DC=0.2V* und *UGS*
mit einem beliebigen Wert für den Parameter *DC* zu parametrieren.

Nach Fertigstellung der Schaltung muss die Analyseart eingestellt werden. Im Dialogfenster
SIMULATION SETTINGS/ANALYSIS/DC SWEEP klicken Sie auf die Option VOLTAGE SOURCE
und geben Sie im Eingabefeld NAME *UGS* ein. Jetzt ist noch im Eingabebereich SWEEP TYPE
die Schaltfläche LINEAR zu markieren und im Eingabefeld START VALUE *+0.3V*, bei END
VALUE *-2.9V* und bei INCREMENT *10 mV* einzutippen. Klicken Sie danach auf das Kästchen
neben SECONDARY SWEEP, um zum Eingabefeld für den Neben-Sweep Temperatur zu kommen. Hier ist die Option TEMPERATURE anzuklicken und unter SWEEP TYPE der Button VALUE
LIST zu markieren. Geben Sie im Eingabefeld VALUES die Werte *20, 50, 80* ein.

Nach der Simulation müssen Sie im Programmteil PROBE die gewünschten Kurven
V(Ua)/ID(J1) für den Kanalwiderstand im Menü TRACE/ADD TRACE eingeben. Sie sollten
dann folgendes Ergebnis erhalten:

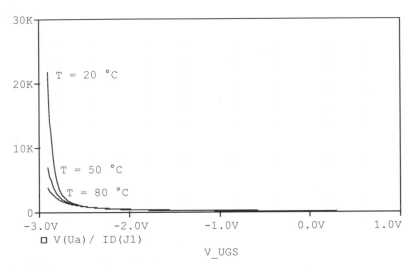

Bild 5.71 Abhängigkeit des Kanalwiderstands von der Steuerspannung U_{GS}

Der Kanalwiderstand hat für kleine Werte der Gate-Source-Spannung ($U_{GS} > -1{,}5V$) eine näherungsweise lineare Abhängigkeit von U_{GS}. In diesem Abschnitt ist der Kanalwiderstand klein und die Abhängigkeit von der Temperatur gering. Erst für negativere Werte bis kurz vor dem völligen Abschnüren des Kanals bei $U_{GS} = -3$ V sind die Kurven nichtlinear, der Kanalwiderstand wird groß und ebenso die Temperaturabhängigkeit.

FET als steuerbarer Widerstand in einem Spannungsteiler:
Ergänzen Sie die vorhergehende Schaltung mit einem Widerstand in der Drain-Leitung und geben Sie ihm statt eines Wertes im Feld VALUE den globalen Parameter *{Rvar}*. Damit ist dieser Wert nicht fest, sondern kann bei der Simulation variiert werden. Zusätzlich wird noch das Bauelement *PARAM* benötigt. Nach einem Doppelklick auf dem Bauteil öffnet sich der Property Editor, in dem der Variablenname als Eigenschaft und ein - in diesem Fall beliebiger - Wert eingetragen wird. Falls die Eigenschaft *Rvar* noch nicht vorhanden ist, erzeugen Sie diese mit einem Klick auf die Schaltfläche NEW COLUMN (bzw. ROW). Ändern Sie weiterhin noch die in der Quelle *UDS* eingestellte Gleichspannung auf *DC=1V* ab.

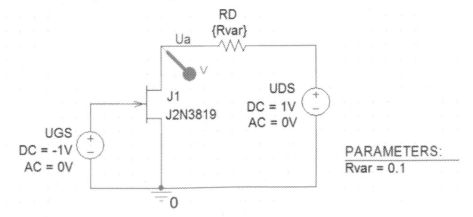

Bild 5.72 Schaltung zur Simulation eines Spannungsteilers mit einem FET

Im Setup-Menü wird wieder die Analyseart DC-Sweep benötigt. Die Einstellungen für die
Spannungsquelle *UGS* bleiben unverändert. Unter SECONDARY SWEEP wird diesmal allerdings
GLOBAL PARAMETER ausgewählt und im Feld PARAMETER NAME die Bezeichnung *Rvar* eingetragen. Außerdem ist noch VALUE LIST zu markieren und im Feld VALUES die Werte *500 1k 2k*
einzutragen. Der Hauptsweep mit *UGS* wird somit von einem Neben-Sweep mit dem Widerstand *Rvar* überlagert. Zusätzlich ist diese Untersuchung noch bei drei verschiedenen Temperaturwerten durchzuführen. Da DC-Sweep und Secondary-Sweep schon voll ausgelastet sind,
wird dafür nun ein weiterer Nebensweep TEMPERATURE (das Auswahlkästchen muss abgehakt
sein) verwendet. Im Eingabefeld REPEAT THE SIMULATION tragen wir die drei Temperaturwerte *20, 50* und *80* ein.

Hinweis: Sie könnten den Temperatur-Sweep auch unter SECONDARY SWEEP eintragen und
        den Widerstands-Sweep im Menü PARAMETRIC durchführen.

Nach der Simulation wird in PROBE automatisch *U(a)* in Abhängigkeit von *UGS* aufgetragen.
Wir erhalten für jeden der drei Widerstandswerte drei Kurvenzüge, die jeweils einer Temperatur zugeordnet sind. Für kleinere Werte der Steuerspannung U_{GS} (-2 < U_{GS}/V < 0) ist die Ausgangsspannung näherungsweise linear von U_{GS} abhängig. In diesem Bereich erhöhen größere
Temperaturwerte die Ausgangsspannung leicht.

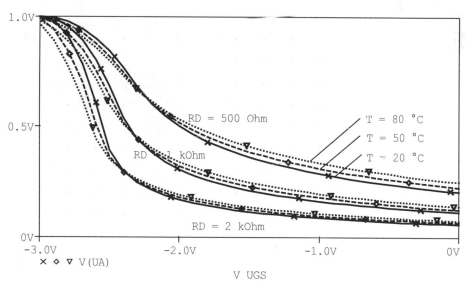

Bild 5.73 Ausgangsspannung U_a in Abhängigkeit von der Steuerspannung U_{GS} bei verschiedenen Werten
        des Widerstands R_D und der Temperatur *T*

5.4.6 Mehrstufiger Verstärker in Source-Schaltung

A Untersuchen Sie die Auswirkungen auf den Amplitudengang, wenn man zwei identische Source-Schaltungen hintereinander schaltet.

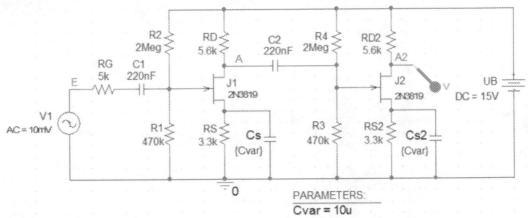

Bild 5.74 Schaltung des mehrstufigen Verstärkers in Source-Schaltung

- Simulieren Sie den Amplitudengang der gesamten Schaltung und der ersten Stufe.

- Welche Spannungsverstärkung ergibt sich bei mittleren Frequenzen?

- Wie verändert sich die 3 dB-Grenzfrequenz in der zweistufigen Schaltung im Vergleich zur ersten Stufe?

- Wie verändern sich die Spannungsverstärkung und die Grenzfrequenzen, wenn die Kondensatoren C_S entfernt werden?

Die Bauelemente finden Sie über das Menü PLACE/PART in nebenstehenden Bibliotheken (Libraries):

Bauelement	Bibliothek	Bemerkung
VSIN oder VSRC	source.olb	Spannungsquelle
J2N3819	eval.olb	N-Kanal FET
R	analog.olb	Widerstand
C	analog.olb	Kapazität
PARAM	special.olb	Parametereingabe
0	source.olb	Masse, analog mit PLACE/GROUND

Lösung (Datei: *fe_aufgf.opj*)

L Nach Eingabe der Schaltung ist zunächst die Signalquelle zu parametrieren. Für die durchzuführende AC-Sweep-Analyse ist nur der Parameter *AC* interessant (*AC=10mV*).

Die Analyseart stellen wir im Dialogfenster SIMULATION SETTINGS/ANALYSIS/AC SWEEP ein. Dort wählen wir die Schaltfläche DECADE für eine dekadische Einteilung der Frequenzachse aus und geben die Anfangsfrequenz (*START FREQUENCY: 1Hz*) und die Endfrequenz (*END FREQUENCY: 100Meg*) ein. Für die Anzahl der pro Dekade zu berechnenden Werte tragen wir z.B. *100* ein.

Wir wollen den Einfluss der Kondensatoren C_s und C_{s2} gleich in einer Simulation bestimmen. Legen Sie deshalb noch einen Parametric Sweep mit einem globalen Parameter an. Geben Sie unter PARAMETER NAME die Bezeichnung *Cvar* ein und im Feld VALUE LIST die Werte *10u 1E-20*. Mit dem zweiten sehr kleinen Kapazitätswert wollen wir das Entfernen der beiden Kapazitäten simulieren.

Falls noch nicht geschehen, müssen Sie in CAPTURE die Werte der Bauelemente C_s und C_{s2} durch den globalen Parameter *Cvar* ersetzen und zusätzlich noch einen Parameterblock PARAM einfügen.

In PROBE wird automatisch der Amplitudengang in einem linearen Maßstab für das Ausgangssignal *A2* dargestellt. Da aber häufig das Verhältnis von Ausgangs- zu Eingangsspannung in einem logarithmischen Maßstab gewünscht wird, löschen wir die Kurve gleich wieder und geben im Menü TRACE/ADD TRACE im Feld TRACE EXPRESSION den Ausdruck *DB(V(A2)/V(E))* ein. Nach Anklicken der Schaltfläche OK wird der Amplitudengang gezeichnet. Zusätzlich wählen wir noch die Kurve *DB(V(A)/V(E))*, um gleichzeitig auch den Amplitudengang der ersten Stufe darzustellen.

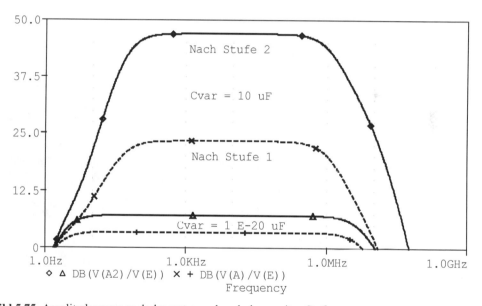

Bild 5.75 Amplitudengang nach der ersten und nach der zweiten Stufe

Die Auswertung der Amplitudengänge mit den Cursorn ergibt, dass sich die Verstärkung mit $C_s = C_{s2} = 10\ \mu F$ bei mittleren Frequenzen durch die Hintereinanderschaltung von zwei identischen Verstärkerstufen von *23,4 dB* auf *47 dB* verdoppelt. Die untere Grenzfrequenz verschiebt sich von *46 Hz* bei einer Stufe auf *75 Hz* bei zwei Stufen. Die obere Grenzfrequenz verändert sich von *982 kHz* bei einer Stufe auf *966 kHz* bei zwei Stufen. D.h. die Grenzfrequenzen verschieben sich durch die Hintereinanderschaltung von zwei Stufen nach innen, der Durchlassbereich wird also geringfügig schmäler.

Bei sehr kleinen Werten für die beiden Kondensatoren C_S und C_{S2} (Entfernung der Kondensatoren) sinkt die Verstärkung bei mittleren Frequenzen auf *3,4 dB* bzw. *7,1 dB*. Die unteren Grenzfrequenzen gehen unter *10 Hz*. Sie werden nur noch durch die Kondensatoren C_1 und C_2

bestimmt. Die oberen Grenzfrequenzen rutschen nach oben auf ca. *5,4 MHz*. Ein Unterschied bei der oberen Grenzfrequenz zwischen einer Stufe und zwei Stufen ist kaum noch feststellbar. Durch das Entfernen der Kondensatoren wird die Verstärkung kleiner und die Bandbreite größer.

5.4.7 MOSFET als Schalter

A
- Untersuchen Sie das Schaltverhalten eines MOSFET, dessen Ausgang mit einer Kapazität von 20 pF belastet wird.

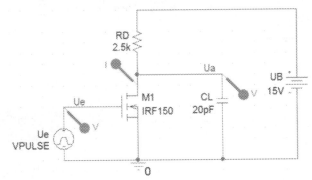

Bild 5.76
Schaltung zur Simulation des Schaltverhaltens eines MOSFET

Stellen Sie die Impulsspannungsquelle so ein, dass sie das im Bild 5.77 dargestellte Zeitverhalten hat. Der Impuls ist *100 ns* breit und hat eine Höhe von *9 V*.

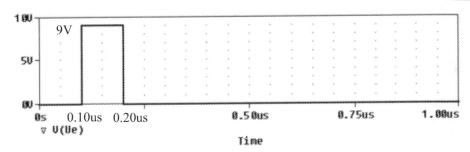

Bild 5.77 Signalverlauf der Impulsspannungsquelle U_e

- Simulieren Sie den zeitlichen Verlauf der Eingangs- und Ausgangsspannung sowie des Drain-Stroms.

Die Bauelemente finden Sie über das Menü PLACE/PART in nebenstehenden Bibliotheken (Libraries):

Bauelement	Bibliothek	Bemerkung
VDC	source.olb	Gleichspannungsquelle
VPULSE	source.olb	Impulsspannungsquelle
IRF150	eval.olb	MOSFET
R	analog.olb	Widerstand
C	analog.olb	Kapazität
0	source.olb	Masse, analog mit PLACE/GROUND

Lösung (Datei: *fe_aufgg.opj*)

Nach Eingabe der Schaltung ist zunächst die Signalquelle *VPULSE* entsprechend der Aufgabenstellung zu parametrieren. Geben Sie nach einem Doppelklick auf das Quellensymbol folgende Werte im Property Editor ein:

DC=0, AC=0, V1=0, V2=9V, TD=100ns, TR=0.1ns, TF=0.1ns, PW=100ns, PER=50us.

Es ist das zeitliche Verhalten des MOSFET auf eine impulsförmige Erregung gesucht. Deshalb wählen wir im Dialogfenster SIMULATION SETTINGS/ANALYSIS die Analyseart TRANSIENT aus und geben folgende Parameter ein: *RUN TO TIME: 20us, MAXIMUM STEP SIZE: 20ns.*

Nach der Simulation werden in PROBE automatisch die Zeitverläufe der Eingangs- und Ausgangsspannung sowie des Drain-Stroms dargestellt. Da die Stromwerte wesentlich kleiner sind als die Spannungswerte, ist es günstiger, den Strom in einem separaten Diagramm abzubilden. Gehen Sie ins Menü PLOT und wählen Sie dort den Eintrag ADD PLOT TO WINDOW. Sofort wird das Fenster in zwei Diagramme unterteilt. Im Menü TRACE/ADD TRACE können Sie jetzt den Drain-Strom *ID(M1)* auswählen.

Bild 5.78 zeigt deutlich, dass beim Einschalten des MOSFET der Kondensator C_L rasch über den leitenden FET entladen wird. Beim Sperren des Transistors wird aber der Kondensator vergleichsweise langsam wieder aufgeladen. Gemäß der Zeitkonstante $\tau = R_D \cdot C_L$ = 50 ns müsste die Spannung u_a bei einem idealen Schalter bereits nach $5 \cdot \tau$ = 250 ns den Endwert erreicht haben. Tatsächlich benötigt die Ausgangsspannung aber ca. *10 us*. Dies kann mit dem trägen Abschaltverhalten des MOSFET begründet werden. Für eine genauere Betrachtung des Einschaltvorgangs muss ein kleinerer Zeitausschnitt (z.B. 400 ns) gewählt werden. Mit den Cursorn können Sie jetzt feststellen, dass zuerst der Drain-Strom ansteigt und schon 50% seines maximalen Wertes erreicht hat, ehe die Ausgangsspannung über dem Kondensator kleiner wird. Im leitenden Zustand des Transistors erreicht der Drain-Strom einen stationären Endwert von *6,1 mA* ($= U_B/R_D$).

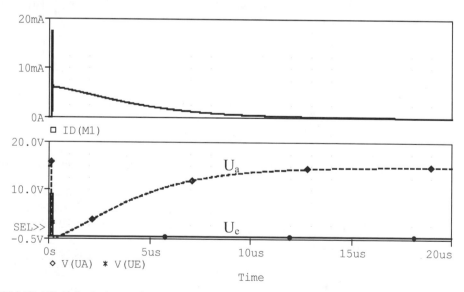

Bild 5.78 Zeitverläufe des Drain-Stroms sowie der Ein- und Ausgangsspannung

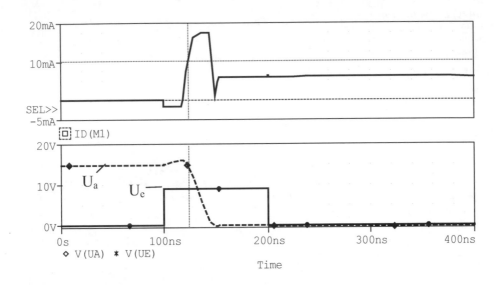

Bild 5.79 Ausschnitt: Zeitliche Verläufe des Drain-Stroms sowie der Ein- und Ausgangsspannung

5.4.8 Sample- and Hold-Schaltung

Die abgebildete Sample- and Hold-Schaltung (Bild 5.80) ist zu untersuchen. Der MOSFET *IRF150* wird von einer periodischen Rechteckspannung U_G (Quelle *V1*) angesteuert. Er wirkt dadurch als Schalter, der ständig öffnet und schließt. Während der Schalter geschlossen ist (der MOSFET ist niederohmig) wird der Kondensator C_1 auf den momentanen Wert der Eingangsspannung U_e aufgeladen. Der Sperrschicht-FET ist als Impedanzwandler beschaltet und bewirkt eine hochohmige Belastung des Kondensators. Die Steuerspannung U_G am Gate des MOSFET hat eine Periodendauer von *2 μs* bei einer Impulsdauer von *1 μs* und einer Impulshöhe von *10 V*. Die Eingangsspannung U_e soll von *0 V* auf *5 V* in einem Zeitraum von *10 μs* linear ansteigen.

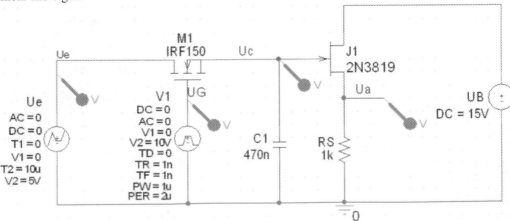

Bild 5.80 Sample- and Hold-Schaltung

- Ermitteln Sie den zeitlichen Verlauf der Ausgangsspannung U_a, der Kondensatorspannung U_C und der Steuerspannung U_G am Gate des MOSFET.

- Was passiert, wenn die Höhe der Steuerspannung von *10 V* auf *5 V* reduziert wird?

Die Bauelemente finden Sie über das Menü PLACE/PART in nebenstehenden Bibliotheken (Libraries):

Bauelement	Biblio-thek	Bemerkung
VSRC	source.olb	Spannungsquelle
VPULSE	source.olb	Impulsspannungsquelle
VPWL	source.olb	linear ansteigende Spannungsquelle
J2N3819	eval.olb	N-Kanal-JFET
IRF150	eval.olb	N-Kanal-MOSFET
R	analog.olb	Widerstand
C	analog.olb	Kondensator
0	source.olb	Masse, analog mit PLACE/GROUND

Lösung (Datei: *fe_aufgm.opj*)

Zeitliche Verläufe von Ausgangsspannung usw.:
Zunächst sind die benötigten Bauelemente aus den Bibliotheken zu holen und auf der Oberfläche zu platzieren. Für die Versorgungsspannung U_B wird das Bauelement *VSRC* verwendet. Die Spannungsquelle wird im Property Editor mit *UB* bezeichnet und der Eigenschaft *DC* der Wert *15V* zugeordnet. Für die Steuerspannung am MOSFET eignet sich die Spannungsquelle *VPULSE* gut. Geben Sie im Property Editor der Quelle folgende Eigenschaften ein, um die Anforderungen der Aufgabenstellung zu erfüllen:

DC=0, AC=0, V1=0, V2=10V, TD=0, TR=1ns, TF=1ns, PW=1us, PER=2us

Für das Eingangssignal wird die Spannungsquelle *PWL* verwendet, mit der stückweise lineare Signalverläufe erzeugt werden können. Nach Doppelklick auf das Quellensymbol öffnet sich der Property Editor für die Eingabe folgender Parameter:

DC=0, AC=0, T1=0, V1=0, T2=10us, V2=5V

Die erforderliche Transienten-Analyse wird im Dialogfenster SIMULATION SETTINGS/ ANALYSIS/ TRANSIENT eingestellt. Es ist für RUN TO TIME *10us* und für MAXIMUM STEP SIZE *10ns* einzugeben.

Starten Sie die Simulation, in PROBE werden automatisch die gewünschten Kurven für U_e, U_a, U_C und U_G dargestellt. Immer wenn die Steuerspannung am Gate des MOSFET auf *10 V* ist, leitet der MOSFET und die Kondensatorspannung U_C folgt der Eingangsspannung. Wenn die Steuerspannung auf Masse liegt, hält der Kondensator den letzten Spannungswert. Der Kondensator wird durch den nachgeschalteten JFET kaum belastet. Dessen Ausgang zeigt annähernd den gleichen Signalverlauf. Allerdings ist der Anstieg der Spannung U_a bei höheren Werten schwächer als bei U_C. Der Grund dafür liegt in der nichtlinearen Übertragungskennlinie des JFET. Bei großen Spannungsänderungen am Kondensator wandert der Arbeitspunkt über einen großen Teil der Kennlinie.

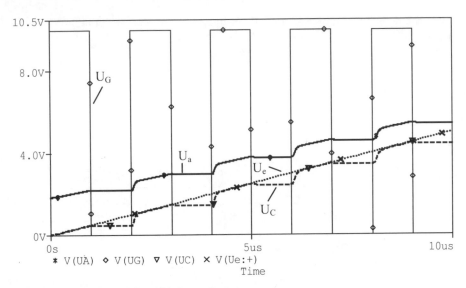

Bild 5.81 Zeitlicher Verlauf der wichtigsten Spannungen

Abhängigkeit von der Höhe der Steuerspannung:

Reduzieren Sie jetzt die Höhe der Rechteckimpulse der Steuerspannung von *10 V* auf *5V* und führen Sie die Simulation nochmals durch. An den Signalverläufen erkennen Sie, dass ab ca. 3 μs (d.h. bei $U_e = 1,5$ V) U_C und natürlich auch U_a nicht mehr der linear ansteigenden Eingangsspannung folgen können. Die Ursache liegt darin, dass mit wachsender Kondensatorspannung die Gate-Source-Spannung des MOSFET kleiner wird. Es gilt: $U_{GS} = V1 - U_C$. Mit $V1 = 5$ V wird U_{GS} bereits bei $U_C = 1,5$ V so klein, dass die Gate-Source-Spannung nahe an die Schwellspannung $U_{TH} = 2,8$ V kommt. Die Höhe der Rechteckimpulse muss also deutlich größer als die maximale Kondensatorspannung gewählt werden.

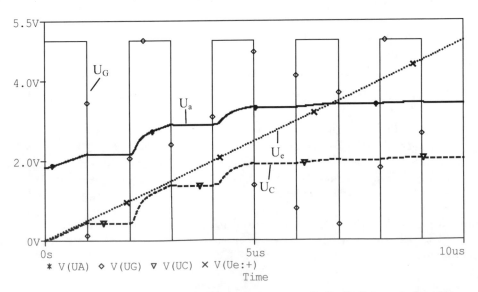

Bild 5.82 Zeitlicher Verlauf der Spannungen bei reduzierter Amplitude der Steuerspannung U_G

5.4.9 CMOS-Inverter

Der in Bild 5.83 dargestellte CMOS-Inverter ist zu untersuchen.

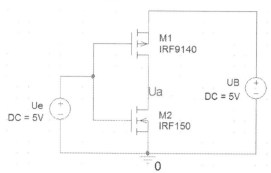

Bild 5.83
Schaltung eines CMOS-Inverters

- Ermitteln Sie die Übertragungskennlinie $U_a = f(U_e)$ des CMOS-Inverters für folgende Werte der Versorgungsspannung U_B: *5V, 7V, 10V* und *15V*. Die Eingangsspannung U_e soll Werte zwischen *0 V* und *15 V* annehmen.

- Ersetzen Sie die Gleichspannungsquelle U_e durch ein periodisches impulsförmiges Signal mit einer Impulsbreite von *1 µs* und einer Periodendauer von *2 µs*. Der Impuls habe eine Amplitude von *15 V* bei einer Versorgungsspannung U_B = 15 V.

Die Bauelemente finden Sie unter dem Menü PLACE/PART in nebenstehenden Bibliotheken (Libraries):

Bauelement	Bibliothek	Bemerkung
VSRC	source.olb	Spannungsquelle
VPULSE	source.olb	Impulsspannungsquelle
IRF150	eval.olb	N-Kanal-MOSFET
IRF9140	eval.olb	P-Kanal-MOSFET
0	source.olb	Masse, analog mit PLACE/GROUND

Lösung (Datei: *fe_aufgj.opj*)

Übertragungskennlinien:
Geben Sie die Schaltung in CAPTURE ein. Für die beiden Spannungsquellen U_e und U_B wird jeweils das Bauelement *VSRC* verwendet. Bezeichnen Sie die beiden Spannungsquellen mit *Ue* bzw. *UB*. Die Eigenschaft *DC* der beiden Quellen ist mit einem beliebigen Wert (z.B. 5V) zu belegen.

Die gewünschte lineare Veränderung der Eingangsspannung wird mit einem DC-Sweep durchgeführt. Wählen Sie deshalb im Dialogfenster SIMULATION SETTINGS/ ANALYSIS die Analyse DC SWEEP. Klicken Sie auf die Option VOLTAGE SOURCE und geben Sie den Namen der Spannungsquelle (*Ue*) ein. Schließlich sind noch SWEEP TYPE (LINEAR), Anfangswert (*0*), Endwert (*15V*) und die Schrittweite (*0.1V*) für eine lineare Analyse in die vorgesehenen Felder einzutippen. Mit einem SECONDARY SWEEP wollen wir den Wert der Versorgungsspannung U_B variieren: Auf die Option VOLTAGE SOURCE klicken, den Name *UB* eintippen, unter SWEEP TYPE die Schaltfläche VALUE LIST aktivieren und im Eingabefeld VALUES die Werte *5, 7, 10, 15* eingeben.

Starten Sie die Simulation. In PROBE werden automatisch die gewünschten Kurven $U_a = f(U_e)$ dargestellt (Bild 5.84), falls Sie am Ausgang einen Marker gesetzt haben.

Die Schwellspannung U_{TH} der beiden verwendeten MOSFET ist für eine Versorgungsspannung $U_B < 5$ V etwas zu groß. Dies erklärt den ungewöhnlichen Verlauf der Kurve für $U_B = 5$ V. Der Umschaltpunkt liegt jeweils etwas unterhalb von $U_B/2$.

Impulsförmige Erregung:
Ersetzen Sie die Gleichspannungsquelle U_e durch die Spannungsquelle *VPULSE*. Geben Sie nach einem Doppelklick auf das Spannungssymbol folgende Parameter ein:

    V1=0, V2=5V, TD=0, TR=1ns, TF=1ns, PW=1us, PER=2us

 Geben Sie weiterhin bei der Versorgungsspannung U_B für den Gleichspannungswert den Ausdruck *DC=5V* ein. Unter SIMULATION SETTINGS/ANALYSIS/TRANSIENT ist die Analyseart folgendermaßen festzulegen: RUN TO TIME: *10us*; MAXIMUM STEP SIZE: *10ns*.

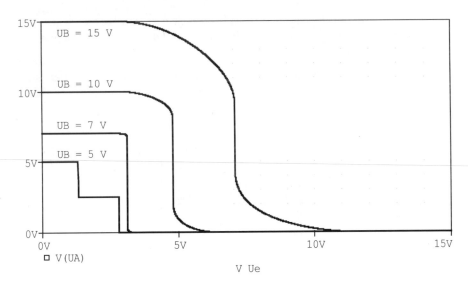

Bild 5.84 Übertragungskennlinie $U_a = f(U_e)$ des CMOS-Inverters

 Nach der Simulation werden die zeitlichen Verläufe von U_a und U_e automatisch dargestellt. Wegen der besseren Übersicht ist es günstig, Eingangs- und Ausgangsspannung in getrennte Diagramme zu zeichnen. Mit PLOT/ADD PLOT TO WINDOW wird ein zweites Diagramm geöffnet, in das z.B. über TRACE/ADD TRACE die Eingangsspannung *V(Ue)* darzustellen ist. Wie das Ergebnis in Bild 5.85 zeigt, ist die Ausgangsspannung die Invertierte der Eingangsspannung.

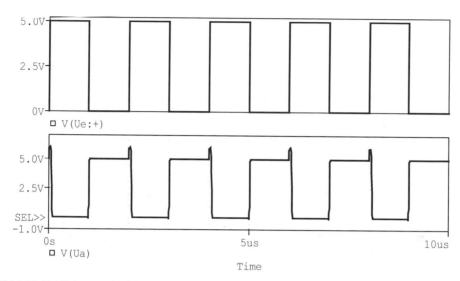

Bild 5.85 Zeitlicher Verlauf von Ein- und Ausgangsspannung des Inverters

5.4.10 Konstantstromquelle mit JFET

Die abgebildete Schaltung einer Konstantstromquelle ist zu untersuchen.

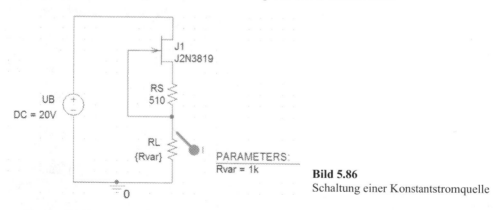

Bild 5.86
Schaltung einer Konstantstromquelle

- Ermitteln Sie den Strom durch den Lastwiderstand R_L in Abhängigkeit vom Lastwiderstand. Dabei soll R_L von *10 Ω* bis *10 kΩ* variiert werden. Die Versorgungsspannung U_B sei konstant mit $U_B = 20$ V.

- Verändern Sie jetzt zusätzlich die Höhe der Versorgungsspannung. U_B soll nacheinander folgende Werte annehmen: *5* V, *10* V, *15* V, *20* V und *25* V. Wie wirkt sich die Höhe von U_B auf den Laststrom aus?

Die Bauelemente finden Sie über das Menü PLACE/PART in nebenstehenden Bibliotheken (Libraries):

Bauelement	Bibliothek	Bemerkung
VSRC	source.olb	Spannungsquelle
J2N3819	eval.olb	N-Kanal-JFET
R	analog.olb	Widerstand
PARAM	special.olb	Parameterblock
0	source.olb	Masse, analog mit PLACE/GROUND

Lösung (Datei: *fe_aufg1.opj*)

Abhängigkeit des Laststroms vom Lastwiderstand:
Die wichtigste Eigenschaft einer Konstantstromquelle besteht darin, dass sich der Quellstrom (Laststrom) nur wenig mit der Belastung ändert. Es ist zu ermitteln, ob dies mit der gegebenen Schaltung der Fall ist. Zunächst sind die benötigten Bauelemente aus den Bibliotheken zu holen und auf der Oberfläche zu platzieren und zu "verdrahten". Für die Versorgungsspannung U_B wird das Bauelement *VSRC* verwendet. Die Spannungsquelle wird mit *UB* bezeichnet. Nach Doppelklick auf das Quellensymbol öffnet sich der Property Editor, in dem Sie den Eigenschaften folgende Werte geben: *DC=20V und AC=0*. Der Lastwiderstand R_L soll bei der Simulation variiert werden. Deshalb wird kein fester Wert, sondern der globale Parameter *Rvar* in geschweiften Klammern *{Rvar}* eingegeben, dem im Parameterblock *PARAM* zunächst ein beliebiger Wert zu geben ist.

Die gewünschte Art der Analyse wird im Dialogfenster SIMULATION SETTINGS/ ANALYSIS/ DC SWEEP eingegeben. Es ist die Option GLOBAL PARAMETER anzuklicken und der Name des globalen Widerstandsparameters *Rvar* einzugeben. Schließlich sind noch SWEEP TYPE (LINEAR), Anfangswert (*10*), Endwert (*10k*) und die Schrittweite (*10*) für eine lineare Analyse in die vorgesehenen Felder einzutippen. Ein Strommarker am Lastwiderstand erleichtert die Darstellung in PROBE.

Starten Sie über PSPICE/RUN oder über das Symbol die Simulation. In PROBE wird automatisch die gewünschte Kurve $I_{RL} = f(R_L)$ dargestellt (s. Bild 5.87, $U_B = 20V$). Der Laststrom ist für Lastwiderstände von *10 Ω* bis zu *5,7 kΩ* nahezu konstant. Für größere Werte von R_L wird die Kurve stark nichtlinear. Der Grund dafür liegt darin, dass bei großen Widerstandswerten die Widerstandsgerade im Ausgangskennlinienfeld des FET sehr flach wird. Dadurch wandert der Arbeitspunkt aus dem Sättigungsbereich in den ohmschen Bereich hinein.

Abhängigkeit des konstanten Bereichs von der Versorgungsspannung:
Die Widerstandsgerade im Ausgangskennlinienfeld ist auch von der Versorgungsspannung U_B abhängig. Deshalb ist zu erwarten, dass die Größe des konstanten Laststrombereichs von U_B abhängt. Dies soll nun durch einen zusätzlichen Neben-Sweep für U_B untersucht werden. Die Schaltung und die bisherigen Einstellungen bleiben unverändert. Klicken Sie im Dialogfenster SIMULATION SETTINGS auf das Kästchen neben PARAMETRIC und geben Sie die Werte für die Versorgungsspannung U_B ein: die Schaltfläche VOLTAGE SOURCE anklicken, den Namen *UB* eintippen, im Feld SWEEP TYPE den Schalter VALUE LIST aktivieren und im Eingabefeld VALUES die Werte *5, 10, 15, 20, 25* eingeben. Mit OK das Eingabemenü wieder verlassen.

Nach der Simulation wird für jeden eingegebenen Wert von U_B eine Kurve in das Diagramm $I_{RL} = f(R_L)$ eingetragen (Bild 5.87). Die Schaltung liefert tatsächlich einen konstanten Strom, der in gewissen Grenzen von der Last unabhängig ist. Der konstante Bereich hängt stark von der Versorgungsspannung ab. Je größer die Versorgungsspannung ist, desto breiter ist der konstante Laststrombereich. Dem Diagramm kann für jeden Wert von U_B der maximal zulässige Lastwiderstand entnommen werden, mit dem noch ein konstanter Laststrom erzielt wird. Die Ergebnisse sind in der Tabelle 5.6 aufgeführt.

Tabelle 5.6
Abhängigkeit des maximalen Lastwiderstands von der Versorgungsspannung

U_B/V	R_{Lmax}/Ω
5	700
10	2400
15	4000
20	5700
25	7500

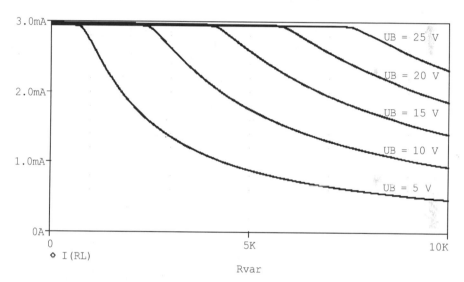

Bild 5.87 Laststrom in Abhängigkeit vom Lastwiderstand bei verschiedenen Werten der Versorgungsspannung

5.5 Statisches und dynamisches Verhalten von Operationsverstärkern

In diesem Abschnitt werden das statische und dynamische Verhalten von Operationsverstärkern (OP) sowie Schaltungen mit OP durch Simulation untersucht.

5.5.1 Übertragungskennlinie, Offsetspannung und Eingangsströme

• Es ist die Übertragungskennlinie $U_a = f(U_d)$ eines OPs, d.h. die Ausgangsspannung U_a in Abhängigkeit von der Differenzeingangsspannung U_d zu simulieren. Legen Sie dazu an den positiven Eingang des OPs eine Gleichspannungsquelle, deren Spannung Sie im Millivoltbereich von negativen Werten bis zu positiven Werten verändern. Der negative Anschluss wird auf Masse gelegt. Im Programmteil PROBE ist das Ergebnis der Simulation darzustellen. Dabei ist auf der senkrechten Achse die Ausgangsspannung U_a und auf der waagrechten Achse die Differenzeingangsspannung U_d abzubilden. Wie groß ist die Offsetspannung U_{os}?

- Stellen Sie in einer Gleichspannungsquelle am negativen Eingang die Offsetspannung (mit negiertem Spannungswert) ein und überzeugen Sie sich, dass die Kennlinie jetzt in den Koordinatenursprung rutscht.

- Wie verhält sich die Ausgangsspannung, wenn Sie in die positive und negative Eingangsleitung einen Widerstand von 1 kΩ einfügen?

- Was ändert sich, wenn Sie einen der beiden Widerstände auf 10 kΩ erhöhen? Was ist die Ursache für dieses Verhalten?

Die Bauelemente finden Sie über das Menü PLACE/PART in nebenstehenden Bibliotheken (Libraries):

Bauelement	Bibliothek	Bemerkung
VSRC	source.olb	Spannungsquelle
VDC	source.olb	Gleichspannungsquelle
LM324	eval.olb	Operationsverstärker
R	analog.olb	Widerstand
OFFPAGELEFT-L	capsym.olb	Off-Page-Connector mit PLACE/OFF-PAGE CONNECTOR
0	source.olb	Masse, analog mit PLACE/GROUND

Lösung *(Datei: op_aufga.opj)*

Schließen Sie den positiven und negativen Anschluss des OP jeweils an einer Quelle VSRC an. Die im Bild 5.88 mit *Ue* bezeichnete Quelle wird für die Erstellung der Kennlinie benötigt, die Quelle *Uoff* kompensiert die Offsetspannung. Die Versorgungsspannungsanschlüsse des OP werden mit drahtlosen Verbindern (*OFFPAGELEFT-L*) mit den Gleichspannungsquellen *V1* und *V2* verbunden. Geben Sie der Ein- und Ausgangsleitung über PLACE/NET ALIAS einen Alias-Namen.

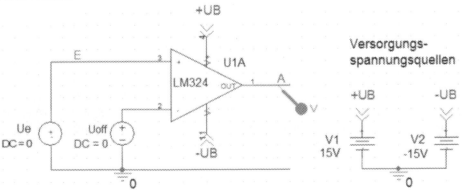

Bild 5.88 Schaltung zur Simulation der Kennlinie des OPs LM324

Die gewünschte Art der Analyse wird im Dialogfenster SIMULATION SETTINGS/ ANALYSIS/ DC SWEEP eingegeben. Es ist die Option für eine Spannungsquelle (VOLTAGE SOURCE) anzuklicken und der Name der Spannungsquelle (hier: *Ue*) einzugeben. Schließlich sind noch

Anfangswert (*-0.5m*), Endwert (*+0.5m*) und die Schrittweite (*1u*) für eine lineare Analyse in die vorgesehenen Felder einzutippen. Setzen Sie zuletzt auf den Ausgang des OPs einen Spannungsmarker.

Über PSPICE/RUN oder über das Symbol wird die Simulation gestartet. Das Ergebnis wird automatisch in PROBE abgebildet. Auf der x-Achse wird die Spannung U_e dargestellt. Da die Spannung am negativen OP-Eingang gleich Null ist, entspricht $U_e = U_d$. Wir können die Differenzspannung aber auch direkt abbilden. Gehen Sie über PLOT/AXIS SETTING/AXIS VARIABLE in das Dialogfenster X AXIS VARIABLE und geben Sie dort den Ausdruck *V(U1A:+)-V(U1A:-)* oder *V(E) – V(Uoff:+)* ein. Mit den Cursorn kann jetzt die Offsetspannung zu ungefähr $U_{os} = +192{,}57\,\mu V$ abgelesen werden. Es muss also am negativen Eingang eine Gleichspannung von -192,57 µV anliegen, damit das Ausgangssignal zu Null wird.

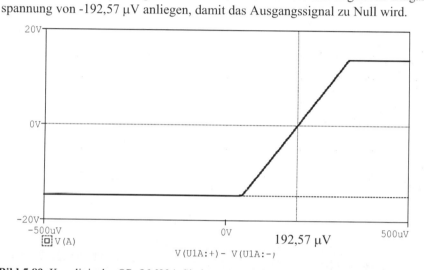

Bild 5.89 Kennlinie des OPs LM324. Sie ist um ca. 192,57 µV gegenüber dem Ursprung nach rechts verschoben

Geben Sie jetzt diesen Wert mit negativem Vorzeichen als Gleichspannung in der Spannungsquelle *Uoff* ein (*DC=-192.57* µV) und simulieren Sie die Kennlinie nochmals. Jetzt liegt sie im Ursprung des Koordinatenkreuzes und die Offsetspannung ist auf -61,6 nV gesunken. Den genauen Wert können Sie auch mit einer Bias-Point-Analyse bestimmen.

Fügen Sie nun in jede Eingangsleitung einen Widerstand von 1 kΩ ein. Die Offsetspannung soll, wie oben beschrieben, mit einer Gleichspannungsquelle kompensiert sein. Simulieren Sie die Kennlinie erneut. Mit den Cursorn können Sie feststellen, dass sie sich gegenüber dem kompensierten Fall geringfügig verschoben hat. Die Ursache dafür liegt in den beiden Eingangsströmen, die nicht völlig gleich sind und damit durch ihre Spannungsabfälle an den 1-kΩ-Widerständen eine Differenzspannung am Eingang bewirken.

Sind die beiden Widerstände in den Eingangsleitungen nicht gleich (z.B. 10 kΩ und 1 kΩ), so entsteht über dem einen Widerstand ein deutlich größerer Spannungsabfall als über dem anderen. Die Maschengleichung am Eingang des OP sagt uns, das sich jetzt die Differenzspannung am Eingang vergrößert. Dies können wir nach einer neuen Simulation sofort in PROBE überprüfen. Die Kennlinie hat sich um ca. *0,4 mV* nach links verschoben, d.h. mit $U_e = 0$ V geht der Ausgang des OP bereits in die Sättigung.

5.5.2 Frequenzgang eines Operationsverstärkers

Analysieren Sie den Amplituden- und Phasengang eines OPs ohne Rückkopplung (offener OP).

- Nehmen Sie dazu den OP *LM324* und kompensieren Sie zunächst dessen Offsetspannung mit einer Gleichspannungsquelle am positiven Eingang mit einer Spannung von ca. *192,57 µV*. Schließen Sie am negativen Eingang eine Wechselspannungsquelle an. Führen Sie die Simulation zwischen *1 Hz* und *1 MHz* durch. Im Programmteil PROBE ist das Ergebnis der Simulation darzustellen.

- Wie groß ist die Grenz- und Transitfrequenz dieses OPs?

- Wie groß ist die Verstärkung für kleine Frequenzen?

- Vergleichen Sie diesen Frequenzgang mit dem eines als invertierender Verstärker (*Verstärkung = 1000*) rückgekoppelten OPs. Erweitern Sie dafür die Schaltung mit einem zweiten *LM324*, dessen Offsetspannung ebenfalls kompensiert ist und dessen positiver Eingang von der gleichen Wechselspannungsquelle gespeist wird wie der andere OP. Verdrahten Sie im Rückkopplungszweig und in der positiven Eingangsleitung je einen Widerstand, die entsprechend der Verstärkung zu dimensionieren sind.

- Stellen Sie in PROBE die Frequenzkennlinien des offenen und des rückgekoppelten OPs gleichzeitig dar.

Die Bauelemente finden Sie über das Menü PLACE/PART in nebenstehenden Bibliotheken (Libraries):

Bauelement	Bibliothek	Bemerkung
VAC	source.olb	Wechselspannungsquelle
VDC	source.olb	Gleichspannungsquelle
LM324	eval.olb	Operationsverstärker
R	analog.olb	Widerstand
OFFPAGELEFT-L	capsym.olb	Off-Page-Connector mit PLACE/OFF-PAGE CONNECTOR
0	source.olb	Masse, analog mit PLACE/GROUND

Lösung (Datei: *op_aufgb.opj*)

Platzieren Sie in CAPTURE die Bauelemente und geben Sie die zur Kompensation notwendige Offsetspannung von *192,57 µV* ein.

Die gewünschte Art der Analyse wird im Dialogfenster SIMULATION SETTINGS/ ANALYSIS/ AC SWEEP eingegeben. Es ist dekadisch (DECADE) mit der Anfangsfrequenz von 1 Hz (START FREQUENCY: *1Hz*), der Endfrequenz von 1 MHz (END FREQUENCY: *1Meg*) und 100 Punkte pro Dekade (POINTS/DECADE: *100*) einzugeben. Danach kann die Simulation über PSPICE/RUN oder über das Symbol gestartet werden.

Da wir aber den Amplituden- und Phasengang darstellen wollen, fügen wir zunächst ein zweites Diagramm ein: PLOT/ADD PLOT TO WINDOW. Im oberen Diagramm wollen wir den Amplitudengang im logarithmischen Maßstab darstellen. Dies erreichen wir über das Menü TRACE/ADD TRACE, wo wir im Feld TRACE EXPRESSION den Ausdruck *DB(V(Ua)/V(Ue))* eingeben. Im unteren Diagramm stellen wir auf ähnliche Weise mit dem Ausdruck *P(V(Ua)/V(Ue))* den Phasengang dar.

Mit den Cursorn kann jetzt die 3-dB-Grenzfrequenz zu ca. *10.3 Hz* abgelesen werden. Bei dieser Frequenz beträgt die Phase wie zu erwarten war 180°-45° = 135°. Die Transitfrequenz, d.h. die Durchtrittsfrequenz durch die 0-dB-Linie ist f_T = 980 kHz. Bei kleinen Frequenzen ist die Verstärkung ca. 100 dB.

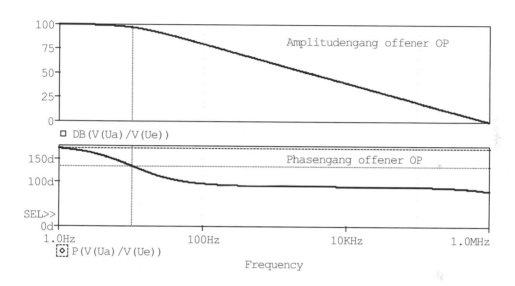

Bild 5.90 Amplituden- und Phasengang des unbeschalteten (offenen) OPs

Vergleich mit Frequenzgang eines rückgekoppelten OPs:
Jetzt ergänzen wir die Schaltung mit einem zweiten OP *LM324*, wie im Bild 5.91 gezeigt, der als invertierender Verstärker mit der Verstärkung 1000 arbeitet. Wir führen die gleiche Analyse wie vorher durch, folglich braucht die Analyseeinstellung nicht verändert zu werden. Nach der Simulation stellen wir zunächst den Amplituden- und Phasengang des linken OPs (offener OP) wie oben dar und fügen dann noch den Amplituden- und Phasengang des rechten rückgekoppelten OPs hinzu, s. Bild 5.92.

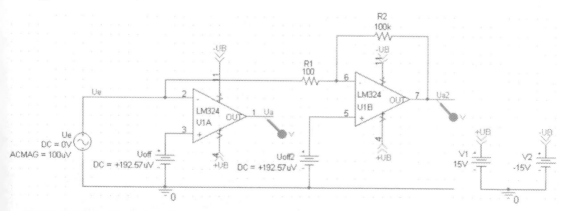

Bild 5.91 links: OP ohne Rückkopplung, rechts: OP als invertierender Verstärker

Die Darstellung zeigt, dass die Verstärkung des rückgekoppelten OPs auf ca. *60 dB* ($\hat{=}$ Faktor 1000) gesunken ist, dafür aber die Grenzfrequenz auf ca. *1030 Hz* angestiegen ist. Durch die Rückkopplung haben wir also Verstärkung gegen Bandbreite eingetauscht, das Produkt aus Bandbreite mal Verstärkung bleibt konstant:

100 000 · 10,3 Hz = 1 000 · 1030 Hz = 1 030 000 Hz.

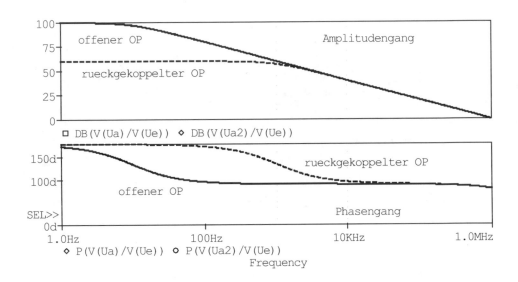

Bild 5.92 Vergleich der Frequenzkennlinien des unbeschalteten und rückgekoppelten OPs

5.5.3 Invertierender Verstärker

Untersuchen Sie einen mit dem OP *μA741* realisierten invertierenden Verstärker. Dieser hat einen Rückkopplungswiderstand $R_R = 100\ k\Omega$ und einen Widerstand $R_1 = 1\ k\Omega$ in der Eingangsleitung. Beschalten Sie den Eingang mit einer Gleichspannung von $U_e = 100\ mV$.

- Simulieren Sie die Kennlinie $U_a = f(U_e)$, wenn U_e von *-200 mV* bis *+200 mV* variiert wird.

- Ermitteln Sie die Spannungen am Verstärker-Ein- und Ausgang.

- Wie groß ist die Verstärkung der Schaltung sowie ihr Ein- und Ausgangswiderstand?

Die Bauelemente finden Sie über das Menü PLACE/PART in nebenstehenden Bibliotheken (Libraries):

Bauelement	Bibliothek	Bemerkung
VDC	source.olb	Gleichspannungsquelle
uA741	eval.olb	Operationsverstärker
R	analog.olb	Widerstand
OFFPAGELEFT-L	capsym.olb	Off-Page-Connector mit PLACE/OFF-PAGE CONNECTOR
0	source.olb	Masse, analog mit PLACE/GROUND

Lösung (Datei: *op_aufgc.opj*)

Nach dem Platzieren des OP *uA741* muss das Symbol noch gespiegelt werden, damit es die Lage wie im nachfolgenden Bild einnimmt. Markieren Sie dazu das Bauteil und wählen Sie aus dem Popup-Menü der rechten Maustaste den Eintrag MIRROR VERTICALLY. Die Anschlüsse Nr. 1 und 5 des OPs werden nicht beschaltet, da sie vom Modell nicht genutzt werden.

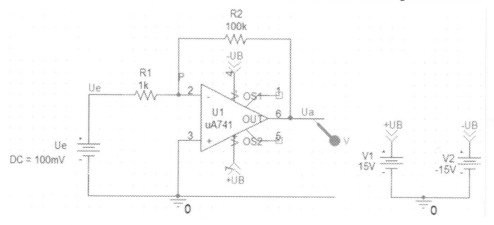

Bild 5.93 Schaltung des invertierenden Verstärkers

Die Kennlinie $U_a = f(U_e)$ erzeugen wir mit der DC-Sweep-Analyse mit VOLTAGE SOURCE (*Ue*), Anfangswert (*-200mV*), Endwert (*+200mV*) und Schrittweite *1mV*. Nach dem Start der Simulation wird die gewünschte Kennlinie sofort in PROBE dargestellt, wenn Sie vorher am Ausgang einen Marker gesetzt haben. Im Eingangsspannungsbereich von ±*142 mV* arbeitet die Schaltung linear mit einer Verstärkung von *-100*. Für größere Eingangsspannungen geht der Ausgang in die Begrenzung. Das Vorzeichen von Ein- und Ausgangsspannung ist entgegengesetzt.

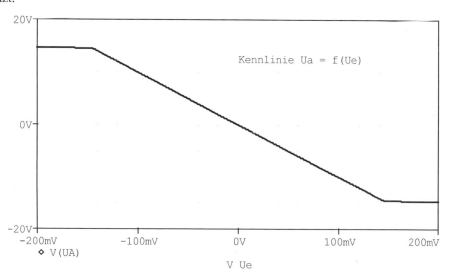

Bild 5.94 Kennlinie des invertierenden Verstärkers

Zur Untersuchung der Spannungen am Ein- und Ausgang der Schaltung benötigen wir die Bias-Point-Detail-Analyse. Gleichzeitig können wir auch noch die Transfer-Function-Analyse laufen lassen, die uns den Ein- und Ausgangswiderstand des Verstärkers sowie seine Verstärkung liefert. Legen Sie ein neues Simulationsprofil an und wählen Sie im Dialogfenster SIMULATION SETTINGS unter ANALYSIS TYPE den Eintrag BIAS POINT. Jetzt brauchen Sie nur noch die Kästchen bei INCLUDE DETAILED BIAS POINT INFORMATION und bei CALCULATE SMALL-SIGNAL DC GAIN (.TF) abzuhaken sowie die Eingangsquelle *Ue* im Feld FROM INPUT SOURCE NAME und die Ausgangsspannung *V(Ua)* im Feld TO OUTPUT VARIABLE einzutragen.

Nach der Simulation öffnen Sie in PROBE das Output-File. Dort finden Sie unter der Überschrift *Small-Signal Bias Solution* alle Spannungswerte, z.B. $U_e = 0,1$ V und $U_a = -9,9849$ V. Die Spannung am positiven Eingang P ist mit 70,93 µV sehr klein, aber nicht ganz auf Masse-Potenzial. Außerdem steht in dieser Datei das Ergebnis der Transfer-Function-Analyse unter der Überschrift *Small-Signal Characteristics*. So erhalten wir für die Verstärkung -99,95, was dem Verhältnis $-R_R/R_1$ gleichkommt. Der Eingangswiderstand ist 1001 Ω. Dies stimmt sehr gut mit dem Näherungswert $r_e = R_1 = 1$ kΩ überein. Der Ausgangswiderstand wurde zu 77 mΩ berechnet. Dies entspricht ebenfalls sehr genau dem theoretisch berechneten Wert.

Tabelle 5.7 Ergebnis der Transfer-Function-Analyse

```
**** SMALL-SIGNAL CHARACTERISTICS
V(UA)/V_Ue = -9.995E+01
INPUT RESISTANCE AT V_Ue = 1.001E+03
OUTPUT RESISTANCE AT V(UA) = 7.694E-02
```

5.5.4 Nichtinvertierender Verstärker

Untersuchen Sie einen mit dem OP *µA741* realisierten nichtinvertierenden Verstärker, dessen Widerstände $R_1 = 100$ kΩ (angeschlossen am OP-Ausgang) und $R_2 = 1$ kΩ (mit Masse verbunden) sind. Beschalten Sie den Eingang mit einer Gleichspannung von $U_e = 100$ mV.

- Simulieren Sie die Kennlinie $U_a = f(U_e)$, wenn U_e von -200 mV bis +200 mV variiert wird.

- Ermitteln Sie die Spannungen am Verstärker-Ein- und Ausgang.

- Wie groß ist die Verstärkung der Schaltung sowie ihr Ein- und Ausgangswiderstand?

Die Bauelemente finden Sie über das Menü PLACE/PART in nebenstehenden Bibliotheken (Libraries):

Bauelement	Bibliothek	Bemerkung
VDC	source.olb	Gleichspannungsquelle
uA741	eval.olb	Operationsverstärker
R	analog.olb	Widerstand
OFFPAGELEFT-L	capsym.olb	Off-Page-Connector mit PLACE/OFF-PAGE CONNECTOR
0	source.olb	Masse, analog mit PLACE/GROUND

Lösung (Datei: *op_aufgd.opj*)

Da dieses Beispiel sehr große Ähnlichkeit mit dem vorangehenden hat, kann hier auf die genaue Beschreibung der Vorgehensweise verzichtet und auf Abschnitt 5.5.3 verwiesen werden. Stattdessen werden lediglich die Ergebnisse vorgestellt.

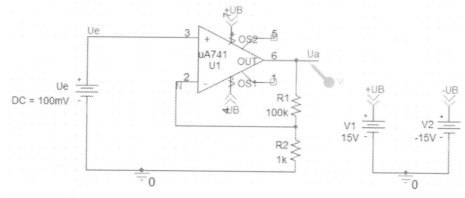

Bild 5.95 Schaltung des nichtinvertierenden Verstärkers

Im Eingangsspannungsbereich von $\pm 142\ mV$ arbeitet die Schaltung linear mit einer Verstärkung von *100* (s. Bild 5.96). Für größere Eingangsspannungen geht der Ausgang in die Begrenzung. Das Vorzeichen von Ein- und Ausgangsspannung ist gleich.

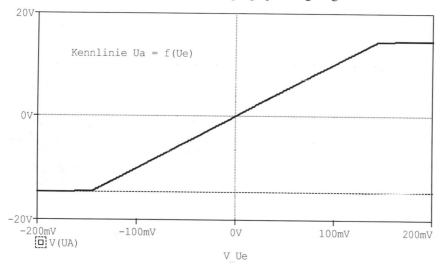

Bild 5.96 Kennlinie des nichtinvertierenden Verstärkers

Nach der Bias-Point-Detail-Analyse finden wir das Ergebnis im Output-File. Dort finden Sie unter der Überschrift *„Small-Signal Bias Solution"* alle Spannungswerte, z.B. $U_e = 0{,}1$ V und $U_a = 10{,}1$ V. Die Spannung am negativen Eingang N ist mit 99,97 mV nahezu so groß wie die Eingangsspannung. Falls in Ihrer Output-Datei die Werte nur mit vier Nachkommastellen angegeben sind, so sollten Sie im Dialogfenster SIMULATION SETTINGS/OPTIONS in der CATEGORY OUTPUT FILE im Feld NUMBER OF DIGITS IN PRINTED VALUES die Zahl *5* eintragen.

In der Output-Datei steht außerdem das Ergebnis der Transfer-Function-Analyse unter der Überschrift *Small-Signal Characteristics*. So erhalten wir für die Verstärkung +100,9 , was etwa dem Verhältnis $1 + R_1/R_2$ entspricht.

Der Eingangswiderstand ist mit $1,06 \cdot 10^9 \ \Omega$ sehr groß, denn es wirkt hier direkt der Eingangswiderstand des OP. Der Ausgangswiderstand wurde zu 77 mΩ berechnet. Dies entspricht ebenfalls sehr genau dem theoretisch berechneten Wert.

Tabelle 5.8 Ergebnis der Transfer-Function-Analyse

```
**** SMALL-SIGNAL CHARACTERISTICS
V(UA)/V_Ue = 1.009E+02
INPUT RESISTANCE AT V_Ue = 1.062E+09
OUTPUT RESISTANCE AT V(UA) = 7.691E-02
```

5.5.5 Frequenzkennlinien des nichtinvertierenden Verstärkers

- Für den nichtinvertierenden Verstärker ist die Frequenzabhängigkeit von Betrag und Phase der Spannungsverstärkung im Bereich *1 Hz* bis *1 MHz* zu untersuchen. Dabei sei $R_2 = 10 \ \Omega$ und für R_1 sollen nacheinander die Werte 1 kΩ, 10 kΩ, 100 kΩ und 1 MΩ eingesetzt werden.

- Betrachten Sie vor allem den Zusammenhang zwischen Bandbreite und Verstärkung.

Die Bauelemente finden Sie über das Menü PLACE/PART in nebenstehenden Bibliotheken (Libraries):

Bauelement	Bibliothek	Bemerkung
VDC	source.olb	Gleichspannungsquelle
VSRC	source.olb	Spannungsquelle
uA741	eval.olb	Operationsverstärker
R	analog.olb	Widerstand
PARAM	special.olb	Parametereingabe
OFFPAGELEFT-L	capsym.olb	Off-Page-Connector mit PLACE/OFF-PAGE CONNECTOR
0	source.olb	Masse, analog mit PLACE/GROUND

Lösung (Datei: *op_aufge.opj*)

Platzieren und „verdrahten" Sie zunächst die Bauelemente wie im folgenden Bild gezeigt. Am positiven Eingang des OPs schließen wir die Spannungsquelle *VSRC* an, die uns eine Wechselspannung mit der Amplitude *100 mV* liefert (Eigenschaft *AC=100mV* setzen). Der Widerstand R_1 soll nacheinander verschiedene Werte annehmen. Deshalb geben wir statt eines Wertes einen globalen Parameter in geschweiften Klammern an (z.B. *{Rvar}*). Zusätzlich benötigen wir noch das Bauelement *PARAM*, bei dem wir im Property Editor unter der Eigenschaft *Rvar* einen beliebigen Wert eingeben. Falls die Eigenschaft *Rvar* noch nicht angelegt ist, können Sie dies über die Schaltfläche NEW COLUMN (bzw. ROW) jetzt tun.

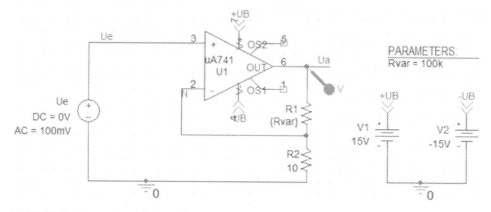

Bild 5.97 Schaltung des nichtinvertierenden Verstärkers

Jetzt bedarf es nur noch der Auswahl der Analyseart, in diesem Fall also der AC-Sweep-Analyse (SIMULATION SETTINGS/ANALYSIS/AC SWEEP). Legen Sie dafür ein neues Simulationsprofil an. Wir markieren die Schaltfläche DECADE, um eine dekadische Einteilung der Frequenzachse zu erhalten, und wählen Anfangsfrequenz (START FREQUENCY: *1Hz*) und Endfrequenz (END FREQUENCY: *1Meg*) sowie die Anzahl der Frequenzwerte in einer Dekade (POINTS/DECADE: *100*). Weiterhin müssen wir noch die Analyseart Parametric Sweep durch einen Mausklick auf das Kästchen vor PARAMETRIC SWEEP auswählen, damit der Widerstand R_1 variiert wird. Wir markieren GLOBAL PARAMETER und geben im Feld PARAMETER NAME die Variablenbezeichnung *Rvar* ein. Da wir für R_1 vier vorgegebene Werte haben, wählen wir VALUE LIST aus und geben die vier Werte mit Leerzeichen dazwischen im Feld VALUES ein:

1k 10k 100k 1Meg

Setzen Sie zuletzt noch an den Ausgang einen Spannungsmarker.

Nach dem Start der Simulation wird die Ausgangsspannung sofort in PROBE dargestellt. Da wir aber den Amplituden- und Phasengang darstellen wollen, löschen wir diese Kurve gleich wieder und fügen zunächst ein zweites Diagramm ein (PLOT/ADD PLOT TO WINDOW). Im oberen Diagramm wollen wir den Amplitudengang im logarithmischen Maßstab darstellen. Dies erreichen wir über das Menü TRACE/ADD TRACE, wo wir im Feld TRACE EXPRESSION den Ausdruck *DB(V(Ua)/V(Ue))* eingeben. Im unteren Diagramm stellen wir auf ähnliche Weise mit dem Ausdruck *P(V(Ua)/V(Ue))* den Phasengang dar.

Wir haben nun vier Amplituden- und vier Phasengänge abgebildet. Wir sehen, dass die Bandbreite um so größer wird, je kleiner die Verstärkung ist. Mit der Bandbreite vergrößert sich auch der Bereich mit kleinen Phasenwerten, denn die Phase -45° wandert mit der Grenzfrequenz nach rechts. Mit den Cursorn können die 3-dB-Grenzfrequenzen und die Verstärkungen abgelesen werden (s. Tabelle 5.9). Daraus folgt, dass die Bandbreite um so größer wird, je mehr wir die Verstärkung verringern

Tabelle 5.9
Grenzfrequenz und Verstärkung in Abhängigkeit vom Widerstand R₁

R_1	f_g/Hz	Verstärkung in dB
1 MΩ	15	96,5
100 kΩ	104	79,6
10 kΩ	1000	60
1 kΩ	9192	40

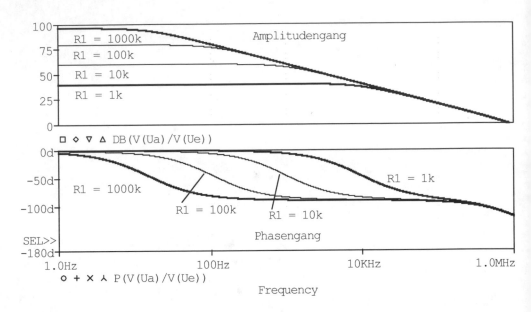

Bild 5.98 Amplituden- und Phasengang des nichtinvertierenden Verstärkers für verschiedene Werte von R_1

5.5.6 Subtrahierer

Geben Sie in CAPTURE die Schaltung eines Subtrahierers nach Bild 5.99 ein.

- Gehen Sie zunächst davon aus, dass an den beiden Eingängen nur Gleichspannungen anliegen. Untersuchen Sie mit der Bias-Point- und der Transfer-Function-Analyse das Verhalten der Schaltung.

- Wie verhält sich die Ausgangsspannung U_a, wenn an den Eingängen sinusförmige Signale liegen?

- Was passiert, wenn eine bzw. beide Signalquellen einen Offset von *2 V* haben?

Die Bauelemente finden Sie über das Menü PLACE/PART in nebenstehenden Bibliotheken (Libraries):

Bauelement	Bibliothek	Bemerkung
VDC	source.olb	Gleichspannungsquelle
VSIN	source.olb	Sinusquelle
uA741	eval.olb	Operationsverstärker
R	analog.olb	Widerstand
PARAM	special.olb	Parametereingabe
OFFPAGELEFT-L	capsym.olb	Off-Page-Connector mit PLACE/OFF-PAGE CONNECTOR
0	source.olb	Masse, analog mit PLACE/GROUND

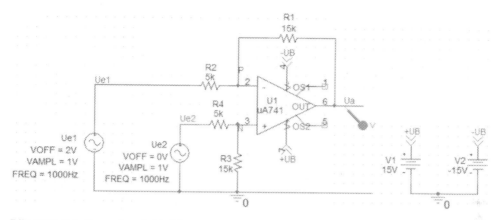

Bild 5.99 Schaltung eines Subtrahierers

Lösung (Datei: *op_aufgf.opj*)

Platzieren und „verdrahten" Sie die Bauelemente. Ändern Sie die Namen der Quellen und vergeben Sie den Leitungen je einen Alias-Namen (PLACE/NET ALIAS).

An beiden Eingängen liegt eine Gleichspannung:
An den beiden Eingängen schließen wir je eine Gleichspannungsquelle an, entweder *VDC* oder gleich *VSIN* mit dem Parameter *VOFF*. Zunächst parametrieren wir die Spannungsquellen so, dass am negativen Eingang *2 V (VOFF = 2 V)* und am positiven Eingang *0 V (VOFF = 0 V)* anliegen (*VAMPL* und *FREQ* können noch unberücksichtigt bleiben). Legen Sie nun ein neues Simulationsprofil an. Im Dialogfenster SIMULATION SETTINGS wählen wir BIAS POINT aus. Jetzt brauchen Sie nur noch die Kästchen bei INCLUDE DETAILED BIAS POINT INFORMATION und bei CALCULATE SMALL-SIGNAL DC GAIN (.TF) abzuhaken sowie die Eingangsquelle *Ue1* im Feld FROM INPUT SOURCE NAME und die Ausgangsspannung *V(Ua)* im Feld TO OUTPUT VARIABLE einzutragen.

Nach der Simulation öffnen Sie in PROBE das Output-File. Dort finden Sie unter der Überschrift „*Small-Signal Bias Solution*" alle Spannungswerte, z.B. $U_{e1} = 2V$, $U_{e2} = 0$ V und $U_a = -5,9998$ V. Weiterhin die Spannungen an den Punkten N *(-298.8E-06)* und P *(-247.7E-06)*.

Tabelle 5.10
Ergebnis der Transfer-Function-Analyse in der Output-Datei

```
**** SMALL-SIGNAL CHARACTERISTICS
V(UA)/V_Ue1 = -3.000E+00
INPUT RESISTANCE AT V_Ue1 = 5.000E+03
OUTPUT RESISTANCE AT V(UA) = 3.068E-03
```

Im Output-File finden wir auch das Ergebnis der Transfer-Function-Analyse. Unter der Überschrift „*Small-Signal Characteristics*" ist die Verstärkung mit -3, der Eingangswiderstand mit 5 kΩ (= *R2*, wie zu erwarten war) und der Ausgangswiderstand mit ca. 3 mΩ aufgeführt.

Jetzt vertauschen wir die beiden Eingangsgrößen und führen die gleiche Simulation nochmals durch, geben zuvor im Simulationsprofil im Feld FROM INPUT SOURCE NAME die Eingangsspannungsquelle *Ue2* ein. Die Ausgangsspannung nimmt nun den Wert +6 V an, denn die Verstärkung ist:

$$V_u = 1 + \frac{R_1}{R_2} \cdot \frac{R_3}{R_3 + R_4} = +3 \cdot$$ Gl. 5.9

Dem Output-File kann man entnehmen, dass der Eingangswiderstand *20 kΩ* beträgt (= $R_3 + R_4$) und der Ausgangswiderstand unverändert ist. Geben Sie zuletzt an den beiden Eingängen noch zwei verschiedene Eingangswerte ein, die größer Null sind. Stets erhalten Sie am Ausgang die um den Verstärkungsfaktor 3 verstärkte Differenz, solange das Ausgangssignal kleiner als U_{amax} ist.

Sinusförmige Eingangssignale:

An beiden Eingängen schließen wir je eine Quelle *VSIN* an, deren Parameter *VOFF* wir auf Null setzen. Für den Parameter *VAMPL* geben wir *1V* und für *FREQ 1000Hz* ein. Im Setup-Menü aktivieren wir die Transienten-Analyse mit den Parametern, RUN TO TIME: *5ms* und MAXIMUM STEP SIZE: *5us*. Es ist zu erwarten, dass sich die beiden gleich großen Eingangssignale gegenseitig aufheben, d.h. dass deren Differenz zu jedem Zeitpunkt den Wert Null ergibt. Tatsächlich erhält man in PROBE ein konstantes Ausgangssignal um ca. 0V. Spreizt man jedoch die y-Achse, wie im folgenden Bild dargestellt (PLOT/AXIS SETTINGS/Y AXIS/USER DEFINED), so erkennt man, dass der Ausgang von einem sinusförmigen Signal, dessen Amplitude mit ca. 100 µV sehr klein ist, überlagert wird. Das Ausgangssignal ist außerdem aufgrund der Offsetspannung des OP leicht in den positiven Bereich verschoben.

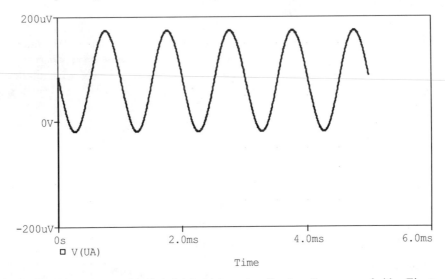

Bild 5.100 Ausgangsspannung bei gleichphasiger sinusförmiger Erregung an beiden Eingängen

Sinusförmige Eingangssignale mit einer Offsetspannung:

Wir führen jetzt die vorhergehende Untersuchung nochmals durch, stellen aber bei einer der beiden Eingangsquellen (z.B. *Ue2*) eine Offsetspannung von *2 V* und eine Amplitude von 0V ein. Bei der anderen Quelle parametrieren wir für den Offset *0 V* und für die Amplitude *1 V*. Am Ausgang ergibt sich eine verstärkte und um einen Gleichanteil versetzte Spannung, die folgender Gleichung entspricht:

$$U_a = (U_{e2} - U_{e1}) \cdot V_u = (2V - 1V \cdot \sin \omega t) \, V_u = 6V - 3V \cdot \sin \omega t$$ Gl. 5.10

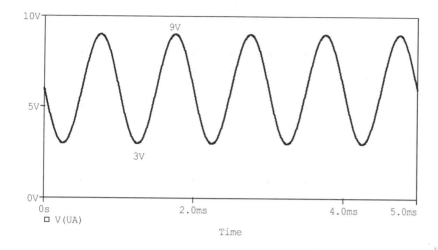

Bild 5.101 Ausgangsspannung bei sinusförmiger Erregung durch U_{e1} mit Amplitude von *1V* und einer Gleichspannung von *2V* durch Quelle U_{e2}

5.5.7 Addierer

Mit Hilfe eines Addierers soll eine über drei Stufen ansteigende Ausgangsspannung erzeugt werden, die sich periodisch wiederholt. Realisieren Sie dafür einen Addierer mit den drei Eingangsspannungen U_{e1}, U_{e2} und U_{e3}.

- Die Eingangsspannung U_{e1} ist eine Gleichspannung von *-2 V* und wird mit dem Faktor *-3* verstärkt.

- Die Eingangsspannung U_{e2} ist eine Rechteckimpulsspannung, die sich zwischen *-2 V* und *+2 V* bei einer Periodendauer von *4 ms* und einem Tastverhältnis von 1:1 ändert. Sie wird mit dem Faktor *-2* verstärkt.

- Die Eingangsspannung U_{e3} ist ebenfalls eine Rechteckimpulsspannung, die sich zwischen *-2 V* und *+2 V* bei einer Periodendauer von *2 ms* und einem Tastverhältnis von 1:1 ändert. Diese Eingangsspannung wird mit einem Faktor *-1* verstärkt.

- Simulieren Sie die Ausgangsspannung des Addierers im Zeitbereich von *0* bis *10 ms*.

Die Bauelemente finden Sie über das Menü PLACE/PART in nebenstehenden Bibliotheken (Libraries):

Bauelement	Bibliothek	Bemerkung
VDC	source.olb	Gleichspannungsquelle
VPULSE	source.olb	Rechteckimpuls-Spannungsquelle
uA741	eval.olb	Operationsverstärker
R	analog.olb	Widerstand
OFFPAGELEFT-L	capsym.olb	Off-Page-Connector mit PLACE/OFF-PAGE CONNECTOR
0	source.olb	Masse, analog mit PLACE/GROUND

Lösung (Datei: *op_aufgg.opj*)

L Aus der Aufgabenstellung ergibt sich, dass ein Addierer mit drei Eingangsspannungen aufzubauen ist, dessen Widerstände wie im folgenden Bild zu wählen sind, damit sich die angegebenen Verstärkungsfaktoren ergeben.

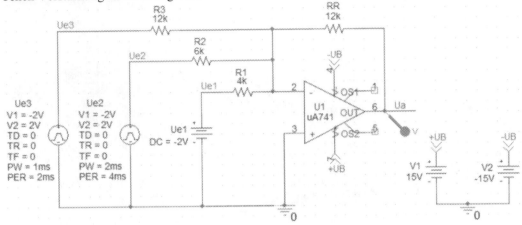

Bild 5.102 Schaltung des Addierers für die drei Eingangsspannungen U_{e1}, U_{e2} und U_{e3}

Aus der Schaltung ergibt sich folgende Gleichung für das Ausgangssignal $\mathbf{u_a}(t)$:

$$u_a(t) = -(3 \cdot U_{e1} + 2 \cdot u_{e2}(t) + u_{e3}(t))$$

Gl. 5.11

Damit das Ausgangssignal das gewünschte zeitliche Verhalten zeigt, müssen die beiden Recht-
eckimpuls-Quellen wie im Bild beschrieben eingestellt werden. Insbesondere gilt:

Quelle *Ue2*: *V1=-2V, V2=2V*, Pulsweite *PW=2ms*, Periodendauer *PER=4ms*

Quelle *Ue3*: *V1=-2V, V2=2V*, Pulsweite *PW=1ms*, Periodendauer *PER=2ms*

 Legen Sie ein neues Simulationsprofil an und wählen Sie aus dem Dialogfenster die Transienten-Analyse aus. Geben Sie im Feld RUN TO TIME den Wert *10ms* und im Feld MAXIMUM STEP
SIZE *5us* ein. Legen Sie schließlich noch an den Ausgang einen Spannungsmarker.

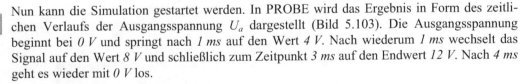 Nun kann die Simulation gestartet werden. In PROBE wird das Ergebnis in Form des zeitli-
chen Verlaufs der Ausgangsspannung U_a dargestellt (Bild 5.103). Die Ausgangsspannung
beginnt bei *0 V* und springt nach *1 ms* auf den Wert *4 V*. Nach wiederum *1 ms* wechselt das
Signal auf den Wert *8 V* und schließlich zum Zeitpunkt *3 ms* auf den Endwert *12 V*. Nach *4 ms*
geht es wieder mit *0 V* los.

Schauen Sie sich zum tieferen Verständnis auch die drei Eingangssignale an und erklären Sie
das Zustandekommen des Ausgangssignals.

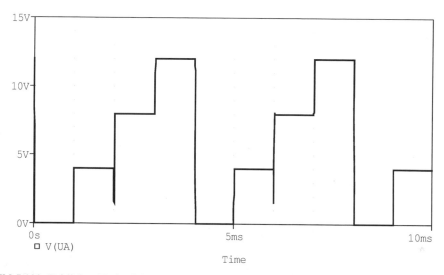

Bild 5.103 Zeitlicher Verlauf der Ausgangsspannung U_a des Addierers

5.5.8 Integrator

Untersuchen Sie einen Integrator mit $R = 1\,k\Omega$ und $C = 100\,nF$. Der Anfangszustand des Kondensators soll dabei auf einen definierten Wert eingestellt werden, sodass z.B. die Ausgangsspannung $u_a(t{=}0) = 0$ V ist. Dafür gibt es in PSPICE das Bauelement *IC1* (initial condition), das am Ausgang der Schaltung anzuschließen ist. Geben Sie nach einem Doppelklick auf das Bauelement den Wert *0V* ein.

Hinweis: Ab der OrCAD-Version 10 enthält das Bauelement *C* eine Eigenschaft *IC*, mit der der Anfangswert eingestellt werden kann. Dann erübrigt sich also das Element *IC1*.

- Wie sieht der Amplitudengang des Integrators im Frequenzbereich von *1 Hz* bis *1 MHz* aus?

- Simulieren Sie den zeitlichen Verlauf der Ausgangsspannung als Reaktion auf die im Bild 5.104 dargestellte Eingangserregung, die z.B. mit der Spannungsquelle *VPULSE* erzeugt wird. Entspricht das Verhalten der Berechnung?

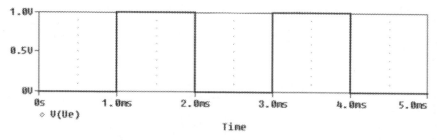

Bild 5.104 Erste Eingangserregung für den Integrator

- Erzeugen Sie mit der Spannungsquelle *VSRC* und dem Parameter *tran=pwl(...)* die nachfolgend abgebildete Eingangsfunktion und simulieren Sie die zugehörige Ausgangsspannung.

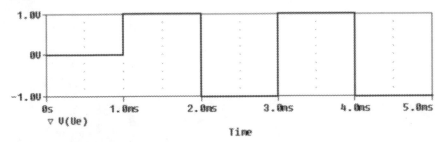

Bild 5.105 Zweite Eingangserregung für den Integrator

Die Bauelemente finden Sie über das Menü PLACE/PART in nebenstehenden Bibliotheken (Libraries):

Bauelement	Bibliothek	Bemerkung
VDC	source.olb	Gleichspannungsquelle
VPULSE	source.olb	Rechteckimpuls-Spannungsquelle
VSRC	source.olb	allgemeine Spannungsquelle
LM324	eval.olb	Operationsverstärker
R	analog.olb	Widerstand
C	analog.olb	Kondensator
IC1	special.olb	Anfangswert
OFFPAGELEFT-L	capsym.olb	Off-Page-Connector mit PLACE/OFF-PAGE CONNECTOR
0	source.olb	Masse, analog mit PLACE/GROUND

Lösung (Datei: *op_aufgh.opj*)

Geben Sie in CAPTURE die im Bild 5.106 dargestellte Schaltung des Integrators ein. Das Bauelement *IC1* erhält nach einem Doppelklick auf das Symbol den Wert *0*. Dadurch wird bei der Simulation die Ausgangsspannung U_a des Integrators zum Zeitpunkt $t = 0$ s auf den Wert $U_a = 0$ V gesetzt.

Amplitudengang:
Für die Simulation des Amplitudengangs benötigen Sie eine Wechselspannungsquelle am Eingang. Sie können dafür die Impulsspannungsquelle *VPULSE* verwenden, die später ohnehin benötigt wird. Geben Sie dafür nach einem Doppelklick auf die Quelle im Property Editor für die Eigenschaft *AC* einen kleinen Wert (wegen der hohen Verstärkung des Integrators bei niederen Frequenzen) ein, z.B. *AC=0.1mV*. Die übrigen Attribute, die erst für die zweite Simulation benötigt werden, können Sie auch schon, wie im Bild 5.106 gezeigt, eingeben.

Legen Sie jetzt ein neues Simulationsprofil im Dialogfenster SIMULATION SETTINGS für einen AC-SWEEP an: die Start- und Ende-Frequenz (*1Hz* bzw. *1MegHz*) eingeben sowie die Anzahl Punkte pro Dekade zu *1000* festlegen.

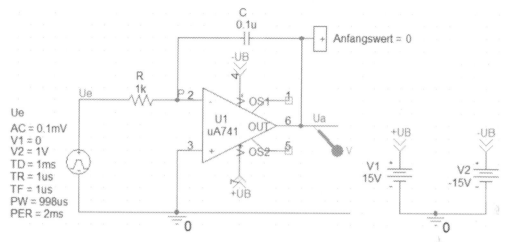

Bild 5.106 Schaltung des Integrators

Nach der Simulation wählen wir im Menü TRACE/TRACE ADD den Ausdruck *DB(V(Ua)/V(Ue))* für den Amplitudengang. Die Kurve in Bild 5.107 beginnt bei niederen Frequenzen mit einem sehr großen Verstärkungsfaktor und fällt mit zunehmender Frequenz linear mit *20 dB* pro Dekade ab. Ab ca. *60 kHz* wird der Kurvenverlauf durch das innere Frequenzverhalten des OP verfälscht. Mit dem Cursor kann die Grenzfrequenz zu $f_g = 1{,}59$ kHz (Verstärkung wird kleiner Null) abgelesen werden. Dies entspricht dem theoretisch zu erwartenden Wert von

$$f_g = 1/(2\pi\, RC) = 1{,}59\ \text{kHz}. \hspace{2cm} \text{Gl. 5.12}$$

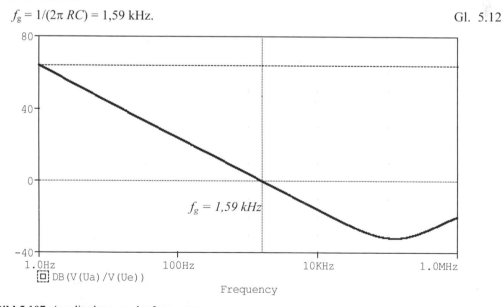

Bild 5.107 Amplitudengang des Integrators

Reaktion auf Rechtecksignal zwischen 0 und 1 V:
Als nächstes wird eine Transienten-Analyse (neues Simulationsprofil!) im Zeitbereich von *0* bis *5 ms* mit dem in der Aufgabenstellung in Bild 5.104 dargestellten Rechtecksignal zwischen

0 und *1 V* durchgeführt. Das Rechtecksignal kann mit der Quelle *VPULSE* erzeugt werden. Dazu sind nach Doppelklick auf die Quelle folgende Parameter einzugeben:

V1=0V, V2=1V, TD=1ms (Anfangsverzögerungszeit), *TR=1us* (Anstiegszeit), *TF=1us* (Abfallzeit), *PW=998us* (Pulsweite *PW = 1 ms -TR - TF*), *PER=2ms* (Periodendauer).

Die Simulation ergibt, dass das Ausgangssignal $u_a(t)$ während der Dauer eines Impulses linear in die negative Richtung ansteigt (s. Bild 5.108). Dies entspricht genau dem theoretischen Verlauf von

$$u_a(t) = -t/(RC) = -10000 \cdot t/s. \hspace{3cm} \text{Gl. 5.13}$$

In einem Zeitraum von *1 ms* muss das Ausgangssignal also auf den Wert *-10 V* abfallen. Beim zweiten Impuls erreicht die Ausgangsspannung schon nach einer halben Millisekunde den Endwert U_{amin} = -15 V.

Reaktion auf Rechtecksignal zwischen -1 V und +1 V:
Zuletzt ist noch die Reaktion des Integrators auf das in Bild 5.105 abgebildete Rechtecksignal, das zwischen -1 V und +1 V wechselt, zu untersuchen. Dieser Signalverlauf lässt sich mit der Quelle *VPULSE* nicht realisieren. Ersetzen Sie deshalb die Quelle durch das Bauelement *VSRC* und geben Sie für den Parameter *trans* folgenden Ausdruck ein, der den gewünschten Verlauf der Eingangserregung abschnittsweise beschreibt:

pwl(0,0V 1ms,0V 1.001ms,1V 2ms,1V 2.001ms,-1V 3ms,-1V 3.001ms,1V 4ms,1V 4.001ms,-1V 5ms,-1V)

Beachten Sie das Leerzeichen jeweils zwischen Spannungs- und Zeitangabe. Sie können die Simulation sofort mit dem zuletzt verwendeten Simulationsprofil (Transient) starten. Durch den ersten positiven Impuls fällt das Ausgangssignal linear auf *-10 V* (s. Bild 5.109). Durch den darauf folgenden negativen Impuls steigt aber $u_a(t)$ wieder bis zur Nulllinie hoch. So erhält man einen sägezahnförmigen Verlauf. Das Ausgangssignal erreicht die Begrenzung nicht mehr.

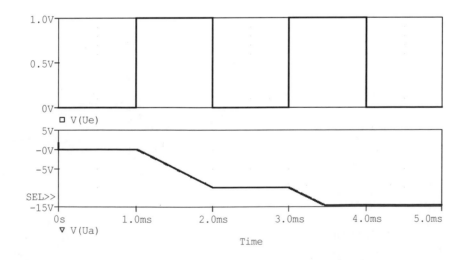

Bild 5.108 Reaktion des Integrators auf das Eingangssignal nach Bild 5.104

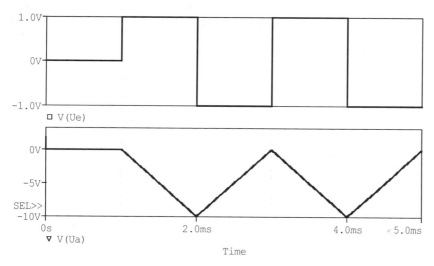

Bild 5.109 Reaktion des Integrators auf das Eingangssignal nach Bild 5.105

5.5.9 Differenzierer

Untersuchen Sie einen Differenzierer mit $R = 1$ kΩ und $C = 10$ nF.

- Wie sieht der Amplitudengang des Differenzierers im Frequenzbereich von *1 Hz* bis *1 MHz* aus? Bei welcher Frequenz überschreitet die Kurve die Frequenzachse?

- Simulieren Sie gleichzeitig noch den Amplitudengang des unbeschalteten OPs und stellen Sie beide Kurven zusammen dar. Entsprechen die beiden Kurven den theoretischen Verläufen?

- Simulieren Sie den zeitlichen Verlauf der Ausgangsspannung als Reaktion auf die im Bild 5.110 dargestellte Eingangserregung, die z.B. mit der Spannungsquelle *VPULSE* erzeugt wird, für die Kapazitätswerte $C = 0{,}1$ nF, 1 nF und 10 nF bei $R = 1$ kΩ. Wie kann man die Signale begründen?

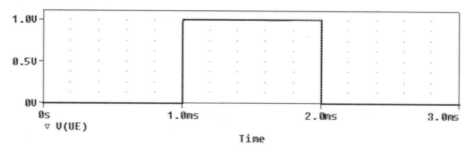

Bild 5.110 Rechteckimpuls als Eingangserregung

- Erzeugen Sie mit der Spannungsquelle *VPULSE* den nachfolgend abgebildeten dreieckförmigen Eingangsimpuls und ermitteln Sie das zugehörige Ausgangssignal für die aufgeführten drei Kapazitätswerte. Wie muss man den Differenzierer verändern, sodass sein Verhalten günstiger wird?

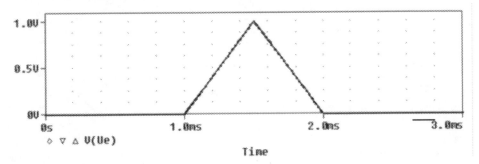

Bild 5.111 Dreieckimpuls als Eingangserregung

Die Bauelemente finden Sie über das Menü PLACE/PART in nebenstehenden Bibliotheken (Libraries):

Bauelement	Bibliothek	Bemerkung
VDC	source.olb	Gleichspannungsquelle
VPULSE	source.olb	Rechteckimpuls-Spannungsquelle
LM324	eval.olb	Operationsverstärker
R	analog.olb	Widerstand
C	analog.olb	Kondensator
OFFPAGELEFT-L	capsym.olb	Off-Page-Connector mit PLACE/OFF-PAGE CONNECTOR
0	source.olb	Masse, analog mit PLACE/GROUND

Lösung *(Datei: op_aufgi.opj)*

Geben Sie in CAPTURE die im Bild 5.112 dargestellte Schaltung des Differenzierers ein. Den unteren Operationsverstärker mit dem Ausgang U_{a0} können Sie zunächst weglassen.

Amplitudengang:
Für die Simulation des Amplitudengangs benötigen Sie eine Wechselspannungsquelle am Eingang. Sie können dafür die Impulsspannungsquelle *VPULSE* verwenden, die später ohnehin benötigt wird. Die Attribute dieser Quelle sind für die AC-Sweep-Analyse ohne Bedeutung[6]. Sie werden erst in der zweiten Simulation benötigt, es bietet sich aber an, die Eingaben gleich jetzt zu erledigen. Geben Sie dafür nach einem Doppelklick auf die Quelle im Property Editor die Werte der Attribute, wie im Bild 5.112 gezeigt, ein.

Legen Sie jetzt ein neues Simulationsprofil im Dialogfenster SIMULATION SETTINGS für einen AC-SWEEP an: die Start- und Ende-Frequenz (*1Hz* bzw. *1MegHz*) eingeben sowie die Anzahl Punkte pro Dekade zu *1000* festlegen.

---

[6] Der Wert des Attributs AC muss größer 0 sein.

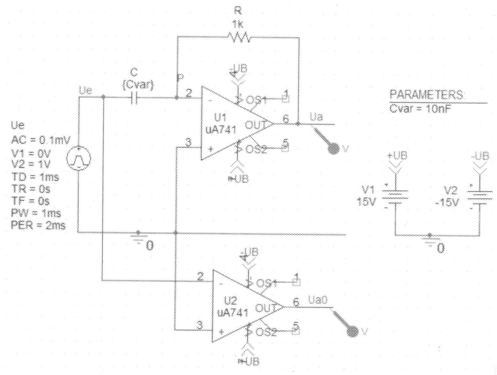

Bild 5.112 Schaltung des Differenzierers ergänzt mit einem OP ohne Rückkopplung

Nach der Simulation wird die Amplitude der Ausgangsspannung *Ua* über der Frequenz dargestellt, falls ein Marker gesetzt wurde. Für den Amplitudengang wählen wir im Menü
TRACE/TRACE ADD den Ausdruck *DB(V(Ua)/V(Ue))*. Die Kurve beginnt bei niederen Frequenzen mit einem sehr kleinen Verstärkungsfaktor und steigt mit zunehmender Frequenz
linear mit 20 dB pro Dekade an. Ab ca. *80 kHz* wird der Kurvenverlauf durch das Tiefpassver-
halten des OP bestimmt (Beweis: s. nächsten Abschnitt). Mit dem Cursor kann die Grenzfrequenz beim Übergang von positiven zu negativen Werten zu f_g = 15,6 kHz abgelesen werden.
Dies entspricht dem theoretisch zu erwartenden Wert von

$$f_g = 1/(2\pi\,RC) = 15,9\ \text{kHz}. \qquad\qquad \text{Gl. 5.14}$$

Ergänzen Sie jetzt die Schaltung mit einem zweiten OP, der die gleiche Eingangsbeschaltung
wie der erste, aber keine Rückkopplung erhält. Dadurch wird parallel zum Differenzierer noch
das Frequenzverhalten des unbeschalteten OP simuliert. In PROBE ergänzen wir das bisherige
Ergebnis durch die Eingabe des Ausdrucks *DB(V(Ua0)/V(Ue))* im Menü TRACE/TRACE ADD.
Der Vergleich der beiden Kurven zeigt deutlich, dass ab ca. *80 kHz* der ansteigende Amplitudengang des Differenzierers durch das Tiefpass-Verhalten des OP gedämpft wird.

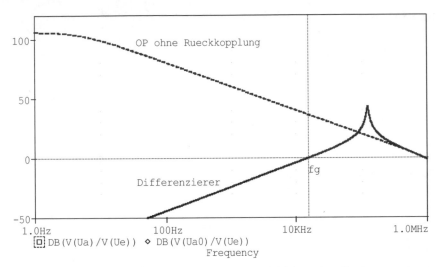

Bild 5.113 Amplitudengang des Differenzierers im Vergleich zum Amplitudengang eines
unbeschalteten OPs, *Cvar* = 10 nF

Reaktion auf Rechtecksignal zwischen 0 und 1 V:

Als nächstes wird eine Transienten-Analyse im Zeitbereich von *0* bis *3 ms* mit dem in der
Aufgabenstellung im Bild 5.110 dargestellten Rechteckimpuls zwischen *0* und *1 V* durchge-
führt. Legen Sie dafür ein neues Simulationsprofil an. Das Eingangssignal kann mit der Quelle
VPULSE erzeugt werden. Dazu sind nach Doppelklick auf die Quelle folgende Parameter im
Property Editor einzugeben:

V1=0V, *V2=1V*, *TD=1ms* (Anfangsverzögerungszeit), *TR=0* (Anstiegszeit),

TF=0 (Abfallzeit), *PW=1ms* (Pulsweite), *PER=2ms* (Periodendauer).

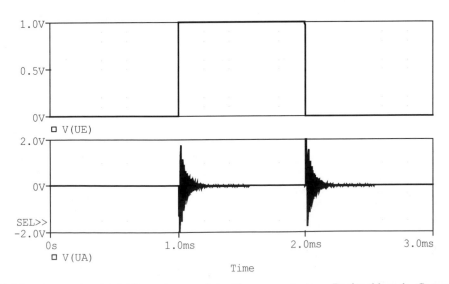

Bild 5.114 Reaktion des Differenzierers auf eine Erregung mit einem Rechteckimpuls, *Cvar* = 10 nF

Das Ausgangssignal ist immer dann Null, wenn das Eingangssignal konstant ist. Wenn sich das Eingangssignal sprungförmig ändert, entsteht am Ausgang theoretisch ein Dirac-Impuls. Praktisch können wir einen kurzen Einschwingvorgang messen. Der Einschwingvorgang ist um so kräftiger, je größer die Kapazität C ist.

Reaktion auf Dreieckimpuls:
Zuletzt ist noch die Reaktion des Differenzierers auf einen Dreieckimpuls am Eingang zu untersuchen. Dieser Signalverlauf lässt sich auch mit der Quelle *VPULSE* realisieren. Dazu sind nach Doppelklick auf die Quelle folgende Parameter einzugeben:

$V1=0V$, $V2=1V$, $TD=1ms$ (Anfangsverzögerungszeit), $TR=0.5ms$ (Anstiegszeit), $TF=0.499ms$ (Abfallzeit), $PW=1us$ (Pulsweite), $PER=2ms$ (Periodendauer).

Führen Sie eine Simulation mit dem letzten Simulationsprofil durch.

Die Ableitung einer linear ansteigenden oder abfallenden Funktion ergibt jeweils eine Konstante. Deshalb erhalten wir am Ausgang zwei Rechteckimpulse mit unterschiedlicher Polarität (s. Bild 5.115). Die Höhe des Rechteckimpulses wird von der Anstiegszeit, Anstiegshöhe und von der Zeitkonstanten RC bestimmt: $R·C·1 \text{ V} /\Delta T$. Für $C = 0,1$ nF ergibt dies einen Wert von *0,2 mV* und für $C = 10$ nF entsprechend *20 mV*. Diese Werte können den Darstellungen in PROBE entnommen werden.

Aus den Reaktionen des Differenzierers auf Reckteck- und Dreieckerregung wird klar, dass diese Schaltung nur bedingt praktisch einsetzbar ist. In den meisten Fällen wird der Differenzierer durch einen zusätzlichen Serienwiderstand am Eingang zu einem Hochpass erster Ordnung erweitert, der deutlich günstigere Eigenschaft hat. Dies soll mit der Simulation im nächsten Abschnitt nachgewiesen werden.

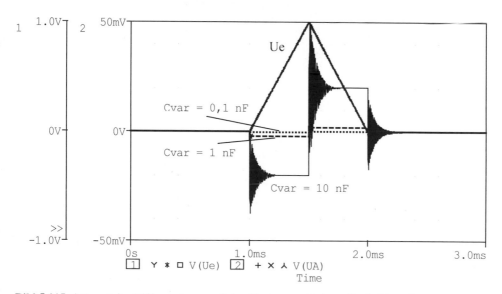

Bild 5.115 Antwort des Differenzierers auf eine Erregung mit einem Dreieckimpuls

5.5.10 Hochpass erster Ordnung

Untersuchen Sie einen Hochpass erster Ordnung mit $R_1 = 2$ kΩ und C im Eingangszweig und $R_R = 30$ kΩ im Rückkopplungszweig. Für C sollen nacheinander die Werte *10 nF, 100 nF* und *1 μF* angenommen werden.

- Bestimmen Sie in PROBE die Verstärkung bei mittleren Frequenzen und die Grenzfrequenz.

- Simulieren Sie mit der Spannungsquelle *VPULSE* am Eingang die Reaktion des Tiefpasses auf ein rechteckförmiges Eingangssignal bei den oben aufgeführten Werten für C.

Die Bauelemente finden Sie über das Menü PLACE/PART in nebenstehenden Bibliotheken (Libraries):

Bauelement	Bibliothek	Bemerkung
VDC	source.olb	Gleichspannungsquelle
VPULSE	source.olb	Rechteckimpuls-Spannungsquelle
LM324	eval.olb	Operationsverstärker
R	analog.olb	Widerstand
C	analog.olb	Kondensator
PARAM	special.olb	Parametereingabe
OFFPAGELEFT-L	capsym.olb	Off-Page-Connector mit PLACE/OFF-PAGE CONNECTOR
0	source.olb	Masse, analog mit PLACE/GROUND

Lösung (Datei: *op_aufgk.opj*)

Geben Sie in CAPTURE die im Bild 5.116 dargestellte Schaltung des Hochpasses ein.

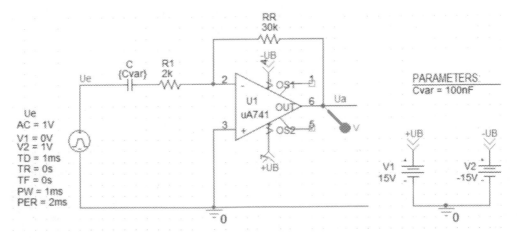

Bild 5.116 Schaltung des Hochpasses erster Ordnung

Amplitudengang:
Für die Simulation des Amplitudengangs benötigen Sie eine Wechselspannungsquelle am Eingang. Sie können dafür die Impulsspannungsquelle *VPULSE* verwenden, die später ohnehin benötigt wird. Geben Sie dafür nach einem Doppelklick auf die Quelle im Property Editor

für die Eigenschaft *AC* einen Wert ein, z.B. *AC=1V*. Die anderen Eigenschaften können Sie auch schon wie im Bild 5.116 gezeigt festlegen.

Legen Sie ein Simulationsprofil für die AC-Analyse an und wählen Sie im Dialogfenster SIMULATION SETTINGS den Eintrag AC-SWEEP. Dann ist die Start- und Ende-Frequenz (*1Hz* bzw. *1MegHz*) einzugeben sowie die Anzahl Punkte pro Dekade zu *1000*. Zusätzlich wird noch die Parametric-Analyse für die Variation der Kapazität *C* benötigt. Klicken Sie auf das Kästchen neben PARAMETRIC-SWEEP und dann auf den Schaltknopf GLOBAL PARAMETER. Geben Sie im Feld PARAMETER NAME die Variable *Cvar* ein. Zuletzt sind nach Anklicken des Knopfes VALUE LIST noch die Kapazitätswerte *10n, 100n* und *1000n* im Feld VALUE einzutragen.

Nach der Simulation wird die Amplitude der Ausgangsspannung U_a über der Frequenz dargestellt. Für den Amplitudengang wählen wir im Menü TRACE/TRACE ADD den Ausdruck *DB(V(Ua)/V(Ue))*. Die Kurven verlaufen bis zur jeweiligen Grenzfrequenz mit einem Anstieg von *20 dB/Dekade*. Ab der Grenzfrequenz hat der Hochpass eine Verstärkung von *23,5 dB*, die sich aus dem Widerstandsverhältnis R_R/R_1 ergibt:

$$(20 \cdot \lg(R_R/R_1) = 20 \cdot \lg 15 \text{ dB} = 23,5 \text{ dB}. \qquad \text{Gl. } 5.15$$

Bei höheren Frequenzen fallen die Kurven wieder mit ca. 20 dB pro Dekade ab. Der Grund hierfür ist die Bandbegrenzung des OPs selbst. Die in der Tabelle 5.11 eingetragenen theoretischen Grenzfrequenzen $f_g = 1/(2\pi \cdot R_1 C)$ werden durch die Simulation bestätigt. Die Schaltung wirkt nur dann als Hochpass, wenn die Grenzfrequenz des eingesetzten OP hoch genug im Vergleich zum interessierenden Frequenzbereich ist.

Tabelle 5.11
Zusammenhang zwischen Kapazität und Grenzfrequenz

C/nF	f_g/Hz
10	7960
100	796
1000	79

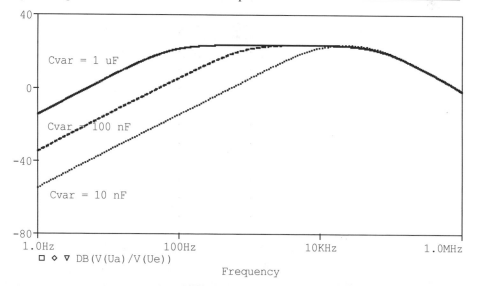

Bild 5.117 Amplitudengang des Hochpasses erster Ordnung in Abhängigkeit von der Kapazität *C*

Reaktion auf Rechtecksignal zwischen 0 und 1 V:
Legen Sie als Nächstes ein neues Simulationsprofil für eine Transienten-Analyse mit einem Rechteckeingangsimpuls zwischen *0* und *1 V* im Zeitbereich von *0* bis 3 ms an. Das Eingangs-

signal kann mit der Quelle *VPULSE* erzeugt werden. Dazu sind nach Doppelklick auf die Quelle folgende Parameter einzugeben:

V1=0V, *V2=1V*, *TD=1ms* (Anfangsverzögerungszeit), *TR=0* (Anstiegszeit),

TF=0 (Abfallzeit), *PW=1ms* (Pulsweite), *PER=2ms* (Periodendauer).

Das Ausgangssignal in Bild 5.118 zeigt, dass der Hochpass insbesondere bei großen Grenzfrequenzen nur die höheren Frequenzanteile des Signalanstiegs bzw. -abfalls am Eingang durchlässt. Der konstante Eingangssignalverlauf wird unterdrückt. Dies gelingt um so besser, je kleiner die Zeitkonstante R_1C ist, d.h. je größer die Grenzfrequenz f_g ist. Bei kleineren Grenzfrequenzen werden auch niederfrequente Signalanteile durchgelassen und der Verlauf des Ausgangssignals nähert sich dem des Eingangssignals. Im Vergleich zum Differenzierer hat der Hochpass erster Ordnung ein wesentlich günstigeres Verhalten. Die starken Einschwingvorgänge bei einem Signalwechsel entfallen vollständig.

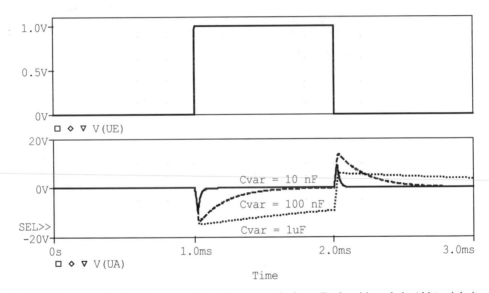

Bild 5.118 Antwort des Hochpasses auf eine Erregung mit einem Rechteckimpuls in Abhängigkeit von der Kapazität *C*

5.5.11 Tiefpass erster Ordnung

Untersuchen Sie einen Tiefpass erster Ordnung mit $C = 10$ nF und R_R im Rückkopplungszweig und $R_1 = 1$ kΩ im Eingangszweig. Für R_R sollen nacheinander die Werte 1 kΩ, 2 kΩ, 5 kΩ, 10 kΩ und 20kΩ eingesetzt werden.

- Bestimmen Sie in PROBE die Verstärkung bei niederen Frequenzen und die Grenzfrequenzen.

- Simulieren Sie mit der Spannungsquelle *VPULSE* am Eingang die Reaktion des Tiefpasses auf ein rechteckförmiges Eingangssignal bei den oben aufgeführten Werten für R_R.

Die Bauelemente finden Sie über das Menü PLACE/PART in nebenstehenden Bibliotheken (Libraries):

Bauelement	Bibliothek	Bemerkung
VDC	source.olb	Gleichspannungsquelle
VPULSE	source.olb	Rechteckimpuls-Spannungsquelle
LM324	eval.olb	Operationsverstärker
R	analog.olb	Widerstand
C	analog.olb	Kondensator
PARAM	special.olb	Parametereingabe
OFFPAGELEFT-L	capsym.olb	Off-Page-Connector mit PLACE/OFF-PAGE CONNECTOR
0	source.olb	Masse, analog mit PLACE/GROUND

Lösung (Datei: *op_aufgj.opj*)

Geben Sie in CAPTURE die im Bild 5.119 dargestellte Schaltung des Tiefpasses ein.

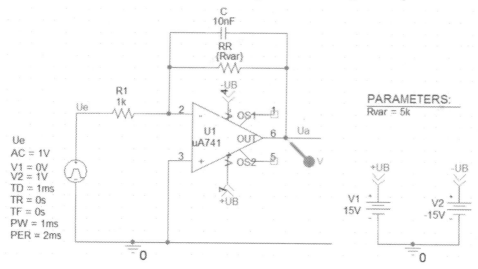

Bild 5.119 Schaltung des Tiefpasses erster Ordnung

Amplitudengang:
Für die Simulation des Amplitudengangs benötigen Sie eine Wechselspannungsquelle am Eingang. Sie können dafür die Impulsspannungsquelle *VPULSE* verwenden, die später ohnehin benötigt wird. Geben Sie dafür nach einem Doppelklick auf die Quelle im Property Editor für Eigenschaft *AC* einen Wert ein, z.B. *AC=1V*. Die anderen Eigenschaften können Sie auch schon wie im Bild 5.119 gezeigt festlegen.

Legen Sie ein Simulationsprofil für die AC-Analyse an und wählen Sie im Dialogfenster SIMULATION SETTINGS den Eintrag AC-SWEEP. Dann ist die Start- und Ende-Frequenz (*1Hz* bzw. *1MegHz*) einzugeben sowie die Anzahl Punkte pro Dekade zu *1000*. Zusätzlich wird noch die Parametric-Analyse für die Variation der Kapazität *C* benötigt. Klicken auf das Kästchen neben PARAMETRIC-SWEEP und dann auf den Schaltknopf GLOBAL PARAMETER. Geben Sie im Feld PARAMETER NAME den globalen Parameter *Rvar* ein. Zuletzt sind nach Anklicken des Knopfes VALUE LIST noch die Widerstandswerte *1k, 2k, 5k, 10k* und *20k* im Feld VALUE einzutragen.

Nach der Simulation wird die Amplitude der Ausgangsspannung U_a über der Frequenz dargestellt. Für den Amplitudengang wählen wir im Menü TRACE/TRACE ADD den Ausdruck *DB(V(Ua)/V(Ue))*. Die Kurven Bild 5.120 verlaufen bis zur jeweiligen Grenzfrequenz horizontal mit einer Verstärkung von

$$V_{udB} = 20 \cdot \lg(R_R/R_1).\qquad\qquad\text{Gl. 5.16}$$

Ab der Grenzfrequenz fallen die Kurven mit zunehmender Frequenz linear mit *20 dB/Dekade*. Die in der Tabelle 5.12 eingetragenen theoretischen Grenzfrequenzen $f_g = 1/(2\pi R_R \cdot C)$ werden durch die Simulation bestätigt:

Tabelle 5.12
Zusammenhang zwischen Widerstand, Grenzfrequenz und Verstärkung

$R_R/\text{k}\Omega$	f_g/Hz	V_u/dB
1	*15915*	*0*
2	*7958*	*6*
5	*3183*	*14*
10	*1592*	*20*
20	*796*	*26*

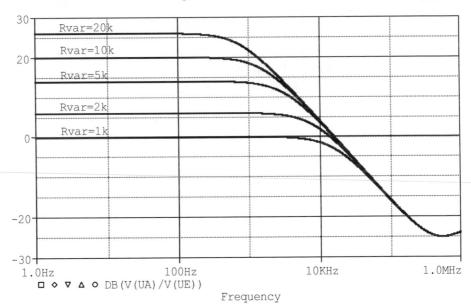

Bild 5.120 Amplitudengang des Tiefpasses erster Ordnung in Abhängigkeit von $R_R=Rvar$

Reaktion auf Rechtecksignal zwischen 0 und 1 V:

Legen Sie als Nächstes ein neues Simulationsprofil für eine Transienten-Analyse mit einem Rechteckeingangsimpuls zwischen *0* und *1 V* im Zeitbereich von *0* bis *3 ms* an. Das Eingangssignal kann mit der Quelle *VPULSE* erzeugt werden. Dazu sind nach Doppelklick auf die Quelle folgende Parameter einzugeben:

V1=0V, V2=1V, TD=1ms (Anfangsverzögerungszeit), *TR=0* (Anstiegszeit),

TF=0 (Abfallzeit), *PW=1ms* (Pulsweite), *PER=2ms* (Periodendauer).

Bild 5.121 zeigt das Simulationsergebnis. Im Ausgangssignal sind alle höherfrequenten Signalanteile herausgefiltert, deshalb kriecht das Signal nur verzögert zum Endwert. Der Endwert selbst hängt wegen der Verstärkung R_R/R_1 vom Parameter $R_R = Rvar$ ab. Ab $Rvar > 15\text{k}\Omega$ wird das Eingangssignal so stark vergrößert, dass das Ausgangssignal in die durch die Versorgungsspannung des OP vorgegebene Begrenzung geht.

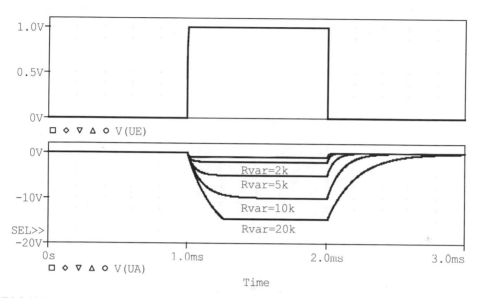

Bild 5.121 Antwort des Tiefpasses auf eine Erregung mit Rechteckimpuls in Abhängigkeit von $R_R = R$var

5.5.12 Bandpass

Untersuchen Sie die abgebildete Filterschaltung auf ihr Frequenzverhalten. Verändern Sie dabei den Parameter *alpha* des Potentiometers mit folgenden Werten: *0; 0,75; 0,9; 0,9827* und *1*.

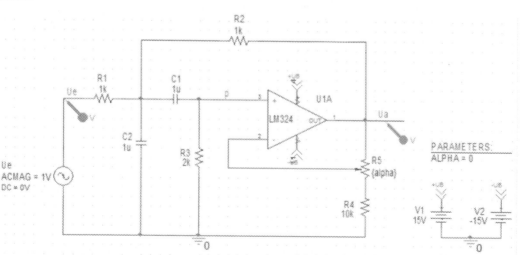

Bild 5.122 Schaltung des Bandpasses

- Wie verändert sich durch die Schleiferstellung *alpha* des Potentiometers die Verstärkung des nichtinvertierenden Verstärkers?

- Bestimmen Sie die Resonanzfrequenz der Schaltung und die Verstärkung des Filters bei der Resonanzfrequenz.

- Stellen Sie den Amplitudengang mit einer linearen und einer logarithmischen Betragsachse dar.

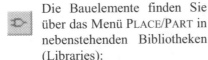

Die Bauelemente finden Sie über das Menü PLACE/PART in nebenstehenden Bibliotheken (Libraries):

Bauelement	Bibliothek	Bemerkung
VDC	source.olb	Gleichspannungsquelle
VSIN	source.olb	Sinus-Spannungsquelle
LM324	eval.olb	Operationsverstärker
R	analog.olb	Widerstand
C	analog.olb	Kondensator
POT	breakout.olb	Potentiometer
OFFPAGELEFT-L	capsym.olb	Off-Page-Connector mit PLACE/OFF-PAGE CONNECTOR
0	source.olb	Masse, analog mit PLACE/GROUND

Lösung (Datei: *op_aufgl.opj*)

Verstärkung des nichtinvertierenden Verstärkers:

Mit dem Potentiometer *POT* wird die Verstärkung des nichtinvertierenden Verstärkers eingestellt. Geben Sie zunächst nur die Schaltung des Verstärkers (rechter Teil in Bild 5.122 mit *LM324*, *R4* und *R5*) in CAPTURE ein und simulieren Sie die Verstärkung in Abhängigkeit von dem Faktor *alpha* des Potentiometers (z.B. durch eine Bias-Point-Analyse mit einem konstanten Eingangssignal. Sie sollten dann das Ergebnis in Tabelle 5.13 erhalten. Weisen Sie durch Berechnung nach, dass die Werte in der Tabelle stimmen!

Tabelle 5.13
Theoretischer Zusammenhang zwischen Potentiometerstellung alpha und Verstärkung

alpha	Verstärkung
0	1
0,75	2
0,9	2,5
0,9828	2,9
1	3

Hinweis: Falls die Simulation andere Wert ergibt, so müssen Sie das Potentiometer um seine horizontale Achse spiegeln (Bauteil markieren, mit rechter Maustaste Popup-Menü einblenden und MIRROR VERTICALLY auswählen), sodass *alpha = 0* beim Potentiometer in der oberen und *alpha = 1* in der unteren Schleiferstellung liegt.

Amplitudengang:

Jetzt können Sie die Schaltung zum Bandpass ergänzen. Für die Simulation des Amplitudengangs benötigen Sie eine Wechselspannungsquelle am Eingang. Sie können dafür die Spannungsquelle VAC (oder eine andere) verwenden. Geben Sie dafür nach einem Doppelklick auf die Quelle im Property Editor für die Eigenschaft *ACMAG* einen Wert ein, z.B. *ACMAG=1V*. Legen Sie ein Simulationsprofil für die AC-Analyse an und wählen Sie im Dialogfenster SIMULATION SETTINGS den Eintrag AC-SWEEP. Dann ist die Start- und Ende-Frequenz (*1Hz* bzw. *100kHz*) sowie die Anzahl Punkte pro Dekade (*1000*) einzugeben. Zusätzlich wird noch die Parametric-Analyse für die Variation der Schleiferstellung *alpha* benötigt. Klicken Sie auf das Kästchen neben PARAMETRIC SWEEP und dann auf den Button GLOBAL PARAMETER, geben Sie als Name die Variable *alpha* ein. Zuletzt sind nach Anklicken des Knopfes VALUE LIST noch die Werte *0, 0.75, 0.9, 0.982758, 1* im Feld VALUE einzutragen.

Nach der Simulation wird die Amplitude der Ausgangsspannung U_a über der Frequenz darge-
stellt. Für den Amplitudengang wählen wir im Menü TRACE/TRACE ADD den Ausdruck
DB(V(Ua)/V(Ue)) und erhalten eine Darstellung im einfach-logarithmischen Maßstab. Die
Einteilung der y-Achse passen wir noch etwas an. Im Menü PLOT/AXIS SETTINGS/Y
AXIS/USER DEFINED geben wir die Grenzen *-60* und *+60* ein. Zusätzlich wählen wir im Menü
PLOT den Eintrag ADD Y-AXIS, um eine zweite y-Achse zu erzeugen. Diese zweite y-Achse
markieren wir durch einen Mausklick und ordnen ihr dann im Menü PLOT/AXIS SETTINGS/Y
AXIS eine logarithmische Einteilung zu, indem wir den Knopf SCALE/LOG anklicken. Außer-
dem verändern wir ihre Grenzen, sodass die lineare und die logarithmische y-Achse zusam-
menpassen. Geben Sie unter USER DEFINED die Werte *1m* und *1k* ein (*20·lg(1000) = 60 dB*).
Wenn Sie jetzt zur logarithmischen Achse im Menü TRACE/ADD TRACE den Ausdruck
V(Ua)/V(Ue) hinzufügen, erhalten Sie Kurvenverläufe, die völlig deckungsgleich zu den schon
vorhandenen sind, d.h. die lineare und logarithmische Einteilung der y-Achse führt zu identischen Kurven.

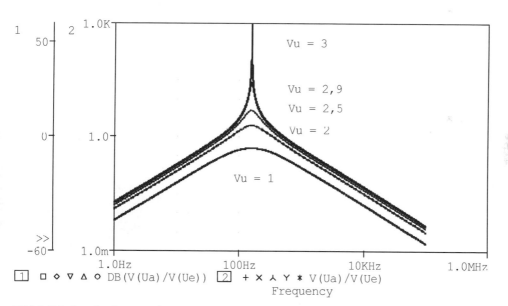

Bild 5.123 Amplitudengang des Bandpasses mit linear und logarithmisch eingeteilter y-Achse

Die Kurven zeigen eine Resonanzstelle bei der Frequenz $f_0 = 1/(2\pi\ R·C) = 159$ Hz. Das Reso-
nanzverhalten ist um so ausgeprägter, je größer der Verstärkungsfaktor des nichtinvertierenden
Verstärkers ist. Bei $V_u = 3$ hat der Bandpass in der Resonanzstelle eine Verstärkung von über
60 dB. Bei $V_u = 1$ dagegen dämpft er mit *-6 dB*. Bei niederen Frequenzen steigt die Kurve mit
20 dB/Dekade an. Bei höheren Frequenzen fällt sie mit *-20 dB/Dekade*.

5.5.13 Fensterkomparator

Simulieren Sie die abgebildete Schaltung eines Fensterkomparators, indem Sie die Schaltung mit einem dreieckförmigen Eingangssignal beschalten, das zwischen *-10 V* und *+10 V* wechselt.

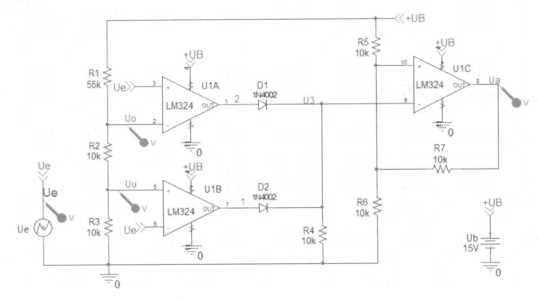

Bild 5.124 Schaltung des Fensterkomparators

- Wie sieht der zeitliche Verlauf des Ausgangssignals $u_a(t)$ aus?

- Wo liegen die beiden Schwellen?

- Simulieren Sie ebenfalls die Hysteresekennlinie des Schmitt-Triggers (rechter OP).

Die Bauelemente finden Sie über das Menü PLACE/PART in nebenstehenden Bibliotheken (Libraries):

Bauelement	Bibliothek	Bemerkung
VDC	source.olb	Gleichspannungsquelle
VPWL	source.olb	stückweise lineare Spannungsquelle
LM324	eval.olb	Operationsverstärker
R	analog.olb	Widerstand
C	analog.olb	Kondensator
D	eval.olb	Diode
OFFPAGELEFT-L	capsym.olb	Off-Page-Connector mit PLACE/OFF-PAGE CONNECTOR
0	source.olb	Masse, analog mit PLACE/GROUND

Lösung (Datei: *op_aufgm.opj*)

Geben Sie zunächst die Schaltung des Fensterkomparators in CAPTURE ein. Als Eingangs-
signalquelle wählen Sie die Spannungsquelle *VPWS*, mit der Sie einen stückweise linearen
Signalverlauf erzeugen können, also z.B. auch einen sägezahnförmigen Verlauf. Nach Doppelklick auf das Quellensymbol sind folgende Parameter einzugeben:

T1=0s, V1=-10V, T2=1s, V2=10V, T3=2s, V3=-10V, T3=3s, V4=10V, T5=4s, V5=-10V

Simulation des Ausgangssignals U_a:
Für die Simulation des Ausgangssignals verwenden wir die Transienten-Analyse. Legen Sie
ein Simulationsprofil an und wählen Sie im Dialogfenster SIMULATION SETTINGS den Eintrag
TIME DOMAIN (TRANSIENT). Als Parameter sind hier einzugeben: RUN TO TIME: *4s* und
MAXIMUM STEP SIZE: *100ms*. Stellen Sie nach der Simulation in PROBE folgende Signale dar:
U_a, U_e, U_o (obere Schwellspannung) und U_u (untere Schwellspannung). Sie erhalten dann das
Ergebnis in Bild 5.125. Immer wenn das Eingangssignal sich zwischen unterer und oberer
Schwellspannung befindet, wird das Ausgangssignal zu *14 V*, sonst ist es *0 V*.

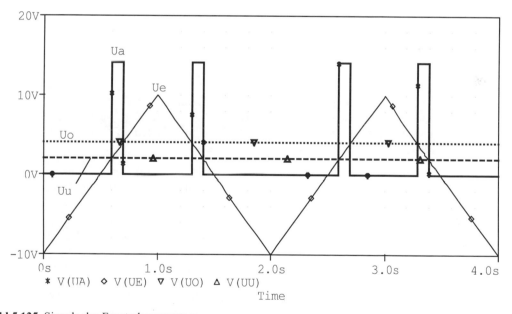

Bild 5.125 Signale des Fensterkomparators

Hysteresekennlinie:
Die Simulation der Hysteresekennlinie bezieht sich nur auf den rechten OP der Schaltung, der
einen Schmitt-Trigger realisiert. Verändern Sie deshalb die Schaltung so, dass die beiden linken OPs entfernt sind und die Eingangsspannungsquelle direkt mit dem invertierenden Eingang des OPs verbunden ist. Sie können jetzt den Signalverlauf dieser Quelle auf positive
Werte (*T1=0s, V1=0V, T2=1s, V2=12V*) beschränken. Führen Sie wieder eine Transienten-

Analyse durch. In PROBE wählen Sie für die x-Achse im Menü PLOT/AXIS SETTINGS/X AXIS/AXIS VARIABLE die Größe *V(Ue)*. Dargestellt wird über das Menü TRACE/ADD TRACE die Ausgangsgröße *V(Ua)*. Dann erhalten Sie die Hysteresekurve in Bild 5.126.

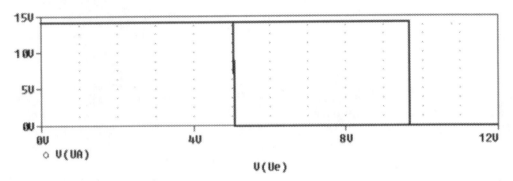

Bild 5.126 Hysteresekennlinie des Schmitt-Triggers

In mehr als 50 verschiedenen Schaltungen wurde die Simulation von analogen Halbleiterschaltungen behandelt. Es wurden die statischen und dynamischen Eigenschaften von Dioden, Z-Dioden, Transistoren, Feldeffekttransistoren und Operationsverstärkern untersucht. Dabei wurde vielfältiger Gebrauch von den zur Verfügung stehenden Analysearten gemacht: Bias-Point-, Transienten-, DC-Sweep-, AC-Sweep-, Parametric-Sweep-, DC-Sensity-, Transfer-Function-, Fourier- und Rausch-Analyse.

Im nächsten Kapitel geht es um die Simulation von digitalen Schaltungen. Da einige Schaltungen recht groß und unübersichtlich sind, werden diese in hierarchischen Blöcken strukturiert. Hierbei zeigt sich eine der großen Stärken von CAPTURE.

6 Digitale Schaltungen mit PSPICE simulieren

In diesem Kapitel finden Sie zahlreiche Simulationsaufgaben und Lösungen mit digitalen Bauelementen und Schaltungen. Die Aufgaben wurden so ausgewählt, dass sie den Stoff der Grundlagenvorlesungen und Bücher zum Thema Digitaltechnik vertiefen. Der Studierende lernt, die wesentlichen Sachverhalte durch Simulation nachzuvollziehen und gewinnt dadurch ein tieferes Verständnis.

Die Aufgaben sind nach folgendem Schema aufgebaut: Zunächst erfolgt eine Aufgabenstellung, in der bei umfangreicheren oder schwierigeren Fällen auch Hinweise zur Lösung gegeben werden. Die erforderlichen Bauelemente und Bibliotheken werden ebenfalls aufgeführt. Danach folgt eine ausführliche Beschreibung des Lösungswegs und der Ergebnisse. Alle Aufgaben sind mit der Evaluations-Software von PSPICE durchführbar.

Die CAPTURE-Dateien zu den Lösungen können von der Homepage des Autors geladen werden (s. Kapitel 1). Alle Schaltungen zur Digitaltechnik sind in der Datei *digital.zip* zusammengefasst und können mit einem Entpack-Programm, wie z.B. WINZIP.EXE, wieder entpackt werden. Bei den Lösungen ist immer die zugehörige CAPTURE-Projekt-Datei angegeben.

Hinweis: Der Einfachheit halber werden für die digitalen Schaltkreise die Schaltsymbole nach der US-Norm verwendet, wie sie in der Eval-Bibliothek vorhanden sind. Für einige Gatter (leider nicht für alle) könnte auch die DIN-Bibliothek verwendet werden, die dann die Gatter normgerecht darstellt. Da jedoch ein Mischen in einer Schaltung nicht möglich ist, wird hier auf diese Möglichkeit verzichtet.

In Kapitel 2 wird das Anlegen eines neuen Projekts in CAPTURE ausführlich beschrieben. Die am Anfang des Kapitels 5 aufgeführte Kurzfassung ist ebenso für dieses Kapitel hilfreich.

6.1 Statisches und dynamisches Verhalten von Schaltnetzen

In diesem Abschnitt wird das statische und dynamische Verhalten von Schaltnetzen mit Hilfe der Simulation untersucht.

6.1.1 Simulation aller mit zwei Variablen möglichen Funktionen

Simulieren Sie alle Funktionen, die mit zwei Eingangsvariablen x_0 und x_1 möglich sind, in einer Schaltung. Im Programmteil PROBE ist das Ergebnis der Simulation darzustellen. Dabei sind auf der senkrechten Achse die beiden Eingangssignale x_0 und x_1 sowie die Ausgangsgrößen y_i darzustellen. Die waagrechte Achse wird als Zeitachse verwendet.

Die benötigten Bauelemente sind in nebenstehender Tabelle gelistet. Man findet sie über das Menü PLACE/PART in den angegebenen Bibliotheken (Libraries)[1].

Bauelement	Bibliothek	Bemerkung
STIM1	source.olb	Digitale Quelle mit 1 Anschlussknoten (1 Bit)
7400	eval.olb	NAND-Gatter
7402	eval.olb	NOR-Gatter
7404	eval.olb	Inverter
7408	eval.olb	UND-Gatter
7432	eval.olb	ODER-Gatter
7486	eval.olb	EXOR-Gatter

Mit PLACE/POWER platzieren:

$D_LO	source.olb	Low-Potenzial Anschlussstelle
$D_HI	source.olb	High-Potenzial Anschlussstelle

Lösung (Datei: *dt_sn_a.opj*)

Mit zwei Eingangsvariablen sind folgende 16 unterschiedliche Funktionen möglich:

Tabelle 6.1 Alle mit zwei Eingangsvariablen möglichen Funktionen

x_0	x_1	y_0	y_1	y_2	y_3	y_4	y_5	y_6	y_7	y_8	y_9	y_{10}	y_{11}	y_{12}	y_{13}	y_{14}	y_{15}
0	0	0	1	0	1	0	1	0	1	0	1	0	1	0	1	0	1
0	1		0	1	1	0	0	1	1	0	0	1	1	0	0	1	1
1	0	0	0	0	0	1	1	1	1	0	0	0	0	1	1	1	1
1	1	0	0	0	0	0	0	0	0	1	1	1	1	1	1	1	1

Legen Sie zunächst über FILE/NEW/PROJECT ein neues Projekt an. Nach dem Platzieren und Verdrahten der Bauelemente sollten Sie eine Schaltung ähnlich wie in Bild 6.1 haben[1]. Zweckmäßigerweise gibt man den Ausgangsleitungen über das Menü PLACE/NET ALIAS einen Namen. Dies ist insbesondere bei der grafischen Ergebnisausgabe in PROBE nützlich.

Jetzt sind noch die beiden Quellen für die Eingangssignale x_0 und x_1 zu parametrieren. Bei zwei Eingangsgrößen gibt es vier verschiedene Kombinationen für die digitalen Werte der Eingangsgrößen. Dabei ändert sich x_1 nur halb so schnell wie x_0. Diese Änderungen der Eingangsgrößen werden nun in die beiden Quellen *DSTM1* und *DSTM2* eingegeben. Nach Doppelklick auf die Quelle *DSTM1* öffnet sich der Property Editor, in dem die zeitlichen Änderungen dieser Quelle vorgegeben werden. Bei COMMAND1 ist bereits eingetragen, dass zum Zeitpunkt 0 s der logische Wert 0 ist. Es wird nun in der Zelle unter COMMAND2 der Wert *1ms 1* eingegeben, wobei die erste Ziffer für den Zeitpunkt (hier 1 ms) und die zweite Ziffer für den logischen Zustand *1* ab diesem Zeitpunkt steht. Beachten Sie dabei besonders das Leerzeichen zwischen *s* und *1*. Bei COMMAND3 wird *2ms 0*, bei COMMAND4 *3ms 1* und bei COMMAND5 *4ms 0* eingegeben (ähnlich wie Bild 6.5). Als nächstes wird die Quelle *DSTM2* bearbeitet. Hier muss für COMMAND2 der Wert *2ms 1* und für COMMAND3 *4ms 0* eingegeben werden, d.h. dieses Signal verändert sich gegenüber *DSTM1* mit der halben Frequenz.

Zur Vorbereitung der Simulation legen Sie über PSPICE/NEW SIMULATION PROFILE ein neues Simulationsprofil an. Wählen Sie im Dialogfenster SIMULATION SETTINGS die Analyseart TIME

---

[1] Die Bauteile HI und LO legen für die Simulationen High- bzw. Low-Potential an den Eingang. Da diese Bauteile nicht für das Platinen-Layout benötigt werden, sind sie nur über das Menü PLACE/POWER oder mit der entsprechenden Schaltfläche zugänglich. Die Vorgehensweise ist ähnlich wie beim Massezeichen bei analogen Schaltungen (s. hierzu die Erklärungen auf S. 13 einschließlich der Fußnote 3).

DOMAIN (TRANSIENT). In dem nun geöffneten Fenster tragen Sie bei RUN TO TIME *5ms* ein und bestätigen die Eingabe mit OK.

Mit Spannungs-Markern an den beiden Eingangsleitungen und an den Ausgängen wird erreicht, dass die interessierenden Größen im „Oszilloskop-Programm" PROBE automatisch dargestellt werden. Nehmen Sie die Marker aus dem Menü PSPICE/MARKERS/VOLTAGE LEVEL.

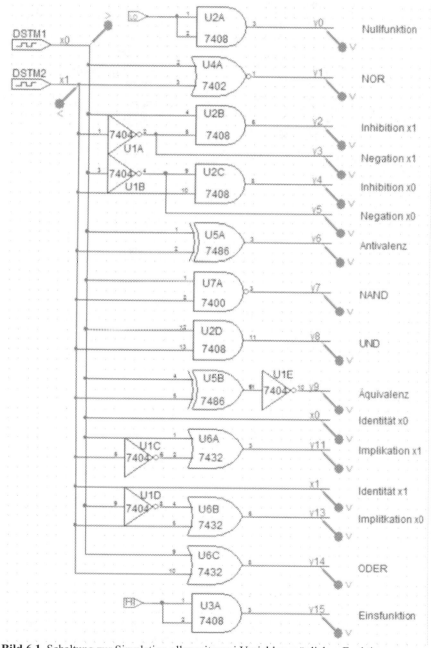

Bild 6.1 Schaltung zur Simulation aller mit zwei Variablen möglichen Funktionen

Starten Sie über PSPICE/RUN oder über das Ikon die Simulation. Das Ergebnis wird automatisch in PROBE abgebildet. Im Gegensatz zum vorhergehenden Kapitel erhalten wir jetzt ausschließlich digitale Signale mit ihren beiden logischen Zuständen 0 bzw. 1 dargestellt.

Die Signale werden in der Reihenfolge, in der die Marker gesetzt wurden angeordnet. Sollten Sie mit der Darstellung nicht zufrieden sein, so können Sie dies leicht ändern. Markieren Sie mit einem Mausklick auf einen Signalnamen ein Signal. Dadurch färbt sich der Signalname (z.B. *x0*) rot. Schneiden jetzt das Signal mit EDIT/CUT aus und fügen Sie es mit EDIT/PASTE wieder an der gewünschten Stelle oberhalb eines anderen Signals ein.

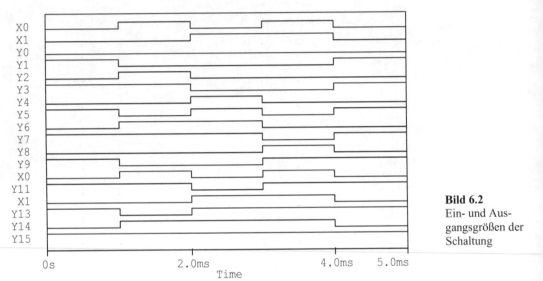

Bild 6.2
Ein- und Ausgangsgrößen der Schaltung

6.1.2 Simulation eines einfachen Schaltnetzes

 Es ist ein einfaches Schaltnetz mit zwei Eingangsvariablen und einer Ausgangsgröße zu simulieren.

- Geben Sie dafür im Programmteil CAPTURE die abgebildete Schaltung ein.

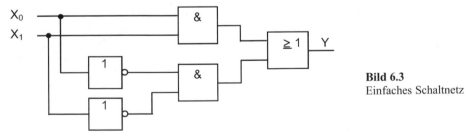

Bild 6.3
Einfaches Schaltnetz

- Im Programmteil PROBE ist das Ergebnis der Simulation darzustellen. Dabei sind auf der senkrechten Achse die beiden Eingangssignale x_0 und x_1 sowie die Ausgangsgröße y darzustellen. Die waagrechte Achse wird als Zeitachse verwendet.

• Welche logische Funktion realisiert die Schaltung?

Die Bauelemente finden Sie über das Menü PLACE/PART in folgenden Bibliotheken (Libraries):

Bauelement	Bibliothek	Bemerkung
STIM1	source.olb	Digitale Quelle mit 1 Anschlussknoten (1 Bit)
7404	eval.olb	Inverter
7408	eval.olb	UND-Gatter
7432	eval.olb	ODER-Gatter

Lösung (Datei: *dt_sn_b.opj*)

Nach dem Platzieren und Verdrahten der Bauelemente geben Sie mit PLACE/NET ALIASES den Ein- und Ausgangsleitungen einen Namen. Die Schaltung sollte nun ähnlich wie im Bild 6.4 abgebildet aussehen. Die Marker werden jedoch erst nach dem Anlegen eines Simulationsprofils eingesetzt.

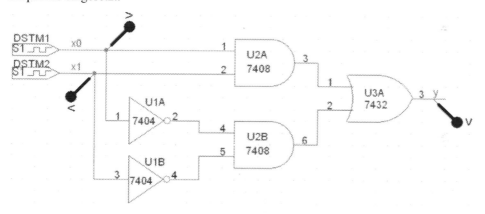

Bild 6.4 Schaltung mit Quellen und Spannungsmarker

Jetzt sind noch die beiden Quellen für die Eingangssignale x_0 und x_1 zu parametrieren. Gehen Sie dabei ähnlich wie in der vorhergehenden Aufgabe im Abschnitt 6.1.1 vor, s.a. Bild 6.5. Sie können im Property Editor mehrere Quellen bearbeiten, wenn Sie zunächst alle Quellen markieren und den Editor dann über das Menü EDIT/PROPERTIES oder über das Popup-Menü der rechten Maustaste aufrufen. Häufig sind die einzelnen COMMAND-Felder als Spalten angeordnet. Dann ist die Eingabe der zugehörigen Werte etwas unübersichtlich, da sich zwischen den Felder 1 und 2 die Felder 10 bis 16 befinden. Die Darstellung lässt sich aber leicht verbessern, indem man die Anordnung in eine Zeilenorientierung umdreht. Klicken Sie dazu mit der rechten Maustaste auf das leere Feld links oben (s. Bild 6.5) und wählen Sie im Popup-Menü den Eintrag PIVOT. Auf die gleiche Weise lässt sich die Anordnung wieder in Spaltenorientierung umdrehen. Übernehmen Sie die Eingaben mit einem Klick auf das Kästchen mit dem X rechts oben.

Zur Vorbereitung der Simulation legen Sie über PSPICE/NEW SIMULATION PROFILE ein neues Simulationsprofil an. Wählen Sie im Dialogfenster SIMULATION SETTINGS die Analyseart TIME DOMAIN (TRANSIENT). In dem nun geöffneten Fenster tragen Sie bei RUN TO TIME *6us* ein und bestätigen Sie die Eingabe mit OK.

Mit einem Spannungs-Marker an den beiden Eingangsleitungen und am Ausgang wird erreicht, dass die interessierenden Größen im „Oszilloskop-Programm" PROBE automatisch dargestellt werden. Der Marker kann im Menü PSPICE/MARKERS/VOLTAGE LEVEL entnommen und in der Schaltung platziert werden.

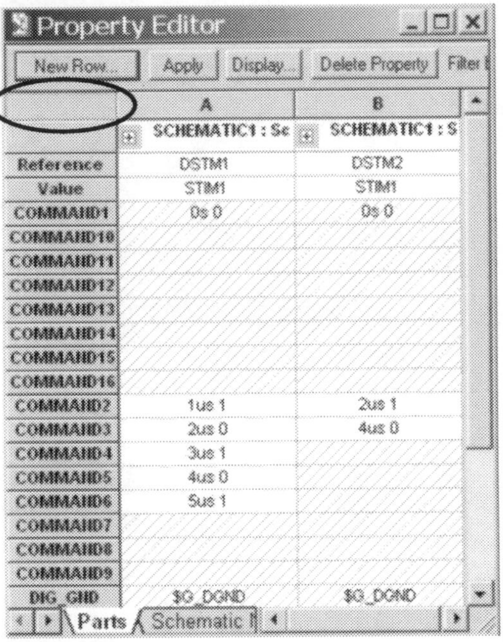

Property Editor
New Row...
Apply
Display...
Delete Property
A
B
SCHEMATIC1 : Sc
SCHEMATIC1 : S
Reference
DSTM1
DSTM2
Value
STIM1
STIM1
COMMAND1
0s 0
0s 0
COMMAND10
COMMAND11
COMMAND12
COMMAND13
COMMAND14
COMMAND15
COMMAND16
COMMAND2
1us 1
2us 1
COMMAND3
2us 0
4us 0
COMMAND4
3us 1
COMMAND5
4us 0
COMMAND6
5us 1
COMMAND7
COMMAND8
COMMAND9
DIG_GND
$G_DGND
$G_DGND
Parts
Schematic

Bild 6.5
Property Editor mit den Eigenschaften der beiden Quellen DSTM1 und DSTM2

Über PSPICE/RUN oder über das Ikon wird die Simulation gestartet. Das Ergebnis wird automatisch in PROBE abgebildet. Am zeitlichen Verlauf der Ein- und Ausgangsgrößen ist zu erkennen, dass das Schaltnetz eine Äquivalenzfunktion realisiert.

X0
X1
Y
0s
2.0us
4.0us
6.0us
Time

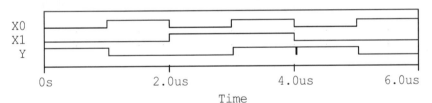

Bild 6.6 Zeitlicher Verlauf der Ein- und Ausgangsgrößen des Schaltnetzes

6.1.3 Distributives Gesetz

- Simulieren Sie die Schaltung, welche die Schaltfunktion $Y = A \wedge B \vee A \wedge C$ realisiert und stellen Sie die Eingangsvariablen *A, B* und *C* sowie die Ausgangsvariable *Y* im Zeitbereich von *0* bis *8* μs dar.
- Bilden Sie jetzt die mit dem Distributiv-Gesetz vereinfachte Schaltfunktion

  $Y_1 = A \wedge (B \vee C)$ und zeigen Sie durch gleichzeitige Simulation von Y und Y_1, dass beide Funktionen das gleiche Zeitverhalten haben.

Die Bauelemente finden Sie über das Menü PLACE/ PART in folgenden Bibliotheken (Libraries):

Bauelement	Bibliothek	Bemerkung
STIM1	source.olb	Digitale Quelle mit 1 Anschlussknoten (1 Bit)
7408	eval.olb	UND-Gatter
7432	eval.olb	ODER-Gatter

Lösung (Datei: *dt_sn_c.opj*)

Nach dem Platzieren und Verdrahten der Bauelemente geben Sie den Ein- und Ausgangsleitungen über PLACE/NET ALIAS einen Namen. Die Schaltung sollte nun ähnlich wie im Bild 6.7 dargestellt aussehen.

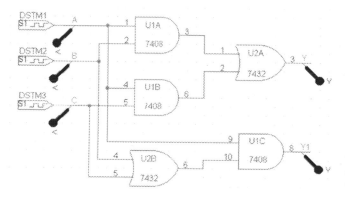

Bild 6.7 Schaltung der Funktion *Y* und der vereinfachten Funktion *Y₁*

Jetzt sind noch die drei Quellen für die Eingangssignale A, B und C zu parametrieren. Bei drei Eingangsgrößen gibt es acht verschiedene Kombinationen für die digitalen Werte der Eingangsgrößen. Dabei ändert sich A doppelt so schnell wie B und B doppelt so schnell wie C. Diese Änderungen der Eingangsgrößen werden in den Quellen *DSTM1*, *DSTM2* und *DSTM3* eingegeben. Markieren Sie dazu alle Quellen und öffnen Sie über EDIT /PROPERTIES oder über das Popup-Menü der rechten Maustaste den Property Editor. Belegen Sie die Zellen der Tabelle nach folgendem Muster:

Tabelle 6.2 Eigenschaften der drei Quellen DSTM1, DSTM2 und DSTM3

Quelle	COMMAND1	COMMAND2	COMMAND3	COMMAND4	COMMAND5	COMMAND6	COMMAND7	COMMAND8
DSTM1	0s 0	1us 1	2us 0	3us 1	4us 0	5us 1	6us 0	7us 1
DSTM2	0s 0	2us 1	4us 0	6us 1				
DSTM3	0s 0	4us 1						

Die erste Ziffer steht dabei für den Zeitpunkt und die zweite Ziffer für den logischen Zustand. Beachten Sie besonders das Leerzeichen zwischen *s* und *1*. Übernehmen Sie die Eingaben mit einem Klick auf das Kästchen mit dem X rechts oben.

Zur Vorbereitung der Simulation legen Sie über PSPICE/NEW SIMULATION PROFILE ein neues Simulationsprofil an. Wählen Sie im Dialogfenster SIMULATION SETTINGS die Analyseart TIME DOMAIN (TRANSIENT). In dem nun geöffneten Fenster tragen Sie bei RUN TO TIME *8us* ein und bestätigen die Eingabe mit OK.

Mit einem Spannungs-Marker an jeder Eingangsleitung und an den Ausgängen wird erreicht, dass die interessierenden Größen im „Oszilloskop-Programm" PROBE automatisch dargestellt werden. Die Reihenfolge, in der die Marker platziert werden, entscheidet über die Reihenfolge der Darstellung in PROBE. Die Marker können im Menü PSPICE/ MARKERS/ VOLTAGE LEVEL entnommen und in die Schaltung gesetzt werden.

Über PSPICE/RUN oder mit der Schaltfläche wird die Simulation gestartet und das Ergebnis automatisch in PROBE abgebildet, s. Bild 6.8. Der Vergleich zwischen Y und Y_1 zeigt, dass beide Signalverläufe identisch sind, d.h. mit der vereinfachten Schaltfunktion wird das gleiche Ergebnis erzielt.

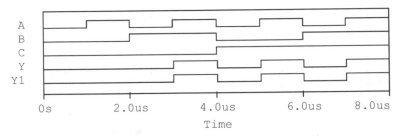

Bild 6.8 Ein- und Ausgangsgrößen der beiden Schaltungsvarianten

6.1.4 Das Gesetz von De Morgan

*   Simulieren Sie eine Schaltung, welche die Schaltfunktion $Y = \overline{A \vee B \vee C}$ realisiert, und stellen Sie die Eingangsvariablen A, B und C sowie die Ausgangsvariable Y im Zeitbereich von *0* bis *8 μs* dar.

*   Formen Sie jetzt die gegebene Funktionsgleichung für Y mit dem De Morgan'schen Gesetz so um, dass Sie nur noch UND-Verknüpfungen benötigen (wie viele verschiedene Möglichkeiten gibt es?).

*   Zeigen Sie durch gleichzeitige Simulation mit Y, dass die umgeformten Funktionen das gleiche Zeitverhalten haben.

Die Bauelemente finden Sie über das Menü PLACE/PART in folgenden Bibliotheken (Libraries):

Bauelement	Bibliothek	Bemerkung
STIM1	source.olb	Digitale Quelle mit 1 Anschlussknoten (1 Bit)
7404	eval.olb	Inverter
7408	eval.olb	UND-Gatter, 2 Eingänge
7411	eval.olb	UND-Gatter, 3 Eingänge
7427	eval.olb	NOR-Gatter, 3 Eingänge

Lösung (Datei: *dt_sn_d.opj*)

Nach der Umformung der Schaltfunktion Y mit De Morgan erhält man eine UND-Verknüpfung mit negierten Eingängen. Nimmt man dann noch das Assoziative Gesetz (Klammerbildung) zur Hilfe, ergeben sich insgesamt vier verschiedene Lösungen:

$$Y_1 = \overline{A} \wedge \overline{B} \wedge \overline{C} \tag{Gl. 6.1}$$

$$Y_2 = \left(\overline{A} \wedge \overline{B}\right) \wedge \overline{C} \tag{Gl. 6.2}$$

$$Y_3 = \overline{A} \wedge \left(\overline{B} \wedge \overline{C}\right) \tag{Gl. 6.3}$$

$$Y_4 = \left(\overline{A} \wedge \overline{C}\right) \wedge \overline{B} \tag{Gl. 6.4}$$

Nach dem Platzieren und „Verdrahten" der Bauelemente geben Sie den Ein- und Ausgangsleitungen über PLACE/NET ALIAS einen Namen. Jetzt sind noch die drei digitalen Quellen, wie bereits in der vorhergehenden Aufgabe im Abschnitt 6.1.3 in Tabelle 6.2 beschrieben, zu parametrieren.

Zur Vorbereitung der Simulation legen Sie über PSPICE/NEW SIMULATION PROFILE ein neues Simulationsprofil an. Wählen Sie im Dialogfenster SIMULATION SETTINGS die Analyseart TIME DOMAIN (TRANSIENT). In dem nun geöffneten Fenster tragen Sie bei RUN TO TIME *8us* ein und bestätigen die Eingabe mit OK.

Mit einem Spannungs-Marker an jeder Eingangsleitung und am Ausgang wird erreicht, dass die interessierenden Größen im „Oszilloskop-Programm" PROBE automatisch dargestellt werden. Die Schaltung sollte nun ähnlich wie im Bild 6.9 abgebildet aussehen.

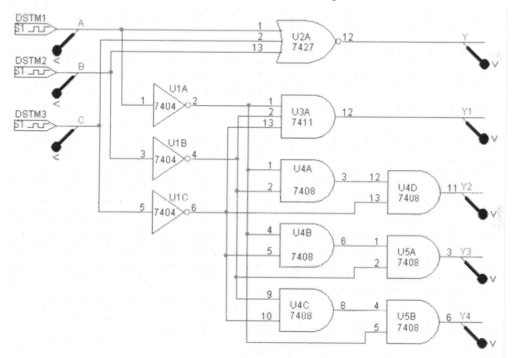

Bild 6.9 Schaltung zur Schaltfunktion *Y* und die mit De Morgan umgeformten Schaltungen

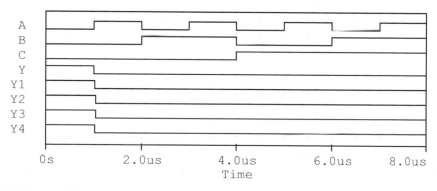

Bild 6.10 Ein- und Ausgangssignale der untersuchten Schaltung

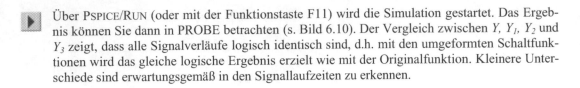

Über PSPICE/RUN (oder mit der Funktionstaste F11) wird die Simulation gestartet. Das Ergebnis können Sie dann in PROBE betrachten (s. Bild 6.10). Der Vergleich zwischen Y, Y_1, Y_2 und Y_3 zeigt, dass alle Signalverläufe logisch identisch sind, d.h. mit den umgeformten Schaltfunktionen wird das gleiche logische Ergebnis erzielt wie mit der Originalfunktion. Kleinere Unterschiede sind erwartungsgemäß in den Signallaufzeiten zu erkennen.

6.1.5 Ringoszillator

Geben Sie die folgende Schaltung eines Ringoszillators in CAPTURE ein. Die digitale Signalquelle ist so zu parametrieren, dass das Signal R zu Beginn der Simulation für *10 ns* auf Low liegt und anschließend dauernd auf High bleibt.

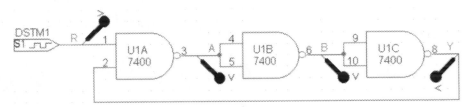

Bild 6.11 Schaltung eines Ringoszillators

- Führen Sie eine Transienten-Analyse im Zeitbereich von 0 bis 300 ns durch.

- Ermitteln Sie die Verzögerungszeiten T_{PHL} und T_{PLH} der einzelnen Gatter. Dabei ist T_{PHL} die Verzögerungszeit vom Gattereingang bis zum H-L-Übergang am Gatterausgang, T_{PLH} die Verzögerungszeit vom Gattereingang bis zum L-H-Übergang am Gatterausgang.

- Wie hängen die Periodendauer T (bzw. die Frequenz f) der Rechteckschwingung des Ausgangssignals Y und der Mittelwert der Verzögerungszeiten der drei Gatter zusammen?

Die Bauelemente finden Sie über das Menü PLACE/ PART in nebenstehenden Bibliotheken (Libraries).

Bauelement	Bibliothek	Bemerkung
STIM1	source.olb	Digitale Quelle mit 1 Anschlussknoten (1 Bit)
7400	eval.olb	NAND-Gatter, 2 Eingänge

Lösung (Datei: *dt_sn_ringosz.opj*)

Geben Sie in CAPTURE die Schaltung des Ringoszillators ein und beschriften Sie die Leitungen über das Menü PLACE/NET ALIAS. Die Eigenschaften der Signalquelle *DSTM1* für das Signal R sind wie folgt zu parametrieren:

COMMAND1: *0s 0*, COMMAND2: *10ns 1*

Zur Vorbereitung der Simulation legen Sie über PSPICE/NEW SIMULATION PROFILE ein neues Simulationsprofil an. Wählen Sie im Dialogfenster SIMULATION SETTINGS die Analyseart TIME DOMAIN (TRANSIENT). In dem nun geöffneten Fenster tragen Sie bei RUN TO TIME *300ns* ein. Bestätigen Sie die Eingabe mit OK. Fügen Sie jetzt Spannungsmarker in die Schaltung ein.

Nach der Simulation erhalten Sie in PROBE die zeitlichen Verläufe der Signale *R, A, B* und *Y* dargestellt. Die Signale *A, B* und *Y* haben die gleiche Periodendauer, sind aber zeitversetzt. Das Signal *R* ist nur dazu da, den Anfangszustand herzustellen.

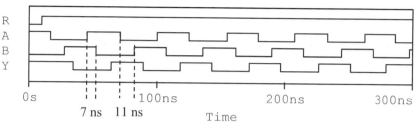

Bild 6.12   Signalverläufe des Ringoszillators bei typischen Gatterlaufzeiten, Gatterlaufzeiten für die Einstellung "typical"

Mit den Cursorn können Sie die Verzögerungszeiten T_{PHL} und T_{PLH} der drei Gatter ausmessen. Zum Ablesen der Werte ist es günstig, die Darstellung zu spreizen: VIEW/ZOOM/AREA. Klicken Sie dazu mit der linken Maustaste in das Diagramm links des interessierenden Bereichs und ziehen Sie bei gedrückter Maustaste den Cursor so weit wie gewünscht nach rechts. Folgende Werte sollten Sie erhalten:

$$T_{PHL} = 7 \text{ ns und } T_{PLH} = 11 \text{ ns.} \qquad \text{Gl. 6.5}$$

Tabelle 6.3 Verzögerungszeiten

TPLHMN	4.400000E 09
TPLHTY	11.000000E 09
TPLHMX	22.000000E 09
TPHLMN	2.800000E 09
TPHLTY	7.000000E 09
TPHLMX	15.000000E 09

Aufgrund des Simulationsmodells sind die beiden Zeiten bei den drei Gattern gleich. Die gemessenen Verzögerungszeiten entsprechen natürlich den im Modell eingestellten Werten. Sie können diese Zeiten im Output-File (VIEW/OUTPUT FILE) nachschauen. Unter der Überschrift *DIGITAL GATE MODEL PARAMETERS* stehen die in Tabelle 6.3 zusammengefassten Angaben.

Die ersten drei Angaben stehen für die minimale, typische und maximale Verzögerungszeit von L auf H. Die restlichen drei für die entsprechenden Zeiten von H auf L. Ob nun die minimale, typische oder maximale Verzögerungszeit zu verwenden ist, wird im Dialogfenster SIMULATION SETTINGS in der Karteikarte OPTIONS unter CATEGORY: GATE-LEVEL SIMULATION festgelegt. Wenn Sie die oben angegebenen Zeiten gemessen haben, sollte im Eingabefeld TIMIMG MODE die Auswahl TYPICAL markiert sein. Gegebenenfalls müssen Sie diese Schaltfläche anklicken und die Simulation wiederholen.

Mit dem Eingabefeld TIMING MODE ist der PSPICE-Parameter DIGMNTYMX verbunden. Er kann mit den Schaltflächen auf folgende Werte gesetzt werden:

1 für minimale,
2 für typische,
3 für maximale Signallaufzeit und
4 für eine Worst-Case-Betrachtung der digitalen Signallaufzeiten.

In jedem Fall werden dadurch die Laufzeitparameter aller digitalen Simulationsmodelle eines Schaltplanes verändert. Darüber hinaus kann im *Property Editor* eines jeden einzelnen digitalen Symbols über den Parameter *MNTYMXDLY* der Signallaufzeittyp individuell zugeordnet werden. Der Eintrag *MNTYMXDLY=0* bedeutet, dass der globale Eintrag des Parameters DIGMNTYMX verwendet wird. Weicht der Wert von 0 ab, so wird für dieses Symbol die individuelle Laufzeiteinstellung verwendet.

Die Periodendauer des Ausgangssignals Y kann mit den Cursorn in PROBE zu $T = 54$ ns gemessen werden. Dieser Wert entspricht der Summe der Verzögerungszeiten der drei Gatter:

$$T = T_P = (7+11+7+11+7+11) \text{ ns} = 54 \text{ ns}.$$ Gl. 6.6

Verändern Sie jetzt die Einstellung von *DIGMNTYMX* auf 1 (minimale Werte für alle Gatter) und legen Sie nach Doppelklick auf das Symbol die individuellen Werte des linken Gatters U1A auf maximal (*MNTYMYDLY=3*). Führen Sie die Simulation erneut durch und überprüfen Sie die Zeiten. Nach der Simulation werden in PROBE (s. Bild 6.13) wieder die Verzögerungszeiten der drei Gatter ausgelesen. Gatter U1B und U1C haben *4,4 ns* bzw. *2,8 ns* und das Gatter U1A *22 ns* bzw. *15 ns*. Dies entspricht exakt den Werten im Modell, wie Sie im Output-File wieder nachlesen können. Zum Ablesen der Werte ist es günstig, die Darstellung zu spreizen.

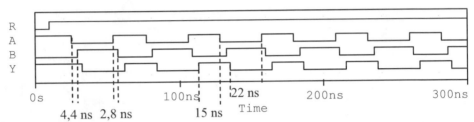

Bild 6.13   Signalverläufe bei minimalen Laufzeiten für die Gatter U1B und U1C sowie maximaler Gatterlaufzeit für U1A

Diese Ringoszillatoren werden in integrierten Schaltungen als interne Taktgeneratoren eingesetzt. Niedere Taktfrequenzen werden dadurch erzielt, dass statt drei eine beliebige ungerade Anzahl von Gattern zusammengeschaltet wird. Der Nachteil bei diesen Schaltungen ist, dass die Verzögerungszeiten und damit die Taktfrequenz von der Temperatur und der Betriebsspannung abhängig sind. Weiterhin streuen die Verzögerungszeiten und damit die Taktfrequenz von Exemplar zu Exemplar.

6.1.6 Hazards

Ein Hazard (engl. Gefahr, Risiko) liegt vor, wenn eine kurzzeitige Änderung des Ausgangssignals aufgrund von Signallaufzeiten auftritt, die mit der Logik nicht begründet werden kann. Dabei unterscheidet man zwischen statischen und dynamischen Hazards. Ein *statischer Hazard* liegt vor, wenn eine Änderung des Ausgangssignals aufgrund einer Änderung des Eingangssignals erfolgt, obwohl diese logisch nicht erwartet worden wäre. Ein *dynamischer Hazard* liegt vor, wenn eine mehrfache Änderung des Ausgangssignals aufgrund einer Änderung des Eingangssignals erfolgt.

Aufgabe statischer Hazard:
*   Geben Sie die folgende Schaltung in CAPTURE ein. Die Schaltung produziert unter der Bedingung, dass $B = C = 1$ ist, einen statischen Hazard. Die digitale Signalquelle *DSTM1* ist so zu parametrieren, dass das Signal zwischen *100 ns* und *300 ns* auf *1* und sonst auf *0* liegt. Die beiden anderen digitalen Signalquellen müssen ständig High-Potenzial führen.

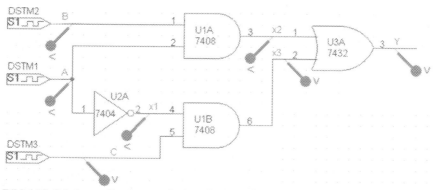

Bild 6.14 Schaltung, die einen statischen Hazard erzeugt

- Führen Sie eine Transienten-Analyse im Zeitbereich von *0* bis *500 ns* durch und stellen Sie die Signale *A, B, C*, x_1, x_2, x_3 und *Y* in PROBE dar.

- Ermitteln Sie die Verzögerungszeiten T_{PHL} und T_{PLH} der einzelnen Gatter. Dabei ist T_{PHL} die Verzögerungszeit vom Gattereingang bis zum H-L-Übergang am Gatterausgang, T_{PLH} die Verzögerungszeit vom Gattereingang bis zum L-H-Übergang am Gatterausgang.

- Erklären Sie die Entstehung des Hazards.

Aufgabe dynamischer Hazard:
- Erweitern Sie nun die Schaltung wie im folgenden Bild dargestellt. Dabei entspricht das Signal z_4 dem Ausgang Y in Bild 6.14.

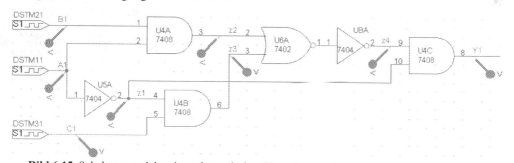

Bild 6.15 Schaltung, welche einen dynamischen Hazard erzeugt

- Führen Sie wieder eine Transienten-Analyse durch und beobachten Sie die Signale z_1, z_2, z_3, z_4 und Y_1.

Die benötigten Bauelemente sind in nebenstehender Tabelle gelistet. Man findet sie über das Menü PLACE/ PART in den angegebenen Bibliotheken (Libraries).

Bauelement	Bibliothek	Bemerkung
STIM1	source.olb	Digitale Quelle mit 1 Anschlussknoten (1 Bit)
7402	eval.olb	NOR-Gatter, 2 Eingänge
7404	eval.olb	Inverter
7408	eval.olb	UND-Gatter, 2 Eingänge
7432	eval.olb	ODER-Gatter, 2 Eingänge

Lösung (Datei: *dt_sn_hazard.opj*)

Statischer Hazard:

Geben Sie in CAPTURE die Schaltung ein und beschriften Sie die Leitungen. Die Signalquelle *DSTM1* am Eingang *A* ist wie folgt zu parametrieren:

> COMMAND1: *0s 0*
> COMMAND2: *100ns 1*
> COMMAND2: *300ns 0*

Zur Vorbereitung der Simulation legen Sie über PSPICE/NEW SIMULATION PROFILE ein neues Simulationsprofil an. Wählen Sie im Dialogfenster SIMULATION SETTINGS die Analyseart TIME DOMAIN (TRANSIENT). In dem nun geöffneten Fenster tragen Sie bei RUN TO TIME *500ns* ein. Klicken Sie auf den „Karteikartenreiter" OPTIONS und wählen Sie dort die Kategorie GATE-LEVEL SIMULATION. Sorgen Sie dafür, dass der Schaltknopf bei TYPICAL markiert ist und bestätigen Sie die Eingabe mit OK.

Nach der Simulation erhalten Sie in PROBE die zeitlichen Verläufe der Signale *A*, *B*, *C*, x_1, x_2, x_3 und *Y* dargestellt. Deutlich sind die Laufzeitunterschiede zwischen den Signalen zu sehen. Das Ausgangssignal *Y* sollte von der Logik her immer auf 1 liegen. Tatsächlich gibt es aber einen kurzen Einbruch, nachdem das Eingangssignal *A* wieder auf seinen ursprünglichen Wert zurückgegangen ist.

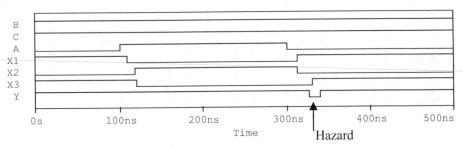

Bild 6.16 Ausgang Y geht aufgrund der Gatterlaufzeiten kurzzeitig auf Low

Mit den Cursorn können Sie jetzt die Verzögerungszeiten T_{PHL} und T_{PLH} der vier Gatter ausmessen. Nebenstehende Werte sollten Sie erhalten.

Tabelle 6.4 Verzögerungszeiten

Gatter	T_{PLH}	T_{PHL}
Inverter, Signal x_1	12 ns	8 ns
UND, Signal x_2	17,5 ns	12 ns
UND, Signal x_3	17,5 ns	12 ns
ODER, Signal Y	10 ns	14 ns

Hinweis zum Messen der Verzögerungszeiten:
Um die Verzögerungszeiten genauer messen zu können, empfiehlt es sich die Übergangsbereiche stark vergrößert darzustellen. Dazu gibt es zwei Möglichkeiten:

- Im Menü PLOT die Option AXIS SETTINGS/X AXIS in der gewünschten Weise ändern.

- Mit Hilfe des Ausschnitt-Vergrößerungsglases einen Ausschnitt auswählen und vergrößern.

Das Vergrößerungsglas funktioniert wie folgt:

- Das Vergrößerungsglas in der Ikonleiste anklicken (VIEW/ZOOM/IN bzw. AREA). Der Cursor verwandelt sich in ein Kreuz.

- Den Kreuzcursor in PROBE irgendwo an den linken Rand des Übergangsbereiches setzen und bei gedrückter Maustaste an den rechten Rand des Bereiches ziehen.

- Nach Loslassen der Maustaste wird der gewählte Ausschnitt vergrößert.

- Eventuell den Vorgang mehrmals wiederholen.

- Durch Anklicken der Schaltfläche ZOOM FIT wird die Vergrößerung wieder zurückgenommen.

Vergleichen Sie jetzt die von Ihnen gemessenen Verzögerungszeiten mit den in der Output-Datei (VIEW/OUTPUT FILE) angegebenen Werten. Unter der Überschrift *DIGITAL GATE MODEL PARAMETERS* stehen folgende Angaben:

Tabelle 6.5 Verzögerungszeiten in der Output-Datei

	D_32 (ODER)	D_04 (Inverter)	D_08 (UND)
TPLHMN	4.000000E-09	4.800000E-09	7.000000E-09
TPLHTY	10.000000E-09	12.000000E-09	17.500000E-09
TPLHMX	15.000000E-09	22.000000E-09	27.000000E-09
TPHLMN	5.600000E-09	3.200000E-09	4.800000E-09
TPHLTY	14.000000E-09	8.000000E-09	12.000000E-09
TPHLMX	22.000000E-09	15.000000E-09	19.000000E-09

Die ersten drei Zeilen stehen für die minimale, typische und maximale Verzögerungszeit von Low auf High. Die restlichen drei für die entsprechenden Zeiten von High auf Low. Der Vergleich der typischen Verzögerungszeiten mit den in PROBE gemessenen zeigt Übereinstimmung. Wie man die minimale, typische oder maximale Verzögerungszeit im Modell einstellt, können Sie in der vorhergehenden Aufgabe im Abschnitt 6.1.5 nachlesen.

Der in dieser Schaltung aufgetretene statische Hazard wird also durch die Verzögerungszeiten der Gatter verursacht. Überprüfen Sie bitte selbst, dass der Hazard auch dann nicht verschwindet, wenn Sie die Verzögerungszeiten aller Gatter auf die minimalen oder maximalen Werte setzen.

Dynamischer Hazard:
Nach Eingabe der Schaltung gemäß Bild 6.15 in CAPTURE können die beim statischen Hazard durchgeführten Einstellungen der Quellen und Analyseart übernommen werden. Sie sollten nun nach der Simulation in PROBE die Signalverläufe wie in Bild 6.17 erhalten.

Das Signal z_4 (das vorhergehende Y-Signal) hat unverändert einen Hazard. Interessant ist aber besonders der neue Ausgang $Y1$. Die logische Betrachtung der Schaltung ergibt, dass der Ausgang $Y1$ von Low auf High wechseln sollte, wenn $A1$ von High wieder auf Low geht. Stattdessen springt $Y1$ aber nur kurzfristig auf High, um gleich darauf wieder auf Low zurückzukehren. Erst nach einer weiteren Verzögerungszeit geht $Y1$ endgültig auf High. Dieses Verhalten bezeichnet man als einen *dynamischen Hazard*. Die Verzögerungszeiten der Gatter können also unter bestimmten Randbedingungen zu unerwünschten Low- oder High-Impulsen führen, die zu katastrophalem Fehlverhalten führen können, wenn speichernde Bauelemente wie Flipflop damit beschaltet werden.

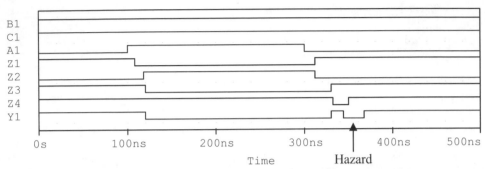

Bild 6.17 Ausgang Y geht noch mal kurzzeitig auf Low ehe er endgültig auf High bleibt

6.1.7 1-Bit-Vergleicher

 In dieser Aufgabe wollen wir schrittweise einen 1-Bit-Vergleicher entwickeln und simulieren. Der Vergleicher soll zwei einstellige Dualzahlen miteinander vergleichen und an seinem Ausgang anzeigen, welche Zahl größer ist, oder ob beide gleich sind. Der 1-Bit-Vergleicher wird so realisiert, dass man mit ihm leicht mehrstellige Vergleicher aufbauen kann. Er vergleicht das i-te Bit der Zahl x mit dem i-ten Bit der Zahl y. Dabei wird das Vergleichsergebnis eventuell vorhandener höherwertiger Stellen durch die Eingänge A_{i+1} und B_{i+1} mit berücksichtigt.

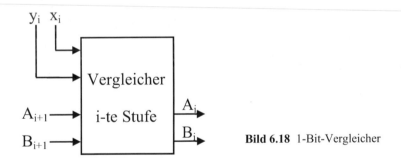

Bild 6.18 1-Bit-Vergleicher

Die beiden Ausgangssignale A_i und B_i zeigen das Ergebnis des Vergleichs an. Sie sind entsprechend der Tabelle 6.6 definiert.

Tabelle 6.6 Definition der Ausgangssignale A_i und B_i

B_i	A_i	Bedeutung
0	0	die höherwertigen Stellen sind alle gleich
0	1	bei den höherwertigen Stellen n-1 bis i gilt: $x > y$
1	0	bei den höherwertigen Stellen n-1 bis i gilt: $x < y$

Setzt man diese Anforderungen in eine Funktionstabelle für die beiden Ausgangsgrößen A_i und B_i um, so kann man daraus die minimierten Schaltfunktionen (z.B. mit KV-Diagramm) entwickeln:

$$A_i = A_{i+1} \vee \left(\overline{B}_{i+1} \wedge x_i \wedge \overline{y}_i \right) \text{ und} \qquad\qquad \text{Gl. 6.7}$$

$$B_i = B_{i+1} \vee \left(\overline{A}_{i+1} \wedge y_i \wedge \overline{x}_i \right). \qquad\qquad \text{Gl. 6.8}$$

Ein Vergleich dieser beiden Gleichungen führt zur Erkenntnis, dass die Struktur der zugehörigen Schaltungen gleich ist, lediglich die Variablen verschieden sind. Es bietet sich deshalb an, die Schaltung nur einmal in CAPTURE einzugeben und abzuspeichern. In CAPTURE wird dies als hierarchische Struktur bezeichnet[2]. Jede in der Hierarchie tieferliegende Ebene muss dabei in einem eigenen SCHEMATIC-Ordner im Project Manager strukturiert werden. Die Verbindung zwischen einer tieferliegenden und einer höherliegenden Ebene geschieht über hierarchische Ports (Hierarchical Port) und über hierarchische Pins (Hierarchical Pin). Eine hierarchisch strukturierte Schaltung kann von unten nach oben (Bottom up) oder von oben nach unten (Top down) entwickelt werden. In diesem Fall wollen wir von unten, d.h. von der Schaltung, beginnen um, dann zuletzt in einem Blocksymbol zu enden. In weiteren Übungsaufgaben wird auch noch der Weg von oben nach unten begangen[3]. Damit die der Gleichung entsprechende Schaltung als „Black Box" in anderen Schaltungen verwendet werden kann, müssen also an den Ein- und Ausgangsleitungen hierarchische Ports angebracht werden, die entsprechend zu bezeichnen sind. Jetzt kann man diese Schaltung in weiteren Schaltbildern über ein Blocksymbol (Hierarchical Block) einsetzen.

- Legen Sie in CAPTURE ein neues Projekt an. Im Project Manager finden wir jetzt unter dem Ordner DESIGN RESOURCES einen Eintrag mit dem von Ihnen vergebenen Projektnamen und der Endung *dsn* (*name.dsn*). Markieren Sie diesen Eintrag und wählen Sie aus dem Popup-Menü der rechten Maustaste die Option NEW SCHEMATIC. Es wird ein neuer SCHEMATIC-Ordner angelegt. Legen Sie noch einen zweiten neuen Ordner an. In beiden Ordnern müssen Sie jetzt noch mit New Page eine neue Seite einfügen. Öffnen Sie eine der beiden neuen Seiten mit einem Doppelklick und geben Sie die Schaltung einer der beiden Ausgangsgrößen A_i bzw. B_i ein. Fügen Sie an den vier Eingangs- und an der Ausgangsgröße jeweils einen hierarchischen Port-Baustein ein und bezeichnen Sie diese nach einem Doppelklick auf das Symbol mit den Labeln *A, B, C, D* und *Y*.

- Im nächsten Schritt sollen Sie durch zweimaliges Verwenden der bereits erstellten Schaltung einen 1-Bit-Vergleicher, wie im Bild 6.18 dargestellt, realisieren. Öffnen Sie dazu durch Doppelklick die zweite im Project Manager angelegte Seite und platzieren Sie darauf zweimal ein Blocksymbol aus der Symbolleiste oder über das Menü (PLACE/HIERARCHICAL BLOCK). Auch diese Schaltung soll wieder in anderen Schaltbildern als Black Box eingesetzt werden. Die Eingangsgrößen x_i, y_i, A_{i+1} und B_{i+1} sind deshalb als hierarchische Ports einzufügen und mit den entsprechenden Pins der Blocksymbole zu verbinden.

- Simulieren Sie jetzt den 1-Bit-Vergleicher, indem Sie ihn in einer dritten Seite im Hauptordner wieder als Blocksymbol einfügen und die Eingangsgrößen mit digitalen Signalquellen versehen.

---

[2] Dies ist ein wesentlicher Vorteil des Schaltplaneingabeprogramms CAPTURE gegenüber dem Vorgängerprogramm SCHEMATICS, das eine hierarchische Schaltungseingabe nicht erlaubt.

[3] S. Aufgaben in den Abschnitte 6.1.9, 6.1.10, 6.4.8, 6.4.10, 6.6.1 und 6.6.2

Die benötigten Bauele-
mente sind in nebenste-
hender Tabelle gelistet.
Man findet sie über das
Menü PLACE/PART in den
angegebenen Bibliotheken
(Libraries) sowie über
PLACE/HIERARCHICAL ...

Bauelement	Bibliothek	Bemerkung
STIM1	source.olb	Digitale Quelle mit 1 Anschlussknoten (1 Bit)
7404	eval.olb	Inverter
7411	eval.olb	UND-Gatter, 3 Eingänge
7432	eval.olb	ODER-Gatter, 2 Eingänge
PORTLEFT-L	capsym.olb	Hierarchischer Port mit PLACE/HIERARCHICAL PORT
Hierarch. Pin		mit PLACE/HIERARCHICAL PIN
Blocksymbol		mit PLACE/HIERARCHICAL BLOCK

L   Lösung (Datei: *dt_sn_1bitvgl.opj*)

Der 1-Bit-Vergleicher wird im Folgenden in einer hierarchischen Struktur realisiert. Legen Sie
in CAPTURE ein neues Projekt an. Im Project Manager finden Sie jetzt unter dem Ordner
DESIGN RESOURCES einen Eintrag mit dem von Ihnen vergebenen Projektnamen und der Endung *dsn (name.dsn)*. Markieren Sie diesen Eintrag und wählen Sie aus dem Popup-Menü der
rechten Maustaste die Option NEW SCHEMATIC. Im Dialogfenster NEW SCHEMATIC wird Ihnen
ein Name für den Ordner vorgeschlagen. Ändern Sie diesen beispielsweise in *1Bit_Vgl*. Es
wird ein neuer SCHEMATIC-Ordner mit diesem Namen angelegt. Legen Sie noch einen zweiten neuen Ordner an, dem Sie den Namen *Vergleicher* geben. In beiden Ordnern müssen Sie
jetzt noch eine neue Seite einfügen. Markieren Sie dazu den Ordner und wählen Sie aus dem
Popup-Menü der rechten Maustaste die Option NEW PAGE. Akzeptieren Sie den vorgeschlagenen Namen *PAGE1* oder ändern Sie ihn nach Belieben. Sie haben nun insgesamt drei Ordner,
die beiden neu angelegten und den Hauptordner (gelbes Kästchen mit einem Schrägstrich), der
den Namen SCHEMATIC1 trägt. In jedem dieser Ordner ist eine leere Zeichenseite angelegt.

Grundschaltung einer Ausgangsgröße:
Öffnen Sie jetzt durch einen Doppelklick die Seite im Ordner *Vergleicher*. Geben Sie in die
leere Zeichenoberfläche die Schaltung für eine Ausgangsgröße (z.B. für A_i) ein und fügen Sie
an den Ein- und Ausgangsleitungen je einen hierarchischen Port über das Menü PLA-
CE/HIERARCHICAL PORT (wählen Sie dann das Symbol PORTLEFT-L) oder über das Schaltzeichen in der Werkzeugpalette ein. Die Symbole müssen Sie dabei zum Teil durch Betätigen
der Taste <R> drehen. Ändern Sie die Bezeichnung der Ports nach einem Doppelklick darauf
mit den Buchstaben *A, B, C, D* und *Y*, wie im Bild 6.19 dargestellt. Damit kann diese Schaltung
in beliebigen anderen Schaltbildern als Black Box eingesetzt werden. Speichern Sie die Schaltung über das Menü FILE/SAVE.

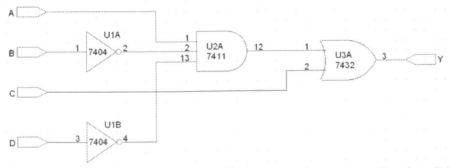

Bild 6.19   Schaltung gemäß der gegebenen Gleichungen für die Ausgangsgröße A_i bzw. B_i im Ordner
Vergleicher

Schaltung des 1-Bit-Vergleichers:
Öffnen Sie jetzt mit einem Doppelklick auf den Seiteneintrag im Ordner *1Bit_Vgl* im Project
Manager eine neue Zeichenoberfläche. Holen Sie sich im Menü PLACE/HIERARCHICAL BLOCK
oder über das Ikon in der Werkzeugpalette einen hierarchischen Block. Es öffnet sich zunächst
das Dialogfenster PLACE HIERARCHICAL BLOCK für die Eingabe der Parameter. Im Eingabefeld
REFERENCE geben Sie einen beliebig gewählten Namen, beispielsweise *Vgl_Ai* für den Block
ein. Damit soll also die Ausgangsgröße *Ai* erzeugt werden. Markieren Sie die Schaltfläche NO
unter PRIMITIVE. Damit bestimmen Sie, dass dieser Block ein so genannter nichtprimitiver
Block sein soll, d.h. ein Block, der noch darunter liegende Hierarchieebenen hat. Wählen Sie
im Feld IMPLEMENTATION TYPE die Option SCHEMATIC VIEW. Der Name des Ordners ist im
Feld IMPLEMENTATION NAME einzutragen. Im vorliegenden Fall also *Vergleicher*. Dadurch
legen Sie fest, dass dem Block der SCHEMATIC-Ordner *Vergleicher* im Project Manager
zugeordnet wird. CAPTURE kann nun automatisch die Pins des Blocks den Port-Bausteinen
zuweisen. Quittieren Sie die Eingaben durch einen Klick auf OK. Der Mauszeiger hat sich jetzt
in ein Fadenkreuz verwandelt, mit dem Sie ein Rechteck für den Block zeichnen müssen. Am
oberen Ende des Blocks sehen Sie die von Ihnen vergebene Bezeichnung, an der Unterseite
finden Sie den zugeordneten Ordner. Im Innern des Blocks sind fünf Pin-Symbole angeordnet,
die Sie nun einzeln verteilen können. Sie tragen bereits die Namen der Port-Bausteine in der
Schaltung *Vergleicher*. Ordnen Sie diese ähnlich wie in Bild 6.20 gezeigt an. Die Pins "kleben"
an der Konturlinie des Blocks und lassen sich nur auf dieser Linie bewegen. Platzieren Sie
weiterhin auf die gleiche Weise einen zweiten Block, dem Sie die Bezeichnung *Vgl_Bi* geben.
Wenn Sie einen der beiden Blöcke markieren und im Popup-Menü der rechten Maustaste die
Option DESCEND HIERARCHY wählen, wird Ihnen die zugehörige Schaltung im Ordner
Vergleicher geöffnet.

Auch diese Schaltung soll wieder Teil eines übergeordneten Blocks sein. Platzieren Sie deshalb
sechs hierarchische Port-Bausteine (PLACE/HIERARCHICAL PORT) und verdrahten Sie diese wie
im Bild 6.20 gezeigt. Ändern Sie die Namen der Ports in *xi, yi, Ai+1, Bi+1, Ai* und *Bi*, wie im
Bild dargestellt. Speichern Sie zuletzt Ihre Arbeit über FILE/SAVE.

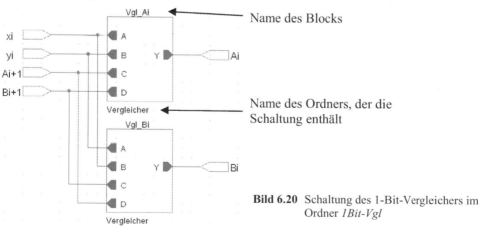

Bild 6.20 Schaltung des 1-Bit-Vergleichers im
Ordner *1Bit-Vgl*

Test des 1-Bit-Vergleichers:
Öffnen Sie jetzt im Project Manager die Seite im Hauptordner (*SCHEMATIC1*) und fügen Sie
in die leere Zeichenoberfläche wieder ein Blocksymbol ein (PLACE/HIERARCHICAL BLOCK).
Geben Sie dem Block unter REFERENCE im Dialogfenster die Bezeichnung *1-Bit_Vergleicher*

oder einen beliebigen anderen Namen. Markieren Sie wieder die Schaltfläche NO und wählen Sie die Option SCHEMATIC VIEW. Diesem Block wird der Schematic-Ordner *1Bit_Vgl* unter IMPLEMENTATION NAME zugeordnet. Nach einem Klick auf die Schaltfläche OK können Sie ein Rechteck für den Block zeichnen. Im Innern des Blocks finden Sie die den Ports zugeordneten Pins. Verteilen Sie diese und schließen Sie an die Eingänge je eine digitale Quelle *STIM1* an.

Jetzt bleibt noch die Parametrierung der vier Quellen übrig. Führen Sie dies in der gewohnten Weise durch, sodass möglichst alle Kombinationen der Eingangssignale getestet werden können. Beachten Sie aber bitte, dass die Kombination $A_{i+1} = B_{i+1} = 1$ gemäß der Festlegung in der Aufgabenstellung nicht vorkommt. Mögliche Quellenparameter:

Quelle *DSTM1*: *0s 0, 1us 1, 2us 0, 3us 1, 4us 0, 5us 1, 5us 0, 7us 1*
Quelle *DSTM2*: *0s 0, 2us 1, 4us 0, 6us 1, 8us 0*
Quelle *DSTM3*: *0s 0, 4us 1, 6us 0*
Quelle *DSTM4*: *0s 0, 6us 1, 8us 0*

Sie sollten nun etwa die im Bild 6.21 dargestellte Schaltung in CAPTURE haben. Die Marker können Sie erst nach dem Simulationsprofil setzen. Geben Sie den Leitungen einen Namen.

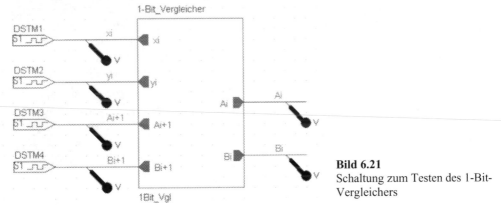

Bild 6.21
Schaltung zum Testen des 1-Bit-Vergleichers

Zur Vorbereitung der Simulation legen Sie über PSPICE/NEW SIMULATION PROFILE ein neues Simulationsprofil an. Wählen Sie im Dialogfenster SIMULATION SETTINGS die Analyseart TIME DOMAIN (TRANSIENT). In dem nun geöffneten Fenster tragen Sie bei RUN TO TIME *10us* ein und bestätigen die Eingabe mit OK. Setzen Sie an die Ein- und Ausgänge der Schaltung Marker und starten Sie die Simulation.

Am Ergebnis in PROBE sieht man sehr schön, dass die Schaltung an ihren beiden Ausgängen A_i und B_i den Vergleich der beiden Eingänge x_i und y_i unter Berücksichtigung von vorangehenden Stufen liefert. Ist das Ergebnis der vorangehenden Stufen $A_{i+1} = B_{i+1} = 0$, d.h. die höherwertigen Stellen sind alle gleich, so entscheidet unmittelbar der größere Wert von x_i bzw. y_i. Waren die höherwertigen Stellen unterschiedlich groß, ist die Entscheidung schon gefällt und x_i bzw. y_i können nichts mehr dazu betragen.

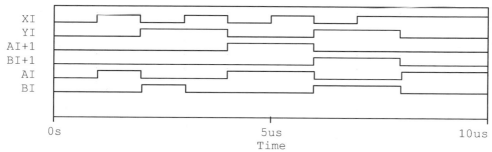

Bild 6.22 Ein- und Ausgangssignale des 1-Bit-Vergleichers

6.1.8 4-Bit-Vergleicher

Hinweis: Diese Aufgabe ist nur lösbar, wenn Sie die Aufgabe „1-Bit-Vergleicher" im vorangehenden Abschnitt 6.1.7 bearbeitet haben und sich die Daten in dem aktuellen Daten-Verzeichnis von CAPTURE befinden.

In dieser Aufgabe wollen wir den bereits entwickelten 1-Bit-Vergleicher verwenden, um einen 4-Bit-Vergleicher aufzubauen und zu simulieren. Der Vergleicher soll zwei vierstellige Dualzahlen x und y miteinander vergleichen und an seinem Ausgang A_0 und B_0 anzeigen, welche Zahl größer ist oder ob beide gleich sind.

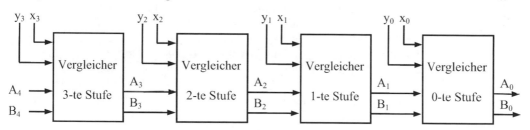

Bild 6.23 Struktur eines 4-Bit-Vergleichers

- Öffnen Sie ein neues Projekt und legen Sie im Project Manager einen weiteren SCHE-MATIC-Ordner an. Fügen Sie in den Ordner eine neue Seite ein und öffnen Sie diese. Setzen Sie den bereits in der vorhergehenden Aufgabe 6.1.7 entwickelten 1-Bit-Vergleicher viermal hintereinander so, dass jeweils die Ausgänge A_i und B_i mit den folgenden Eingängen A_{i+1} und B_{i+1} verbunden werden. Versehen Sie alle acht x- und y-Eingänge, sowie die Eingänge A_4, B_4 und die Ausgänge A_0, B_0 mit PORT-Bausteinen.

- Öffnen Sie im Project Manager die Seite unter dem Hauptordner und platzieren Sie darauf ein Blocksymbol aus der Symbolleiste, das auf den zuvor erstellten 4-Bit-Vergleicher weist. Holen Sie sich für x und y je eine 4 Bit breite Signalquelle STIM4 sowie für A_4 und B_4 die Signalquelle STIM1. Verbinden Sie die Signalquellen mit dem Blocksymbol.

- Die beiden Ausgänge sollen noch entschlüsselt, d.h. dekodiert werden. Verbinden Sie diese deshalb mit dem Dekoderbaustein 74155. Der Dekoder ist so zu beschalten, dass bei

$x = y$, $x < y$ sowie bei $x > y$ jeweils eine Leitung auf High geht. Da dessen Ausgänge negiert sind, benötigen Sie weiterhin noch drei Inverter *7404*.

- Parametrieren Sie die Quellen so, dass möglichst alle Eingangssignalkombinationen getestet werden.

- Simulieren Sie die Schaltung im Zeitbereich von *0* bis *100 µs*.

Die benötigten Bauelemente sind in nebenstehender Tabelle gelistet. Man findet sie über das Menü PLACE/PART in den angegebenen Bibliotheken (Libraries) sowie über PLACE/POWER und PLACE/HIERARCHICAL ...

Bauelement	Bibliothek	Bemerkung
STIM1	source.olb	Digitale Quelle mit 1 Anschlussknoten (1 Bit)
STIM4	source.olb	Digitale Quelle mit 4 Anschlussknoten (4 Bit)
7404	eval.olb	Inverter
74155	eval.olb	Dekoder
$D_LO	source.olb	Low-Potenzial Anschlussstelle mit PLACE/POWER
$D_HI	source.olb	High-Potenzial Anschlussstelle mit PLACE/POWER
PORTLEFT-L	capsym.olb	Hierarchischer Port mit PLACE/HIERARCHICAL PORT
Blocksymbol		mit PLACE/HIERARCHICAL BLOCK

Lösung (Datei: *dt_sn_4bitvgl.opj*)

Schaltung des 4-Bit-Vergleichers:

Öffnen Sie in CAPTURE über FILE/NEW/PROJECT ein neues Projekt. Gehen Sie in den Project Manager und markieren Sie unterhalb des Ordners DESIGN RESOURCES einen Eintrag mit dem von Ihnen vergebenen Projektnamen und der Endung *dsn* (*name.dsn*). Wählen Sie aus dem Popup-Menü der rechten Maustaste die Option NEW SCHEMATIC. Im Dialogfenster NEW SCHEMATIC wird Ihnen ein Name für den Ordner vorgeschlagen. Ändern Sie diesen beispielsweise in *4Bit_Vgl*. Es wird ein neuer SCHEMATIC-Ordner mit diesem Namen angelegt. In diesem Ordner müssen Sie jetzt noch eine neue Seite einfügen. Markieren Sie dazu den Ordner und wählen Sie aus dem Popup-Menü der rechten Seite die Option NEW PAGE. Akzeptieren Sie den vorgeschlagenen Namen *PAGE1* oder ändern Sie ihn nach Belieben.

Öffnen Sie jetzt diese Seite und platzieren Sie darauf ein Blocksymbol von der Symbolleiste oder aus dem Menü PLACE/HIERARCHICAL BLOCK. Es öffnet sich das Dialogfeld PLACE HIERARCHICAL BLOCK. Geben Sie diesem Block im Eingabefeld REFERENCE den Namen *Stufe_0*. Markieren Sie wieder den Button NO und wählen Sie unter IMPELEMENTATION TYPE die Option SCHEMATIC VIEW. Dieser Block soll auf den bereits entwickelten 1-Bit-Vergleicher mit dem Namen *1Bit_Vgl* in dem gleichnamigen Ordner verweisen. Da diese Schaltung aber in dem vorhergehenden Projekt *dt_sn_1bitvgl.opj* entwickelt wurde, muss dem Block auch noch mitgeteilt werden, wo sich dieses Projekt befindet. Das machen Sie im Feld PATH AND FILENAME. Klicken Sie auf die Schaltfläche BROWSE, es öffnet sich das Fenster BROWSE FILE. Wählen Sie unter DATEITYP die Option CAPTURE DESIGN (*.DSN). Öffnen Sie den Ordner mit dem 1-Bit-Vergleicher. Markieren Sie die Datei *dt_sn_1bitvgl.dsn* und verlassen Sie das Fenster über die Schaltfläche ÖFFNEN.[4] Die Angaben im Fenster PLACE HIERARCHICAL BLOCK sind

---

[4] Falls sich irgendwann einmal die Bezeichnung des Ordners mit dem 1-Bit-Vergleicher ändern sollte, muss dies dem hierarchischen Block auf folgende Weise mitgeteilt werden. Öffnen Sie den Property Editor des hierarchischen Blocks und wählen Sie unter FILTER BY den Eintrag IMPLEMENTATION. Darauf

nun alle vollständig. Schließen Sie mit einem Klick auf die Schaltfläche OK das Fenster. Der Mauszeiger verändert sich wieder in ein Fadenkreuz, mit dem Sie das Rechteck für den hierarchischen Block zeichnen müssen. Automatisch werden die Pins in den Block eingezeichnet. Damit ist die erste Stufe gezeichnet. Kopieren Sie diesen Block und fügen Sie ihn dreimal in die Zeichenebene ein (s. Bild 6.24). Die Namen der Blöcke links oben sind entsprechend zu ändern.

Setzen Sie insgesamt 12 hierarchische Ports über das Menü PLACE/HIERARCHICAL PORT auf die Zeichenoberfläche. Schließen Sie die Ports an die x und y Eingänge sowie an die Eingänge A_4, B_4 und Ausgänge A_0, B_0 an. Ändern Sie die Beschriftung entsprechend Bild 6.24. Damit kann diese Schaltung in beliebigen anderen Schaltbildern als Black Box eingesetzt werden.

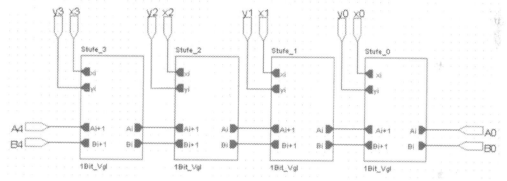

Bild 6.24 Schaltung des 4-Bit-Vergleichers

Test des 4-Bit-Vergleichers:
Öffnen Sie die noch leere Zeichenoberfläche *PAGE1* im Hauptordner im Project Manager. Holen Sie sich erneut ein Blocksymbol und geben Sie im sich öffnenden Dialogfenster PLACE HIERARCHICAL BLOCK im Eingabefeld REFERENCE eine Bezeichnung für den Block ein, beispielsweise *4Bit_Vergl*. Auch hier ist wieder der Button NO zu markieren und die Option SCHEMATIC VIEW zu wählen. Geben Sie bei IMPLEMENTATION NAME nun den Ordner mit der zuvor angelegten Schaltung ein, also *4Bit_Vgl*. Nach Klick auf OK können Sie den Block zeichnen und CAPTURE fügt die mit den vorher angelegten Ports korrespondierenden Pins ein.

Platzieren Sie zwei 4 Bit breite (*STIM4*) und zwei 1 Bit breite (*STIM1*) digitale Signalquellen. Die 4 Bit breiten Signalquellen werden für die zu testenden Eingänge x_i und y_i benötigt. Schließen Sie an jede der beiden Quellen eine Busleitung („dicke" Leitung) aus dem Menü PLACE/BUS an (s. Bild 6.25). Die Busleitungen müssen mit insgesamt acht einfachen Leitungen mit dem Blocksymbol verbunden werden. Platzieren Sie dazu zunächst acht Busanschlussstücke über das Menü PLACE/BUS ENTRY an der Busleitung, die Sie über die Taste <R> zuvor noch geeignet drehen können. Die Enden der Busanschlussstücke werden mit normalen Leitungen (PLACE/WIRE) mit dem Blocksymbol verbunden.

wird die Eigenschaft IMPLEMENTATION PATH sichtbar, unter der sich die Pfadangabe befindet. Ändern Sie den Pfad und schließen Sie den Property Editor. Wenn Sie anschließend den Befehl DESCEND HIERARCHY auf dem Block ausführen, muss sich ein Fenster mit der zugehörigen Schaltung öffnen.

Hinweis: Das Zeichnen von einer oder mehreren Leitungen an einen Bus macht noch keine
          leitende Verbindung zwischen Leitung und Bus, auch wenn CAPTURE an der Ver-
          bindungsstelle einen Punkt setzen sollte. Die leitende Verbindung kommt einzig da-
          durch zustande, dass der Bus und die angeschlossenen Leitungen den gleichen Na-
          men haben.

Geben Sie den Leitungen mit PLACE/NET ALIAS einen Alias-Namen. Sie können dafür (müssen
aber nicht) die gleichen Namen nehmen wie bei den Pins des Blocksymbols. Auch die Busse
müssen mit Namen versehen werden. Fassen Sie hier die Namen der Einzelleitungen in eckigen Klammern zusammen, z.B. *x[3..0]*. Zwischen der 3 und der 0 können zwei Punkte „..", ein
Doppelpunkt „:" oder ein Bindestrich „-" stehen. Verbinden Sie die beiden 1 Bit breiten Quellen ebenfalls mit dem Blocksymbol und geben Sie den Knoten die Namen *A4* bzw. *B4*.

Platzieren Sie jetzt einen Dekoderbaustein *74155* (enthält zwei 2-zu-4-Dekoder) sowie drei
Inverter *7404*. Verbinden Sie die Eingänge *A* und *B* des Dekoders mit den Blocksymbol-
Ausgängen *A0* und *B0*. Damit der Dekoder arbeitet, müssen der Freigabeeingang *1G* mit Low
und der Dateneingang *1C* mit High (Bauelemente *$D_LO* und *$D_HI*, mit PLACE/POWER)
verbunden werden. Die Ausgänge *1Y0*, *1Y1* und *1Y2* werden mit je einem Inverter-Eingang
verschaltet (die Inverter werden benötigt, da die Dekoder-Ausgänge invertiert sind). Geben Sie
den Inverter-Ausgängen einen Namen. Die Schaltung ist nun fertig eingegeben und sollte wie
im Bild 6.25 dargestellt aussehen (ohne Marker).

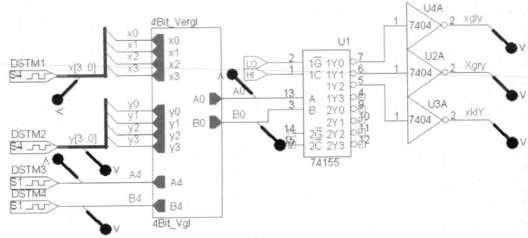

Bild 6.25 Schaltung zum Testen des 4-Bit-Vergleichers

Definition der Eingangsimpulsfolgen:
Die digitalen Signalquellen werden so parametrisiert, dass möglichst unterschiedliche Kombinationen der Eingangssignale getestet werden können. Da die Quellen *DSTM1* und *DSTM2*
vier Bit breite Quellen sind, müssen zu jedem Zeitpunkt vier Bit definiert werden. Hier wollen
wir jetzt eine weitere noch nicht behandelte Zuweisungsmöglichkeit einsetzen, welche die
Repeat/Endrepeat-Konstruktion verwendet. Die Anweisungen innerhalb dieser Konstruktion
werden entweder ständig (*REPEAT FOREVER*) oder n-mal (z.B. *REPEAT FOR 4 TIMES*)
wiederholt. Innerhalb dieser Konstruktion kann wie bisher die Zeitangabe explizit erfolgen. Es
gibt aber auch die Möglichkeit der relativen Zeitangabe: ein Pluszeichen (ohne Leerzeichen)
vor der Zeitangabe zeigt an, dass diese Zeitangabe relativ zur letzten Zeitangabe ist.

Geben Sie z.B. für die Quelle *DSTM1* die Anweisungen in Tabelle 6.7 im Property Editor ein (jeweils in eine neue COMMAND-Zelle).

Die Quelle *DSTM2* erhält die Anweisungen:

0s 0000
6us 0001
11us 0010
16us 0100
21us 1000
26us 1001
REPEAT FOREVER +1us INCR BY 0001
ENDREPEAT

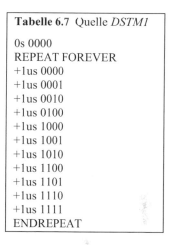

Tabelle 6.7 Quelle *DSTM1*
0s 0000
REPEAT FOREVER
+1us 0000
+1us 0001
+1us 0010
+1us 0100
+1us 1000
+1us 1001
+1us 1010
+1us 1100
+1us 1101
+1us 1110
+1us 1111
ENDREPEAT

Diese Quelle ändert also zunächst ihren Wert an festgelegten Zeitpunkten. Ab *27 µs* erhöht sie mit jeder weiteren Mikrosekunde den Wert um eine Stelle, beginnend bei 1001.

Die Quelle *DSTM3* ist nur 1 Bit breit. Sie erhält die Anweisungen:

0s 0, 50us 1, 60us 0, 90us 1

Die Quelle *DSTM4* ist ebenfalls nur 1 Bit breit und erhält die Anweisungen:

0s 0, 60us 1, 90us 0

Simulation und Darstellung der Ergebnisse:

Legen Sie ein Simulationsprofil an und wählen Sie die Transienten-Analyse im Zeitbereich *0* bis *100 µs*. Nach der Simulation werden in PROBE die Signale automatisch dargestellt, wenn Sie vorher die Marker gesetzt haben. Durch die häufigen Signalwechsel und den langen Zeitraum erscheinen die Signale recht dicht gedrängt in PROBE. Es ist deshalb vorteilhaft, zunächst einmal einen Ausschnitt zu wählen. Verwenden Sie dazu das Vergrößerungsglas oder das Menü PLOT/AXIS/USER DEFINED/X AXIS. Die Bussignale *x* und *y* werden in geschweiften Klammern beschriftet, z.B. *{x[3:0]}*. Sortieren Sie die Ein- und Ausgangssignale mit Ausschneiden und Einfügen (EDIT/CUT, EDIT/PASTE) beispielsweise nach der im Bild 6.26 abgebildeten Ordnung:

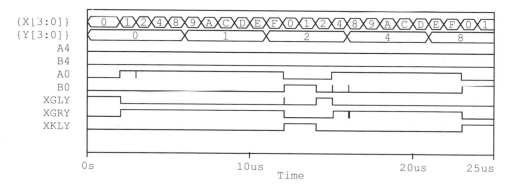

Bild 6.26 Ein- und Ausgangssignale des 4-Bit-Vergleichers (Ausschnitt 0 bis 25 µs)

Am Anfang ist $A_4 = B_4 = 0$. Die mit den Signalen *xgly*, *Xgry* und *xklY* dargestellten Ergebnisse entsprechen den theoretischen Erwartungen. Mit dem horizontalen Gleiter am Bildfuß können

Sie den ganzen Zeitbereich bis *100 μs* durchschieben und überprüfen, dass die Ergebnisse auch dann stimmen, wenn A_4 bzw. B_4 ungleich Null ist.

Den 4-Bit-Vergleicher können Sie weiterhin selbst zu einem 8-Bit-Vergleicher und mehr kaskadieren. Probieren Sie es aus! Allerdings werden Sie bei der Evaluations-Version bald die zulässige Anzahl von Bauteilen überschreiten. Da die Vergleicher stets hintereinander geschaltet werden, erhöht sich mit jeder Stufe die Gatterlaufzeit, sodass diese Art von Vergleicherschaltung bei zeitkritischen Anwendungen möglicherweise nicht eingesetzt werden kann.

CAPTURE bietet sehr komfortable Möglichkeiten die Hierarchie zu überprüfen. Wenn Sie das Blocksymbol 4Bit_Vgl (Bild 6.25) markieren und dann die Option DESCEND HIERARCHY im Popup-Menü der rechten Maustaste wählen, öffnet sich ein Fenster mit der darunter liegenden Schaltung. Auch dort können Sie das Blocksymbol wieder markieren und nochmals eine Stufe tiefer gehen. Mit ASCEND HIERARCHY geht es von unten nach oben. Weiterhin können Sie die Hierarchie sehr gut im Project Manager überblicken, wenn Sie auf die Auswahlfläche HIERARCHY statt wie bisher auf FILE klicken.

6.1.9 4-Bit-Addierer

In dieser Aufgabe wollen wir in einem Top-Down-Verfahren einen 4-Bit-Addierer entwickeln und simulieren. Der Addierer soll zwei vierstellige Dualzahlen addieren und die Summe an seinem Ausgang anzeigen. Damit der Addierer zu größeren Einheiten, wie z.B. 8-Bit oder 16-Bit erweitert werden kann, sehen wir am Eingang und Ausgang jeweils ein Carry-Signal (Übertrag) vor.

- Definieren Sie mit einem Blocksymbol die „Black Box" eines 4-Bit-Addierers. Platzieren Sie in dem Block je vier Pins für die beiden Dualzahlen und einen Pin für den Carry-Eingang. Geben Sie den Pins folgende Namen: *x0, x1, x2, x3, y0, y1, y2, y3* und *Ce*. Die Dualzahl-Eingänge verbinden Sie mit zwei vier Bit breiten digitalen Signalquellen. Den Carry-Eingang setzen Sie der Einfachheit halber auf Low-Potenzial. Jetzt müssen Sie nur einen Pin für die Summe (mit dem Namen *S[3..0]*) und einen Pin *Ca* für den Carry-Ausgang vorsehen. Speichern Sie die Schaltung unter einem beliebigen Namen.

- Bis jetzt existiert der im Block repräsentierte 4-Bit-Addierer noch nicht. Natürlich könnten Sie dafür einen vorhandenen TTL-Baustein, z.B. 7438, einsetzen. Wir wollen hier jedoch die Addition auf elementare Verknüpfungen herunterführen. Wählen Sie deshalb im Menü VIEW die Option DESCEND HIERARCHY. In der sich neu öffnenden CAPTURE-Zeichenoberfläche wird automatisch für jeden Pin des Blocksymbols ein *Port*-Baustein mit der Bezeichnung des zugehörigen Pins eingezeichnet. Hier müssen Sie jetzt den 4-Bit-Addierer realisieren. Er besteht aus vier 1-Bit-Addierern, die jeweils zwei 1-Bit-Signale unter Berücksichtigung eines Eingangs-Carry addieren und eine Stelle des Summensignals bilden. Das Ausgangs-Carry der niederwertigsten Stelle bildet dabei das Eingangs-Carry der nächst höheren Stellen. Die 1-Bit-Addierer sind noch nicht entworfen. Verwenden Sie deshalb auch dafür wieder je ein Blocksymbol.

- Jedem der 1-Bit-Addierer müssen Sie jetzt wieder eine Schaltung zuordnen, die diese Addition durchführt. Auch sie ist noch nicht vorhanden. Wählen Sie deshalb im Menü

VIEW die Option DESCEND HIERARCHY. In der sich neu öffnenden CAPTURE-Zeichenoberfläche wird automatisch für jeden Pin des Blocksymbols ein *Port*-Baustein mit der Bezeichnung des zugehörigen Pins eingezeichnet. Dazwischen müssen Sie die Schaltung eines 1-Bit-Addierers eingeben. Dieser wird in der Literatur meist auf zwei 1-Bit-Halbaddierer zurückgeführt. Ein Halbaddierer führt eine Addition von zwei Bits durch, ohne ein Eingangs-Carry zu berücksichtigen oder einen Übertrag am Ausgang zu erzeugen. Geben Sie hier die Schaltung nach Bild 6.27 ein.

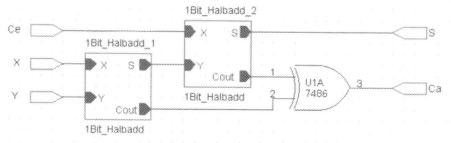

Bild 6.27 1-Bit-Volladdierer bestehend aus zwei 1-Bit-Halbaddierern

• Die Halbaddierer-Blocksymbole müssen jetzt noch realisiert werden. Mit VIEW/ DESCEND HIERARCHY wird eine weitere CAPTURE-Zeichenoberfläche geöffnet, in der für jeden definierten Pin ein Port-Baustein angelegt ist. Vervollständigen Sie diese Schaltung wie nachfolgend abgebildet mit einem EXOR- und einem UND-Gatter. Jetzt ist die Schaltung komplett eingegeben.

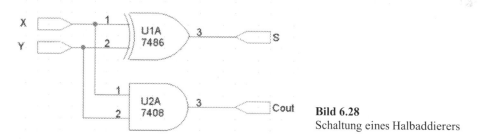

Bild 6.28
Schaltung eines Halbaddierers

• Parametrieren Sie die Quellen so, dass Sie sinnvolle Testzahlen für die Addition haben, und simulieren Sie die Schaltung im Zeitbereich von *0 bis 10 μs*.

Die benötigten Bauelemente sind in nebenstehender Tabelle gelistet. Man findet sie über das Menü PLACE/PART in den angegebenen Bibliotheken (Libraries) sowie über PLACE/ POWER und PLACE/HIERARCHICAL ...

Bauelement	Bibliothek	Bemerkung
STIM4	source.olb	Digitale Quelle mit 4 Anschlussknoten (4 Bit)
7408	eval.olb	UND-Gatter
7486	eval.olb	EXOR-Gatter
$D_LO	source.olb	Low-Potenzial Anschlussstelle mit PLACE/POWER
PORTLEFT-L	capsym.olb	Hierarchischer Port mit PLACE/HIERARCHICAL PORT
Blocksymbol		mit PLACE/HIERARCHICAL BLOCK

Lösung (Datei: *dt_sn_4bitadd.opj*)

Schaltung des 4-Bit-Addierers:

Öffnen Sie in CAPTURE über FILE/NEW/PROJECT ein neues Projekt. Platzieren Sie darauf ein Blocksymbol von der Werkzeugpalette oder aus dem Menü PLACE/HIERARCHICAL BLOCK. Im Dialogfenster PLACE HIERARCHICAL BLOCK werden Sie aufgefordert, dem Block im Feld REFERENCE eine Bezeichnung zu geben. Markieren Sie den Button bei NO, da dieser Block sicher noch weitere Ebenen in der Hierarchie darunter haben wird. Im Feld IMPLEMENTATION TYPE wählen Sie SCHEMATIC VIEW. Geben Sie dann in der Zeile IMPLEMENTATION NAME den Namen des zugehörigen Schematic-Ordners im Project Manager ein, z.B. *4Bit_Volladd*. Da dieser Ordner noch nicht existiert, wird er später automatisch angelegt werden. Klicken Sie auf die Schaltfläche OK, wenn alle Eingaben getätigt sind.

Der Mauszeiger verwandelt sich nun in ein Fadenkreuz, mit dem Sie ein Rechteck für den hierarchischen Block zeichnen müssen. Der Block ist leer, trägt aber oben die vergebene Bezeichnung und unten den Namen des zugeordneten Schematic-Ordners. Im nächsten Schritt müssen im Block die erforderlichen Pins eingesetzt werden. Markieren Sie dazu den Block und wählen Sie im Menü PLACE die Option HIERARCHICAL PIN. Es öffnet sich dann das Dialogfenster PLACE HIERARCHICAL PIN, in dem Sie unter NAME den Namen des ersten Pins, z.B. *x0*, eingeben müssen. Da *x0* ein Eingangspin ist, müssen Sie bei TYPE die Option INPUT wählen und außerdem den Button SCALAR markieren, da dieser Eingang nur 1 Bit breit ist. Nach einem Klick auf OK klebt auf dem Mauszeiger das Symbol für einen Pin, das Sie im Block entlang der Kontur des Blockes bewegen können. Mit einem Mausklick wird der Pin fixiert und gleichzeitig ein zweiter mit der Bezeichnung *x1* generiert. Nach vier Mausklicks sind die vier Pins für die *x*-Eingänge fertig. Verfahren Sie nun genauso für die y-Eingänge sowie für das Ce-Signal nach Bild 6.29. Der Pin für das Ca-Signal muss unter TYPE als OUTPUT definiert werden. Den Summenausgang wollen wir gleich als Bussignal definieren. Geben Sie deshalb als Pin-Name *S[3..0]* ein, wählen Sie OUTPUT und markieren Sie den Button BUS.

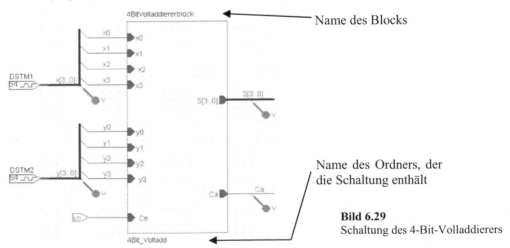

Name des Blocks

Name des Ordners, der die Schaltung enthält

Bild 6.29
Schaltung des 4-Bit-Volladdierers

Fügen Sie, wie im Bild 6.29 dargestellt, vier Leitungen für die Dualzahl *x* und vier für *y* an das Blocksymbol. Fassen Sie die Leitungen für *x* und *y* jeweils mit einer Busleitung zusammen und verbinden Sie den Bus mit einer vier Bit breiten digitalen Signalquelle *STIM4*. Alle Leitungen x_i und y_i müssen bezeichnet werden (PLACE/NET ALIAS). Die Busse werden jeweils mit den zusammengefassten Signalnamen bezeichnet (z.B. *x[3..0]*, beachten Sie die eckigen Klammern!). Führen Sie für das Eingangs-Carry *Ce* eine weitere Leitung auf das Blocksymbol und legen Sie diese Leitung über PLACE/POWER mit dem Baustein *$D_LO* auf Low-Potenzial. Führen Sie eine Busleitung an den Summenausgang des Blocks sowie eine normale Leitung an den Ausgang für den Übertrag *Ca*. Die Marker können erst später gesetzt werden.

Bis jetzt wurde dem Blocksymbol *4BitVolladdiererblock* noch keine Schaltung zugeordnet. Markieren Sie deshalb den Baustein und wählen Sie im Menü VIEW die Option DESCEND HIERARCHY. Akzeptieren Sie den im Dialogfenster NEW PAGE IN SCHEMATIC vorgeschlagenen Namen für eine neue Zeichenseite. Automatisch wird im Project Manager der Ordner *4Bit_Volladd* angelegt und die neue Seite geöffnet. Darin sind bereits Port-Bausteine eingefügt, die mit den eingesetzten Pins korrespondieren.

Setzen Sie nun in diese Schaltung vier weitere Blocksymbole für je einen 1-Bit-Volladdierer und verdrahten Sie die Bauelemente, wie im Bild 6.30 abgebildet. Es genügt dabei, wenn Sie nur einen Block vollständig eingeben und ihn dann dreimal kopieren. Geben Sie aber jedem Blocksymbol eine andere Bezeichnung. Jedem Block liegt eine Schaltung im Ordner *1Bit_Volladd* zugrunde, die aber noch nicht existiert. Beim Anschließen des Port-Symbols an den Bus müssen Sie darauf achten, dass eine sichere leitende Verbindung entsteht. Am Einfachsten geht das am Schnittpunkt mit einer Busaustrittsleitung. Die Leitungen haben erst dann eine leitende Verbindung mit dem Bus, wenn beide Alias-Namen erhalten haben.

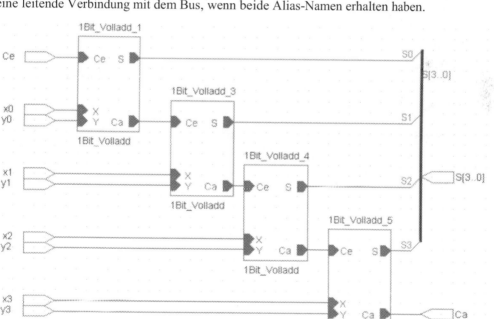

Bild 6.30 Der 4-Bit-Volladdierer setzt sich aus vier 1-Bit-Volladdierern zusammen

Schaltung eines 1-Bit-Volladdierers:
Auch den Blocksymbolen der 1-Bit-Volladdierer wurde noch keine Schaltung zugeordnet. Über VIEW/DESCEND HIERARCHY wird der Ordner *1Bit_Volladd* angelegt und gleichzeitig eine neue Zeichenoberfläche mit Port-Bausteinen geöffnet. Platzieren Sie in diese Schaltung zwei

weitere Blocksymbole für je einen 1-Bit-Halbaddierer und verdrahten Sie die Bauelemente wie im Bild 6.27 dargestellt.

Schaltung des 1-Bit-Halbaddierers:
Der letzte Schritt besteht nun darin, den 1-Bit-Halbaddierern die in der Aufgabenstellung im Bild 6.28 aufgeführte Schaltung aus UND- und EXOR-Gattern zuzuweisen. Über VIEW/DESCEND HIERARCHY wird der Ordner *1Bit_Halbadd* angelegt und gleichzeitig eine neue Zeichenoberfläche mit Port-Bausteinen geöffnet. Platzieren Sie nun die Schaltung des Halbaddierers und verdrahten Sie die Bauelemente. Die Schaltung des 4-Bit-Volladdierers ist jetzt vollständig eingegeben.

Test des 4-Bit-Addierers:
Öffnen Sie in CAPTURE wieder die erste Schaltung (im Hautpordner *SCHEMATIC1*). Führen Sie auf eine der beiden vier Bit breiten digitalen Signalquellen *STIM4* einen Doppelklick aus und geben Sie einige beliebige Testwerte für diese Quelle ein, z.B. wie in Tabelle 6.8 aufgeführt (jeweils in eine neue COMMAND-Zelle).

Bei der zweiten Quelle geben Sie z.B. nachstehende Werte ein, oder Sie wählen ganz andere Testzahlen für *x* und *y*.

| Tabelle 6.8 |
Parameter Quelle *DSTM1*
0s 0000
1us 0001
2us 0010
3us 0100
4us 1000
5us 1001
6us 1010
7us 1100
8us 1101
9us 1110
10us 1111

0us 0000
2us 0001
4us 0010
6us 0100
8us 1000

Legen Sie zuletzt ein Simulationsprofil für eine Transienten-Analyse im Zeitbereich 0 bis 10 µs an. Danach können Sie Marker an die Ein- und Ausgangsleitungen setzen. Nach der Simulation werden in PROBE die Signale automatisch dargestellt (Bild 6.31).

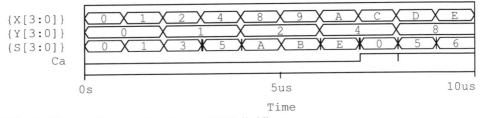

Bild 6.31 Ein- und Ausgangssignale des 4-Bit-Volladdierers

Die Darstellung zeigt, dass der Addierer erwartungsgemäß funktioniert. Untersuchen Sie auch, was bei $C_e = 1$ passiert.

6.1.10 4-Bit-Multiplizierer

 In dieser Aufgabe wollen wir in einem Top-Down-Verfahren einen 4-Bit-Multiplizierer entwickeln und simulieren. Die Schaltung soll zwei vierstellige Dualzahlen miteinander multiplizieren und das Produkt am Ausgang anzeigen.

Als Beispiel betrachten wir die Multiplikation der beiden De-
zimalzahlen 7 und 13 im Dualsystem. Mit $7_{10} = 0111_2$ und
$13_{10} = 1101_2$ berechnet sich das Produkt, wie im nebenstehenden Bild erläutert, zu $1011011_2 = 91_{10}$.

$$
\begin{array}{r}
0111 * 1101 \\
\hline
0111 \\
+ \quad 0000 \\
+ \quad 0111 \\
+ \quad 0111 \\
\hline
1011011
\end{array}
$$

Die Multiplikation ist besonders einfach durchzuführen, da nur Multiplikationen mit Null und
Eins auftreten. Die Regel lautet also:

Der Multiplikand wird mit jeder Stelle des Multiplikators jeweils um eine Stelle nach links
verschoben und zum bisherigen Zwischenergebnis addiert, wenn die entsprechende Stelle im
Multiplikator Eins ist. Ist die Stelle Null so wird nicht dazu addiert (oder nur Null addiert).
Dies wird nacheinander für jede Ziffer des Multiplikators durchgeführt.

Für die Realisierung benötigt man demnach ein Schieberegister und einen Addierer sowie eine
Ablaufsteuerung für die Durchführung. Man kann die Realisierung aber auch mit einem
Schaltnetz aufbauen, indem man genau so viele Addierer einsetzt wie Stellen vorhanden sind
und die Addierer entsprechend versetzt, wie dies im Bild 6.32 durchgeführt ist.

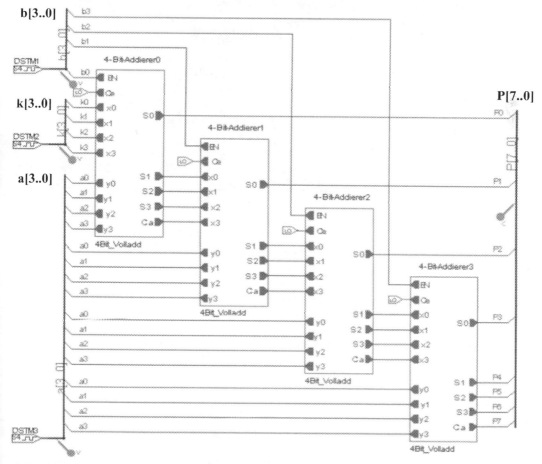

Bild 6.32 Schaltung des 4-Bit-Multiplizierers: $P = a * b + k$

Hier sind *a[3..0]* der Multiplikand und *b[3..0]* der Multiplikator. Der Eingang *k[3..0]* ist eine Konstante, die wahlweise noch zum Produkt addiert werden kann. Zunächst sei $k = 0000$. *P[7..0]* ist das Ergebnis der Multiplikation, das Produkt.

Für die vier Addierer-Bausteine könnten wir den in der vorhergehenden Aufgabe entwickelten 4-Bit-Addierer verwenden. Leider führt das bei der Evaluations-Version von PSPICE zu einer Fehlermeldung wegen Überschreitung der maximal erlaubten Bauelementezahl. Deshalb werden wir dafür den TTL-Baustein *74283* aus der Bibliothek verwenden. Allerdings muss der Addierer mit weiteren Gattern noch so erweitert werden, dass er den Multiplikanden nur addiert, wenn die entsprechende Stelle im Multiplikator 1 ist, sonst wird nicht addiert. Dies steuern wir über den EN-Eingang am 4-Bit-Addierer-Block, an dem jeweils eine Stelle des Multiplikators anliegt.

- Geben Sie die Schaltung des 4-Bit-Multiplizierers in CAPTURE ein. Verwenden Sie für die vier 4-Bit-Addierer jeweils ein Blocksymbol.

- Realisieren Sie die zum 4-Bit-Addierer-Blocksymbol gehörende Schaltung. Verwenden Sie dafür den Baustein 74283. Schalten Sie die x_i-Eingänge direkt auf die B_i-Eingänge des Addierer-Bausteins. Die y_i-Eingänge werden über je ein UND-Gatter geführt, dessen Ausgänge auf die A_i-Eingänge des Addierers zu verdrahten sind. Die zweiten Eingänge aller UND-Gatter werden zusammengeführt und bilden das Signal EN.

- Parametrieren Sie die Quellen so, dass Sie sinnvolle Testzahlen für die Addition haben und simulieren Sie die Schaltung im Zeitbereich von *0* bis *10 µs*.

Die benötigten Bauelemente sind in nebenstehender Tabelle gelistet. Man findet sie über das Menü PLACE/PART in den angegebenen Bibliotheken (Libraries) sowie über PLACE/POWER und PLACE/ HIERARCHICAL ...

Bauelement	Bibliothek	Bemerkung
STIM4	source.olb	Digitale Quelle mit 4 Anschlussknoten (4 Bit)
7408	eval.olb	UND-Gatter
74283	eval.olb	4-Bit-Addierer
$D_LO	source.olb	Low-Potenzial Anschlussstelle mit PLACE/POWER
PORTLEFT-L	capsym.olb	Hierarchischer Port mit PLACE/HIERARCHICAL PORT
Blocksymbol		mit PLACE/HIERARCHICAL BLOCK

Lösung (Datei: *dt_sn_4bitmul.opj*)

Schaltung des 4-Bit-Multiplizierer:
Legen Sie in CAPTURE ein neues Projekt an und geben Sie die in der Aufgabenbeschreibung in Bild 6.32 vorgestellte Schaltung des 4-Bit-Multiplizierers ein. Wählen Sie dazu im Menü PLACE die Option HIERARCHICAL BLOCK, um den ersten 4-Bit-Addierer-Block zu erzeugen. Im Dialogfenster PLACE HIERARCHICAL BLOCK tragen Sie im Feld REFERENCE eine Bezeichnung für diesen Block ein, beispielsweise *4-Bit-Addierer0* wie im Bild. Markieren Sie den Schaltknopf NO, da es sicherlich noch weitere Hierarchieebenen darunter geben wird. Wählen Sie unter IMPLEMENTATION TYPE die Option SCHEMATIC VIEW und geben Sie unter IMPLEMENTATION NAME den Namen *4Bit_Volladd* für den Schematic-Ordners ein, in dem die zugehörige Schaltung zu finden sein wird. Der Ordner wird später automatisch angelegt. Nach Anklicken der Schaltfläche OK verwandelt sich der Mauszeiger in ein Fadenkreuz, mit dem Sie ein Rechteck für den Block zeichnen müssen. Am Blocksymbol erscheint dann oben die vergebene Bezeichnung *4-Bit-Addierer0* und unten der Name des zugehörigen Ordners *4Bit_Volladd*.

Markieren Sie das Blocksymbol und holen Sie sich im Menü PLACE mit der Option
HIERARCHICAL PIN ein Pin-Symbol. Im Dialogfenster PLACE HIERARCHICAL PIN geben Sie als
Namen *x0* ein und wählen Sie bei TYPE die Option INPUT. Nach dem Markieren des Schalt-
knopfs SCALAR kann das Fenster über OK verlassen werden. Am Mauszeiger klebt jetzt ein
Pin-Symbol, das Sie gemäß Bild 6.32 an der linken Kontur platzieren sollten. Sogleich bildet
sich ein neues Pin-Symbol mit dem Namen *x1*, das Sie unter dem Ersten einfügen. Platzieren
Sie auf diese Weise alle Pins, wobei Sie für die Pins *S0, S1, S2, S3* und *Ca* unter TYPE die
Option OUTPUT wählen müssen.

Sobald das Blocksymbol fertig ist wird es mit Kopieren und Einfügen dreimal vervielfältigt.
Ändern Sie anschließend die Bezeichnungen der drei neuen Blöcke gemäß Bild 6.32. Die Ein-
gänge *x, y* und *k* sind zu Bussen zusammenzufassen und an vier Bit breite digitale Signalquel-
len *STIM4* anzuschließen. Die Signalquellen werden erst später parametrisiert. Die acht Aus-
gangsleitungen P_i werden ebenfalls zu einem Bus zusammengefasst, damit in PROBE das
Ergebnis leichter abzulesen ist. Die Carry-Eingänge *Ce* der Addierer werden nicht benötigt.
Deshalb sind sie auf Low-Potenzial zu legen. Alle Ein- und Ausgangsleitungen sind mit Alias-
Namen zu belegen (PLACE/NET ALIAS).

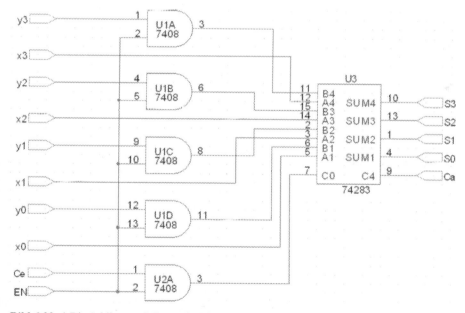

Bild 6.33 4-Bit-Addierer mit Baustein 74283 und EN-Signal

Schaltung des 4-Bit-Addierers:
Bis jetzt wurde den Blocksymbolen des 4-Bit-Addierers noch keine Schaltung zugeordnet.
Markieren Sie jetzt eines der vier Blocksymbole und öffnen Sie über das Menü VIEW/DESCEND
HIERARCHY die darunter liegende Hierarchieebene. Dabei wird automatisch im Project Mana-
ger der Ordner *4Bit_Add* angelegt und eine neue Zeichenoberfläche geöffnet. Dort finden Sie
bereits für jeden Pin des Blocks ein *Port*-Symbol mit der entsprechenden Bezeichnung. Platzie-
ren Sie nun den Addierer-Baustein *74283* und fünf UND-Gatter *7408* dort hinzu. Verdrahten
Sie die *x*-Port-Bausteine mit den *A*-Eingängen des Addierers: *x0* mit *A1*, *x1* mit *A2*, usw. Führen Sie die *y*- und *Ce-Port*-Bausteine jeweils auf den Eingang eines UND-Gatters. Verbinden
Sie die zweiten Eingänge der UND-Gatter und legen Sie dieses Signal auf den *EN-Port*-

Baustein. Die Ausgänge der UND-Gatter sind mit den Eingängen *C0, B1, B2, B3* und *B4* des Addierers zu verdrahten. Zuletzt müssen Sie noch die Ausgänge *SUM1* bis *SUM4* des Addierers auf die Port-Bausteine *S0* bis *S3* sowie den Ausgang *C4* auf den *Port*-Baustein *Ca* legen. Damit ist die Schaltung fertig und sollte etwa wie im Bild 6.33 aussehen.

Test des 4-Bit-Multiplizierers:
Öffnen Sie in CAPTURE wieder die erste Schaltung. Falls Sie bereits geschlossen ist, können Sie diese im Project Manager durch einen Doppelklick auf die Seite im Hauptordner SCHEMATIC1 wieder öffnen. Aktivieren Sie den Property Editor der zum Eingang *k[3..0]* gehörenden vier Bit breiten digitalen Signalquellen *DSTM2* mit einem Doppelklick auf das Quellensymbol und geben Sie den Testwert *0s 0000* in die COMMAND1-Zelle ein, d.h. dieser Eingang wird auf Null gelegt.

Bei der Quelle *DSTM3* für den Multiplikator *a[3..0]* geben Sie z.B. die in der Tabelle 6.9 aufgeführten Testwerte jeweils in eine neue COMMAND-Zelle ein.

Für die Quelle DSTM1 für den Multiplikanden *b[3..0]* sind folgende Testwerte günstig:

Tabelle 6.9
Parameter Quelle DSTM3
0us 0000
2us 1101
3us 0001
4us 0010
5us 0100
6us 1000
7us 1001
8us 1010
9us 1100

   0us 0001
   1us 0010
   2us 0100
   4us 1000
   6us 1001
   8us 1010

Oder Sie wählen Testzahlen für *a, b* und *k* nach Ihren eigenen Vorstellungen.

Legen Sie ein Simulationsprofil an und wählen Sie die Transienten-Analyse für den Zeitbereich von *0* bis *10 μs*. Danach können Sie noch Spannungsmarker an die Ein- und Ausgänge setzen. Starten Sie dann die Simulation. In PROBE werden die Signale automatisch dargestellt. Die angegebenen Zahlen sind alle hexadezimale Zahlen. Die Darstellung zeigt, dass der Multiplizierer erwartungsgemäß funktioniert. Untersuchen Sie auch, was bei anderen Werten für die Konstante *k[3..0]* passiert.

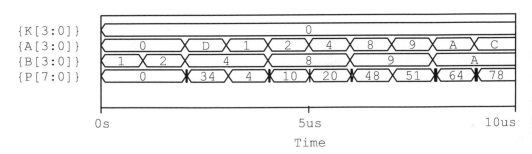

Bild 6.34 Ein- und Ausgangssignale des 4-Bit-Multiplizierers

6.1.11 Digitaler Schmitt-Trigger

Untersuchen Sie die Hysteresekennlinie des digitalen Schmitt-Trigger-ICs *7414*. Schließen Sie dazu die analoge Spannungsquelle *VPWL* an den Eingang des Schmitt-Triggers an und verbinden Sie seinen Ausgang über einen Widerstand an Masse, wie dies in der folgenden Schaltung abgebildet ist.

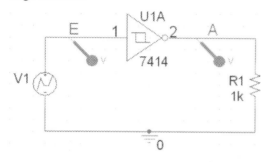

Bild 6.35
Schaltung zum Testen des Schmitt-Triggers

Bemerkung: In dieser Aufgabe werden analoge und digitale Bauelemente zusammengeschaltet. Man spricht dann von einer *Mixed-Mode-Schaltung*.

- Stellen Sie die Spannungsquelle so ein, dass sie im Zeitraum von 0 bis 5 µs von 0 V auf 5 V linear ansteigt und dann bis $t = 10$ µs wieder auf 0 V abfällt.

- Simulieren Sie die Ein- und Ausgangsspannung am Schmitt-Trigger.

- Simulieren Sie die Hysteresekennlinie des Schmitt-Triggers.

Die Bauelemente finden Sie über das Menü PLACE/PART in nebenstehenden Bibliotheken (Libraries).

Bauelement	Bibliothek	Bemerkung
VPWL	source.olb	Stückweise lineare Spannungsquelle
7414	eval.olb	Schmitt-Trigger
R	analog.olb	Widerstand
0	source.olb	Analoge Masse

Lösung (Datei: *dt_sn_pums.opj*)

Legen Sie in CAPTURE ein neues Projekt an und geben Sie die in der Aufgabenbeschreibung vorgestellte Schaltung ein. Für die Spannungsquelle *VPWL* sind im Property Editor folgende Eigenschaften einzugeben:

DC=0, AC=0, T1=0, V1=0, T2=5us, V2=5V, T3=10us, V3=0V

Versehen Sie die Leitungen mit den Alias-Namen E und A (PLACE/NET ALIAS), damit Sie die interessierenden Signale in PROBE leichter identifizieren können.

Verbindung von analogen und digitalen Schaltungsteilen:
PSPICE unterscheidet drei verschiedene Arten von Knoten: analoge und digitale Knoten sowie Übergangsknoten (Verbindung von analogen mit digitalen Elementen). Dabei hängt die Art der Knoten von den angeschlossenen Bauelementen ab. Einen Übergangsknoten teilt PSPICE automatisch in einen analogen und einen digitalen Knoten auf. Es wird dann für das digitale Bauelement ein I/O-Modell benötigt, das PSPICE zwischen die beiden Elemente schaltet. In der Ausgabedatei **.out* werden die dazwischen gesetzten Modelle unter dem Stichwort *Gene-*

rated AtoD and DtoA Interfaces aufgeführt. Die analogen Knoten behalten ihre Namen bei. Die digitalen Knoten erhalten die Namen

    <analog_knotenname>$AtoD<n> bzw.
    <analog_knotenname>$DtoA<n>, mit *<n>* = *Leerzeichen, 2, 3, ...*

Simulation der Ein- und Ausgangsspannung:

Legen Sie ein Simulationsprofil für eine Transienten-Analyse an und geben Sie für RUN TO TIME *10us* ein. Setzen Sie an die Ein- und Ausgangsleitung je einen Spannungsmarker und starten Sie die Simulation. In PROBE werden nach der Simulation die Signale *V(E)* und *V(A)* automatisch dargestellt, wenn Sie vorher die Marker gesetzt haben. Dies sind die analogen Signale an der Spannungsquelle bzw. am Widerstand.

Bis jetzt sind nur rein analoge Signale dargestellt. Wir wollen deshalb als nächstes die digitalen Signale am Ein- und Ausgang des Schmitt-Triggers abbilden. Gehen Sie dazu in das Menü TRACE/ADD TRACE. Sie finden nun dort eine Fülle von Signalnamen, die am Anfang sehr verwirrend sein kann. Entfernen Sie zunächst mit Klick auf die entsprechenden Kästchen die Anzeige der Ströme (CURRENTS), Unterschaltkreise (SUBCIRCUIT NODES) und der Alias-Namen (ALIAS NAMES). Die Trace-Liste ist nun wesentlich kürzer geworden. Durch wechselseitiges Aktivieren/Deaktivieren von ANALOG und DIGITAL können Sie sehr leicht die analogen von den digitalen Größen unterscheiden. Nach dem oben beschriebenen Bezeichnungsschema ist *E$AtoD* die Eingangsgröße des Schmitt-Triggers und *A$DtoA* die Ausgangsgröße. Wählen Sie diese beiden Signale aus. Das PROBE-Diagramm wird jetzt in einen analogen und einen digitalen Teil aufgeteilt. Die Proportionen der beiden Teile sind zunächst noch ungünstig, aber Sie können dies abändern: Klicken Sie im Menü PLOT auf die Option DIGITAL SIZE . Es öffnet sich das Fenster DIGITAL PLOT SIZE, in dem Sie die prozentuale Größe des Digitalteils bestimmen können. Geben Sie hier z.B. 30 % ein (der Wert hängt von der Fenstergröße ab). Sie können die Diagrammgröße auch dadurch ändern, dass Sie mit dem Mauszeiger auf die Doppellinie zwischen den beiden Diagrammen gehen und dann bei gedrückter linker Maustaste nach oben oder unten verschieben. Jetzt sollten Sie die Kurvenzüge in Bild 6.36 erzeugt haben.

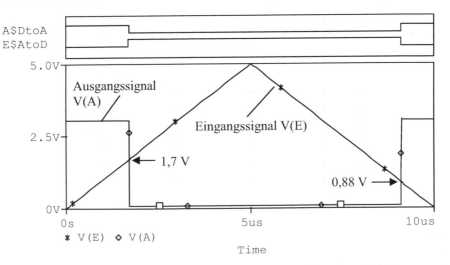

Bild 6.36 Ein- und Ausgangssignal des Schmitt-Triggers; unten: analog, oben: digital

Wenn die Eingangsgröße die Schwelle von ca. *1,7 V* überschreitet, schaltet der Ausgang des Schmitt-Triggers auf Low. Er geht erst dann wieder auf High zurück, wenn das Eingangssignal kleiner wird als *0,88 V*. Der Schmitt-Trigger hat also eine Hysterese von ca.

1,7 V - 0,88 V = 0,82 V.

Zuletzt wollen wir noch die Hysteresekurve darstellen. Erzeugen Sie zunächst in PROBE über WINDOW/NEW WINDOW ein neues Fenster. Wählen Sie im Menü PLOT/AXIS SETTINGS/ X AXIS den Schalter AXIS VARIABLE und wählen Sie aus der Liste die Eingangsgröße *V(E)*. Wählen Sie dann für die senkrechte Achse im Menü TRACE/ADD TRACE die Ausgangsgröße *V(A)* und erzeugen Sie die Hysteresekennlinie, wie im Bild 6.37 dargestellt. Bestimmen Sie in der Kennlinie mit den Cursorn die untere und obere Schwellspannung sowie die Breite der Hysterese. Sie erhalten die bereits oben ermittelten Werte bestätigt.

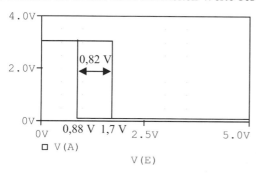

Bild 6.37 Hysteresekennlinie des Schmitt-Triggers

6.1.12 Pegelumsetzer analog zu digital

Untersuchen Sie den abgebildeten Pegelumsetzer, der aus einem Analogsignal ein Digitalsignal bildet. Der OP steuert einen Schmitt-Trigger, dessen Ansprechschwelle mit der Verstärkung $V_u = R_2/R_1$ einstellbar ist. Die beiden Dioden schützen den Schmitt-Trigger gegen positive und negative Spannungen. Die Quelle *V2* habe eine Gleichspannung von +5 V.

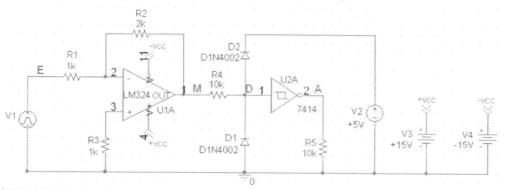

Bild 6.38 Schaltung des Pegelumsetzers

• Ermitteln Sie den zeitlichen Verlauf der Ein- und Ausgangssignale. Die Spannungsquelle *V1* soll Rechteckimpulse zwischen *-5 V* und *+5 V* erzeugen.

- Ersetzen Sie die Spannungsquelle *V1* durch die Quelle *VPWL* und erzeugen Sie damit folgendes Eingangssignal *E*:

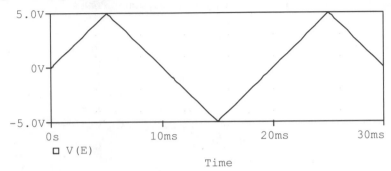

Bild 6.39 Signalverlauf der Quelle *V1*

Nehmen Sie für den Widerstand R_2 nacheinander die folgenden Werte an und untersuchen Sie, wie sich das Ausgangssignal *A* ändert.

R_2:   1,5 kΩ; 1,8kΩ; 2kΩ; 2,2kΩ; 2,5kΩ; 2,8kΩ; 3kΩ; 3,5kΩ

- Simulieren Sie die Hysteresekennlinie der Schaltung: $A = f(E)$.

Die benötigten Bauelemente sind in nebenstehender Tabelle gelistet. Man findet sie über das Menü PLACE/ PART in den angegebenen Bibliotheken (Libraries) sowie über PLACE/OFF-PAGE CONNECTOR und PLACE/ GROUND.

Bauelement	Bibliothek	Bemerkung
VPULSE	source.olb	Impulsspannungsquelle
VSRC	source.olb	Spannungsquelle
VDC	source.olb	Gleichspannungsquelle
7414	eval.olb	Schmitt-Trigger
LM324	eval.olb	OP
D1N4002	eval.olb	Diode
R	analog.olb	Widerstand
PARAM	special.olb	Parameterblock
OFFPAGELEFT-L	capsym.olb	drahtloser Verbinder mit PLACE/OFF-PAGE CONNECTOR
0	source.olb	analoge Masse mit PLACE/GROUND

Lösung (Datei: *dt_sn_pegel.opj*)

Legen Sie in CAPTURE ein neues Projekt an und geben Sie die in der Aufgabenbeschreibung vorgestellte Schaltung ein. Die Eigenschaften der Spannungsquelle *V1* (*VPULSE*) sind mit dem Property Editor wie folgt einzustellen:

DC=0, AC=0, V1=-5V, V2=5V, TD=0us, TR=1us, TF=1us, PW=5ms, PER=10ms

Versehen Sie die Schaltung mit den Alias-Namen E, M, D und *A* (über PLACE/NET ALIAS), damit Sie die interessierenden Signale in PROBE leichter identifizieren können.

Auch hier schaltet PSPICE wieder automatisch zusätzliche Module zwischen die analogen und digitalen Elementen (genau gesagt am Eingang und Ausgang des Schmitt-Triggers), wie dies bereits in der vorhergehenden Aufgabe im Abschnitt 6.1.11 erläutert wurde.

Legen Sie über das Menü PSPICE/NEW SIMULATION PROFILE ein Simulationsprofil an. Wählen Sie im Dialogfenster SIMULATION SETTINGS die Transienten-Analyse aus und geben Sie für RUN TO TIME *30ms* ein. Setzen Sie Spannungsmarker in die Schaltung und starten Sie die Simulation. In PROBE werden die Signale *V(E)*, *V(M)*, *V(D)* und *V(A)* nach der Simulation automatisch dargestellt, wenn Sie vorher die Marker gesetzt haben. Dies sind die analogen Signale der Spannungsquelle, am OP-Ausgang, am Schmitt-Trigger-Eingang und am Widerstand R_5.

Bis jetzt sind nur rein analoge Signale dargestellt. Wir wollen deshalb als Nächstes die digitalen Signale am Ein- und Ausgang des Schmitt-Triggers abbilden. Gehen Sie dazu in das Menü TRACE/ADD TRACE und wählen Sie dort die Signale *D$AtoD* (Eingangsgröße des Schmitt- Triggers) und *A$DtoA* (Ausgangsgröße) aus (weitere Erläuterungen s. Abschnitt 6.1.11). Das PROBE-Diagramm wird jetzt in einen analogen und einen digitalen Teil aufgeteilt. Die Proportionen der beiden Teile sind zunächst noch ungünstig, aber Sie können dies ändern: Klicken Sie im Menü PLOT auf den Punkt DIGITAL SIZE. Es öffnet sich das Fenster DIGITAL PLOT SIZE, in dem Sie die prozentuale Größe des Digitalteils bestimmen können. Geben Sie hier beispielsweise *30 %* ein. Im Bild 6.40 ist das Ergebnis zu sehen (Hinweis: die Signal *V(M)* und *V(D)* wurden der Übersichtlichkeit halber weggelassen). Der High-Pegel des Ausgangssignals *V(A)* beträgt *3,4 V*, der Low-Pegel *89 mV*. Damit ist die TTL-Spezifikation erfüllt.

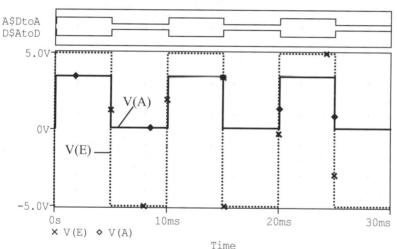

Bild 6.40   oben: digitale Ein- und Ausgangssignale des Schmitt-Triggers,
              unten: analoge Ein- und Ausgangssignale der Schaltung

Reaktion auf linear ansteigendes Eingangssignal:
Ersetzen Sie jetzt die Impulsspannungsquelle *V1* durch die Spannungsquelle *VPWL* und geben Sie nach einem Doppelklick auf das Symbol folgende Eigenschaften (gemäß Signalverlauf in Aufgabenstellung) im Property Editor ein:

    DC=0, AC=0, T1=0, V1=0, T2=5ms, V2=5V, T3=15ms, V3=-5V, T4=25ms, V4=5V, T5=30ms, V5=0V.

Ersetzen Sie den Widerstandswert von R_2 durch die Variable *{Rvar}* (in geschweiften {} Klammern) und fügen Sie das Element *PARAM* in die Schaltung ein. Nach Doppelklick auf das Symbol öffnet sich der Property Editor. Geben Sie in der Zelle unter der Spaltenüberschrift *Rvar* den Wert *2k* ein. Falls die Spalte *Rvar* noch nicht existiert, müssen Sie diese über die

Schaltfläche NEW COLUMN (bzw. ROW) anlegen. Jetzt ist die Schaltung vollständig, es fehlt nur noch die Analyseart.

Legen Sie ein zweites Simulationsprofil an und wählen Sie zunächst die Transienten-Analyse aus. Im Feld RUN TO TIME ist wieder *30 ms* einzugeben. Markieren Sie zusätzlich noch das Kästchen neben PARAMETRIC SWEEP aus und klicken Sie auf die Schaltfläche GLOBAL PARAMETER. Im Feld PARAMETER NAME müssen Sie *Rvar* eintippen. Klicken Sie dann auf die Schaltfläche VALUE LIST und geben Sie im Feld VALUES die in der Aufgabenstellung gegebenen Werte für R_2 (*1.5k 1.8k 2k 2.2k 2.5k 2.8k 3k 3.5k*) ein. Damit sind die Analysearten ausgewählt und die Simulation kann gestartet werden.

In PROBE werden automatisch die Signale *V(E)* und *V(A)* für die verschiedenen Werte des Widerstand R_2 dargestellt. Fügen Sie auch hier wieder die digitalen Signale *D$AtoD* und *A$DtoA* über TRACE/ADD TRACE hinzu.

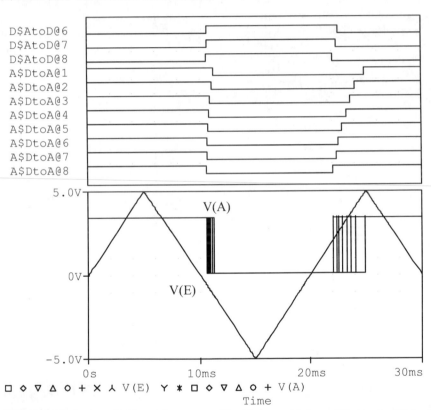

Bild 6.41 Eingangsgröße E und Ausgangsgröße *A* bei verschiedenen Werten des Widerstands R_2
(Es sind nicht alle digitalen Signale dargestellt)

Das Ausgangssignal schaltet je nach Wert des Widerstands R_2 zu unterschiedlichen Zeitpunkten. Je größer der Widerstand und damit die Verstärkung V_u wird, desto näher liegen die Schaltpunkte zeitlich beisammen. Die Schaltschwellen sind am besten wieder anhand der Hysteresekennlinie zu bestimmen.

Hysteresekennlinie:

Es wird vorausgesetzt, dass die vorhergehend erläuterte Simulation durchgeführt ist und Sie PROBE geöffnet haben. Erzeugen Sie zunächst in PROBE über WINDOW/NEW WINDOW ein neues Fenster. Wählen Sie im Menü PLOT/AXIS SETTINGS/X AXIS den Schalter AXIS VARIABLE und suchen Sie in der Liste die Eingangsgröße *V(E)*. Hängen Sie unmittelbar dahinter das Symbol @ aus dem Teilfenster FUNCTIONS AND MACROS und tippten Sie noch eine *1* dazu. Da wir *Rvar* mit acht Werten verändert haben, gibt es auch acht Eingangssignale, die allerdings alle identisch sind. Der Ausdruck *V(E)@1* wählt das erste Signal davon aus. Wählen Sie dann für die senkrechte Achse im Menü TRACE/ADD TRACE die Ausgangsgröße *V(A)* und erzeugen Sie die abgebildeten Hysteresekennlinien (Bild 6.42).

Bestimmen Sie in der Kennlinie mit den Cursorn die untere und obere Schwellspannung sowie die Breite der Hysterese bei den verschiedenen Werten für R_2. Die Hysteresebreite nimmt von 2,6 V bei $R_2 = 3,5$ kΩ zu bis auf 6,1 V bei $R_2 = 1,5$ kΩ. Den Wert des zugehörigen Widerstands R_2 können Sie leicht ablesen, wenn Sie mit dem Mauszeiger auf eine Kurve gehen und dann im Popup-Menü der rechten Maustaste die Option INFORMATION wählen.

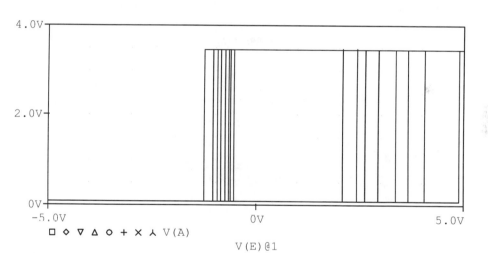

Bild 6.42 Hysteresekennlinie der Schaltung bei verschiedenen Werten des Widerstands R_2

6.2 Statisches und dynamisches Verhalten von Kippschaltungen

In diesem Abschnitt wird das statische und dynamische Verhalten von RS-Flipflops und taktgesteuerten Flipflops durch Simulation untersucht.

6.2.1 RS-Flipflops

In dieser Aufgabe ist die Wirkungsweise von RS-Flipflops zu untersuchen.

- Simulieren Sie ein RS-Flipflop, das mit NAND-Gattern realisiert wird, sowie ein zweites mit NOR-Gattern, s. Bild 6.43.

- Wählen Sie die digitalen Eingangssignale so, dass Sie alle möglichen Kombinationen der beiden Eingangssignale erhalten. Sorgen Sie dafür, dass nach dem irregulären (nicht erlaubten) Fall unmittelbar der Zustand „Speichern" folgt und untersuchen Sie in PROBE, wie das RS-Flipflop darauf reagiert.

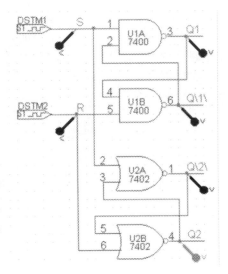

Bild 6.43 RS-Flipflops mit NOR- bzw. NAND-Gattern

Die Bauelemente finden Sie über das Menü PLACE/PART in nebenstehenden Bibliotheken (Libraries).

Bauelement	Bibliothek	Bemerkung
STIM1	source.olb	Digitale Quelle mit 1 Anschlussknoten (1 Bit)
7400	eval.olb	NAND-Gatter
7402	eval.olb	NOR-Gatter

Lösung (Datei: *dt_ff_rsff.opj*)

Legen Sie in CAPTURE ein neues Projekt an und geben Sie die in der Aufgabenbeschreibung vorgestellte Schaltung ein. Die beiden Flipflops unterscheiden sich dadurch, dass das mit NAND-Gattern realisierte Flipflop mit negierten Eingangssignalen arbeitet. D.h. das mit NOR aufgebaute Flipflop wird mit High-Pegel gesetzt und zurückgesetzt, das mit NAND realisierte dagegen mit Low-Pegel. Benennen Sie die Ein- und Ausgangsleitungen mit Alias-Namen (PLACE/NET ALIAS) wie in der Schaltung angegeben.

Hinweis: die negierten Größen von $Q1$ bzw. $Q2$ ($\overline{Q1}, \overline{Q2}$) erfordern folgende Eingaben:

Q\1\ bzw. Q\2\

Wählen Sie für die Eingangssignale R und S die digitale Signalquelle *STIM1* und legen Sie das zeitliche Verhalten der beiden Quellen im Property Editor wie folgt fest:

DSTM1: *0s 0, 1us 1, 2us 0, 3us 1, 4us 0, 5us 1*
DSTM2: *0s 0, 2us 1, 4us 0, 5us 1*

Beachten Sie das Leerzeichen zwischen Zeitangabe und Logikzustand. Mit dieser Signalfestlegung wird erreicht, dass die Signale R und S alle möglichen Kombinationen einnehmen und dass nach dem irregulären Fall sofort der Zustand „Speichern" folgt.

Legen Sie ein Simulationsprofil an und wählen Sie die Transienten-Analyse aus. Geben Sie für RUN TO TIME *6us* ein. Setzen Sie noch an die Ein- und Ausgangsleitungen Spannungsmarker und starten Sie dann die Simulation. In PROBE werden nach der Simulation die Ein- und Ausgangssignale automatisch dargestellt. PROBE bezeichnet hier die negierten Signale $\overline{Q1}$ und $\overline{Q2}$ mit *Q1bar* und *Q2bar*. Nach dem Sortieren der Signale sollten Sie das Ergebnis in Bild 6.44 erhalten:

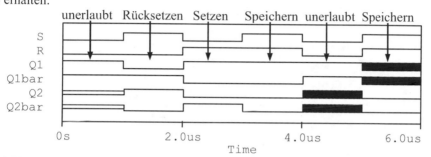

Bild 6.44 Ein- und Ausgangssignale der beiden RS-Flipflops

Betrachten wir zunächst nur das mit NAND realisierte Flipflop mit dem Ausgang $Q1$. Gleich zu Beginn haben wir dessen nicht erlaubten Zustand $S = R = 0$. Es reagiert darauf mit den nicht komplementären Ausgängen $Q1 = Q1bar = 1$. Da gleich danach der Fall „Rücksetzen" ($S = 1$, $R = 0$) folgt, geht es problemlos weiter mit $Q1 = 0$ und $Q1bar = 1$. Danach kommen die Fälle „Setzen", „Speichern" und nochmals der irreguläre Zustand. Nun folgt dem irregulären Zustand aber der Fall „Speichern". Es kommt jetzt auf die Laufzeiten der Gatter im Flipflop an, welcher Zweig gewinnt. Da die beiden Gatter standardmäßig in PSPICE gleiche Signallaufzeiten haben, kann es keine klare Entscheidung geben. Folglich beginnen beide Ausgänge zu schwingen. Sie können dies sehr leicht durch Vergrößern des Ausschnitts in PROBE (Vergrößerungsglas aus Symbolleiste verwenden) erkennen.

Analysieren wir noch kurz das mit NOR-Gattern aufgebaute Flipflop mit dem Ausgang $Q2$. Zu Beginn haben wir den Fall „Speichern". Da es aber zuvor noch keinen definierten Ausgangszustand gab, gibt es auch keinen Zustand zu speichern. PSPICE deutet dies durch die beiden parallelen horizontalen Linien (= undefiniert) an. Auch hier folgt nach dem nicht erlaubten Zustand ($S = R = 1$) der Fall „Speichern" ($S = R = 0$) und die Ausgänge schwingen aus dem bereits oben erläuterten Grund. Danach folgt nochmals der irreguläre Zustand $S = R = 1$, der wieder die Ausgänge $Q2 = Q2bar = 0$ erzwingt.

6.2.2 Zustandsgesteuertes RS-Flipflop

In dieser Aufgabe ist die Wirkungsweise eines taktzustandsgesteuerten RS-Flipflop zu untersuchen.

* Realisieren Sie ein taktzustandsgesteuertes RS-Flipflop, indem Sie ein mit NAND-Gattern aufgebautes Flipflop erweitern, wie im Bild 6.45 dargestellt.

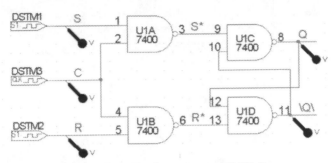

Bild 6.45 Schaltung des zustandsgesteuerten RS-Flipflops

- Stellen Sie die digitalen Signalquellen so ein, dass Sie das abgebildete zeitliche Verhalten erhalten.

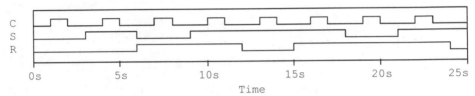

Bild 6.46 Gewünschtes zeitliches Verhalten der Eingangsgrößen

- Analysieren Sie in PROBE die Reaktion des Flipflops auf diese Eingangssignale.

Hinweis: Sie werden bei der Simulation feststellen, dass PSPICE mit der Fehlermeldung

> *WARNING: EVALUATION VERSION Logic Transition Limit (10000) Exceeded*
> *ERROR: Fatal Digital Simulator Error 5*

abbricht. Der Grund dafür liegt in dem unerlaubten Zustand der Eingangssignale ($S = R = 1$) und dem darauf mit $C = 0$ folgenden Fall „Speichern". Dies führt zum Schwingen der Ausgangssignale.

Überprüfen Sie dies, indem Sie die Simulation zeitlich so verkürzen, dass sie bei Beginn des ersten irregulären Zustands endet (*RUN TO TIME* = 11s). Jetzt sollten Sie in PROBE die Signale dargestellt erhalten.

Damit Sie die ganze Simulation durchführen können, müssen Sie dafür sorgen, dass eines der beiden Gatter des RS-Flipflops schneller ist. Führen Sie deshalb in eine der Leitungen S* bzw. R* eine Verzögerung mit zwei hintereinander geschalteten Invertern ein. Jetzt sollte die Simulation gelingen. In der Lösung wird Ihnen noch eine weitere Möglichkeit durch Verändern der Gatterlaufzeit gezeigt.

Die Bauelemente finden Sie über das Menü PLACE/PART in nebenstehenden Bibliotheken (Libraries).

Bauelement	Bibliothek	Bemerkung
STIM1	source.olb	Digitale Quelle mit 1 Anschlussknoten (1 Bit)
DigClock	source.olb	Digitale Taktquelle
7400	eval.olb	NAND-Gatter
7404	eval.olb	Inverter

Lösung (Datei: *dt_ff_rsff2zust.opj*)

Beginnen Sie in CAPTURE ein neues Projekt und geben Sie die in der Aufgabenbeschreibung vorgestellte Schaltung ein. Verwenden Sie für die Eingänge R und S die digitale Quelle *STIM1* und erzeugen Sie das Taktsignal mit der Quelle *DigClock* (Selbstverständlich könnten Sie dafür auch *STIM1* verwenden). Benennen Sie die Ein- und Ausgangsleitungen mit Alias-Namen, wie in der Schaltung angegeben.

Hinweis: Die negierte Größe von Q erfordert die Eingabe \Q\

Legen Sie das zeitliche Verhalten der beiden Eingangssignale R und S (nach einem Doppelklick auf die Quelle) im Property Editor wie folgt fest (jeder Zeitschritt in eine neue COMMAND-Zelle):

DSTM1: *0s 0, 3s 1, 6s 0, 9s 1, 18 0, 21 1, 25s 0*
DSTM2: *0s 0, 6s 1, 12s 0, 15s 1, 24s 0*   Bitte die Leerzeichen beachten!

Das Taktsignal erfordert folgende Parameter für die Quelle *DSTM3*:

DSTM3: *DELAY=1s, ONTIME=1s, OFFTIME=2s, STARTVAL=0, OPPVAL=1*

Hierbei wird mit *DELAY* die Anfangsverzögerung bis zum ersten Taktimpuls beschrieben. *ONTIME* gibt die Länge des Taktimpulses an, *OFFTIME* die Zeit bis zum nächsten Taktimpuls. Mit *STARTVAL* wird angegeben, ob der Takt mit High- oder Low-Pegel beginnen soll. *OPPVAL* definiert den logischen Zustand des nächsten Taktimpulses.

Legen Sie ein Simulationsprofil an und wählen Sie im Dialogfenster die Transienten-Analyse aus. Geben Sie für RUN TO TIME *25s* ein. Setzen Sie zuletzt noch Spannungsmarker an die Ein- und Ausgangsleitungen und starten Sie die Simulation. PSPICE wird mit der in der Aufgabenstellung beschriebenen Fehlermeldung abbrechen. Dies passiert auch, wenn Sie nur bis zum Zeitpunkt *11,1 s* simulieren, denn dann hat das Taktsignal ja bereits auf Low-Pegel geschaltet. Erst wenn Sie die Berechnung nur bis *11 s* durchführen lassen bleibt die Meldung aus. PROBE bezeichnet den negierten Ausgang Q mit $Qbar$. Nach dem Sortieren der Signale sollten Sie das Ergebnis in Bild 6.47 erhalten.

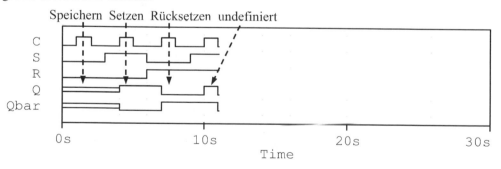

Bild 6.47 Ein- und Ausgangssignale des zustandsgesteuerten RS-Flipflops

Die Ausgänge Q und $Qbar$ sind zunächst unbestimmt (zwei parallele horizontale Linien), da das Flipflop mit $C = 0$ bzw. mit $C = 1$ und $S = R = 0$ in den Zustand „Speichern" geht, aber vorher noch kein definierter Ausgang vorlag. Die FF-Ausgänge schalten erst, wenn das Taktsignal High-Pegel annimmt. Sie nehmen dann den durch die Vorbereitungseingänge R und S festgelegten Zustand an. So folgen nach „Speichern" die Zustände „Setzen", „Rücksetzen" und irregulärer Zustand.

Verzögerungsglied in einem Vorbereitungseingang:
Die oben festgestellte Fehlermeldung kommt nicht, wenn die beiden NAND-Gatter des Flip-
flops unterschiedliche Gatterlaufzeiten haben. Fügen Sie deshalb in eine der beiden Leitungen
R* bzw. S* eine Verzögerung in Form zweier hintereinandergeschalteter Inverter ein. In der
Schaltung in Bild 6.48 wurde dies in der Leitung S* durchgeführt.

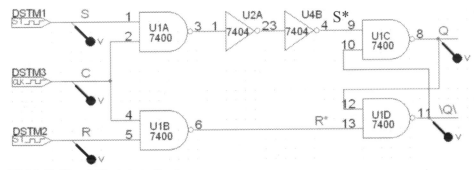

Bild 6.48 Signal S* wird verzögert

Nach der Transienten-Analyse von *0* bis *25 s* sollten Sie in PROBE folgende Signalverläufe
(ohne Fehlermeldung) erhalten:

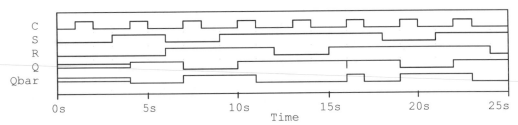

Bild 6.49 Ein- und Ausgangssignale, wenn Signal S* verzögert wird

Den ersten irregulären Zustand erreicht das Flipflop zum Zeitpunkt $t = 10$ s. Sobald das Taktsignal wieder auf Low-Pegel zurückgeht, wird das Flipflop gesetzt, da infolge der eingebauten
Verzögerung das S*-Signal langsamer als das R*-Signal auf High-Pegel geht (Flipflop reagiert
auf Low-Pegel).

Andere Möglichkeit, unterschiedliche Verzögerungszeiten zu realisieren:
Bei der Aufgabe *Ringoszillator* im Abschnitt 6.1.5 wird gezeigt, dass die Verzögerungszeiten
der Gatter global und individuell geändert werden können. Dies wollen wir hier nun nutzen.
Laden Sie wieder die ursprüngliche Schaltung des zustandsgesteuerten RS-Flipflops (ohne
Inverter). Wählen Sie im Dialogfenster SIMULATION SETTINGS die Karteikarte OPTIONS und
dort die Kategorie GATE-LEVEL SIMULATION. Wählen Sie unter TIMING MODE die Option
TYPISCH für alle Gatter, falls nicht bereits eingestellt. Verlassen Sie mit OK das Dialogfenster
und führen Sie dann einen Doppelklick auf das Gatter *U1C* (*S** Leitung) aus und verändern Sie
im Property Editor die Verzögerungszeit dieses Gatters auf maximal, indem Sie in der Zelle
unter der Eigenschaft *MNTYMXDLY* den Wert *3* eingeben.

Wählen Sie die Transienten-Analyse mit *RUN TO TIME* = *25s* und starten Sie die Simulation. Sie
sollten jetzt ohne Probleme in PROBE die zeitlichen Verläufe der Ein- und Ausgangssignale
ähnlich wie in Bild 6.49 erhalten.

6.2.3 Taktflankengesteuertes RS-Flipflop

In dieser Aufgabe ist die Wirkungsweise eines einflankengesteuerten RS-Flipflops zu untersuchen. Taktflankengesteuerte RS-Flipflops sind nicht als IC erhältlich. Aber man kann jedes gewünschte Flipflop mit Hilfe eines vorhandenen Flipflops mit der erforderlichen Taktsteuerung realisieren, indem man ein geeignetes Schaltnetz (meistens mit Rückkopplung) dazu entwickelt. Das gesuchte taktflankengesteuerte RS-Flipflop wird in dieser Aufgabe auf Basis eines T-Flipflops entwickelt. Das T-Flipflop wird dabei mit einem JK-Flipflop aufgebaut, indem die J- und K-Eingänge verbunden werden. Die Vorgehensweise lautet also:

Man nehme ein JK-Flipflop mit positiver Flankensteuerung (z.B. *74111*), verbinde die J- und K-Eingänge und schalte ein geeignetes Schaltnetz dazu. Wie das Schaltnetz entwickelt wird, soll hier nicht erläutert werden. Das Schaltnetz ist so ausgelegt, dass das RS-Flipflop im irregulären Zustand $S = R = 1$ auf $Q = 0$ und $\neg Q = 1$ schaltet. Die fertige Schaltung sieht dann so aus:

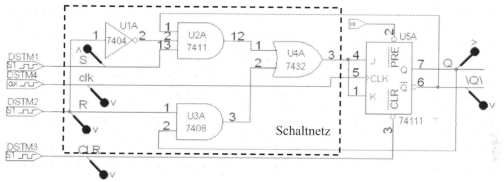

Bild 6.50 Schaltung eines taktflankengesteuerten RS-Flipflops

- Geben Sie in CAPTURE die Schaltung nach Bild 6.50 ein. Stellen Sie die digitalen Signalquellen für *S, R*, den *Takt* und *Clear* mit einem geeigneten Testmuster ein.

- Führen Sie eine Transienten-Analyse durch und zeigen Sie in PROBE das zeitliche Verhalten der Ein- und Ausgangssignale.

Die benötigten Bauelemente sind in nebenstehender Tabelle gelistet. Man findet sie über das Menü PLACE/PART in den angegebenen Bibliotheken (Libraries) sowie über PLACE/POWER.

Bauelement	Bibliothek	Bemerkung
STIM1	source.olb	Digitale Quelle mit 1 Anschlussknoten (1 Bit)
DigClock	source.olb	Digitale Quelle für Taktsignal
7404	eval.olb	Inverter
7408	eval.olb	UND-Gatter mit zwei Eingängen
7411	eval.olb	UND-Gatter mit drei Eingängen
7432	eval.olb	ODER-Gatter mit zwei Eingängen
74111	eval.olb	Vorderflankengesteuertes JK-Flipflop
$D_HI	source.olb	High-Potenzial Anschlussstelle mit PLACE/POWER

Lösung (Datei: *dt_ff_rstff.opj*)

Legen Sie in CAPTURE ein neues Projekt an und geben Sie die in der Aufgabenbeschreibung vorgestellte Schaltung des flankengesteuerten RS-Flipflop ein. Verwenden Sie für die Eingänge *S*, *R* und für das Rücksetzsignal *CLR* die digitale Quelle *STIM1* sowie für den Takteingang die Quelle *DigClock*. Der Preset-Eingang (*PRE*) des JK-Flipflops ist auf High-Potenzial zu legen. Verwenden Sie dafür das Element *$D_HI* (PLACE/POWER). Benennen Sie die Ein- und Ausgangsleitungen über das Menü PLACE/NET ALIAS mit Alias-Namen, wie in der Schaltung angegeben. Hinweis: Die negierte Größe von *Q* erfordert die Eingabe \Q\.

Legen Sie das zeitliche Verhalten der Eingangssignale *S*, *R* und *CLR* sowie des Taktsignals *clk* (nach einem Doppelklick auf die Quelle) wie folgt im Property Editor fest (jeder Zeitschritt in eine neue COMMAND-Zelle):

DSTM1: *0s 1, 6us 0, 9us 1, 10.5us 0, 15us 1, 18us 0, 21us 1*
DSTM2: *0s 0, 6us 1, 9us 0, 13.5us 1*
DSTM3: *0s 0, 0.1us 1*   Bitte die Leerzeichen beachten!

Die Quelle *DigClock* für das Taktsignal wird mit folgenden Parametern eingestellt:

DELAY=1us, ONTIME=1us, OFFTIME=2us, STARTVAL=0, OPPVAL=1

Legen Sie über PSPICE/NEW SIMULATION PROFILE ein neues Simulationsprofil an und wählen Sie im Dialogfenster SIMULATION SETTINGS die Transienten-Analyse aus. Geben Sie für RUN TO TIME *25us* ein. Setzen Sie an die Ein- und Ausgangsleitungen Spannungsmarker und starten Sie die Simulation. In PROBE erhalten Sie automatisch die Ein- und Ausgangssignale. PROBE bezeichnet den negierten Ausgang *Q* mit *Qbar*. Nach dem Sortieren der Signale sollten Sie folgendes Ergebnis erhalten:

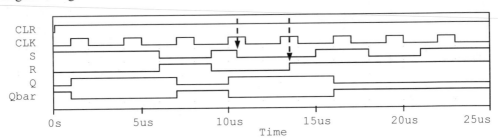

Bild 6.51 Ein- und Ausgangssignale des Flipflops

Das Rücksetzsignal *CLR* setzt das T-Flipflop zu Beginn zurück. Die Ausgänge des RS-Flipflops verhalten sich entsprechend den Vorbereitungseingängen *S* und *R* zum Zeitpunkt der aufsteigenden Taktflanke. Beim vierten und fünften Taktimpuls hat der Potenzialwechsel von *S* bzw. *R* innerhalb des Taktimpulses (s. Pfeile) keinen Einfluss mehr auf die Ausgänge. Der bei einem RS-Flipflop an sich irreguläre Zustand $S = R = 1$ führt bei diesem Flipflop zu dem definierten Zustand $Q = 0$ und $\overline{Q}1 = 1$ (Taktimpulse sechs und acht).

Hinweis: Standardmäßig sind alle Flipflops zu Beginn einer Simulation im undefinierten Zustand und müssen zunächst definiert gesetzt oder zurückgesetzt werden. In einigen Anwendungen, wie beispielsweise Frequenzteiler, ist es egal, ob das Flipflop am Anfang im Zustand 0 oder 1 ist. Dann kann im Dialogfenster SIMULATION SETTINGS in der Rubrik OPTIONS/GATE-LEVEL SIMULATION unter INITIALIZE ALL FLIPFLOPS TO auch *0* oder *1* gewählt werden.

6.2.4 D-Flipflop

In dieser Aufgabe ist die Wirkungsweise eines taktzustandsgesteuerten und eines taktflanken-gesteuerten D-Flipflops zu untersuchen. Ein RS-Flipflop kann leicht zu einem taktzustandsge-steuerten D-Flipflop erweitert werden. Im Bild 6.52 sehen Sie eine Schaltung dafür, wenn man nur NAND-Gatter verwenden will.

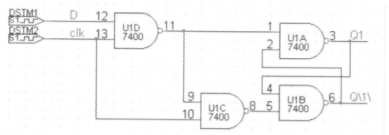

Bild 6.52 Taktzustandsgesteuertes D-Flipflop mit NAND-Gattern

- Geben Sie in CAPTURE die Schaltung des taktzustandsgesteuerten D-Flipflops gemäß Bild 6.52 ein. Ergänzen Sie die Schaltung mit dem taktflankengesteuerten D-Flipflop 7474.

- Stellen Sie die beiden digitalen Signalquellen so ein, dass sie folgendes zeitliche Verhalten haben:

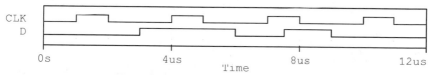

Bild 6.53 Zeitliches Verhalten der Eingangssignale

- Führen Sie eine Transienten-Analyse durch und vergleichen Sie das zeitliche Verhalten der Ausgangssignale der beiden D-Flipflops. Achten Sie besonders darauf was passiert, wenn sich der D-Eingang während eines positiven Taktimpulses ändert.

Die Bauelemente finden Sie über das Menü PLACE/ PART in nebenstehenden Bibliotheken (Libraries) so- wie über PLACE/ POWER.

Bauelement	Bibliothek	Bemerkung
STIM1	source.olb	Digitale Quelle mit 1 Anschlussknoten (1 Bit)
7400	eval.olb	NAND-Gatter mit zwei Eingängen
7474	eval.olb	Vorderflankengesteuertes D-Flipflop
$D_HI	source.olb	High-Potenzial Anschlussstelle mit PLACE/POWER

Lösung (Datei: *dt_ff_dff.opj*)

Legen Sie in CAPTURE ein neues Projekt an und geben Sie die in der Aufgabenbeschreibung vorgestellte Schaltung des taktzustandsgesteuerten D-Flipflops ein. Verwenden Sie für die Eingänge D und clk die digitale Quelle *STIM1*. Alternativ können Sie das Taktsignal auch mit der Quelle *DigClock* erzeugen. Benennen Sie die Ein- und Ausgangsleitungen über das Menü PLACE/NET ALIAS wie in der Schaltung angegeben, wobei die negierte Größe von *Q1* die Ein-gabe Q\1\ erfordert.

Schalten Sie parallel zu diesem Flipflop ein taktflankengesteuertes D-FF, das TTL-Bauteil *7474*, und versorgen Sie dessen Eingänge mit den gleichen Eingangssignalen. Der Preset (*PRE*) und Clear (*CLR*) Eingang ist mit High-Pegel inaktiv zu schalten, s. Bild 6.54.

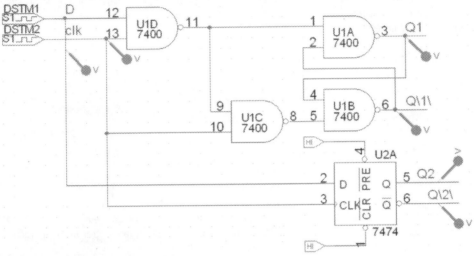

Bild 6.54 Schaltung mit beiden D-Flipflops

Legen Sie das zeitliche Verhalten des Eingangssignals *D* und des Taktsignals *clk* (nach einem Doppelklick auf die Quelle) wie folgt im Property Editor fest (jeder Zeitschritt in eine neue COMMAND-Zelle):

   DSTM1: *0s 0, 3us 1, 6us 0, 7.5us 1, 9us 0*
   DSTM2: *0s 0, REPEAT FOREVER, 1us 1, 2us 0, 3us 0, ENDREPEAT*

Für das Taktsignal könnten Sie alternativ auch die Quelle *DigClock* mit folgenden Parametern verwenden:

   DELAY=1us, ONTIME=1us, OFFTIME=2us, STARTVAL=0, OPPVAL=1

Legen Sie ein Simulationsprofil für eine Transienten-Analyse an und geben Sie für RUN TO TIME *12us* ein. Setzen Sie an die Ein- und Ausgangsleitung je einen Spannungsmarker und starten Sie die Simulation. In PROBE erhalten Sie automatisch die Ein- und Ausgangssignale abgebildet. PROBE bezeichnet die negierten Ausgänge *Q* mit *Q1bar* bzw. mit *Q2bar*. Nach dem Sortieren der Signale sollten Sie das Ergebnis in Bild 6.55 erhalten.

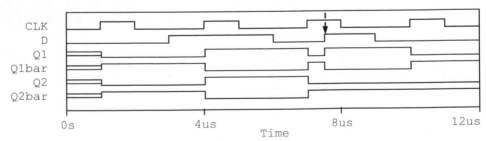

Bild 6.55 Ein- und Ausgangssignale der beiden D-Flipflops

Die D-Flipflops übernehmen stets mit dem nächsten Taktimpuls den am D-Eingang anliegenden logischen Zustand an den Q-Ausgang. Der Unterschied zwischen den beiden Flipflops besteht darin, dass der Baustein *7474* nur während der aufsteigenden Taktflanke an den D-Eingang „schaut", das mit NAND-Gattern realisierte Flipflop jedoch während des gesamten Taktimpulses. Sehr schön sieht man den Unterschied am dritten Taktimpuls, hier ändert sich der D-Eingang während des Taktimpulses. Der Baustein 7474 registriert diese Änderung nicht, sein Ausgang Q_2 bleibt auf Low. Das zweite Flipflop reagiert sofort auf die Änderung des D-Eingangs und wechselt von Low auf High. Die negierten Ausgänge sind stets komplementär.

Zu Beginn der Transienten-Analyse sind alle Ausgänge auf undefiniert (zwei parallele horizontale Linien), da noch kein D-Eingang an den Ausgang übernommen wurde. Will man diesen undefinierten Zustand vermeiden, so muss man z.B. am Baustein 7474 einen kurzen Low-Impuls auf den *CLR*-Eingang (Clear, Q_2 wird 0) oder auf den *PRE*-Eingang (Preset, Q_2 wird 1) geben. Beachten Sie auch den Hinweis in der vorhergehenden Aufgabe im Abschnitt 6.2.3.

6.2.5 JK-Flipflop

In dieser Aufgabe ist die Wirkungsweise eines zweizustandsgesteuerten und eines zweiflankengesteuerten JK-Flipflops zu untersuchen. Ein taktzustandsgesteuertes *RS-Flipflop* kann leicht zu einem einzustandsgesteuerten *JK-Flipflop* erweitert werden, indem den S- und R-Eingängen die Verknüpfungen $S = J \wedge \neg Q$ bzw. $R = K \wedge Q$ (Rückkopplungsstruktur) vorgeschaltet werden.

Damit ist der Master-Teil eines zweizustandsgesteuerten JK-Flipflops bereits fertig. Durch Nachschalten des Slave-Teils in Form eines weiteren taktzustandsgesteuerten RS-FF, das mit dem negierten Takt angesteuert wird, wird das zweizustandsgesteuerte JK-Flipflop komplett. Hier ist die Schaltung, wenn man nur NAND-Gatter verwendet:

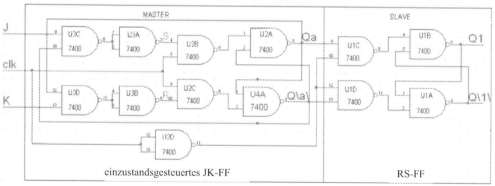

Bild 6.56 Schaltung eines zweizustandsgesteuerten JK-Flipflops

- Geben Sie in CAPTURE die Schaltung des zweizustandsgesteuerten JK-Flipflops mit NAND-Gattern ein. Stellen Sie die digitalen Signalquellen für *J, K* und den Takt so ein, dass sie folgendes zeitliche Verhalten haben:

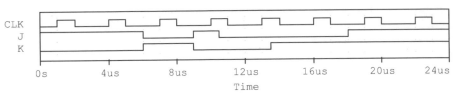

Bild 6.57 Zeitlicher Verlauf der Eingangssignale

- Führen Sie eine Transienten-Analyse durch und stellen Sie das zeitliche Verhalten der Ein- und Ausgangssignale sowie der Zwischensignale R, S, Q_a und $\neg Q_a$ in PROBE dar. Sie werden feststellen, dass fast alle Zwischen- und Ausgangssignale unbestimmt sind (parallele horizontale Linien). Der Grund dafür liegt darin, dass das zurückgekoppelte Master-JK-Flipflop keinen definierten Anfangszustand hat.

- Helfen Sie dem Mangel ab, indem Sie einen Clear- (bzw. Reset-) Eingang vorsehen. Ersetzen Sie dazu das mit *U4A* bezeichnete NAND-Gatter durch ein NAND mit drei Eingängen (*7410*) und verbinden Sie den dritten Eingang mit einer digitalen Signalquelle *STIM1*, die so eingestellt wird, dass sie die ersten *100 ns* auf Low-Pegel ist und danach dauerhaft auf High schaltet. Führen Sie die Transienten-Analyse erneut durch. Es sollte jetzt gelingen.

- Ergänzen Sie die Schaltung mit dem Baustein *74107*, einem zweiflankengesteuerten JK-Flipflop. Versorgen Sie den Baustein mit den gleichen Eingangssignalen und führen Sie wieder eine Transienten-Analyse durch. Wie unterscheiden sich die Ausgangssignale der beiden Flipflops?

Die Bauelemente finden Sie über das Menü PLACE/PART in nebenstehenden Bibliotheken (Libraries).

Bauelement	Bibliothek	Bemerkung
STIM1	source.olb	Digitale Quelle mit 1 Anschlussknoten (1 Bit)
DigClock	source.olb	Digitale Quelle für Taktsignal
7400	eval.olb	NAND-Gatter mit zwei Eingängen
7410	eval.olb	NAND-Gatter mit drei Eingängen
74107	eval.olb	Zweiflankengesteuertes JK-Flipflop

Lösung (Datei: *dt_ff_jkff.opj*)

Legen Sie in CAPTURE ein neues Projekt an und geben Sie die in der Aufgabenbeschreibung vorgestellte Schaltung des zweizustandsgesteuerten JK-Flipflops ein. Verwenden Sie für die Eingänge J und K die digitale Quelle *STIM1* und für den Takteingang die Quelle *DigClock*. Benennen Sie die Ein- und Ausgangsleitungen mit Alias-Namen, wie in der Schaltung angegeben.

Legen Sie das zeitliche Verhalten des Eingangssignals J und K sowie des Taktsignals clk (nach einem Doppelklick auf die Quelle) im Property Editor wie folgt fest (jeder Zeitschritt in eine neue COMMAND-Zelle, bitte beachten Sie die Leerzeichen!):

DSTM1: *0s 0, 3us 1, 6us 0, 9us 1, 10.5us 0, 18us 1* 　　für J-Signal
DSTM2: *0s 0, 6us 1, 9us 0, 13.5us 1* 　　für K-Signal.

Die Quelle *DigClock* für das Taktsignal wird mit folgenden Parametern eingestellt:
DELAY=1us, ONTIME=1us, OFFTIME=2us, STARTVAL=0, OPPVAL=1

Legen Sie ein Simulationsprofil für eine Transienten-Analyse an und geben Sie für RUN TO TIME *24us* ein. Setzen Sie an die Ein- und Ausgangsleitungen je einen Spannungsmarker und starten Sie die Simulation. In PROBE erhalten Sie automatisch die Ein- und Ausgangssignale. PROBE bezeichnet die negierten Ausgänge Q mit *Qabar* bzw. mit *Q1bar*. Nach dem Sortieren der Signale sollten Sie folgendes Ergebnis erhalten:

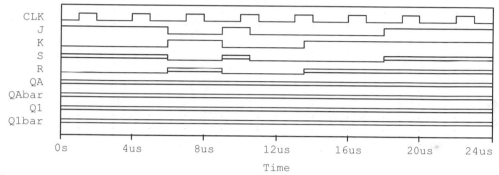

Bild 6.58 Ein- und Ausgangssignale des JK-Flipflops

Alle Ausgangssignale sind in einem unbestimmten Zustand. Ehe wir die Simulation weiterführen können, müssen wir uns zunächst überlegen, wie wir in das Flipflop einen definierten Anfangszustand hineinbringen können. Um den Slave-Teil müssen wir uns nicht weiter kümmern, er wird das übernehmen, was an seinen Eingängen (den Ausgängen des Masters) anliegt. Also muss der Master zurückgesetzt werden. Eine Möglichkeit besteht darin, dass wir das Gatter *U4A* durch ein NAND-Gatter mit drei Eingängen ersetzen und den dritten Eingang eine kurze Zeit lang zu Beginn der Simulation auf Low-Pegel legen. Dann wird der Ausgang des Gatters auf High liegen. Dies führt sofort dazu, dass der J-Eingang aktiviert wird und den S-Eingang des RS-Flipflops definiert, usw. Schalten Sie also den dritten Eingang des Gatters auf eine weitere Quelle *STIM1* und parametrieren Sie diese wie folgt:

COMMAND1: *0s 0*, COMMAND2: *0.1us 1*.

Wenn Sie die Transienten-Analyse nun erneut durchführen, erhalten Sie das gewünschte Ergebnis.

Weiteres JK-Flipflop mit 74107:
Ergänzen Sie nun die Schaltung mit dem Baustein *74107* und schließen Sie seine Eingänge *J*, *K*, *CLR* und den Takt an die bereits vorhandenen Quellen. Seine Ausgänge benennen wir mit $Q2$ und $\overline{Q}2$ (Q\2\ eingeben). Vergessen Sie die Marker nicht. Ihre Schaltung sollte jetzt so ähnlich wie im Bild 6.59 aussehen. Führen Sie wieder eine Transienten-Analyse durch. In PROBE erhalten Sie die Ein- und Ausgangssignale beider Flipflops dargestellt. Nach dem Sortieren der Signale sollten Sie das Ergebnis in Bild 6.60 erhalten.

Auch das Flipflop des Bausteins *74107* verändert seine Ausgänge erst mit der Rückflanke (abfallende Flanke) des Taktes. Besonders interessant ist der vierte und fünfte Taktimpuls. In der Mitte des vierten Taktimpulses ändert sich der J-Eingang. Es findet ein Wechsel von $J,K = 1,0$ auf $J,K = 0,0$ statt. Der Q2-Ausgang geht mit der abfallenden Flanke des Taktes auf High. Das Flipflop hat also mit der Vorderflanke des Taktes den Eingang $J,K = 1,0$ erkannt und im Master gespeichert und verändert mit der Rückflanke des Taktes entsprechend seine Ausgänge. Das mit NAND-Gattern aufgebaute Flipflop zeigt die gleiche Reaktion. Durch $J = 1$ wurde der Master-Ausgang $Q_a = 1$ gesetzt, wodurch der J-Eingang keinen Einfluss mehr hat.

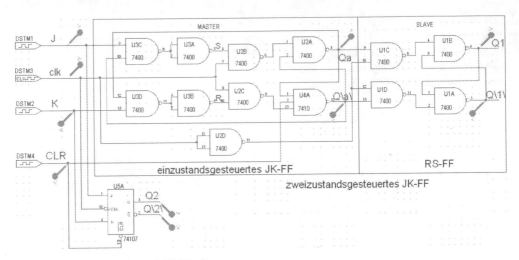

Bild 6.59 Schaltung mit zwei JK-Flipflops

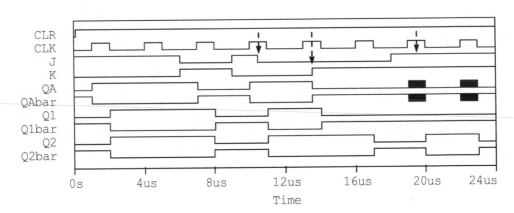

Bild 6.60 Ein- und Ausgangssignale der beiden JK-Flipflops

In der Mitte des fünften Taktimpulses wechselt der K-Eingang auf High. Zum Zeitpunkt der Taktvorderflanke ist $J,K = 0,0$ und wechselt dann auf 0,1. Das mit NAND realisierte Flipflop reagiert darauf und setzt seine Ausgänge mit Low-Pegel des Taktes zurück. Der Baustein *74107* zeigt keine Reaktion darauf, denn er hat mit der steigenden Taktflanke den Zustand „Speichern" ($J,K = 0,0$) erkannt und behält seine Ausgänge mit der fallende Taktflanke unverändert.

Interessant ist auch der siebte Taktimpuls. Hier ist $J,K = 1,1$. Es liegt der Toggle-Modus vor. Das mit NAND realisierte Flipflop beginnt zu schwingen und schaltet ständig seine Ausgänge von High auf Low. Mit dem Low-Impuls des Taktes wird der letzte Ausgangszustand eingefroren. Der Baustein *74107* verhält sich dagegen erwartungsgemäß. Mit der Rückflanke des Taktes werden seine Ausgänge umgeschaltet.

An diesem Beispiel können die Unterschiede zwischen Taktzustands- und Taktflanken-Steuerung besonders gut deutlich gemacht werden.

6.2.6 Synchroner Schalter für Taktsignal

In dieser Aufgabe soll eine Schaltung untersucht werden, mit der man einen Takt ein- und ausschalten kann, ohne den Taktgenerator selbst anzuhalten. Prinzipiell kann man dafür ein UND-Gatter verwendet, aber das Steuersignal muss dann mit dem Takt synchronisiert sein, sonst entsteht beim Ein- und Ausschalten ein Taktimpuls mit undefinierter Länge. Für die Synchronisation verwenden wir ein flankengesteuertes D-Flipflop, wie in Bild 6.61 abgebildet.

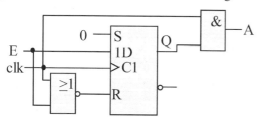

Bild 6.61 Synchroner Taktschalter

Setzt man das Steuersignal $E = 1$, so wird der Flipflop-Ausgang Q bei der nächsten positiven Taktflanke zu *1*. Damit ist das UND-Gatter freigegeben und bereits der erste Taktimpuls hat die volle Länge. Zum Ausschalten wird das Flipflop über den Reset-Eingang asynchron gelöscht, wenn E und clk Null sind. Dann hat auch der letzte Taktimpuls die volle Länge. Zum Ausschalten kann die positive Taktflanke nicht verwendet werden, da dann unmittelbar nach dem Anstieg der Ausgang $Q = 0$ wird und somit der Ausgangsimpuls sehr stark beschnitten würde.

- Realisieren Sie die Schaltung in CAPTURE. Verwenden Sie für das D-Flipflop den Baustein *7474*.

- Führen Sie eine Transienten-Analyse durch und zeigen Sie in PROBE das zeitliche Verhalten der Ein- und Ausgangssignale.

Die Bauelemente finden Sie über das Menü PLACE/PART in nebenstehenden Bibliotheken (Libraries) sowie über PLACE/POWER.

Bauelement	Bibliothek	Bemerkung
STIM1	source.olb	Digitale Quelle mit 1 Anschlussknoten (1 Bit)
DigClock	source.olb	Digitale Quelle für Taktsignal
7408	eval.olb	UND-Gatter mit zwei Eingängen
7432	eval.olb	ODER-Gatter mit zwei Eingängen
7474	eval.olb	D-Flipflop
$D_HI	source.olb	High-Potenzial Anschlussstelle mit PLACE/POWER

Lösung (Datei: *dt_ff_takt.opj*)

Legen Sie in CAPTURE ein neues Projekt an und geben Sie die in der Aufgabenbeschreibung vorgestellte Schaltung des synchronen Taktschalters ein. Der Baustein *7474* hat bereits negierte Setz- und Rücksetzeingänge. Deshalb benötigen Sie statt des NOR- ein ODER-Gatter. Der Setzeingang (*PRE*) ist mit dem Element *$D_HI* (PLACE/POWER) auf High-Potenzial zu legen. Benennen Sie die Ein- und Ausgangsleitungen mit einem Alias-Namen, wie in der Schaltung angegeben.

Das zeitliche Verhalten des Steuersignals E können Sie weitgehend beliebig (nach einem Doppelklick auf die Quelle) festlegen. Hier ist ein Vorschlag:

DSTM1:   *0s 0, 2.3us 1, 5us 0, 7.7us 1, 10us 0, 12.8us 1, 13.3us 0, 15.3us 1, 15.8us 0,*
         17.4us 1, 19us 0

Die Quelle *DigClock* für das Taktsignal wird beispielsweise mit folgenden Parametern eingestellt:

   DELAY=0.5us, ONTIME=0.5us, OFFTIME=0.5us, STARTVAL=0, OPPVAL=1

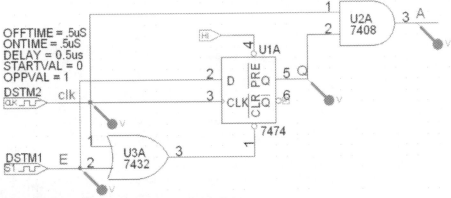

Bild 6.62 Schaltung des synchronen Taktschalters

Legen Sie ein Simulationsprofil für eine Transienten-Analyse an und geben Sie für RUN TO
TIME *20us* ein. Setzen Sie an die Ein- und Ausgangsleitungen je einen Spannungsmarker und
starten Sie die Simulation. In PROBE erhalten Sie automatisch die Ein- und Ausgangssignale
dargestellt. Nach dem Sortieren der Signale sollten Sie folgendes Ergebnis erhalten:

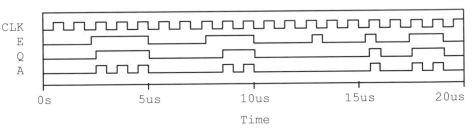

Bild 6.63 Ein- und Ausgangssignale der Schaltung

Alle Impulse am Ausgang A sind vollständig und synchron zum Takt. Die Anzahl der Impulse
wird von der Signallänge am Ausgang *Q* bestimmt, der ein synchronisiertes Signal liefert. Sehr
kurze Impulse am Steuereingang E führen nur dann zu einem Ausgangsimpuls, wenn der Impuls von der aktiven (ansteigenden) Taktflanke erfasst wird.

6.2.7 Synchrones Monoflop

Gelegentlich benötigt man taktsynchrone Einzelimpulse. Mit zwei D-Flipflops kann man eine
solche Schaltung realisieren. Sie erzeugt einen taktsychronen Impuls, dessen Dauer eine Taktperiode beträgt, unabhängig von der Dauer des Steuersignals. Die Schaltung wird deshalb als
synchrones Monoflop bezeichnet.

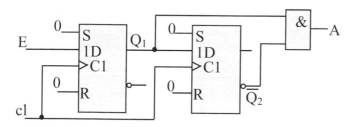

Bild 6.64
Synchrones Monoflop

Setzt man das Steuersignal $E = 1$, so wird der Flipflop-Ausgang Q_1 bei der nächsten positiven Taktflanke zu 1. Damit wird auch $A = 1$, denn das zweite Flipflop ist noch zurückgesetzt. Bei der folgenden aufsteigenden Taktflanke wird $\overline{Q}_2 = 0$ und damit wieder $A = 0$. Der nächste Ausgangsimpuls kann erst dann erzeugt werden, wenn E mindestens einen Takt lang Null ist und dann erneut auf Eins geht. Kurze Steuerimpulse, die nicht von einer positiven Taktflanke erfasst werden, gehen verloren. Sie müssen mit einem zusätzlichen vorgeschalteten Flipflop zwischengespeichert werden, wenn sie berücksichtigt werden sollen.

- Realisieren Sie die Schaltung in CAPTURE. Verwenden Sie für die D-Flipflops den Baustein *74175*.

- Führen Sie eine Transienten-Analyse durch und zeigen Sie in PROBE das zeitliche Verhalten der Ein- und Ausgangssignale.

Die Bauelemente finden Sie über das Menü PLACE/ PART in nebenstehenden Bibliotheken (Libraries).

Bauelement	Bibliothek	Bemerkung
STIM1	source.olb	Digitale Quelle mit 1 Anschlussknoten (1 Bit)
DigClock	source.olb	Digitale Quelle für Taktsignal
7408	eval.olb	UND-Gatter mit zwei Eingängen
74175	eval.olb	Vier D-Flipflops

Lösung (Datei: *dt_ff_monof.opj*)

Legen Sie in CAPTURE ein neues Projekt an und geben Sie die in der Aufgabenbeschreibung vorgestellte Schaltung des synchronen Monoflops ein. Von den vier D-Flipflops des Bausteins *74175* werden zwei benötigt. Der Rücksetzeingang *CLR* wird mit einer digitalen Quelle *STIM1* verbunden, mit der zu Beginn ein kurzer Null-Impuls erzeugt wird. Benennen Sie die Ein- und Ausgangsleitungen mit Alias-Namen, wie in der Schaltung angegeben.

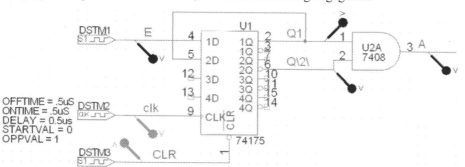

Bild 6.65 Schaltung des synchronen Monoflops

Das zeitliche Verhalten des Steuersignals E können Sie weitgehend beliebig (nach einem Doppelklick auf die Quelle) festlegen. Hier ist ein Vorschlag:

DSTM1: *0s 0, 2.3us 1, 5us 0, 7.8us 1, 10us 0, 12.8us 1, 13.3us 0, 15.3us 1, 15.8us 0, 17.4us 1, 19us 0*

Die Quelle *DigClock* für das Taktsignal wird beispielsweise mit folgenden Parametern eingestellt:

DELAY=0.5us, ONTIME=0.5us, OFFTIME=0.5us, STARTVAL=0, OPPVAL=1

Das Rücksetzsignal können Sie folgendermaßen erzeugen:

DSTM3: *0s 0, 0.1us 1*

Legen Sie ein Simulationsprofil für eine Transienten-Analyse an und geben Sie für RUN TO TIME *20us* ein. Setzen Sie an die Ein- und Ausgangsleitungen je einen Spannungsmarker und starten Sie die Simulation. In PROBE erhalten Sie automatisch die Ein- und Ausgangssignale (wenn Sie vorher die Marker gesetzt haben). Nach dem Sortieren der Signale sollten Sie folgendes Ergebnis erhalten:

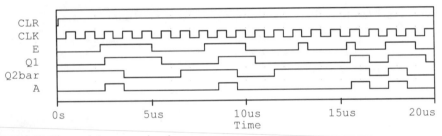

Bild 6.66 Ein- und Ausgangssignale

Alle Impulse am Ausgang A sind synchron zum Takt und genau eine Taktperiode lang. Sehr kurze Impulse am Steuereingang E führen nur dann zu einem Ausgangsimpuls, wenn der Impuls von der aktiven (ansteigenden) Taktflanke erfasst wird.

6.2.8 Synchronisation von Impulsen

In synchronen Schaltwerken ist es häufig notwendig, dass die Eingangssignale taktsynchron vorliegen. Dies kann man leicht mit einem D-Flipflop durchführen. Da sich aber das Eingangssignal auch während der aktiven Taktflanke (in der Setup-Time) ändern kann, können im Flipflop unvorhergesehene Zustände auftreten. Damit dadurch im Ausgangssignal A keine Fehler entstehen, wird meist ein zusätzliches Flipflop vorgesehen (s. Bild 6.67).

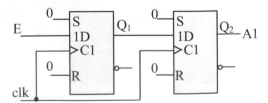

Bild 6.67 Synchronisationsschaltung

Diese Schaltung ignoriert jedoch kurze Eingangsimpulse, die nicht von einer aktiven Taktflanke erfasst werden. Sollen kurze Impulse nicht verloren gehen, muss man sie in einem Flipflop zwischenspeichern. Dies kann man beispielsweise mit einem vorgeschalteten D-Flipflop machen, das über den S-Eingang asynchron, d.h. unabhängig vom Takt, vom Eingangsimpuls gesetzt wird, sobald dieser auf High-Potenzial ist (s. Bild 6.68). Mit der darauffolgenden Taktflanke wird der Ausgang $A = 1$. Ist zu diesem Zeitpunkt E bereits wieder Null geworden, wird das vorgeschaltete Flipflop mit derselben Taktflanke zurückgesetzt. Mit dieser Schaltung wird ein kurzer Eingangsimpuls bis zur nächsten Taktflanke verlängert und geht deshalb nicht verloren.

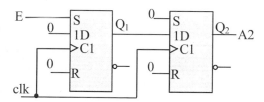

Bild 6.68
Schaltung zum Auffangen kurzer Impulse

- Geben Sie in CAPTURE zunächst die Schaltung zur Synchronisation von Impulsen nach Bild 6.67 ein. Verwenden Sie für die D-Flipflops den Baustein *74175*. Wählen Sie für das Eingangssignal E unterschiedlich lange Impulse.

- Führen Sie eine Transienten-Analyse durch und zeigen Sie in PROBE das zeitliche Verhalten der Ein- und Ausgangssignale. Untersuchen Sie das Verhalten der Schaltung bei kurzen Impulsen, die nicht von der aktiven Taktflanke erfasst werden.

- Ergänzen Sie jetzt die Synchronisationsschaltung mit der Schaltung nach Bild 6.68 für die Erfassung kurzer Impulse. Verwenden Sie für die Eingangsstufe den Baustein *7474* und für die zweite Stufe ein Flipflop des Bausteins *74175*.

- Führen Sie wieder eine Transienten-Analyse durch und beobachten Sie die Reaktion der Schaltung auf kurze Eingangsimpulse.

Die Bauelemente finden Sie über das Menü PLACE/PART in nebenstehenden Bibliotheken (Libraries) sowie über PLACE/POWER und PLACE/HIERARCHICAL PORT.

Bauelement	Bibliothek	Bemerkung
STIM1	source.olb	Digitale Quelle mit 1 Anschlussknoten (1 Bit)
DigClock	source.olb	Digitale Quelle für Taktsignal
7404	eval.olb	Inverter
7474	eval.olb	D-Flipflop
74175	eval.olb	Vier D-Flipflops
$D_LO	source.olb	Low-Potenzial Anschlussstelle mit PLACE/POWER
PORTLEFT-L	capsym.olb	Hierarchischer Port mit PLACE/HIERARCHICAL PORT

Lösung (Datei: *dt_ff_sychr.opj*)

Legen Sie in CAPTURE ein neues Projekt an und geben Sie die in der Aufgabenbeschreibung vorgestellte Schaltung zur Erzeugung von synchronen Impulsen (Bild 6.67) ein. Von den vier D-Flipflops des Bausteins *74175* werden zwei benötigt. Der Rücksetzeingang *CLR* wird mit einer digitalen Quelle *STIM1* verbunden, mit der zu Beginn ein kurzer Null-Impuls erzeugt wird. Benennen Sie die Ein- und Ausgangsleitungen mit einem Alias-Namen, wie in der Schaltung angegeben.

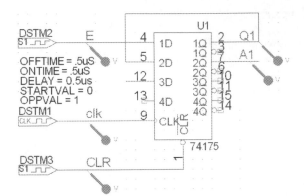

Bild 6.69
Synchronisationsschaltung mit *74175*

Das zeitliche Verhalten des Steuersignals *E* können Sie weitgehend beliebig (nach einem Doppelklick auf die Quelle) festlegen. Hier ist ein Vorschlag:

DSTM2:   *0s 0, 2.3us 1, 5us 0, 7.8us 1, 10us 0, 12.8us 1, 13.3us 0, 15.3us 1,*
              15.8us 0, 17.4us 1, 19us 0

Die Quelle *DigClock* für das Taktsignal wird beispielsweise mit folgenden Parametern eingestellt:

DELAY=0.5us, ONTIME=0.5us, OFFTIME=0.5us, STARTVAL=0, OPPVAL=1

Das Rücksetzsignal können Sie so erzeugen: DSTM3: *0s 0, 0.1us 1*

Legen Sie ein Simulationsprofil für eine Transienten-Analyse an und geben Sie für RUN TO TIME *20us* ein. Setzen Sie an die Ein- und Ausgangsleitungen je einen Spannungsmarker und starten Sie die Simulation. In PROBE erhalten Sie automatisch die Ein- und Ausgangssignale (s. Bild 6.70).

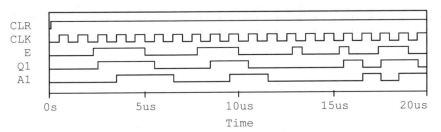

Bild 6.70 Ein- und Ausgangssignale der Synchronisationsschaltung

Am Ausgang Q_1 des ersten Flipflops sind die Eingangsimpulse *E* mit dem Takt synchronisiert. Sehr kurze Impulse am Eingang *E* führen nur dann zu einem Ausgangsimpuls, wenn der Impuls von der aktiven (ansteigenden) Taktflanke erfasst wird. Folgen mehrere kurze Impulse aufeinander, die von der aktiven Taktflanke erfasst werden, erhält man am Ausgang nur dann synchronisierte Einzelimpulse, wenn das Eingangssignal mindestens für eine Taktperiode zwischen den Impulsen auf Low-Potenzial geht. Sonst verschmelzen die Impulse am Ausgang zu einem langen Impuls. Das Ausgangssignal *A* des zweiten Flipflops ist um eine Taktperiode gegenüber Q_1 verschoben.

Synchronisation von kurzen Impulsen:
Ergänzen Sie nun die Schaltung mit der Erfassung und Synchronisation von kurzen Impulsen wie in der Aufgabenstellung beschrieben. Sie benötigen dazu ein D-Flipflop mit einem asyn-

chronen Setzeingang. Da dieser im Baustein *74175* nicht vorhanden ist, brauchen Sie zusätzlich das Element *7474*. Versorgen Sie diesen Baustein parallel zu der bereits vorhandenen Schaltung mit den Eingangssignalen *E*, *CLR* und *clk*. Für das zweite D-Flipflop nehmen Sie eines der im Baustein *74175* noch übrig gebliebenen. Selbstverständlich können Sie diese Zusatzschaltung direkt in die bereits vorhandene Schaltung einzeichnen. Sie können hier aber auch die Möglichkeit nützen, dass eine Schaltung aus mehreren Seiten bestehen kann. Markieren Sie deshalb im Project Manager den Hauptordner SCHEMATIC1 und wählen Sie im Popup-Menü der rechten Maustaste die Option NEW PAGE. Akzeptieren Sie den vorgeschlagenen Seitennamen PAGE2. Im Project Manager wird sofort das Symbol für die zweite Seite eingefügt. Mit einem Doppelklick darauf öffnen Sie eine leere Seite. Zeichnen Sie dort die Zusatzbeschaltung. Deren Ausgangssignal sowie die Eingänge E, Takt und Rücksetzen werden mit drahtlosen Verbindern (OFFPAGELEFT-L) mit der ersten Schaltung auf PAGE1 verbunden (s. Bild 6.71). Die Namen dieser Verbinder können Sie beliebig wählen, aber es müssen jeweils beide Enden einer Verbindung die gleiche Bezeichnung erhalten. Die Einstellung der Quellen bleibt unverändert.

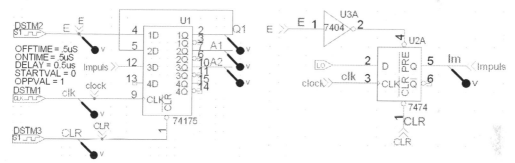

Bild 6.71 Synchronisationsschaltung und Erfassung kurzer Impulse (links auf PAGE1, rechts auf PAGE2)

Führen Sie erneut die Transienten-Analyse durch. In PROBE erhalten Sie automatisch die Ein- und Ausgangssignale.

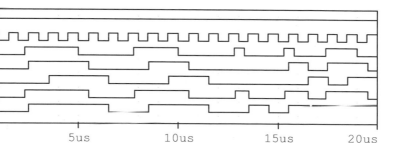

Bild 6.72 Ein- und Ausgangssignale

Die Schaltung erfasst auch sehr kurze Impulse. Diese werden zunächst über den Setz-Eingang des Flipflops asynchron erfasst und danach vom nachgeschalteten Flipflop mit der nächsten aktiven Taktflanke synchronisiert, s. Ausgang *A2*. Gleichzeitig setzt die Taktflanke das erste Flipflop wieder zurück. Der Nachteil der Schaltung liegt darin, dass Impulse, die zu dicht aufeinander folgen, am Ausgang zu einem langen Impuls verschmolzen werden.

6.2.9 Synchroner Änderungsdetektor

Diese Schaltung erkennt Änderungen des logischen Zustands des Eingangssignals und zeigt jede Änderung durch einen taktsynchronen Ausgangsimpuls mit der Länge einer Periodendauer des Taktes an. Diese Schaltung ist der Schaltung in Abschnitt 6.2.7 „Synchrones Monoflop" sehr ähnlich. Es muss lediglich das UND-Gatter durch ein EXOR-Gatter und der Ausgang $\overline{Q_2}$ durch Q_2 ausgetauscht werden, um nicht nur Übergänge von Null auf Eins, sondern auch von Eins auf Null zu erfassen.

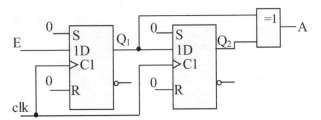

Bild 6.73
Synchroner Änderungsdetektor

- Geben Sie in CAPTURE zunächst die Schaltung ein. Verwenden Sie für die D-Flipflops den Baustein *74175*. Wählen Sie für das Eingangssignal *E* unterschiedlich lange Impulse.

- Führen Sie eine Transienten-Analyse durch und zeigen Sie in PROBE das zeitliche Verhalten der Ein- und Ausgangssignale. Untersuchen Sie auch das Verhalten der Schaltung, wenn die Impulse in kurzem Abstand aufeinander folgen.

Die Bauelemente finden Sie über das Menü PLACE/PART in nebenstehenden Bibliotheken (Libraries).

Bauelement	Bibliothek	Bemerkung
STIM1	source.olb	Digitale Quelle mit 1 Anschlussknoten (1 Bit)
DigClock	source.olb	Digitale Quelle für Taktsignal
7486	eval.olb	EXOR-Gatter mit zwei Eingängen
74175	eval.olb	Vier D-Flipflops

Lösung (Datei: *dt_ff_aend.opj*)

Legen Sie in CAPTURE ein neues Projekt an und geben Sie die Schaltung nach Bild 6.73 ein. Von den vier D-Flipflops des Bausteins *74175* werden zwei benötigt. Der Rücksetzeingang *CLR* wird mit einer digitalen Quelle *STIM1* verbunden, mit der zu Beginn ein kurzer Null-Impuls erzeugt wird. Benennen Sie die Ein- und Ausgangsleitungen mit einem Alias-Namen, wie in der Schaltung angegeben.

Das zeitliche Verhalten des Steuersignals *E* können Sie weitgehend beliebig (nach einem Doppelklick auf die Quelle) festlegen. Hier ist ein Vorschlag:

DSTM2: *0s 0, 2.3us 1, 5us 0, 7.8us 1, 10us 0, 12.8us 1, 13.3us 0, 15.3us 1,*
         15.8us 0, 17.4us 1, 19us 0

Die Quelle *DigClock* für das Taktsignal wird beispielsweise mit folgenden Parametern eingestellt:

DELAY=0.5us, ONTIME=0.5us, OFFTIME=0.5us, STARTVAL=0, OPPVAL=1

Und noch das Rücksetzsignal: DSTM3: *0s 0, 0.1us 1*

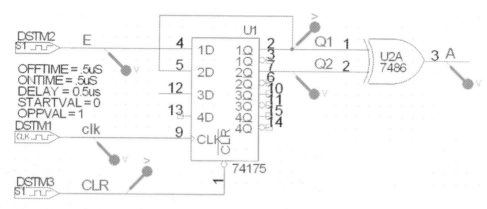

Bild 6.74 Schaltung des Änderungsdetektors mit *74175*

Legen Sie ein Simulationsprofil für eine Transienten-Analyse an und geben Sie für RUN TO TIME *20us* ein. Setzen Sie an die Ein- und Ausgangsleitungen je einen Spannungsmarker und starten Sie die Simulation. In PROBE erhalten Sie automatisch die Ein- und Ausgangssignale, s. Bild 6.75.

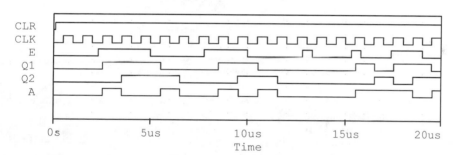

Bild 6.75 Ein- und Ausgangssignale des Änderungsdetektors

Wenn das Eingangssignal E von Null auf Eins oder von Eins auf Null wechselt, ist das Ausgangssignal A für genau eine Taktperiode auf High-Potenzial (maximale Zeitverschiebung: eine Taktperiode). Kurze Impulse, die nicht von der aktiven Taktflanke erfasst werden, gehen verloren. Folgen die Eingangsimpulse zu dicht aufeinander, so verschmelzen die Ausgangsimpulse zu einem langen Impuls.

6.2.10 Bewegungsrichtungs-Diskriminator

Ein Bewegungsrichtungs-Diskriminator erkennt anhand der beiden phasenversetzten Signale eines Inkrementgebers die Drehrichtung. Es wird vorausgesetzt, dass der Inkrementgeber bereits digitale Signale liefert. Die beiden Eingangssignale E_1 und E_2 im Bild 6.76 werden jeweils auf den D-Eingang eines D-Flipflops geschaltet. Dessen Ausgänge werden wiederum auf die D-Eingänge eines dritten und vierten D-Flipflops gegeben. Alle vier Flipflops werden von einer Taktquelle getaktet. Die Ausgänge der Flipflops gehen auf ein Schaltnetz mit zwei Ausgangssignalen. Je nachdem wie herum der Inkrementgeber läuft, hat der eine oder andere

Schaltnetzausgang mit dem Takt synchronisierte Impulse. Die Impulse können in einer weiteren Schaltung gezählt werden, um die Anzahl der Umdrehungen festzustellen.

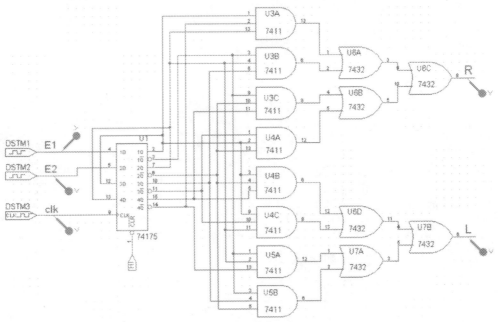

Bild 6.76 Schaltung des Bewegungsrichtungs-Diskriminators

Die Signale des Inkrementgebers, E_1 und E_2, werden hier durch zwei digitale Signalquellen simuliert. R und L sind die Ausgänge für Rechts- und Linkslauf.

Eine Besonderheit solcher Bewegungsrichtungs-Diskriminatoren ist, dass Störimpulse auf den Eingangsleitungen entweder gar nicht in Erscheinung treten, wenn sie gerade in eine Lücke zwischen zwei Taktimpulsen fallen, oder an jedem der beiden Ausgänge nacheinander einen Ausgangsimpuls erzeugen, falls der Störimpuls mit einem Taktimpuls zusammentrifft. Ein nachfolgender Zähler würde also einmal auf- und abzählen, sodass sich dabei der Zählerinhalt insgesamt nicht verändert.

- Geben Sie in CAPTURE die Schaltung des Bewegungsrichtungs-Diskriminators ein. Stellen Sie die digitalen Signalquellen für E_1, E_2 und den Takt mit folgendem Testmuster ein.

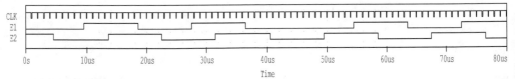

Bild 6.77 Zeitlicher Verlauf der Eingangssignale

Die Taktperiode ist *1 µs*, die Impulsbreite *900 ns*.

- Führen Sie eine Transienten-Analyse durch und zeigen Sie in PROBE das zeitliche Verhalten der Ein- und Ausgangssignale.

Die benötigten Bauelemente sind in nebenstehender Tabelle gelistet. Man findet sie über das Menü PLACE/ PART in den angegebenen Bibliotheken (Libraries) sowie über PLACE/POWER.

Bauelement	Bibliothek	Bemerkung
STIM1	source.olb	Digitale Quelle mit 1 Anschlussknoten (1 Bit)
DigClock	source.olb	Digitale Quelle für Taktsignal
7408	eval.olb	UND-Gatter mit zwei Eingängen
7411	eval.olb	UND-Gatter mit drei Eingängen
7432	eval.olb	ODER-Gatter mit zwei Eingängen
74175	eval.olb	Vier D-Flipflops
$D_HI	source.olb	High-Potenzial Anschlussstelle mit PLACE/POWER

Lösung (Datei: *dt_ff_bewdis.opj*)

Geben Sie in CAPTURE die Schaltung nach Bild 6.76 in einem neuen Projekt ein. Der Baustein *74175* hat vier D-Flipflops, jeweils mit dem Eingang *iD* und den Ausgängen *iQ* und $i\overline{Q}$, $i = 1, 2, 3, 4$. Verwenden Sie für die Eingänge E_1 und E_2 die digitale Quelle *STIM1* sowie für den Takteingang die Quelle *DigClock*. Der Reset-Eingang (*CLR*) des JK-Flipflops ist mit dem Element *$D_HI* auf High-Potenzial zu legen. Vergeben Sie Alias-Namen.

Legen Sie das zeitliche Verhalten der Eingangssignale E_1 und E_2 sowie des Taktsignals *clk* wie folgt fest:

DSTM1: *0s 0, 0.5us 0, REPEAT 2 TIMES, 9.5us 1, 18.5us 0, ENDREPEAT, 54.5us 1, 63.5us 0, 72.5us 1*

DSTM2: *0s 1, 4.5us 0, REPEAT FOREVER, 13.5us 1, 22.5us 0, ENDREPEAT*

Die zwischen *REPEAT 2 TIMES* und *ENDREPEAT* stehenden Anweisungen müssen also genau zweimal ausgeführt werden, dann geht es zum Zeitpunkt *54,5 µs* mit logisch *1* weiter. Die Quelle *DigClock* für das Taktsignal wird mit folgenden Parametern eingestellt:

DELAY=0us, ONTIME=0.9us, OFFTIME=0.1us, STARTVAL=0, OPPVAL=1

Legen Sie ein Simulationsprofil für eine Transienten-Analyse an und geben Sie für RUN TO TIME *80us* ein. Setzen Sie an die Ein- und Ausgangsleitungen je einen Spannungsmarker und starten Sie die Simulation. In PROBE erhalten Sie automatisch die Ein- und Ausgangssignale. Nach dem Sortieren der Signale sollten Sie folgendes Ergebnis erhalten:

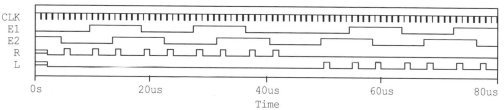

Bild 6.78 Ein- und Ausgangssignale des Bewegungsrichtungs-Diskriminators

Die D-Flipflop-Ausgänge und damit auch die beiden Ausgänge *R* und *L* sind anfänglich noch in einem unbestimmten Zustand (zwei parallele horizontale Linien). Immer wenn sich eines der beiden Eingangssignale ändert, liefert einer der beiden Ausgänge einen taktsynchronen Impuls. Prüfen Sie das durch eine Ausschnittsvergrößerung in PROBE nach! Zunächst ist das Signal E_1 dem Eingang E_2 voreilend. Dies wird als Rechtslauf erkannt und die Impulse erscheinen nur auf dem R-Ausgang. Ab ca. *45 µs* wird mit den Eingangssignalen ein Linkslauf simuliert (E_2 eilt gegenüber E_1 vor). Die Ausgangsimpulse sind nun auf der Leitung *L*.

6.3 Statisches und dynamisches Verhalten von Zählern

In diesem Abschnitt wird das statische und dynamische Verhalten von synchronen und asynchronen Zählern durch Simulation untersucht.

6.3.1 Synchroner mod-5-Vorwärtszähler

Es ist ein mod-5-Vorwärtszähler für den Dualkode zu untersuchen. Der Zähler soll mit D-Flipflops aufgebaut werden, die mit aufsteigender (positiver) Flanke gesteuert sind. Ein synchroner Zähler ist ein synchrones Schaltwerk, dessen Übergangs- und Ausgangsschaltnetz geeignet entworfen werden muss. Ausgangsbasis für den Entwurf des Zählers ist die Zustandsfolgetabelle. Daraus können dann die Erregungsfunktionen für die D-Eingänge der Flipflops ermittelt werden. An dieser Stelle werden nur die Ergebnisse des Entwurfs nach der Minimierung mit KV-Diagrammen angegeben, ohne weiter auf die Details einzugehen:

$$D_0 = \overline{Q_2} \wedge \overline{Q_0}$$ Gl. 6.9

$$D_1 = \left(\overline{Q_1} \wedge Q_0\right) \vee \left(Q_1 \wedge \overline{Q_0}\right)$$ Gl. 6.10

$$D_2 = Q_1 \wedge Q_0$$ Gl. 6.11

Der Übertrag wird durch eine UND-Verknüpfung des Ausgangs Q_2 mit dem Taktsignal *clk* gebildet:

$$\ddot{U} = Q_2 \wedge clk \, .$$ Gl. 6.12

Die Ausgangsgrößen y_i des Zählers sind gleich den Ausgangsgrößen Q_i der Flipflops: $y_i = Q_i$

- Geben Sie in CAPTURE zunächst die Schaltung ein. Verwenden Sie für die D-Flipflops den Baustein *74175*. Fassen Sie die Ausgangssignale des Zählers zu einem Bus zusammen, auf den Sie einen Marker platzieren. Setzen Sie zu Beginn der Simulation die D-Flipflops mit einem kurzen Null-Impuls zurück. Wählen Sie für den Takt ein Tastverhältnis von 1:1.

- Führen Sie eine Transienten-Analyse durch und zeigen Sie in PROBE das zeitliche Verhalten des Taktes und der Zählerausgangssignale.

- Der Zähler darf regulär nur die Zustände *0, 1, 2, 3* und *4* durchlaufen. Durch Störimpulse kann es dennoch vorkommen, dass er in einen der Pseudozustände *5, 6* oder *7* gerät.

  Untersuchen Sie wie sich der Zähler verhält, wenn er durch einen Störimpuls in den Zustand *5* gelangt. Kommt er wieder in die normale Zählfolge zurück? Wie viele Takte braucht er dazu?

  Ergänzen Sie für diese Untersuchung den Zähler mit einem ODER-Gatter in der Erregungsleitung D_0 und mit einer weiteren digitalen Quelle, mit der im Zustand 4 eine Eins erzwungen wird, d.h. der Zähler geht stattdessen in den irregulären Zustand 5.

Die Bauelemente finden Sie über das Menü PLACE/PART in nebenstehenden Bibliotheken (Libraries).

Bauelement	Bibliothek	Bemerkung
STIM1	source.olb	Digitale Quelle mit 1 Anschlussknoten (1 Bit)
DigClock	source.olb	Digitale Quelle für Taktsignal
7408	eval.olb	UND-Gatter mit zwei Eingängen
7432	eval.olb	ODER-Gatter mit zwei Eingängen
74175	eval.olb	Vier D-Flipflops

Lösung (Datei: *dt_z_smod5v.opj*)

Legen Sie in CAPTURE ein neues Projekt an und platzieren Sie zunächst den Baustein *74175* mit den vier D-Flipflops. Es werden drei davon benötigt. Schließen Sie an den Takteingang eine digitale Quelle *DigClock* und an den *CLR*-Eingang eine Quelle *STIM1* an. Legen Sie einen Bus parallel zu den Ausgängen des Bausteins *74175* und verbinden Sie die Ausgänge über Einzelleitungen mit dem Bus. Jede Ausgangsleitung muss über das Menü PLACE/NET ALIAS einen Alias-Namen erhalten, z.B. *y0*, *y1* und *y2*. Auch der Bus erhält einen Namen, wobei die Namen der Einzelleitungen zusammenzufassen sind, z.B. *y[2..0]*. Der Vorteil der Zusammenfassung der Einzelleitungen zu einem Bus liegt darin, dass in der Darstellung in PROBE die einzelnen Zählerzustände leichter erkennbar sind, da sie als hexadezimale Zahlen dargestellt werden.

Platzieren und verdrahten Sie nun die Gatter für die Erregungsfunktionen D_0, D_1 und D_2. Die drei Ausgangssignale D_i sind mit den entsprechenden D-Eingängen des Bausteins *74175* zu verbinden. Die Eingänge Q_i der Erregungsfunktionen (bzw. ihre Negierte) sind mit den Ausgängen des Bausteins *74175* zu verdrahten. Nach Anschluss des UND-Gatter für den Übertrag sollten Sie dann die Schaltung in Bild 6.79 haben.

Die Quelle *DigClock* für das Taktsignal wird beispielsweise mit folgenden Parametern eingestellt:

DELAY=0.5us, ONTIME=0.5us, OFFTIME=0.5us, STARTVAL=0, OPPVAL=1

Die digitale Quelle, die das Rücksetzsignal erzeugt, erhält die Einstellung:

DSTM2: *0s 0, 0.1us 1*

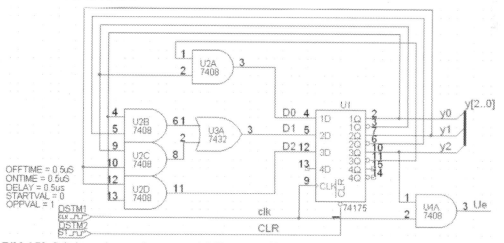

Bild 6.79 Schaltung des synchronen mod-5-Vorwärtszählers

Legen Sie ein Simulationsprofil für eine Transienten-Analyse an und geben Sie für RUN TO TIME *20us* ein. Setzen Sie an die Ein- und Ausgangsleitungen je einen Spannungsmarker und starten Sie die Simulation. In PROBE erhalten Sie automatisch das Taktsignal und die Zählerzustände *{y[2:0]}* sowie das Rücksetzsignal *CLR* und den Übertrag *Ue* dargestellt (s. Bild 6.80). Der Zähler wechselt jeweils mit der positiven Taktflanke seinen Zustand. Seine Zustandsfolge ist *0, 1, 2, 3, 4, 0, ...* Er hat also fünf verschiedene Zustände. Im letzten Zustand *4* geht das Signal für den Übertrag *Ue* stets für die Dauer eines Taktimpulses auf den Wert Eins.

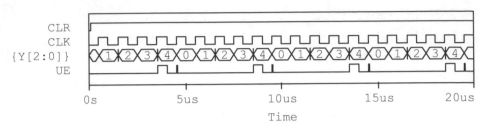

Bild 6.80 Ein- und Ausgangssignale des mod-5-Vorwärtszählers

Untersuchung des Störverhaltens:

Fügen Sie nun in die Erregungsleitung D_0 ein weiteres ODER-Gatter ein, wie in der Aufgabenstellung beschrieben, s. Bild 6.81. Die bisherige Leitung D_0 belegt dabei den einen Eingang des Gatters und am anderen wird eine weitere digitale Quelle *STIM1* angeschlossen. Ihre Parameter sind folgendermaßen einzugeben:

   DSTM3: *0s 0, 3us 1, 4us 0*

Damit wird auf den Eingang D_0 des ersten D-Flipflops eine Eins statt der Null erzwungen, wenn der Zähler zum ersten Mal vom Zustand *3* in den Zustand *4* geht.

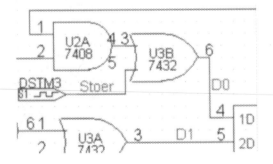

Bild 6.81
Erweiterung der Schaltung gemäß Bild 6.79 mit
Störsignaleinspeisung (Ausschnitt)

Führen Sie nun erneut die Transienten-Analyse durch. Am Ergebnis in PROBE sehen Sie, dass der Zähler nun von *3* in den Zustand *5* geht. Danach kehrt er mit der nächsten positiven Taktflanke mit dem Zustand *2* sofort wieder in die reguläre Zählfolge zurück. Da der Übertrag *Ue* als "Sparausführung" realisiert wurde (nur Abfrage von Q_2), wird *Ue* auch im Zustand *5* zu Eins. Zeigen Sie auf ähnliche Weise, dass der Zähler vom Pseudozustand *6* auch in den Zustand *2* zurückkehrt und dass er vom Pseudozustand *7* in den Zustand *4* geht.

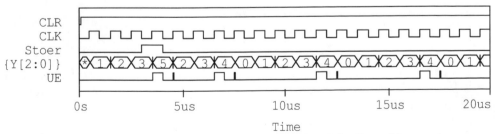

Bild 6.82 Reaktion des mod-5-Vorwärtszählers auf einen Störimpuls im Zustand 3

6.3.2 Synchroner mod-5-Vorwärts-/Rückwärtszähler

In dieser Aufgabe ist ein mod-5-Zähler für Dualkode zu untersuchen, dessen Zählrichtung vorwärts/rückwärts über ein Steuersignal bestimmt werden kann. Der Zähler soll mit Master-Slave-T-Flipflops aufgebaut werden, die mit dem JK-Flipflop *74107* zu realisieren sind. Die Erregungsfunktionen für die drei T-Eingänge der Flipflops sind über die Zustandsfolgetabelle definiert (s. Tabelle 6.10).

Tabelle 6.10 Zustandsfolgetabelle des mod-5-Vorwärts-/Rückwärtszählers

vor/rueck	Q_2	Q_1	Q_0	Q_2^+	Q_1^+	Q_0^+	T_2	T_1	T_0
0	0	0	0	0	0	1	0	0	1
0	0	0	1	0	1	0	0	1	1
0	0	1	0	0	1	1	0	0	1
0	0	1	1	1	0	0	1	1	1
0	1	0	0	0	0	0	1	0	0
0	1	0	1	*	*	*	*	*	*
0	1	1	0	*	*	*	*	*	*
0	1	1	1	*	*	*	*	*	*
1	0	0	0	1	0	0	1	0	0
1	0	0	1	0	0	0	0	0	1
1	0	1	0	0	0	1	0	1	1
1	0	1	1	0	1	0	0	0	1
1	1	0	0	0	1	1	1	1	1
1	1	0	1	*	*	*	*	*	*
1	1	1	0	*	*	*	*	*	*
1	1	1	1	*	*	*	*	*	*

- Geben Sie in CAPTURE zunächst die Schaltung ein. Realisieren Sie die Erregungsfunktionen T_i mit drei 8:1-Multiplexer-Bausteinen *74151*. Verschalten Sie deren Steuersignale S_i wie folgt:

$S_0 = Q_1$, $S_1 = Q_2$ und $S_2 = vor/rueck$.

Die Dateneingänge sind entsprechend der Zustandsfolgetabelle zu belegen. Fassen Sie die Ausgangssignale des Zählers zu einem Bus zusammen, auf den Sie einen Marker setzen. Setzen Sie zu Beginn der Simulation die T-Flipflops mit einem kurzen Null-Impuls zurück. Wählen Sie für den Takt ein Tastverhältnis von 1:1. Stellen Sie die digitale Quelle für das Signal *vor/rueck* so ein, dass Sie sowohl Vorwärts- als auch Rückwärtszählen simulieren.

- Führen Sie eine Transienten-Analyse durch und zeigen Sie in PROBE das zeitliche Verhalten des Taktes und der Zählerausgangssignale.

Die benötigten Bauelemente sind in nebenstehender Tabelle gelistet. Man findet sie über das Menü PLACE/PART in den angegebenen Bibliotheken (Libraries) sowie über PLACE/POWER.

Bauelement	Bibliothek	Bemerkung
STIM1	source.olb	Digitale Quelle mit 1 Anschlussknoten (1 Bit)
DigClock	source.olb	Digitale Quelle für Taktsignal
74107	eval.olb	zweifach Master-Slave-JK-Flipflop
74151	eval.olb	8:1-Multiplexer
$D_LO	source.olb	Low-Potenzial Anschlussstelle mit PLACE/POWER
$D_HI	source.olb	High-Potenzial Anschlussstelle mit PLACE/POWER

Lösung (Datei: *dt_z_smod5vr.opj*)

Legen Sie in CAPTURE ein neues Projekt an und platzieren Sie zunächst dreimal den Baustein *74107* mit den JK-Flipflops und dreimal den Multiplexer *74151*. Schließen Sie an den gemeinsamen Takt- und an den *CLR*-Eingang der Flipflops jeweils eine digitale Quelle *STIM1* an. Verbinden Sie an jedem Flipflop den J- mit dem K-Eingang und legen Sie dieses Signal jeweils auf den Z-Ausgang eines Multiplexers. Fassen Sie die Q-Ausgänge der Flipflops in einem Bus zusammen. Jede Ausgangsleitung muss über das Menü PLACE/NET ALIAS einen Alias-Namen erhalten, z.B. *y0, y1* und *y2*. Auch der Bus erhält einen Namen, wobei die Namen der Einzelleitungen zusammenzufassen sind, z.B. *y[2..0]*.

Verbinden Sie die Steuereingänge *S0, S1* und *S2* der Multiplexer-Bausteine untereinander und dann die S0-Leitung mit *Q1* (= *y1*), die S1-Leitung mit *Q2* (= *y2*) und die S2-Leitung mit der digitalen Quelle für das vor/rueck-Signal. Die Enable-Eingänge aller Multiplexer sind mit dem Element *$D_LO* (PLACE/POWER) auf Low-Potenzial zu legen.

Verdrahten Sie jetzt die Dateneingänge der Multiplexer entsprechend der Vorgabe in der gegebenen Zustandsfolgetabelle. Die Tabelle hat 16 Zeilen, der 8:1-Multiplexer aber nur acht Dateneingänge. Fassen Sie deshalb immer zwei Zeilen zusammen. Legen Sie den entsprechenden Dateneingang auf Low, wenn T_i in beiden Zeilen *0* war, bzw. auf High, wenn es jeweils *1* war. Sonst entsprechen die beiden Werte entweder den Werten in der Spalte Q_0 (= *y0*) oder den negierten Werten von Q_0. Legen Sie in diesem Fall entweder Q_0 oder aber $\overline{Q}_0$ auf den entsprechenden Eingang. Wenn Sie alle Verbindungen durchgeführt haben, sollte Ihre Schaltung wie in Bild 6.83 dargestellt aussehen.

Die digitale Quelle für das Taktsignal wird beispielsweise mit folgenden Parametern eingestellt:

    DSTM1: *0s 0, REPEAT FOREVER, +1us 1, +1us 0, ENDREPEAT*

Die digitale Quelle, die das Rücksetzsignal erzeugt, erhält die Einstellung:

    DSTM2: *0s 0, 0.1us 1*

Für das Umschaltsignal vorwärts/rückwärts geben Sie in Quelle DSTM3 ein:

    DSTM3: *0s 0, 15us 1, 22us 0, 28us 1*

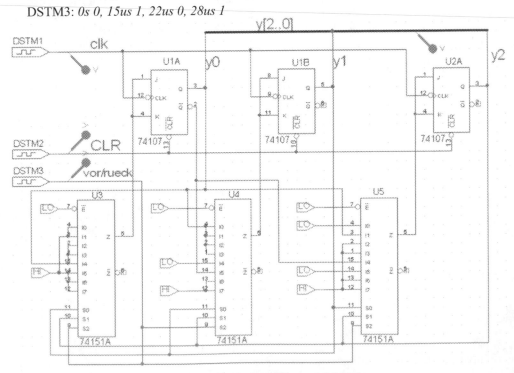

Bild 6.83 Schaltung des mod-5-Vorwärts-/Rückwärtszählers mit Multiplexer

Legen Sie ein Simulationsprofil für eine Transienten-Analyse an und geben Sie für RUN TO TIME *30us* ein. Setzen Sie an die Ein- und Ausgangsleitungen je einen Spannungsmarker und starten Sie die Simulation. In PROBE erhalten Sie automatisch das Taktsignal und die Zählerzustände *{y[2:0]}* sowie das Rücksetzsignal *CLR* und das *vor/rueck*-Signal dargestellt (s. Bild 6.84).

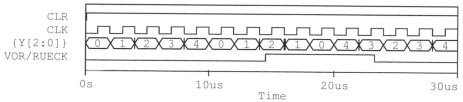

Bild 6.84 Ein- und Ausgangssignale des mod-5-Vorwärts-/Rückwärtszählers

Der Zähler wechselt jeweils mit der negativen Taktflanke seinen Zustand, wobei die Erregungsfunktionen T_i ($J_i = K_i$) zum Zeitpunkt der positiven Taktflanke den Zustandswechsel bestimmen. Seine Zustandsfolge ist zunächst (Signal *vor/rueck* = 0) 0, 1, 2, 3, 4, 0, 1, 2. Der Zähler inkrementiert also. Zum Zeitpunkt *14,5 µs* (d.h. vor der nächsten positiven Taktflanke) wechselt das Steuersignal *vor/rueck* auf Eins. Jetzt zählt die Schaltung rückwärts: 1, 0, 4, 3, 2. Da der erneute Steuersignalwechsel zum Zeitpunkt *23,3 µs* nach der positiven Taktflanke liegt, wird bei der darauf folgenden negativen Taktflanke noch auf *2* zurückgezählt. Erst danach beginnt die Schaltung zu inkrementieren.

6.3.3 Synchroner mod-8-Rückwärtszähler

In dieser Aufgabe ist ein mod-8-Rückwärtszähler für den Dualkode zu untersuchen, der ständig die Zählfolge 7, 6, 5, 4, 3, 2, 1, 0, 7, ... durchführt. Der Zähler soll mit Master-Slave-JK-Flipflops als synchrones Schaltwerk aufgebaut werden. Ausgangsbasis für den Entwurf des Zählers ist die Zustandsfolgetabelle. Daraus können dann die Erregungsfunktionen für die *J*- und *K*-Eingänge der Flipflops ermittelt werden. Die Ergebnisse des Entwurfs nach der Minimierung mit KV-Diagrammen sind:

$$J_0 = K_0 = 1 \qquad\qquad\qquad\qquad \text{Gl. 6.13}$$

$$J_1 = K_1 = \overline{Q_0} \qquad\qquad\qquad\qquad \text{Gl. 6.14}$$

$$J_2 = K_2 = \overline{Q_1} \wedge \overline{Q_0} \qquad\qquad\qquad \text{Gl. 6.15}$$

Für den Übertrag gilt: $\ddot{U} = \overline{Q_2} \wedge \overline{Q_1} \wedge \overline{Q_0} \wedge clk$ $\qquad\qquad$ Gl. 6.16

- Geben Sie in CAPTURE zunächst die Schaltung ein. Verwenden Sie für die JK-Flipflops den Baustein *74110*. Fassen Sie die Ausgangssignale des Zählers zu einem Bus zusammen, auf den Sie einen Marker setzen. Setzen Sie zu Beginn der Simulation die JK-Flipflops mit einem kurzen Null-Impuls in den Eins-Zustand. Wählen Sie für den Takt ein Tastverhältnis von 1:1.

- Führen Sie eine Transienten-Analyse durch und zeigen Sie in PROBE das zeitliche Verhalten des Taktes und der Zählerausgangssignale.

Die benötigten Bauelemente sind in nebenstehender Tabelle gelistet. Man findet sie über das Menü PLACE/ PART in den angegebenen Bibliotheken (Libraries) sowie über PLACE/POWER.

Bauelement	Bibliothek	Bemerkung
STIM1	source.olb	Digitale Quelle mit 1 Anschlussknoten (1 Bit)
DigClock	source.olb	Digitale Quelle für Taktsignal
7408	eval.olb	UND-Gatter mit zwei Eingängen
7411	eval.olb	UND-Gatter mit drei Eingängen
74110	eval.olb	JK-Flipflop
$D_HI	source.olb	High-Potenzial Anschlussstelle mit PLACE/POWER

Lösung (Datei: *dt_z_smod8r.opj*)

Legen Sie in CAPTURE ein neues Projekt an und platzieren Sie zunächst dreimal den Baustein *74110* mit dem JK-Flipflop und schließen Sie an dem gemeinsamen Takteingang der Flipflops eine digitale Quelle *DigClock* an. Verbinden Sie dann die Setzeingänge *PRE* der Flipflops untereinander und mit einer digitalen Quelle *STIM1*. Alle Rücksetzeingänge *CLR* der Flipflops sind mit dem Element *$D_HI* (PLACE/POWER) auf High-Potenzial zu legen.

Fassen Sie die Q-Ausgänge der Flipflops in einem Bus zusammen. Jede Ausgangsleitung muss über das Menü PLACE/NET ALIAS einen Alias-Namen erhalten, z.B. *y0*, *y1* und *y2*. Auch der Bus erhält einen Namen, wobei die Namen der Einzelleitungen zusammenzufassen sind, z.B. *y[2..0]*.

Die JK-Flipflop haben jeweils drei J- und K-Eingänge, die intern über UND-Gatter verknüpft sind. Verbinden Sie beim Flipflop für die niederste Stufe alle J- und K-Eingänge miteinander und legen Sie diese Leitung auf ein *$D_HI*-Element. Auch die J- und K-Eingänge der zweiten Stufe werden verbunden und auf den negierten Q-Ausgang der niedersten Stufe gelegt. Die J- und K-Eingänge der obersten Stufe sind ebenfalls gemeinsam mit dem Ausgang eines UND-Gatters zu verdrahten, entsprechend der in der Aufgabenstellung gegebenen Gleichung.

Zuletzt sind noch die beiden Eingänge des UND-Gatters zu verdrahten und mit einem zusätzlichen UND-Gatter *7411* ist das Signal für den Übertrag *Ue* zu erzeugen. Damit ist die Schaltung fertig in CAPTURE eingegeben.

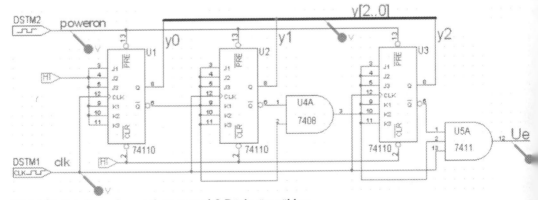

Bild 6.85 Schaltung des synchronen mod-8-Rückwärtszählers

Die digitale Quelle für das Taktsignal wird mit folgenden Parametern eingestellt:
    DSTM1: *0s 0, REPEAT FOREVER, +1us 1, +1us 0, ENDREPEAT*

Alternativ könnten Sie auch die Quelle *DigClock* verwenden. Die digitale Quelle, die das Rücksetzsignal *poweron* erzeugt, erhält die Einstellung: DSTM2: *0s 0, 0.1us 1*

Legen Sie ein Simulationsprofil für eine Transienten-Analyse an und geben Sie für RUN TO TIME *20us* ein. Setzen Sie an die Ein- und Ausgangsleitungen je einen Spannungsmarker und starten Sie die Simulation. In PROBE erhalten Sie automatisch das Taktsignal und die Zählerzustände *{y[2:0]}* sowie das Signal für den Übertrag *Ue* dargestellt (s. Bild 6.86).

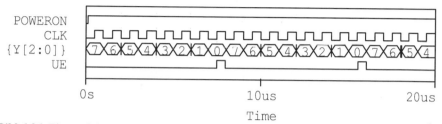

Bild 6.86 Ein- und Ausgangssignale des synchronen mod-8-Rückwärtszählers

Der Zähler wechselt jeweils mit der negativen Taktflanke seinen Zustand, wobei die Erregungsfunktionen zum Zeitpunkt der positiven Taktflanke den Zustandswechsel bestimmen. Seine Zustandsfolge ist: 7, 6, 5, 4, 3, 2, 1, 0, 7, ... Der Zähler zählt also rückwärts. Im Zählerstand 0 ist der Übertrag U_e während des Taktimpulses auf high-Potenzial.

6.3.4 Synchroner mod-12-Vorwärtszähler

In diesem Beispiel ist ein mod-12-Vorwärtszähler für den Dualkode zu untersuchen. Die Schaltung des Zählers ist im Bild 6.87 gegeben:

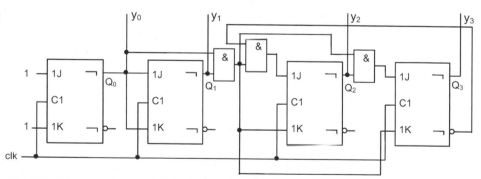

Bild 6.87 Schaltung eines mod-12-Vorwärtszählers

• Geben Sie in CAPTURE zunächst die Schaltung ein. Verwenden Sie für die JK-Flipflops den Baustein 7473. Fassen Sie die Ausgangssignale des Zählers zu einem Bus zusammen, auf den Sie einen Marker platzieren. Setzen Sie zu Beginn der Simulation die JK-Flipflops mit einem kurzen Null-Impuls in den Eins-Zustand. Wählen Sie für den Takt ein Tastverhältnis von 1:1.

• Führen Sie eine Transienten-Analyse durch und zeigen Sie in PROBE das zeitliche Verhalten des Taktes und der Zählerausgangssignale.

Die benötigten Bauelemente sind in nebenstehender Tabelle gelistet. Man findet sie über das Menü PLACE/ PART in den angegebenen Bibliotheken (Libraries) sowie über PLACE/ POWER.

Bauelement	Bibliothek	Bemerkung
STIM1	source.olb	Digitale Quelle mit 1 Anschlussknoten (1 Bit)
DigClock	source.olb	Digitale Quelle für Taktsignal
7408	eval.olb	UND-Gatter mit zwei Eingängen
7473	eval.olb	zweifach JK-Flipflop
$D_HI	source.olb	High-Potenzial Anschlussstelle mit PLACE/POWER

Lösung (Datei: *dt_z_smod12v.opj*)

Legen Sie in CAPTURE ein neues Projekt an und platzieren Sie zunächst viermal den Baustein *7473* mit dem JK-Flipflop. Verbinden Sie den Takteingang der Flipflops mit einer digitalen Quelle *DigClock*. Verdrahten Sie dann die Rücksetzeingänge *CLR* der Flipflops untereinander und mit einer digitalen Quelle *STIM1*.

Fassen Sie die Q-Ausgänge der Flipflops in einem Bus zusammen. Jede Ausgangsleitung muss über das Menü PLACE/NET ALIAS einen Alias-Namen erhalten, z.B. *y0, y1, y2* und *y3*. Auch der Bus erhält einen Namen, wobei die Namen der Einzelleitungen zusammen zu fassen sind. Geben Sie ihm den Alias-Namen *y[3..0]*.

Verbinden Sie beim Flipflop für die niederste Stufe die J- und K-Eingänge miteinander und legen Sie diese Leitung auf ein *$D_HI*-Element (PLACE/POWER). Auch die J- und K-Eingänge der zweiten Stufe werden verbunden und auf den Q-Ausgang der niedersten Stufe gelegt. Die J- und K-Eingänge der beiden oberen Stufen sind wie in der Aufgabenstellung abgebildet zu verschalten. Damit ist die Schaltung fertig in CAPTURE eingegeben (s. Bild 6.88).

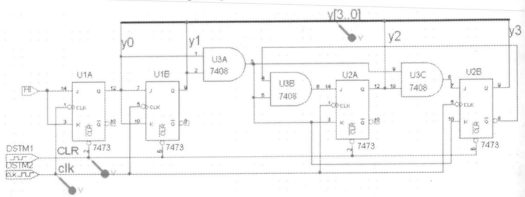

Bild 6.88 Schaltung des mod-12-Vorwärtszählers in CAPTURE

Die digitale Quelle für das Rücksetzsignal wird mit folgenden Parametern eingestellt:
    DSTM1: 0s 0, 0.1us 0

Die Quelle *DigClock* für das Taktsignal kann so parametrisiert werden:
    DELAY=0.5us, ONTIME=0.5us, OFFTIME=0.5us, STARTVAL=0, OPPVAL=1

Alternativ könnten Sie auch die Quelle *STIM1* verwenden.

Legen Sie ein Simulationsprofil für eine Transienten-Analyse an und geben Sie für RUN TO TIME *20us* ein. Setzen Sie an die Ein- und Ausgangsleitungen je einen Spannungsmarker und starten Sie die Simulation. In PROBE erhalten Sie automatisch das Taktsignal und die Zähler-zustände *{y[3:0]}* sowie das Rücksetzsignal *CLR* dargestellt. Nach dem Sortieren der Signale sollten Sie das Ergebnis in Bild 6.89 erhalten. Der Zähler wechselt jeweils mit der negativen Taktflanke seinen Zustand. Seine Zustandsfolge ist: 0, 1, 2, 3, 4, 5, 6, 7, 8, 9, 10, 11, 0, ... Der Zähler zählt also vorwärts. Die Zustände werden in PROBE im Hex-Kode dargestellt: $A_{16} \triangleq 10_{10}$, $B_{16} \triangleq 12_{10}$.

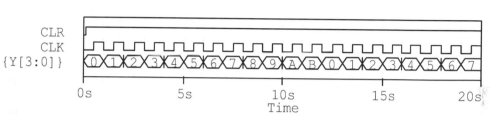

Bild 6.89 Ein- und Ausgangssignale des mod-12-Vorwärtszählers

6.3.5 Synchroner BCD-Vorwärtszähler

Untersuchen Sie den im Bild 6.90 dargestellten BCD-Vorwärtszählers, der im 8-4 2-1-Kode zählt.

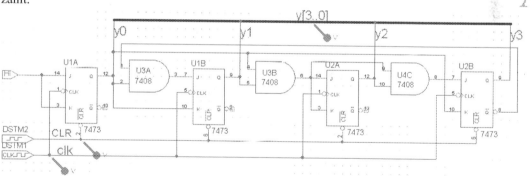

Bild 6.90 Schaltung eines BCD-Vorwärtszählers

- Geben Sie in CAPTURE zunächst die Schaltung ein. Verwenden Sie für die JK-Flipflops den Baustein *7473*. Fassen Sie die Ausgangssignale des Zählers zu einem Bus zusammen, auf den Sie einen Marker setzen. Setzen Sie zu Beginn der Simulation die JK-Flipflops mit einem kurzen Null-Impuls in den Null-Zustand. Wählen Sie für den Takt ein Tastverhält-nis von 1:1.

- Führen Sie eine Transienten-Analyse durch und zeigen Sie in PROBE das zeitliche Verhal-ten des Taktes und der Zählerausgangssignale.

Die benötigten Bauelemente sind in nebenstehender Tabelle gelistet. Man findet sie über das Menü PLACE/ PART in den angegebenen Bibliotheken (Libraries) sowie über PLACE/ POWER.

Bauelement	Bibliothek	Bemerkung
STIM1	source.olb	Digitale Quelle mit 1 Anschlussknoten (1 Bit)
DigClock	source.olb	Digitale Quelle für Taktsignal
7408	eval.olb	UND-Gatter mit zwei Eingängen
7473	eval.olb	zweifach JK-Flipflop
$D_HI	source.olb	High-Potenzial Anschlussstelle mit PLACE/POWER

Lösung (Datei: *dt_z_sbcdv.opj*)

Legen Sie in CAPTURE ein neues Projekt an und platzieren Sie zunächst viermal den Baustein *7473* mit dem JK-Flipflop. Verbinden Sie den Takteingang der Flipflops mit einer digitalen Quelle *DigClock*. Verdrahten Sie dann die Rücksetzeingänge *CLR* der Flipflops untereinander und mit einer digitalen Quelle *STIM1*.

Fassen Sie die Q-Ausgänge der Flipflops in einem Bus zusammen. Jede Ausgangsleitung muss über das Menü PLACE/NET ALIAS einen Alias-Namen erhalten, z.B. *y0, y1, y2* und *y3*. Auch der Bus erhält einen Namen, wobei die Namen der Einzelleitungen zusammen zu fassen sind. Geben Sie ihm den Alias-Namen *y[3..0]*.

Verbinden Sie beim Flipflop für die niederste Stufe die J- und K-Eingänge miteinander und legen Sie diese Leitung auf ein *$D_HI*-Element (PLACE/POWER). Die J- und K-Eingänge der anderen Stufen sind wie in der Aufgabenstellung abgebildet zu verschalten. Damit ist die Schaltung fertig in CAPTURE eingegeben.

Die digitale Quelle für das Rücksetzsignal wird beispielsweise mit folgenden Parametern eingestellt:

DSTM2: *0s 0, 0.1us 1*

Die Quelle *DigClock* für das Taktsignal kann so parametrisiert werden:

DELAY=0.5us, ONTIME=0.5us, OFFTIME=0.5us, STARTVAL=0, OPPVAL=1

Alternativ könnten Sie auch die Quelle *STIM1* verwenden.

Legen Sie ein Simulationsprofil für eine Transienten-Analyse an und geben Sie für RUN TO TIME *20us* ein. Setzen Sie an die Ein- und Ausgangsleitungen je einen Spannungsmarker und starten Sie die Simulation. In PROBE erhalten Sie automatisch das Taktsignal und die Zählerzustände *{y[3:0]}* sowie das Rücksetzsignal *CLR* dargestellt, s. Bild 6.91. Der Zähler wechselt jeweils mit der negativen Taktflanke seinen Zustand. Seine Zustandsfolge ist: 0, 1, 2, 3, 4, 5, 6, 7, 8, 9, 0, ... Der Zähler zählt also in einem dekadischen Zyklus vorwärts.

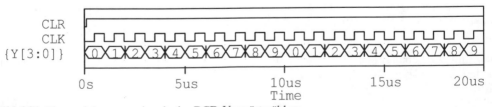

Bild 6.91 Ein- und Ausgangssignale des BCD-Vorwärtszählers

6.3.6 Synchroner BCD-Rückwärtszähler im Aiken-Kode

In dieser Aufgabe ist ein BCD-Rückwärtszähler im Aiken-Kode zu untersuchen. Der Zähler soll also einen dekadischen Zählzyklus mit folgender Zustandsfolge haben: *F, E, D, C, B, 4, 3, 2, 1, 0, F,* usw. Er ist als synchrones Schaltwerk mit JK-Flipflops aufzubauen, die mit fallender Flanke getriggert werden. Ausgangsbasis für den Entwurf des Zählers ist die Zustandsfolgetabelle. Daraus können dann die Erregungsfunktionen für die *J-* und *K-*Eingänge der Flipflops ermittelt werden. Tabelle 6.11 zeigt die Ergebnisse des Entwurfs nach der Minimierung mit KV-Diagrammen.

Tabelle 6.11
Gleichungen für die
Vorbereitungssignale der JK-Flipflops

$$J_0 = K_0 = 1$$
$$J_1 = \overline{Q_0}$$
$$K_1 = \left(\overline{Q_2} \vee \overline{Q_0}\right) \wedge \left(Q_3 \vee \overline{Q_0}\right)$$
$$J_2 = \left(Q_3 \vee \overline{Q_1}\right) \wedge \left(Q_3 \vee \overline{Q_0}\right)$$
$$K_3 = \overline{Q_1} \wedge \overline{Q_0}$$
$$J_3 = \overline{Q_2} \wedge \overline{Q_1} \wedge \overline{Q_0}$$
$$K_3 = \overline{Q_2}$$

Übertrag: $\ddot{U} = \overline{Q_2} \wedge \overline{Q_1} \wedge \overline{Q_0}$

- Geben Sie in CAPTURE zunächst die Schaltung ein. Verwenden Sie für die Flipflops den Baustein *7472*. Fassen Sie die Ausgangssignale des Zählers zu einem Bus zusammen, auf den Sie einen Marker setzen. Setzen Sie zu Beginn der Simulation die Flipflops mit einem kurzen Null-Impuls auf Eins. Wählen Sie für den Takt ein Tastverhältnis von 1:1.

- Führen Sie eine Transienten-Analyse durch und zeigen Sie in PROBE das zeitliche Verhalten des Taktes und der Zählerausgangssignale.

Die benötigten Bauelemente sind in nebenstehender Tabelle gelistet. Man findet sie über das Menü PLACE/PART in den angegebenen Bibliotheken (Libraries) sowie über PLACE/ POWER.

Bauelement	Bibliothek	Bemerkung
STIM1	source.olb	Digitale Quelle mit 1 Anschlussknoten (1 Bit)
DigClock	source.olb	Digitale Quelle für Taktsignal
7410	eval.olb	UND-Gatter mit drei Eingängen
7432	eval.olb	ODER-Gatter mit zwei Eingängen
7472	eval.olb	JK-Flipflop
$D_HI	source.olb	High-Potenzial Anschlussstelle mit PLACE/POWER

Lösung (Datei: *dt_z_sbcdaikenr.opj*)

Legen Sie in CAPTURE ein neues Projekt an und platzieren Sie zunächst viermal den Baustein *7472* mit dem JK-Flipflop. Schließen Sie an den Takteingang aller Flipflops eine digitale Quelle *DigClock* und an den *PRE*-Eingang eine Quelle *STIM1* an. Legen Sie alle *CLR*-Eingänge auf High-Potenzial. Verbinden Sie alle vier Q-Ausgänge mit einem Bus. Jede Ausgangsleitung muss über das Menü PLACE/NET ALIAS einen Alias-Namen erhalten, z.B. *y0, y1, y2* und *y3*. Auch der Bus erhält einen Namen, wobei die Namen der Einzelleitungen zusammenzufassen sind, z.B. *y[3..0]*.

Die Flipflops haben intern jeweils ein UND-Gatter mit drei Eingängen am J- und K-Eingang. Sie brauchen also für die Realisierung der Erregungsfunktionen J_i und K_i lediglich noch Gatter für die ODER-Verbindungen (*7432*) zu platzieren. Verbinden Sie alle Ein- und Ausgangsleitungen entsprechend den gegebenen Schaltfunktionen. Beachten Sie, dass keine J- und K-Eingänge offen bleiben dürfen. Nach Anschluss des UND-Gatters für den Übertrag sollten Sie dann folgende Schaltung haben:

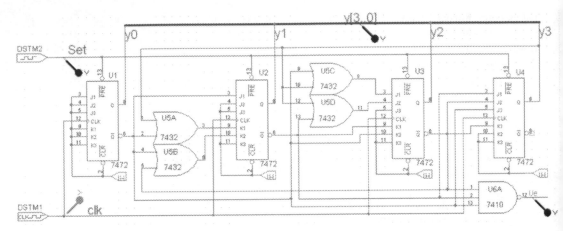

Bild 6.92 Schaltung des BCD-Rückwärtszählers im Aiken-Kode

Die Quelle *DigClock* für das Taktsignal wird mit folgenden Parametern eingestellt:

DELAY=0.5us, ONTIME=0.5us, OFFTIME=0.5us, STARTVAL=0, OPPVAL=1

Die digitale Quelle, die das Rücksetzsignal erzeugt, erhält die Einstellung:

DSTM2: *0s 0, 0.1us 1*

Legen Sie ein Simulationsprofil für eine Transienten-Analyse an und geben Sie für RUN TO TIME *20us* ein. Setzen Sie an die Ein- und Ausgangsleitungen je einen Spannungsmarker und starten Sie die Simulation. In PROBE erhalten Sie automatisch das Taktsignal und die Zählerzustände *{y[3:0]}* sowie das Rücksetzsignal *CLR* und der Übertrag U_e dargestellt. Der Zähler wechselt jeweils mit der negativen Taktflanke seinen Zustand. Er hat zehn verschiedene Zustände und zählt im Aiken-Kode rückwärts. Im letzten Zustand *0* geht der Übertrag U_e stets für die Dauer eines Takts auf den Wert Null.

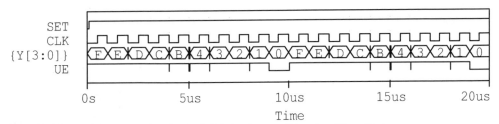

Bild 6.93 Ein- und Ausgangssignale des BCD-Rückwärtszählers im Aiken-Kode

6.3.7 Synchroner 4-Bit-Vorwahlzähler

Vorwahlzähler sind Schaltungen, die ein Ausgangssignal abgeben, wenn die Zahl der Eingangsimpulse gleich einer vorgewählten Zahl wird. Das Ausgangssignal kann man dazu verwenden, einen anderen Vorgang auszulösen und gleichzeitig den Zähler wieder in den Anfangszustand zu versetzen. Lässt man ihn nach dem Rücksetzen weiterlaufen, erhält man einen mod-m-Zähler, dessen Zählzyklus durch die vorgewählte Zahl bestimmt wird.

Da es beim Vorwahlzähler auf die Anzahl von Zählschritten und nicht auf die Zustände selbst ankommt, kann man diese Art von Zählern sehr leicht mit käuflichen Synchronzähler-Bausteinen lösen. An die parallelen Ladeeingänge des Zählers legt man eine Vorwahlzahl an, die ihn nach einem Ladevorgang in einen Anfangszustand versetzt. Von hier aus zählt er bis zum Endzustand. Die an den parallelen Ladeeingängen anzulegende Vorwahlzahl ist gleich dem Einerkomplement des gewünschten Zählumfangs des Zählers.

- Geben Sie in CAPTURE die Schaltung eines 4-Bit-Vorwahlzählers ein. Verwenden Sie dazu den Baustein *74163*. Fassen Sie die Ein- und Ausgangssignale des Zählerbausteins zu je einem Bus zusammen, auf den Sie jeweils einen Marker setzen. Laden Sie zu Beginn der Simulation und dann jeweils am Zählerstandende den Zählerbaustein mit dem Anfangswert. Wählen Sie für den Takt die Quelle *DigStim1* mit einem Tastverhältnis von 1:1.

- Führen Sie eine Transienten-Analyse durch und zeigen Sie in PROBE das zeitliche Verhalten des Taktes und der Zählerausgangssignale.

Die benötigten Bauelemente sind in nebenstehender Tabelle gelistet. Man findet sie über das Menü PLACE/ PART in den angegebenen Bibliotheken (Libraries) sowie über PLACE/ POWER.

Bauelement	Bibliothek	Bemerkung
STIM1	source.olb	Digitale Quelle mit 1 Anschlussknoten (1 Bit)
STIM4	source.olb	Digitale Quelle mit 4 Anschlussknoten (4 Bit)
DigStim1	source.olb	Digitale Quelle mit Stimmuluseditor
7404	eval.olb	Inverter
7408	eval.olb	UND-Gatter mit zwei Eingängen
74163	eval.olb	synchroner 4-Bit-Vorwärtszähler
$D_HI	source.olb	High-Potenzial Anschlussstelle mit PLACE/POWER

Lösung (Datei: *dt_z_svorwahl.opj*)

Legen Sie in CAPTURE ein neues Projekt an und platzieren Sie den Baustein *74163* mit dem 4-Bit-Zähler (alternativ könnten Sie auch das Element *74161* verwenden). Schließen Sie am Takteingang zur Abwechslung einmal eine Stimulusquelle *DigStim1* an. Die Eingänge *ENT*, *ENP* und *CLR* sind auf High zu legen. Schließen Sie alle Zählereingänge und -ausgänge jeweils an einem 4-Bit-Bus an. Jede Ein- und Ausgangsleitung muss über das Menü PLACE/NET ALIAS einen Alias-Namen erhalten, z.B. *x0, x1, x2* und *x3* sowie *y0, y1, y2* und *y3*. Auch die beiden Busse erhalten einen Namen, wobei jeweils die Namen der Einzelleitungen zusammenzufassen sind, d.h. also *x[3..0]* und *y[3..0]* (die Reihenfolge ist wichtig). Schließen Sie am Eingangsbus *x[3..0]* eine 4 Bit breite digitale Quelle *STIM4* an. Erzeugen Sie mit einem Inverter und UND-Gatter das Ladesignal, wie im Bild 6.94 dargestellt.

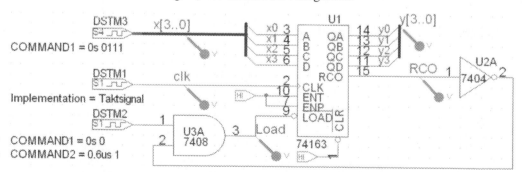

Bild 6.94 Schaltung des 4-Bit-Vorwahlzählers

Die Stimulusquelle *DigStim1* für das Taktsignal wird mit dem Stimuluseditor eingestellt. Markieren Sie dazu das Quellensymbol und öffnen Sie über EDIT/PSPICE STIMULUS den Editor. Geben Sie zunächst im Dialogfenster NEW STIMULUS im Eingabefeld NAME eine beliebige Bezeichnung für das Signal ein, z.B. *Taktsignal*. Klicken Sie dann auf den Schaltknopf CLOCK (eine andere Möglichkeit für digitale Signale gibt es ja in der Demoversion nicht) und bestätigen Sie mit OK. Im Dialogfenster CLOCK ATTRIBUTES wählen Sie PERIOD AND ON TIME. Geben Sie für die Periode *1us* und für ON TIME *0.5us* ein. Mit INITIAL VALUE = 0 legen Sie fest, dass das Taktsignal mit *'0'* beginnen soll. Nach einem Klick auf OK wird das Taktsignal gezeichnet. Speichern Sie die Eingaben mit FILE/SAVE und verlassen Sie über FILE/EXIT den Stimuluseditor.

Die digitale Quelle, die das Rücksetzsignal erzeugt, erhält die Einstellung:

DSTM2: *0s 0, 0.6us 1*

Geben Sie der Quelle für die Vorwahlzahl eine beliebige vierstellige Binärzahl zum Zeitpunkt 0 s, z.B.:   DSTM3: *0s 0111*

Legen Sie ein Simulationsprofil für eine Transienten-Analyse an und geben Sie für RUN TO TIME *30us* ein. Setzen Sie an die Ein- und Ausgangsleitungen je einen Spannungsmarker und starten Sie die Simulation. In PROBE erhalten Sie automatisch das Taktsignal und die Zählerzustände *{y[3:0]}* sowie den Übertrag *RCO* dargestellt.

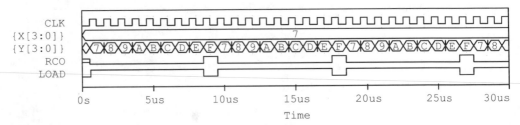

Bild 6.95 Ein- und Ausgangssignale des 4-Bit-Vorwahlzählers

Der Zähler läuft ständig die Zustände 7, 8, 9, A, B, C, D, E und F durch und wird dann durch das *RCO*-Signal wieder in 7 gesetzt. Dies sind neun verschiede Zustände. 9-1 = 8, das Einerkomplement von 8 = 1000 ist 0111. Dies wurde in der Quelle *DSTM3* vorgewählt. Der anfangs mit der Quelle *DSTM2* erzeugte *Load*-Impuls muss solange auf Low-Potenzial bleiben, bis die positive Taktflanke kommt.

6.3.8 Synchroner 8-Bit-Vorwärtszähler

In den vorangehenden Aufgaben wurden die Zähler fast ausschließlich mit einzelnen Flipflops und Gattern aufgebaut. In dieser Aufgabe ist ein 8-Bit-Vorwärtszähler mit handelsüblichen Zählerbausteinen zu realisieren. Es wird dazu der 4-Bit-Zähler *74161* verwendet, der beliebig kaskadiert werden kann. Damit kann der 8-Bit-Vorwärtszähler wie im Bild 6.96 dargestellt realisiert werden.

Beide Bausteine sind an der Taktleitung *CLK* und Rücksetzleitung *CLR* angeschlossen. Zunächst machen wir nicht davon Gebrauch, dass der Baustein ladbare Eingänge hat, deshalb wird der *Load*-Eingang auf High gelegt. Die Freigabeeingänge *ENT* und *ENP* der ersten Stufe (links) liegen ständig auf High, d.h. der Baustein zählt ständig mit jeder positiven Taktflanke.

Die Freigabeeingänge der zweiten Stufe hängen aber mit dem Übertrag RCO (Ripple Carry Output) der ersten Stufe zusammen. Immer wenn die erste Stufe sich im letzten Zustand *1111* befindet, wird *RCO* = 1 und gibt damit die zweite Stufe frei. Diese kann mit der nächsten positiven Taktflanke genau einen Zustand weiterzählen. Dann ist auch die erste Stufe wieder im Anfangszustand 0000 und *RCO* = 0, d.h. die zweite Stufe ist wieder 15 Takte lang gesperrt. Die zweite Stufe zählt also die Anzahl der vollständigen Durchläufe der ersten Stufe.

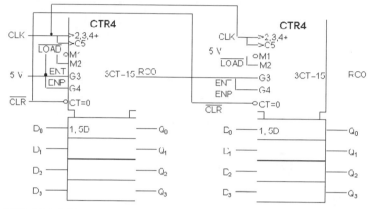

Bild 6.96 8-Bit-Vorwärtszähler realisiert mit Zählerbaustein *74161*

- Geben Sie in CAPTURE zunächst die Schaltung des 8-Bit-Vorwärtszählers ein. Fassen Sie die Ausgangssignale der beiden Zählerbausteine zu je einem Bus zusammen, auf den Sie jeweils einen Marker setzen. Setzen Sie zu Beginn der Simulation die beiden Zählerbausteine mit einem kurzen Null-Impuls zurück. Wählen Sie für den Takt ein Tastverhältnis von 1:1.

- Führen Sie eine Transienten-Analyse durch und zeigen Sie in PROBE das zeitliche Verhalten des Taktes und der Zählerausgangssignale.

- Verwenden Sie jetzt den Load-Eingang der zweiten Stufe so, dass der 8-Bit-Zähler von 192 bis 255 (in Hex: C0h bis FFh) zählt.

- Ergänzen Sie die Schaltung mit einer 8 Bit breiten digitalen Quelle, um einen beliebigen Startwert des Zählers einstellen zu können.

Die benötigten Bauelemente sind in nebenstehender Tabelle gelistet. Man findet sie über das Menü PLACE/ PART in den angegebenen Bibliotheken (Libraries) sowie über PLACE/ POWER.

Bauelement	Bibliothek	Bemerkung
STIM1	source.olb	Digitale Quelle mit 1 Anschlussknoten (1 Bit)
STIM8	source.olb	Digitale Quelle mit 8 Anschlussknoten (8 Bit)
DigClock	source.olb	Digitale Quelle für Taktsignal
7404	eval.olb	Inverter
7408	eval.olb	UND-Gatter mit zwei Eingängen
74161	eval.olb	synchroner 4-Bit-Vorwärtszähler
$D_LO	source.olb	Low-Potenzial Anschlussstelle mit PLACE/POWER
$D_HI	source.olb	High-Potenzial Anschlussstelle mit PLACE/POWER

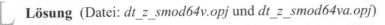

Lösung (Datei: *dt_z_smod64v.opj* und *dt_z_smod64va.opj*)

Legen Sie in CAPTURE ein neues Projekt an und platzieren Sie zunächst zweimal den Baustein *74161* mit dem 4-Bit-Zähler. Schließen Sie an beiden Takteingängen eine digitale Quelle *DigClock* und an die *CLR*-Eingänge eine Quelle *STIM1* an. Legen Sie alle *LOAD*-Eingänge auf High-Potenzial. Legen Sie die Eingänge *ENT* und *ENP* der ersten Stufe auf High und verbinden Sie deren *RCO*-Ausgang mit den Eingängen *ENT* und *ENP* der zweiten. Schließen Sie alle Zählerausgänge der Zählerbausteine jeweils an einen 4-Bit- Bus. In einem späteren Schritt werden alle acht Ausgangsleitungen zu einem 8 Bit breiten Bus zusammengelegt.

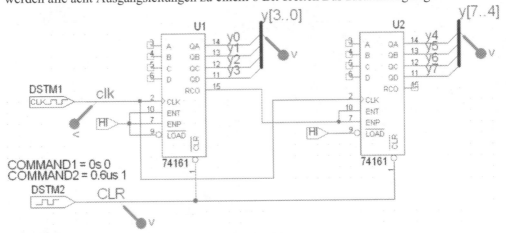

Bild 6.97 Schaltung des 8-Bit-Vorwärtszählers in CAPTURE

Die Quelle *DigClock* für das Taktsignal wird beispielsweise mit folgenden Parametern eingestellt:

DELAY=0.5us, ONTIME=0.5us, OFFTIME=0.5us, STARTVAL=0, OPPVAL=1

Die digitale Quelle, die das Rücksetzsignal erzeugt, erhält die Einstellung:

DSTM2: *0s 0, 0.1us 1*

Legen Sie ein Simulationsprofil für eine Transienten-Analyse an und geben Sie für RUN TO TIME *300us* ein. Setzen Sie an die Ein- und Ausgangsleitungen je einen Spannungsmarker und starten Sie die Simulation. In PROBE erhalten Sie automatisch das Taktsignal und die Zählerzustände *{y[3:0]}* und *{y[7:4]}* sowie das Rücksetzsignal *CLR* dargestellt (s. Bild 6.98).

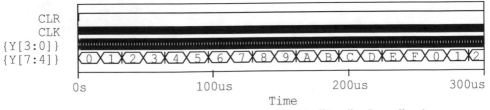

Bild 6.98 Ein- und Ausgangssignale des 8-Bit-Vorwärtszählers (vollständige Darstellung)

Die Zustände des ersten Zählers sind so dicht gedrängt, dass sie nicht lesbar sind. Sie müssen die Darstellung erst mit der Lupenfunktion spreizen, um ein detaillierteres Bild zu erhalten. Gehen Sie in PROBE in das Menü PLOT/AXIS SETTING/X AXIS/USER DEFINED und wählen Sie den Ausschnitt *0* bis *30 µs*. Jetzt können Sie auch die Arbeitsweise der ersten Zählstufe erkennen. Mit den horizontalen Gleitern am unteren Rand des Fensters kann man den ganzen Zeitbereich bis *300 µs* durchschieben.

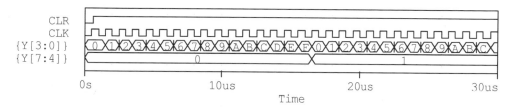

Bild 6.99 Ausschnitt von 0 bis 30 µs

Die Schaltung zählt also 16-mal von 0 bis 15, sie hat somit 256 verschiedene Zustände von 0 bis 255. Um diese Zustände in PROBE besser erkennen zu können, verbinden Sie die beiden Busse in der Schaltung (Bus-Alias-Namen: *y[7..0]*) und führen Sie die Simulation erneut durch. Sie erhalten in PROBE mit jedem Takt einen neuen Zustand von 0 bis 255.

Zähler von 192 bis 255:
Die zweite Zählerstufe liefert ebenfalls in ihrem letzten Zustand *1111* für die Dauer eines Taktimpulses einen High-Impuls auf dem *RCO*-Ausgang. Dieses Signal werden wir verwenden, um einen Anfangswert zu laden. Da der *LOAD*-Eingang des *74161* Low-aktiv ist, muss noch ein Inverter dazwischengeschaltet werden. Außerdem benötigen wir noch ein UND-Gatter, damit der Ladevorgang auch beim Start durch das *CLR*-Signal stattfindet. Es soll der Wert 192_{10} = C0h geladen werden. In der zweiten Zählerstufe muss also der Wert Ch = 1100_2 an die Dateneingänge *D … A* angelegt werden. Wir verwenden dazu die Elemente *$D_HI* und *$D_LO* (PLACE/POWER). Der *CLR*-Eingang der zweiten Stufe wird jetzt nicht mehr benötigt, er wurde ja durch einen Ladevorgang ersetzt. Legen Sie ihn deshalb auf High-Potenzial. Die erste Stufe erhält weiterhin beim Start einen Rücksetzimpuls mit dem sie in den Zustand *0000* geht. Da der Ladevorgang erst mit der folgenden positiven Flanke stattfindet, muss dieser Impuls gegenüber der ersten Simulation verlängert werden. Eine erneute Transienten-Analyse bestätigt, dass die Schaltung nur von *C0h* bis *FFh* zählt (Bild 6.100).

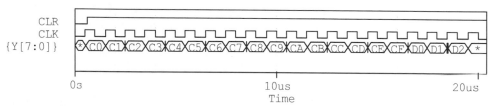

Bild 6.100 Ein- und Ausgangssignale der geänderten Schaltung mit Anfangswert C0H (Ausschnitt)

Beliebig wählbarer Anfangszustand:
Zuletzt soll die Schaltung noch so erweitert werden, dass jeder beliebige 8-Bit-Anfangswert geladen werden kann. Verbinden Sie die Dateneingänge beider Zählerbausteine mit einem Bus und schließen Sie an diesen Bus eine 8 Bit breite digitale Quelle (*STIM8*) an. Geben Sie den Zuleitungen jeweils einen Alias-Namen D0 bis D7 (beachten Sie die Reihenfolge) und dem Bus den Namen *D[7..0]*. Parametrieren Sie die neue Quelle nach Doppelklick auf das Symbol mit einem beliebigen Anfangswert zum Zeitpunkt 0s, z.B. *0s 10010011* ($\hat{=}$ *93h* $\hat{=}$ *147_{10})*. Die

CLR-Leitung beider Zählerbausteine muss deaktiviert (auf High legen) und beide *LOAD*-Eingänge müssen mit dem Ausgang des UND-Gatters verbunden werden. Starten Sie nochmals die Transienten-Analyse. Die Schaltung beginnt jetzt bei 93h = 147_{10} zu zählen.

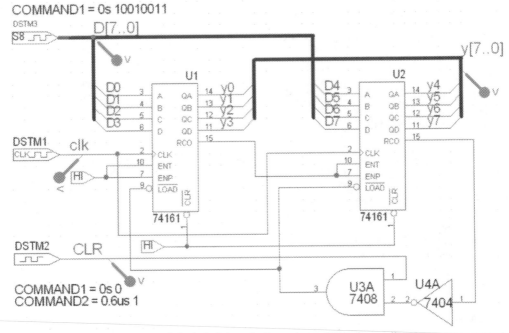

Bild 6.101 Schaltung ergänzt mit Ladefunktion, Anfangswert auf 93h eingestellt

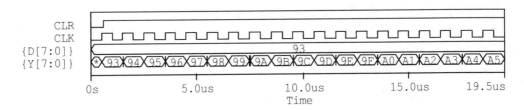

Bild 6.102 Ein- und Ausgangssignale der Schaltung mit Ladefunktion, Ausschnitt

6.3.9 Asynchroner mod-5-Vorwärtszähler im Dualkode

Ein asynchroner Dualzähler lässt sich dadurch realisieren, dass man eine Kette von Flipflops aufbaut und deren Takteingang jeweils am Ausgang Q des vorhergehenden Flipflops anschließt. Für eine Vorwärts-Zählfunktion müssen die Flipflops ihren Ausgangszustand ändern, wenn der Ausgang der vorhergehenden Stufe von 1 auf 0 geht. Man benötigt zweiflankengetriggerte Flipflops, z.B. JK-Master-Slave-Flipflops vom Typ 74110 mit $J = K = 1$. Der Zähler kann beliebig viele Stufen umfassen. Der gewünschte Zählerstand wird mit einem Schaltnetz dekodiert. Das dekodierte Signal verwendet man, um den Zähler asynchron über seinen Clear-Eingang in den Anfangszustand zurückzusetzen.

- Geben Sie in CAPTURE die Schaltung eines asynchronen mod-5-Vorwärtszählers ein. Verwenden Sie dazu den Baustein *74110*. Fassen Sie die Ausgangssignale des Zählers zu einem Bus zusammen, auf den Sie einen Marker setzen. Setzen Sie zu Beginn der Simulation und dann jeweils im Zählerstand 5 den Zähler in den Zustand 0 zurück. Wählen Sie für den Takt ein Tastverhältnis von 1:1.

- Führen Sie eine Transienten-Analyse durch und zeigen Sie in PROBE das zeitliche Verhalten des Taktes und der Zählerausgangssignale.

- Asynchrone Zähler haben den Nachteil, dass sie teilweise kurzfristig unerwünschte Zwischenzustände durchlaufen. Überprüfen Sie, wie sich dieser Zähler beim Wechsel vom Zählerstand drei nach vier verhält.

Die benötigten Bauelemente sind in nebenstehender Tabelle gelistet. Man findet sie über das Menü PLACE/ PART in den angegebenen Bibliotheken (Libraries) sowie über PLACE/ POWER.

Bauelement	Bibliothek	Bemerkung
STIM1	source.olb	Digitale Quelle mit 1 Anschlussknoten (1 Bit)
DigClock	source.olb	Digitale Quelle für Taktsignal
7400	eval.olb	NAND-Gatter mit zwei Eingängen
7408	eval.olb	UND-Gatter mit zwei Eingängen
74110	eval.olb	JK-Master-Slave-Flipflop
$D_HI	source.olb	High-Potenzial Anschlussstelle mit PLACE/POWER

Lösung (Datei: *dt_z_amod5v.opj*)

Legen Sie in CAPTURE ein neues Projekt an und platzieren Sie dreimal den Baustein *74110* mit dem JK-Flipflop. Schließen Sie am Takteingang des ersten Flipflops (links) eine digitale Quelle *DigClock* an. Der Setzeingang *PRE* aller Flipflop ist auf High zu legen. Alle J- und K-Eingänge sind zu verbinden und an High-Potenzial anzuschließen. Verdrahten Sie die Rücksetz-Eingänge aller Flipflops mit dem Ausgang eines UND-Gatters *7408*. Jetzt bleibt nur noch übrig, den Ausgang Q der ersten Stufe mit dem Takteingang der zweiten zu verbinden und ebenso zwischen zweiter und dritter Stufe. Der Zählerendstand 5 wird mit einem NAND-Gatter detektiert, auf dessen Eingänge man die Signale $y_0 = Q_0$ und $y_2 = Q_2$ schaltet. Sein Ausgang geht auf einen Eingang des bereits vorhandenen UND-Gatters. Legen Sie auf dessen zweiten Eingang eine digitale Quelle *STIM1*. Die Ausgangsleitungen der Flipflops erhalten einen Alias-Namen und werden in einem Bus zusammengefasst.

So wie man einzelne Leitungen zu einem Bus zusammenfassen kann, so ist es auch möglich, dem Bus einzelne Signale zu entnehmen. Als Beispiel sei hier die rechte Leitung *y0* erwähnt. Einzig entscheidend ist der Aliasname der Leitung. Mit dem Bus-Entry-Bauelement (PLACE/BUS ENTRY) können mehrere Leitungen in einem Punkt an einen Bus angeschlossen werden (s. Leitungen *y0* und *y2*). Dies ist mit der normalen Leitung (PLACE/WIRE) nicht möglich.

Die Quelle *DigClock* für das Taktsignal wird beispielsweise mit folgenden Parametern eingestellt:

  DELAY=0.5us, ONTIME=0.5us, OFFTIME=0.5us, STARTVAL=0, OPPVAL=1

Die digitale Quelle, die das Rücksetzsignal erzeugt, erhält die Einstellung:

  DSTM2: *0s 0, 0.1us 1*

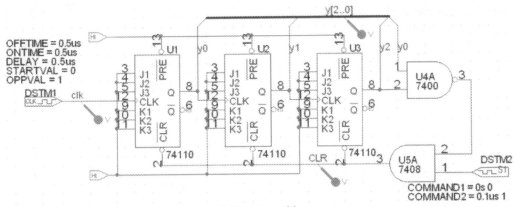

Bild 6.103 Schaltung des asynchronen mod-5-Vorwärtszählers

Legen Sie ein Simulationsprofil für eine Transienten-Analyse an und geben Sie für RUN TO TIME *20us* ein. Setzen Sie an die Ein- und Ausgangsleitungen je einen Spannungsmarker und starten Sie die Simulation. In PROBE erhalten Sie automatisch das Taktsignal und die Zählerzustände *{y[3:0]}* sowie das Rücksetzsignal *CLR* dargestellt. Nach dem Sortieren der Signale sollten Sie das Ergebnis in Bild 6.104 erhalten. Der Zähler läuft ständig die Zustände *0, 1, 2, 3* und *4* durch und wird dann wieder in *0* gesetzt.

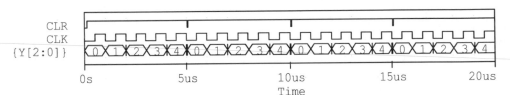

Bild 6.104 Ein- und Ausgangssignale des asynchronen mod-5-Zählers

Zwischenzustände:
Asynchrone Zähler durchlaufen unerwünschte Zwischenzustände, wenn sich mehr als eine Ausgangsgröße zu einem Zeitpunkt ändert. Dies wollen wir jetzt genauer untersuchen. Stellen Sie deshalb in PROBE die drei Einzelsignale y_0, y_1 und y_2 noch zusätzlich dar. Spreizen Sie die Zeitachse um den Zeitpunkt *4 µs* herum, sodass Sie einen Ausschnitt von ca. *3.9 µs* bis *4.1 µs* erhalten. Verwenden Sie dazu die Lupe aus der Symbolleiste oder das Menü PLOT/AXIS SETTINGS/X AXIS/USER DEFINED.

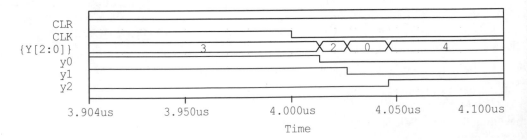

Bild 6.105 Darstellung der Zwischenzustände des asynchronen Zählers

Die Ausgangssignale y_0, y_1 und y_2 wechseln nicht gleichzeitig, sondern, wegen der Reihen-schaltung der Flipflops, nacheinander im Abstand von *13 ns* bis *20 ns*. Dadurch entstehen die Zwischenzustände *2* und *0*. Dies ist ein Grund dafür, dass asynchrone Zähler in zeitkritischen Anwendungen nicht verwendet werden können.

6.3.10 Asynchroner mod-8-Vorwärtszähler im Dualkode

Ein asynchroner mod-8-Vorwärtszähler ist besonders einfach zu realisieren, da der Zähler alle acht Zustände ausnutzt, die mit drei binären Stellen möglich sind. Folglich muss kein Rück-setzsignal erzeugt werden, der Zähler geht automatisch wieder in den Anfangszustand.

- Geben Sie in CAPTURE die Schaltung eines mod-8-Vorwärtszählers ein. Verwenden Sie dazu den Baustein *74110*. Fassen Sie die Ausgangssignale des Zählers zu einem Bus zu-sammen, auf den Sie einen Marker setzen. Setzen Sie zu Beginn der Simulation den Zähler in den Zustand *0* zurück. Wählen Sie für den Takt ein Tastverhältnis von 1:1.

- Führen Sie eine Transienten-Analyse durch und zeigen Sie in PROBE das zeitliche Verhal-ten des Taktes und der Zählerausgangssignale.

Die Bauelemente finden Sie über das Menü PLACE/PART in nebenstehenden Bibliotheken (Libraries) so-wie über PLACE/POWER .

Bauelement	Bibliothek	Bemerkung
STIM1	source.olb	Digitale Quelle mit 1 Anschlussknoten (1 Bit)
DigClock	source.olb	Digitale Quelle für Taktsignal
74110	eval.olb	JK-Master-Slave-Flipflop
$D_HI	source.olb	High-Potenzial Anschlussstelle mit PLACE/POWER

Lösung (Datei: *dt_z_amod8v.opj*)

Legen Sie in CAPTURE ein neues Projekt an und platzieren Sie dreimal den Baustein *74110* mit dem JK-Flipflop. Schließen Sie am Takteingang des ersten Flipflops (links) eine digitale Quelle *DigClock* an. Der Setzeingang *PRE* sowie die *J*- und *K*-Eingänge aller Flipflops sind auf High zu legen (PLACE/POWER). Alle *CLR*-Eingänge sind mit einer digitalen Quelle *STIM1* zu verdrahten. Verbinden Sie den Takteingang der zweiten und dritten Stufe mit dem Q-Ausgang der jeweils vorangehenden Stufe und legen Sie alle Q-Ausgänge auf einen Bus. Ver-sehen Sie die Ausgangsleitungen und den Bus (z.B. *y[2..0]*) mit Alias-Namen.

Die Quelle *DigClock* für das Taktsignal wird beispielsweise mit folgenden Parametern einge-stellt:

DELAY=0.5us, ONTIME=0.5us, OFFTIME=0.5us, STARTVAL=0, OPPVAL=1

Die digitale Quelle, die das Rücksetzsignal erzeugt, erhält die Einstellung:

DSTM2: *0s 0, 0.1us 1*

Legen Sie ein Simulationsprofil für eine Transienten-Analyse an und geben Sie für RUN TO TIME *20us* ein. Setzen Sie an die Ein- und Ausgangsleitungen je einen Spannungsmarker und starten Sie die Simulation. In PROBE erhalten Sie das Taktsignal und die Zählerzustände *{y[2:0]}* sowie das Rücksetzsignal *CLR* dargestellt. Nach dem Sortieren der Signale sollten Sie das im Bild 6.107 dargestellte Ergebnis haben. Der Zähler läuft ständig die Zustände 0, 1, 2, 3, 4, 5, 6, und 7 durch und setzt sich dann selbst wieder in den Zustand 0 zurück.

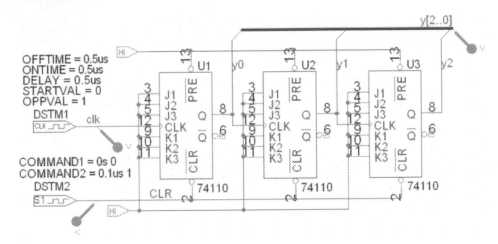

Bild 6.106 Schaltung des asynchronen mod-8-Vorwärtszählers

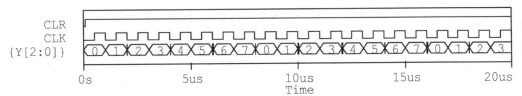

Bild 6.107 Ein- und Ausgangssignale des asynchronen mod-8-Vorwärtszählers

6.4 Statisches und dynamisches Verhalten von Schieberegistern

In diesem Abschnitt wird die Funktionsweise von Schieberegistern sowie Schaltungen mit Schieberegistern untersucht.

6.4.1 4-Bit-Parallel-Serien-Umsetzer

In einem Schieberegister lassen sich gespeicherte Daten verschieben. Schieberegister können nicht nur mit seriellem Eingang und seriellem Ausgang aufgebaut werden, sondern auch als Parallel-Serien-Umsetzer oder als Serien-Parallel-Umsetzer.

In dieser Aufgabe ist ein 4-Bit-Parallel-Serien-Umsetzer zu untersuchen. Das Schieberegister soll mit D-Flipflops mit positiver Flankentriggerung aufgebaut werden. Das Umschalten zwischen „Daten-parallel-laden" und „Seriell-nach-rechts-schieben" erfolgt mit einem Steuersignal *Load*. Es gilt:

Load = 1:   Daten der Eingänge E_0 bis E_3 in die Flipflops übernehmen
Load = 0:   Daten von links nach rechts durch das Schieberegister schieben. Ganz links soll logisch 0 nachgeschoben werden.

- Geben Sie in CAPTURE zunächst die Schaltung ein. Verwenden Sie für die D-Flipflops den Baustein *7474*. Beim Ladevorgang sollen die Eingangssignale E_0 bis E_3 auf die entsprechenden D-Eingänge D_0 bis D_3 der Flipflops geschaltet werden. Beim seriellen Schieben ist der D-Eingang D_i mit dem vorangehenden Ausgang Q_{i-1} zu verbinden. Verwenden Sie für die Verknüpfung der Signale jeweils einen 2:1-Multiplexer *74157*.

- Führen Sie eine Transienten-Analyse durch und zeigen Sie in PROBE das zeitliche Verhalten des Taktes und der Flipflop-Ausgangssignale beim Laden und beim Schieben.

Die benötigten Bauelemente sind in nebenstehender Tabelle gelistet. Man findet sie über das Menü PLACE/ PART in den angegebenen Bibliotheken (Libraries) sowie über PLACE/POWER.

Bauelement	Bibliothek	Bemerkung
STIM1	source.olb	Digitale Quelle mit 1 Anschlussknoten (1 Bit)
STIM4	source.olb	Digitale Quelle mit 4 Anschlussknoten (4 Bit)
DigClock	source.olb	Digitale Quelle für Taktsignal
7474	eval.olb	D-Flipflop
74157	eval.olb	Vierfach 2:1-Multiplexer
$D_LO	source.olb	Low-Potenzial Anschlussstelle mit PLACE/POWER
$D_HI	source.olb	High-Potenzial Anschlussstelle mit PLACE/POWER

Lösung (Datei: *dt_sr_pe4sa.opj*)

Legen Sie in CAPTURE ein neues Projekt an und platzieren Sie zunächst viermal den Baustein *7474* mit dem D-Flipflop. Verbinden Sie alle Setzeingänge *PRE* mit einem Element *$D_HI* (PLACE/POWER), alle Rücksetzeingänge *CLR* mit einer digitalen Quelle *STIM1* und alle Takteingänge *CLK* mit einer Quelle *DigClock*. Holen Sie dann den Multiplexer-Baustein *74157* aus der Bibliothek und verbinden Sie seinen *STROBEG*-Eingang (Freigabe) mit einem Element *$D_LO* sowie seinen *SELECTAB*-Eingang mit einer digitalen Quelle *STIM1*. Dann sind die Ausgänge *1Y* bis *4Y* mit den Eingängen *D0* bis *D3* der Flipflops zu verdrahten. Außerdem sind die Ausgänge *Q0* bis *Q2* der Flipflops mit den Eingängen *2A* bis *4A* zu verknüpfen. Legen Sie ein *$D_LO*-Element an den Eingang *1A* an, denn es soll von links Low-Pegel nachgeschoben werden. Schließen Sie zuletzt die Eingänge *1B* bis *4B* über einen Bus an eine digitale Quelle *STIM4*. Geben Sie den Ein- und Ausgängen Alias-Namen (PLACE/NET ALIAS).

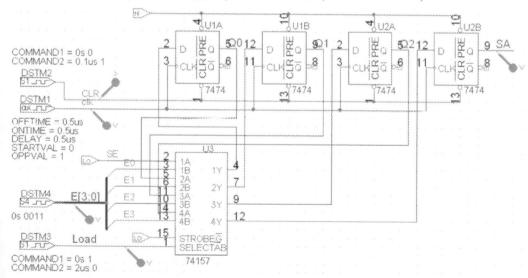

Bild 6.108 Schaltung des 4-Bit-Parallel-Serien-Umsetzers

Wenn der *SELECTAB*-Eingang auf Null liegt, werden die *A*-Eingänge auf die *Y*-Ausgänge geschaltet. Dann ist jeweils ein Q_i-Ausgang mit dem darauffolgenden D_{i+1}-Eingang verbunden. Liegt dagegen der *SELECTAB*-Eingang auf Eins, werden die *B*-Eingänge auf die *Y*-Ausgänge geschaltet und somit werden die *E*-Eingänge mit den entsprechenden *D*-Eingängen der Flipflops verbunden.

Die Quelle *DigClock* für das Taktsignal wird beispielsweise mit folgenden Parametern eingestellt:

DELAY=0.5us, ONTIME=0.5us, OFFTIME=0.5us, STARTVAL=0, OPPVAL=1

Die digitale Quelle, die das Rücksetzsignal erzeugt, erhält die Einstellung:

DSTM2: 0s 0, 0.1us 1

Die digitale Quelle, die das *Load*-Signal erzeugt, wird folgendermaßen eingestellt:

DSTM3: 0s 1, 2us 0

Die digitale Quelle für das Eingangssignal *E0* bis *E3* erhält eine völlig beliebige Einstellung, z.B. *DSTM4: 0s 0011*

Legen Sie ein Simulationsprofil für eine Transienten-Analyse an und geben Sie für RUN TO TIME *10us* ein. Setzen Sie an die Ein- und Ausgangsleitungen je einen Spannungsmarker und starten Sie die Simulation. In PROBE erhalten Sie automatisch das Taktsignal, das Rücksetzsignal *CLR*, das *Load*-Signal sowie die Eingänge *E[3..0]* und das serielle Ausgangssignal *SA* dargestellt. Im folgenden Bild sind zusätzlich noch die Flipflop-Ausgänge *Q0* bis *Q2* abgebildet.

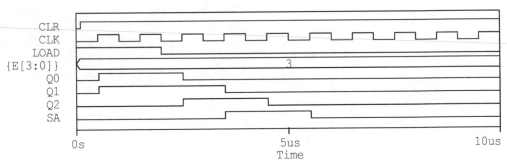

Bild 6.109 Ergebnis der Transienten-Analyse beim 4-Bit-Parallel-Serien-Umsetzer

Wenn *Load* = 1 ist, übernehmen die *Q*-Ausgänge der Flipflops mit der nächsten positiven Taktflanke die am E-Eingang eingestellte Binärkombination. Sobald *Load* = 0 wird beginnt der Schiebevorgang. Die *Q*-Ausgänge wandern mit jedem Taktschritt weiter zum rechten Flipflop, wobei links Null nachgeschoben wird. Nach vier Taktschritten sind alle Ausgänge auf Null.

6.4.2 4-Bit-Serien-Parallel-Umsetzer

In dieser Aufgabe ist ein 4-Bit-Serien-Parallel-Umsetzer zu untersuchen. Das Schieberegister soll mit vier vorderflankengesteuerten D-Flipflops aufgebaut werden. Zunächst werden die Daten seriell von links nach rechts eingelesen. Nach dem vierten Takt ist das Schieberegister mit den seriellen Daten belegt; diese liegen an seinen Q-Ausgängen. Jetzt darf nicht weiter getaktet werden. Mit einem Stop-Signal ist deshalb der Takt auszublenden und die Flipflop-Ausgänge Q_i auf die Parallel-Ausgänge y_i zu schalten. Es gilt:

Stop = 0: Flipflop-Ausgänge Q_0 bis Q_3 auf die Parallel-Ausgänge y_0 bis y_3 geben

Stop = 1: Daten von links nach rechts durch das Schieberegister schieben.

- Geben Sie in CAPTURE zunächst die Schaltung ein. Verwenden Sie für die D-Flipflops den Baustein *7474*. Blenden Sie am Ende des Schiebevorgangs den Takt mit Hilfe des Stop-Signals aus. Während des Schiebevorgangs sollen die Ausgänge y_i auf Null liegen. Verwenden Sie dazu 2:1-Multiplexer *71157*.

- Führen Sie eine Transienten-Analyse durch und zeigen Sie in PROBE das zeitliche Verhalten des Taktes und der Flipflop-Ausgangssignale beim Schieben und beim parallelen Ausgeben.

Die benötigten Bauelemente sind in nebenstehender Tabelle gelistet. Man findet sie über das Menü PLACE/PART in den angegebenen Bibliotheken (Libraries) sowie über PLACE/POWER.

Bauelement	Bibliothek	Bemerkung
STIM1	source.olb	Digitale Quelle mit 1 Anschlussknoten (1 Bit)
DigClock	source.olb	Digitale Quelle für Taktsignal
7408	eval.olb	UND-Gatter mit zwei Eingängen
7474	eval.olb	D-Flipflop
74157	eval.olb	Vierfach 2:1-Multiplexer
$D_LO	source.olb	Low-Potenzial Anschlussstelle mit PLACE/POWER
$D_HI	source.olb	High-Potenzial Anschlussstelle mit PLACE/POWER

Lösung (Datei: *dt_sr_se4pa.opj*)

Legen Sie in CAPTURE ein neues Projekt an und platzieren Sie zunächst viermal den Baustein *7474* mit dem D-Flipflop. Verbinden Sie alle Setzeingänge *PRE* mit einem Element *$D_HI* (PLACE/POWER), alle Rücksetzeingänge *CLR* mit einer digitalen Quelle *STIM1* und alle Takteingänge *CLK* mit dem Ausgang eines UND-Gatters *7408*. Platzieren Sie dann den Multiplexer-Baustein *74157* und verbinden Sie seinen *STROBEG*-Eingang mit einem Element *$D_LO* sowie seinen *SELECTAB*-Eingang mit einer digitalen Quelle *STIM1*. Diese Leitung erhält den Alias-Namen *Stop* (PLACE/NET ALIAS). Dann sind die Ausgänge *1Y* bis *4Y* auf einen Bus zu legen. Geben Sie jeder Ausgangsleitung einen Alias-Namen, z.B. *y0* bis *y3* und benennen Sie den Bus (z.B. *y[3..0]*, wenn das linke Flipflop die niederwertige und das rechte die höherwertige Stelle enthält). Außerdem sind die Ausgänge *Q0* bis *Q3* der Flipflops mit den Eingängen *1A* bis *4A* des Multiplexers zu verknüpfen. Schließen Sie die Eingänge *1B* bis *4B* an einem *$D_LO*-Element an, damit beim Schiebevorgang die Ausgänge y_i Null sind. An die beiden Eingänge des UND-Gatters müssen zuletzt noch die Stop-Leitung und eine Quelle *DigClock* angeschlossen werden. Den D-Eingang des linken Flipflops schließen Sie an eine digitale Quelle *STIM1* (serielles Eingangssignal SE).

Die Quelle *DigClock* für das Taktsignal wird beispielsweise mit folgenden Parametern eingestellt:

DELAY=0.5us, ONTIME=0.5us, OFFTIME=0.5us, STARTVAL=0, OPPVAL=1

Die digitale Quelle, die das Rücksetzsignal erzeugt, erhält die Einstellung:

DSTM2: 0s 0, 0.1us 1

Geben Sie der digitalen Quelle, die das serielle Eingangssignal *SE* erzeugt, eine völlig beliebige Einstellung, z.B.

DSTM3: 0s 1, 2us 0. Damit wird das Signal *0011* generiert.

Die digitale Quelle für das *Stop*-Signal wird so eingestellt, dass nach vier Takten (*4 μs*) der Takt ausgeblendet und die Q-Ausgänge auf die y-Leitungen geschaltet werden:

DSTM4: 0s 1, 4us 0

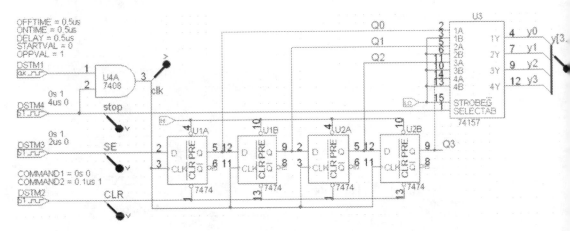

Bild 6.110 Schaltung des 4-Bit-Serien-Parallel-Umsetzers

Legen Sie ein Simulationsprofil für eine Transienten-Analyse an und geben Sie für RUN TO TIME *10us* ein. Setzen Sie an die Ein- und Ausgangsleitungen je einen Spannungsmarker und starten Sie die Simulation. In PROBE erhalten Sie automatisch das Taktsignal, das Rücksetz-signal *CLR*, das *Load*-Signal, das serielle Eingangssignal *SE* und den parallelen Ausgang *y[0..3]* dargestellt. Im folgenden Bild sind zusätzlich noch die Flipflop-Ausgänge *Q0* bis *Q2* abgebildet. Wenn *Stop* = 1 ist, wird das serielle Eingangssignal *SE* = 0011 von links nach rechts durch das Schieberegister getaktet. Nach dem vierten Takt sind alle Flipflops belegt. Das *Stop*-Signal wird Null und die Flipflop-Ausgänge werden auf die Parallel-Ausgänge geschaltet. Das Ergebnis ist wie erwartet 0011 = Ch.

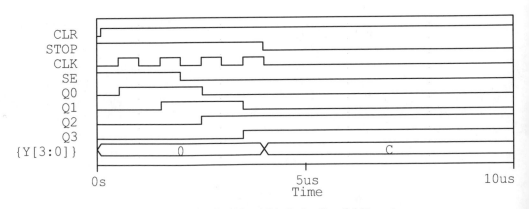

Bild 6.111 Ergebnis der Transienten-Analyse beim 4-Bit-Serien-Parallel-Umsetzer

6.4.3 4-Bit-Universal-Schieberegister

In den beiden vorangegangen Aufgaben wurden die Schieberegister aus einzelnen Flipflops realisiert, um ein tieferes Verständnis für den Aufbau und die Funktion eines Schieberegisters zu erhalten. In der Praxis wird man aber häufig fertig integrierte Schieberegister verwenden, wie z.B. den Baustein *74194*, der ein 4-Bit-Schieberegister enthält. Dieses IC kann in beide Richtungen schieben und hat auch eine parallele Eingabe sowie eine parallele Ausgabe. Untersuchen Sie nun die verschiedenen Betriebsarten dieses Bausteins.

- Steuern Sie den Baustein *74194* so an, dass die Betriebsarten „Schieben nach rechts", „Schieben nach links" und „paralleles Laden" ausgeführt werden. Dabei gilt:
  $S1\ S0 = 00$: kein Schieben, kein Laden
  $S1\ S0 = 01$: Schieben nach rechts (Q_0 bis Q_3)
  $S1\ S0 = 10$: Schieben nach links (Q_3 bis Q_0)
  $S1\ S0 = 11$: paralleles Laden

- Führen Sie eine Transienten-Analyse durch und zeigen Sie in PROBE das zeitliche Verhalten des Taktes und der Ein- und Ausgangssignale.

Die Bauelemente finden Sie über das Menü PLACE/ PART in folgenden Bibliotheken (Libraries):

Bauelement	Bibliothek	Bemerkung
STIM1	source.olb	Digitale Quelle mit 1 Anschlussknoten (1 Bit)
STIM4	source.olb	Digitale Quelle mit 4 Anschlussknoten (4 Bit)
FileStim4	source.olb	4-Bit-File-Stimulus Quelle
DigClock	source.olb	Digitale Quelle für Taktsignal
74194	eval.olb	4-Bit-Universal-Schieberegister

Lösung (Datei: *dt_sr_4univ.opj*)

Legen Sie in CAPTURE ein neues Projekt an und platzieren Sie den Baustein *74194* mit dem Universal-Schieberegister. Verbinden Sie den Rücksetzeingang *CLR* sowie die beiden seriellen Eingänge *SL* und *SR* mit je einer digitalen Quelle *STIM1* und den Takteingang *CLK* mit einer Quelle *DigClock*. Die parallelen Dateneingänge *A, B, C* und *D* sollen zu einem Bus zusammengefasst und an eine digitale Quelle *FileStim4* angeschlossen werden. In diesem Fall wollen wir jedoch zeigen, dass die Einzelleitungen nicht direkt an den Bus angeschlossen werden müssen. Versehen Sie deshalb die Eingänge *A, B, C* und *D* nur mit kurzen Leitungsstücken (PLACE/WIRE), denen Sie die Alias-Namen *D0, D1, D2* und *D3* geben. Platzieren Sie irgendwo in der Zeichenebene die Quelle FileStim4 und verbinden Sie ein kurzes Stück Busleitung mit ihr (PLACE/BUS). Sobald Sie jetzt dem Bus den Alias-Namen *D[3..0]* geben, ist dieser leitend mit den Eingängen *A* bis *D* des Schieberegisters verbunden (s. Bild 6.112).

Die Quelle *FileStim4* erwartet, dass eine ASCII-Datei vorhanden ist, in welcher die Zeit-Wert-Übergänge stehen. Geben Sie unter FILENAME einen beliebigen Dateinamen ein, z.B. *dt_sr_4univ.txt*. Bei der Eigenschaft SIGNAME sind die Signalnamen *D3 D2 D1 D0* (Leerzeichen dazwischen) einzutragen. Legen Sie jetzt eine Datei mit dem gewählten Namen mit einem Texteditor an, in der folgende Zeilen stehen (Leerzeile zwischen Kopfzeile und Rest beachten):

```
D3 D2 D1 D0

0us 0101
2us 1010
3us 0110
```

Speichern Sie diese Textdatei im gleichen Verzeichnis wie Ihr Projekt. Die Werte für den parallelen Eingang sind frei gewählt und können beliebig geändert werden.

Geben Sie auch den Steuereingängen *S1* und *S0* Alias-Namen. Diese Leitungen müssen mit einer Quelle *Stim4* verbunden werden (s. Bild 6.112), von der wir nur die beiden niederwertigen Bits verwenden.

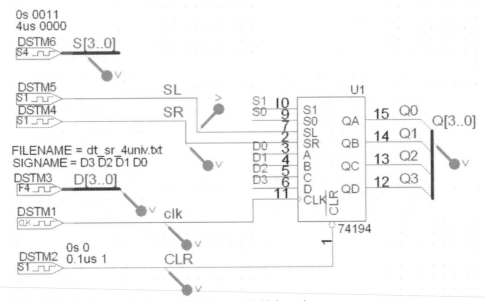

Bild 6.112 Schaltung mit einem 4-Bit-Universal-Schieberegister

Geben Sie der digitalen Quelle *DigClock* für das Taktsignal folgende Einstellung :

   DELAY=0.5us, ONTIME=0.5us, OFFTIME=0.5us, STARTVAL=0, OPPVAL=1

Die digitale Quelle, die das Rücksetzsignal *CLR* erzeugt, erhält die Einstellung:

   DSTM2: 0s 0, 0.1us 1

Stellen Sie die digitale Quelle, die das serielle Eingangssignal *SR* erzeugt, nach Ihrem Belieben ein, z.B.:

   DSTM4: 0s 1, 1us 0, 3us 1, 4us 0

damit wird das Signal 01001 generiert.

   Die digitale Quelle, die das serielle Eingangssignal *SL* erzeugt, erhält ebenfalls eine völlig beliebige Einstellung, z.B.:

   DSTM5: 0s 1, 2us 0

Mit dieser Einstellung wird das Signal 00011 generiert.

Die Quelle *DSTM6* für die Steuersignale wird erst vor den einzelnen Simulationen festgelegt.

 Legen Sie ein Simulationsprofil für eine Transienten-Analyse an und geben Sie für RUN TO TIME *6us* ein. Setzen Sie an die Ein- und Ausgangsleitungen je einen Spannungsmarker.

1. Simulation: Schieben nach rechts von Q0 nach Q3 und dann Halten (S1S0 = 01):
Die Steuersignalquelle ist wie folgt zu parametrieren:

DSTM6: 0us 0001, 4us 0000

D.h. zum Zeitpunkt 0µs wird mit *S1S0* = 01 "Schieben nach rechts" eingestellt und nach 4µs auf *S1S0* = 00 "kein Schieben, kein Laden" geändert. Starten Sie die Simulation. In PROBE erhalten Sie automatisch alle mit Marker versehenen Signale dargestellt. Sie benötigen davon nur das Taktsignal, das Rücksetzsignal *CLR*, die Steuersignale *{S[1:0]}*, das serielle Eingangssignal *SR* und die Ausgangssignale *Q{[3:0]}*. Das serielle Eingangssignal *SR* wird mit der positiven Taktflanke erfasst und zunächst am Ausgang *Q0* der ersten Stufe sichtbar. Mit jedem Takt wird es eine Stufe weitergeschoben bis es schließlich am Ausgang *Q3* herauskommt. Ab *3,5 µs* ist der Schiebevorgang beendet und die Ausgänge bleiben unverändert.

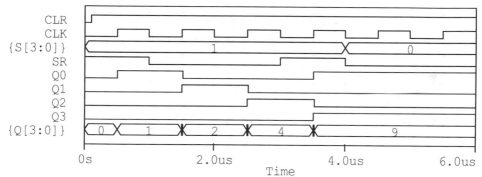

Bild 6.113 Schieben nach rechts von Q0 bis Q3 (*S1S0* = 01)

2. Simulation: Schieben nach links von Q3 nach Q0 und dann Halten (S1S0 = 10):
Die Steuersignalquelle ist wie folgt zu parametrieren:

DSTM6: 0us 0010, 4us 0000

Starten Sie erneut die Simulation. In PROBE erhalten Sie automatisch alle mit Marker versehenen Signale dargestellt. Das serielle Eingangssignal *SL* wandert jetzt in umgekehrter Richtung von *Q3* nach *Q0* durch das Schieberegister. Ab *3,5 µs* ist der Schiebevorgang wieder beendet und die Ausgänge bleiben unverändert.

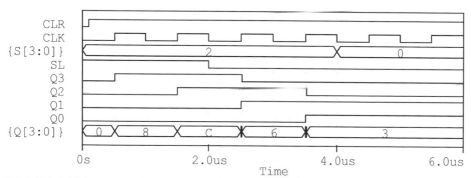

Bild 6.114 Schieben nach links von Q3 nach Q0 und dann Halten (*S1S0* = 10)

3. Simulation: Paralleles Laden und dann Halten (S1S0 = 11):
Die Steuersignalquelle ist wie folgt zu parametrieren:

DSTM6: 0us 0011, 4us 0000

Starten Sie erneut die Simulation. In PROBE erhalten Sie automatisch alle mit Marker versehenen Signale dargestellt. Sie benötigen davon nur das Taktsignal, das Rücksetzsignal *CLR*,
die Steuersignale *{S[1:0]}*, die Eingangssignale *D{[3:0]}* und die Ausgangssignale *Q{[3:0]}*.
Nacheinander werden drei verschiedene Eingangssignale am Paralleleingang angelegt und mit
der nächsten positiven Taktflanke an den Ausgang übernommen. Hier arbeitet das Universal-
Schieberegister wie ein Auffangregister.

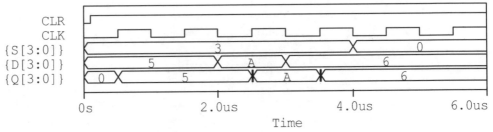

Bild 6.115 Paralleles Laden und Halten (*S1S0* = 11)

6.4.4 8-Bit-Serien-Parallel-Umsetzer

Untersuchen Sie einen 8-Bit-Serien-Parallel-Umsetzer, der im Gegensatz zum 4-Bit-Umsetzer
in der Aufgabe 6.4.2 nicht mit einzelnen Flipflops, sondern mit einem IC realisiert wird. Verwenden Sie dazu den Baustein *74164*. Die beiden seriellen Eingänge *A* und *B* des Bausteins
sind intern UND-verknüpft.

- Geben Sie in CAPTURE die Schaltung ein. Beachten Sie, dass auch der Baustein *74164*
  zunächst mit einem kurzen Null-Impuls zurückgesetzt werden muss. Erzeugen Sie mit einer digitalen Signalquelle ein beliebiges serielles Eingangssignal.

- Führen Sie eine Transienten-Analyse durch und zeigen Sie in PROBE das zeitliche Verhalten des Taktes und der Flipflop-Ausgangssignale beim Schieben und beim parallelen Ausgeben.

Die Bauelemente finden Sie
über das Menü PLACE/PART
in folgenden Bibliotheken
(Libraries):

Bauelement	Bibliothek	Bemerkung
STIM1	source.olb	Digitale Quelle mit 1 Anschlussknoten (1 Bit)
DigStim1	source.olb	Digitale Stimulus-Quelle (1 Bit)
74164	eval.olb	8-Bit-Serien-Parallel-Umsetzer

Lösung (Datei: *dt_sr_se8pa.opj*)

Legen Sie in CAPTURE ein neues Projekt an und platzieren Sie den Baustein *74164* mit dem
Serien-Parallel-Umsetzer. Verbinden Sie den Rücksetzeingang *CLR* mit einer digitalen Quelle
STIM1 und den Takteingang *CLK* zur Abwechslung mit einer Quelle *DigStim1* (alternativ:
DigClock bzw. STIM1). Die intern UND-verknüpften seriellen Eingänge *A* und *B* werden
zusammen an einer digitalen Quelle *STIM1* angeschlossen. Geben Sie allen Eingangssignalen
einen Alias-Namen.

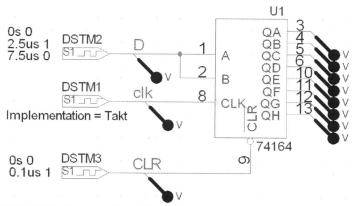

Bild 6.116 Schaltung des 8-Bit-Serien-Parallel-Umsetzers

Markieren Sie die digitale Quelle für das Taktsignal und öffnen Sie über EDIT/PSPICE STIMULUS den Stimuluseditor. Geben Sie zunächst dem Signal einen Namen (z.B. *Takt*) und klicken Sie auf CLOCK. Wählen Sie im Dialogfenster CLOCK ATTRIBUTES die Option FREQUENCY und geben Sie die Frequenz *500 kHz* mit einem Tastverhältnis (DUTY CYCLE) von 0,5 (*0.5*) ein. Anfangswert (INITIAL VALUE: *0*) und Zeitverzögerung (DELAY TIME: *0*) sind ebenfalls noch festzulegen.

Die digitale Quelle, die das serielle Eingangssignal *D* erzeugt, erhält eine völlig beliebige Einstellung, z.B.:

   DSTM2: 0s 0, 2.5us 1, 7.5us 0

Mit dieser Einstellung wird das Signal *...0000001110* generiert.

Parametrieren Sie die digitale Quelle, die das Rücksetzsignal erzeugt, beispielsweise folgendermaßen:

   DSTM3: 0s 0, 0.1us 1

Legen Sie ein Simulationsprofil für eine Transienten-Analyse an und geben Sie für RUN TO TIME *25us* ein. Setzen Sie an die Ein- und Ausgangsleitungen je einen Spannungsmarker und starten Sie die Simulation. In PROBE erhalten Sie automatisch das Taktsignal und das Rücksetzsignal *CLR* sowie das serielle Eingangssignal *D* und die parallelen Ausgangsignale *QA* bis *QH* dargestellt.

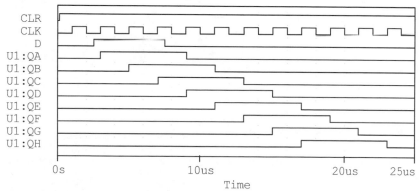

Bild 6.117 Ergebnis der Simulation des 8-Bit-Serien-Parallel-Umsetzers

Das serielle Eingangssignal *D* wird mit der positiven Taktflanke erfasst und wird zunächst am Ausgang *QA* der ersten Stufe sichtbar. Mit jedem Takt wird es eine Stufe weitergeschoben bis es schließlich am Ausgang *QH* herauskommt.

6.4.5 8-Bit-Schieberegister

In dieser Aufgabe ist ein 8-Bit-Schieberegister zu untersuchen, das die seriellen Eingangsdaten nach rechts durch das Schieberegister schiebt. Das Schieberegister soll mit acht vorderflanken-gesteuerten D-Flipflops aufgebaut werden.

- Geben Sie in CAPTURE die Schaltung des 8-Bit-Schieberegisters ein. Verwenden Sie für die D-Flipflops den Baustein *7474*. Die seriellen Eingangsdaten sollen von einer digitalen Quelle *STIM1* erzeugt werden.

- Führen Sie eine Transienten-Analyse durch und zeigen Sie in PROBE das zeitliche Verhalten des Taktes und der Flipflop-Ausgangssignale beim Schieben.

Die Bauelemente finden Sie über das Menü PLACE/PART in folgenden Bibliotheken (Libraries) sowie in PLACE/ POWER.

Bauelement	Bibliothek	Bemerkung
STIM1	source.olb	Digitale Quelle mit 1 Anschlussknoten (1 Bit)
DigClock	source.olb	Digitale Quelle für Taktsignal
7474	eval.olb	D-Flipflop
$D_HI	source.olb	High-Potenzial Anschlussstelle mit PLACE/POWER

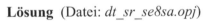

Lösung (Datei: *dt_sr_se8sa.opj*)

Beginnen Sie in CAPTURE ein neues Projekt und platzieren Sie zunächst achtmal den Baustein *7474* mit dem D-Flipflop. Verbinden Sie alle Setzeingänge *PRE* mit einem Element *$D_HI* (PLACE/POWER), alle Rücksetzeingänge *CLR* mit einer digitalen Quelle *STIM1* und alle Takteingänge *CLK* mit einer digitalen Quelle *DigClock*. Versehen Sie das Eingangssignal sowie alle Q-Ausgänge der Flipflops mit Alias-Namen.

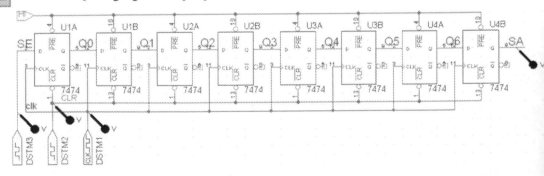

Bild 6.118 Schaltung des 8-Bit-Schieberegisters

Die Quelle *DigClock* für das Taktsignal wird beispielsweise mit folgenden Parametern einge-stellt:

   DELAY=0.5us, ONTIME=0.5us, OFFTIME=0.5us, STARTVAL=0, OPPVAL=1

Geben Sie der digitalen Quelle, die das Rücksetzsignal erzeugt, die Einstellung:

DSTM2: 0s 0, 0.1us 1

Die Einstellung der digitalen Quelle für das serielle Eingangssignal *SE* können Sie frei wählen, z.B.:

DSTM3: 0s 0, 3us 1, 5us 0

Diese Einstellung erzeugt das Signal 00001100.

Legen Sie ein Simulationsprofil für eine Transienten-Analyse an und geben Sie für RUN TO TIME *20us* ein. Setzen Sie an die Ein- und Ausgangsleitungen je einen Spannungsmarker und starten Sie die Simulation. In PROBE erhalten Sie automatisch das Taktsignal, das Rücksetzsignal *CLR*, das serielle Eingangssignal *SE* sowie das serielle Ausgangssignal *SA* abgebildet. Durch Betrachten der Flipflop-Ausgänge *Q0* bis *Q6* können Sie leicht verfolgen, wie das Eingangssignal mit jeder positiven Taktflanke weiter durch das Schieberegister wandert. Dieses Schieberegister entspricht im Wesentlichen der integrierten Schaltung *7491A*. Vielleicht wollen Sie die beiden Schaltungen noch vergleichen?

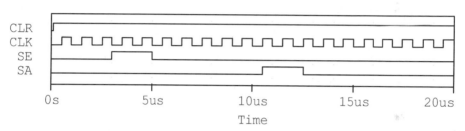

Bild 6.119 Simulation des 8-Bit-Schieberegisters

6.4.6 8-Bit-FIFO

Ein FIFO (First-In-First-Out) ist ein Speicher, bei dem auf die gespeicherte Information nur in der Reihenfolge zugegriffen werden kann, wie sie in den Speicher abgelegt wurde, d.h. das, was zuerst hineinkam, muss auch als erstes wieder heraus. Damit ist ein FIFO im Prinzip ein Schieberegister, das mehrere Bit breit ist.

In dieser Aufgabe ist ein 8-Bit-FIFO zu untersuchen, das 8 Bit breite Eingangsdaten nach rechts durch das Schieberegister schiebt. Das Schieberegister soll acht Stufen haben. Damit besteht das Schieberegister aus acht parallel geschalteten 8-Bit-Schieberegistern, wie in der vorangehenden Aufgabe 6.4.5 behandelt. Wir verwenden hier jedoch achtmal den Baustein *7491A*.

- Geben Sie in CAPTURE die Schaltung des 8-Bit-FIFO ein. Verwenden Sie dabei den Baustein *7491A*. Die seriellen Eingangsdaten sollen von einer digitalen Quelle *STIM1* erzeugt werden.

- Führen Sie eine Transienten-Analyse durch und zeigen Sie in PROBE das zeitliche Verhalten des Taktes und des FIFO-Ausgangs beim Schieben.

Die Bauelemente finden Sie über das Menü PLACE/ PART in folgenden Bibliotheken (Libraries):

Bauelement	Bibliothek	Bemerkung
STIM1	source.olb	Digitale Quelle mit 1 Anschlussknoten (1 Bit)
DigClock	source.olb	Digitale Quelle für Taktsignal
7491A	eval.olb	8-Bit-Schieberegister

Lösung (Datei: *dt_sr_fifo.opj*)

Beginnen Sie in CAPTURE ein neues Projekt und platzieren Sie zunächst achtmal den Baustein *7491A* mit dem 8-Bit-Schieberegister. Verbinden Sie alle Takteingänge *CLK* mit einer digitalen Quelle *DigClock*. Die beiden seriellen Eingänge *A* und *B* sind intern UND-verknüpft. Deshalb verdrahten wir jeweils diese beiden Eingänge miteinander. Die acht seriellen Eingänge werden auf einen Bus geführt, der wiederum an eine 8 Bit breite digitale Quelle *STIM8* anzuschließen ist. Alle Ausgänge *QH* sind ebenfalls auf einen Ausgangsbus zu führen. Versehen Sie die Ein- und Ausgangssignale sowie die Busse mit Alias-Namen.

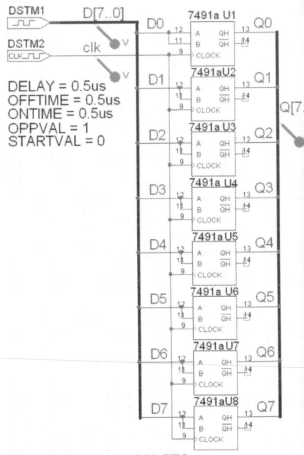

Die Einstellung der Quelle *DigClock* für das Taktsignal entnehmen Sie bitte Bild 6.120. Die digitale Quelle für das FIFO-Eingangssignal erhält eine völlig beliebige Einstellung, z.B.

> *DSTM2*:
> *0us 00000000,   1us 00000001,*
> *2us 00000010,   3us 00000100,*
> *4us 00001000,   5us 00010000,*
> *6us 00100000,   7us 01000000,*
> *8us 10000000,   9us 10000001,*
> *10us 10000010, 11us 10000100,*
> *12us 10001000, 13us 10010000,*
> *14us 10100000, 15us 11000000*

Bild 6.120 Schaltung des 8-Bit-FIFO

Legen Sie ein Simulationsprofil für eine Transienten-Analyse an und geben Sie für RUN TO TIME *25us* ein. Setzen Sie an die Ein- und Ausgangsleitungen je einen Spannungsmarker und starten Sie die Simulation. In PROBE erhalten Sie automatisch das Taktsignal, die Eingänge *{D[7:0]}* und die Ausgänge *{Q[7:0]}* dargestellt. Das 8 Bit breite Eingangssignal wandert mit jeder positiven Taktflanke eine Stufe weiter durch das Schieberegister. Erst nach dem achten Takt kommt es in der Reihenfolge wie es hineinging wieder zum Ausgang heraus.

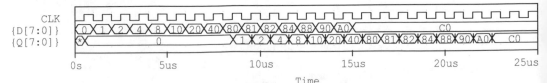

Bild 6.121 Ergebnis der Simulation des 8-Bit-FIFO

6.4.7 Rückgekoppeltes Schieberegister (4-Bit-Umlaufregister)

Bei einem rückgekoppelten Schieberegister (auch bekannt als Umlaufregister) sind serieller Ausgang und serieller Eingang eines Schieberegisters direkt miteinander verbunden. Nach n Takten stellt sich der Anfangszustand wieder ein. Mit einem n-Bit-Umlaufregister lassen sich also maximal n unterschiedliche Zustände kodieren. Man verwendet rückgekoppelte Schieberegister, wenn die gespeicherte Information zyklisch wiederholt werden soll.

Wir wollen hier eine 4-Bit-Registerschaltung untersuchen. Wir gehen dabei von der in der ersten Schieberegisteraufgabe in Abschnitt 6.4.1 behandelten Schaltung mit paralleler Ladefunktion aus, damit wir gezielt einen Ausgangszustand herstellen können, denn nach dem Rücksetzen sind ja alle Flipflop-Ausgänge auf Null.

- Holen Sie sich die Schaltung des 4-Bit-Schieberegisters mit paralleler Ladefunktion aus Aufgabe 6.4.1 in CAPTURE. Entfernen Sie das *Low*-Element am Eingang *1A* des Multiplexers und verbinden Sie diesen Ausgang mit dem Flipflip-Ausgang *Q3* der letzten Stufe.

- Zunächst muss die Quelle *DSTM3* für eine kurze Zeit auf Eins eingestellt werden, damit *Load* = 1 ist und die Eingänge *E0* bis *E3* in die Flipflops geladen werden. Stellen Sie in der Quelle *DSTM4* eine beliebige Binärkombination für die Eingänge ein. Nach dem Ladevorgang muss die Quelle *DSTM3* auf Null schalten, damit der Schiebevorgang beginnt.

- Führen Sie eine Transienten-Analyse durch und zeigen Sie in PROBE das zeitliche Verhalten des Taktes und der Flipflop-Ausgangssignale beim Laden und beim Schieben.

Die benötigten Bauelemente sind in nebenstehender Tabelle gelistet. Man findet sie über das Menü PLACE/PART in den angegebenen Bibliotheken (Libraries) sowie über PLACE/POWER.

Bauelement	Bibliothek	Bemerkung
STIM1	source.olb	Digitale Quelle mit 1 Anschlussknoten (1 Bit)
STIM4	source.olb	Digitale Quelle mit 4 Anschlussknoten (4 Bit)
DigClock	source.olb	Digitale Quelle für Taktsignal
7474	eval.olb	D-Flipflop
74157	eval.olb	Vierfach 2:1-Multiplexer
$D_LO	source.olb	Low-Potenzial Anschlussstelle mit PLACE/POWER
$D_HI	source.olb	High-Potenzial Anschlussstelle mit PLACE/POWER

Lösung (Datei: *dt_sr_4umlauf.opj*)

Laden Sie sich die Schaltung des 4-Bit-Schieberegisters mit paralleler Ladefunktion in CAPTURE. Markieren Sie alle Bauelemente und kopieren Sie diese in den Zwischenspeicher (EDIT/COPY). Beginnen Sie dann ein neues Projekt und fügen Sie die Schaltung vom Zwischenspeicher hinein (EDIT/PASTE). Entfernen Sie das Low-Element am Eingang *1A* des Multiplexers und verbinden Sie diesen Ausgang mit dem Flipflop-Ausgang *Q3* der letzten Stufe. Damit ist das Schaltung schon fertig. Die Einstellung der Quellen ist wie in Aufgabe 6.4.1. Entnehmen Sie die Parameter bitte dem Bild 6.122.

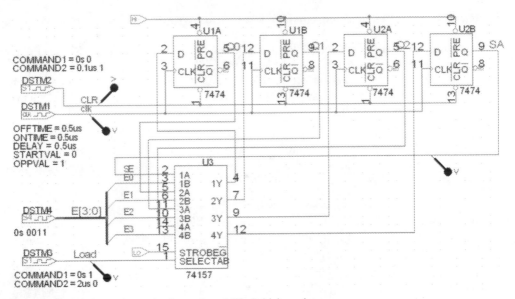

Bild 6.122 Schaltung des rückgekoppelten 4-Bit-Schieberegister

Legen Sie ein Simulationsprofil für eine Transienten-Analyse an und geben Sie für RUN TO TIME *15us* ein. Setzen Sie an die Ein- und Ausgangsleitungen je einen Spannungsmarker und starten Sie die Simulation. In PROBE erhalten Sie automatisch das Taktsignal und das Rücksetzsignal *CLR* sowie das *Load*-Signal und das serielle Eingangssignal *SE* dargestellt. Im folgenden Bild sind zusätzlich noch die Flipflop-Ausgänge *Q0* bis *Q2* abgebildet.

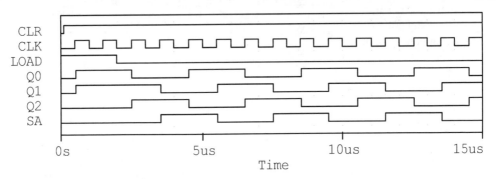

Bild 6.123 Ergebnis der Simulation des rückgekoppelten 4-Bit-Schieberegister

Wenn *Load* = 1 ist, übernehmen die Q-Ausgänge der Flipflops mit der nächsten positiven Taktflanke die am E-Eingang eingestellte Binärkombination. Sobald das Ladesignal *Load* = 0 wird, beginnt der Schiebevorgang. Die Q-Ausgänge wandern mit jedem Taktschritt weiter zum rechten Flipflop. Nach vier Takten wiederholt sich das Bitmuster an den Q-Ausgängen.

6.4.8 Rückgekoppeltes 6-Bit-Schieberegister mit zwei verschiedenen Schrittweiten

Es ist ein rückgekoppeltes 6-Bit-Schieberegister (Umlaufregister) zu untersuchen, das im Gegensatz zur vorhergehenden Aufgabe zwei verschiedene Schrittweiten hat, es kann nämlich einschrittig und zweischrittig schieben. Einschrittiges Schieben ist die Betriebsart, die bisher bei allen Schieberegistern angewendet wurde: mit jedem Takt wird der Zustand eines Flipflops von dem darauffolgenden übernommen. Beim zweischrittigen Schieben wird der Zustand des Flipflops i vom übernächsten Flipflop i+2 übernommen. Die Auswahl der Schrittweite wird von einem Steuersignal M festgelegt. Das folgende Bild veranschaulicht die Unterschiede:

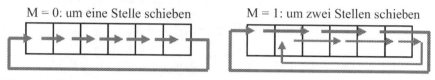

Bild 6.124 Unterschied zwischen einschrittigem und zweischrittigem Schieben

- Die Schaltung des 6-Bit-Umlaufregisters soll in diesem Fall hierarchisch in CAPTURE strukturiert werden. Verwenden Sie dabei zunächst für jede Stufe ein Blocksymbol. Dieses Blocksymbol soll jeweils ein Flipflop und eine entsprechende Logik repräsentieren. Jedes Blocksymbol benötigt einen Anschluss für den Takt, für das Steuersignal M, für die Negierte des Steuersignals M und für ein Freigabesignal EN. Am Eingang $D1S$ einer Stufe wird der Q-Ausgang der davor liegenden Stelle für das einschrittige Schieben angeschlossen. Zusätzlich benötigt jede Stufe noch einen Eingang $D2S$ für das zweischrittige Schieben. Hier wird der Q-Ausgang der zwei Stellen davor liegenden Stufe angeschlossen. Beachten Sie dabei, dass die beiden rechten Stufen wieder auf die beiden linken zurückgeführt werden müssen. Mit dieser Struktur kann jetzt abhängig vom Steuersignal M der einschrittige oder zweischrittige Betrieb durchgeführt werden. Damit zu Beginn des Schiebevorgangs ein Anfangszustand geladen werden kann, muss außerdem an jedes Blocksymbol ein Eingangssignal E_i geführt werden (Ei-Eingang).

- Jetzt ist noch die Schaltung für das Blocksymbol festzulegen. Verwenden Sie hierfür ein D-Flipflop *7474*, dessen Setz- und Rücksetzeingang über ein Freigabesignal EN und ein Setzsignal Ei angesteuert werden. Bei $EN = 1$ soll das Flipflop gesetzt werden, wenn $Ei = 1$ ist, bei $Ei = 0$ soll es dagegen zurückgesetzt werden. Bei $EN = 0$ hat das Signal Ei keinen Einfluss. Der D-Eingang des Flipflops ist so anzusteuern, dass er bei $M = 1$ mit dem Eingang $D2S$ des Blocksymbols verbunden ist. Bei $M = 0$ soll D an den Eingang $D1S$ des Blocksymbols angeschlossen werden. Entwerfen Sie die Schaltung.

- Führen Sie eine Transienten-Analyse durch und zeigen Sie in PROBE das zeitliche Verhalten des Taktes sowie der Flipflop-Ausgangssignale beim Laden und beim Schieben.

Die Bauelemente finden Sie über das Menü PLACE/ PART in folgenden Bibliotheken (Libraries):

Bauelement	Bibliothek	Bemerkung
STIM1	source.olb	Digitale Quelle mit 1 Anschlussknoten (1 Bit)
STIM8	source.olb	Digitale Quelle mit 8 Anschlussknoten (8 Bit)
DigClock	source.olb	Digitale Quelle für Taktsignal
7400	eval.olb	NAND-Gatter mit zwei Eingängen
7404	eval.olb	Inverter
7474	eval.olb	D-Flipflop

Lösung (Datei: *dt_sr_6umlauf.opj*)

Beginnen Sie in CAPTURE ein neues Projekt und platzieren Sie einen hierarchischen Block (PLACE/HIERARCHICAL BLOCK). Im Dialogfenster PLACE HIERARCHICAL BLOCK müssen Sie im Eingabefeld REFERENCE einen Namen für den Block eingeben, beispielsweise *Stufe_0*. Klicken Sie auf den Schaltknopf NO, da diesem Blocksymbol noch eine Schaltung zugeordnet wird. Wählen Sie unter IMPLEMENTATION TYPE die Option SCHEMATIC VIEW und tippen Sie im Feld IMPLEMENTATION NAME eine Bezeichnung für den Schematic-Ordner ein, in dem sich später die zugehörige Schaltung befinden wird, z.B. *Schaltung*. Nach dem Betätigen der Schaltfläche OK verwandelt sich der Mauszeiger in ein Fadenkreuz, mit dem Sie ein Rechteck für den Block zeichnen müssen. Am oberen Rand finden Sie jetzt die von Ihnen eingegebene Bezeichnung und am unteren Rand wird der Name des Schematic-Ordners aufgeführt.

Markieren Sie jetzt das Blocksymbol durch einen Mausklick und wählen Sie im Menü PLACE die Option HIERARCHICAL PIN, um die Anschlüsse des Blocks festzulegen. Im Dialogfenster PLACE HIERARCHICAL PIN geben Sie im Feld NAME die Bezeichnung eines Pins, z.B. *clk*, ein. Da der Takt ein 1-Bit-Eingang ist, müssen Sie unter TYPE die Option INPUT wählen und die Schaltfläche SCALAR markieren. Nach dem Bestätigen der Eingaben klebt am Mauszeiger ein quadratisches Kästchen für eine Anschlussstelle, das Sie gemäß der Anordnung im Bild 6.125 am unteren Rand des Blocks platzieren. Erzeugen Sie ebenso die Eingangspins *EN, Ei, M, Mn* (negiertes M-Signal), *D1S* und *D2S*. Für den Ausgang *Qi* müssen Sie unter TYPE die Option OUTPUT wählen.

Vervielfachen Sie nun diesen Block durch Kopieren und Einfügen und verdrahten Sie die Schaltung gemäß Bild 6.125. Die Eingangsleitung *Ei* wird an einem Bus angeschlossen. Alle Ein- und Ausgangsleitungen sowie der Bus erhalten einen Alias-Namen (PLACE/NET ALIAS).

Fügen Sie die Quellen *DigClock* und *Stim1* ein und verdrahten Sie diese. Der sechs Bit breite Bus wird an eine acht Bit breite Quelle *Stim8* angeschlossen. Die beiden oberen Bit werden nicht verwendet.

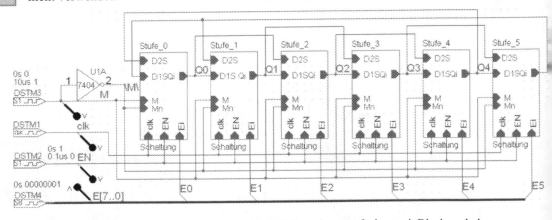

Bild 6.125 Schaltung des rückgekoppelten 6-Bit-Schieberegisters aufgebaut mit Blocksymbolen

Markieren Sie nun eines der sechs Blocksymbole und wechseln Sie über das Menü VIEW/DESCEND HIERARCHY in die darunter liegende Ebene. Da diese noch nicht existiert, wird der Schematic-Ordner *Schaltung* im Project Manager angelegt und die Seite *PAGE1* geöffnet. In ihr befinden sich acht *Port*-Symbole, die mit den Pins des Blocks korrespondieren. Geben Sie hier die Schaltung gemäß Bild 6.126 ein.

Zuletzt müssen nur noch die Quellen eingestellt werden. Die Quelle *DigClock* für das Taktsignal erhält beispielsweise die folgenden Parameter:

DELAY=0.5us, ONTIME=0.5us, OFFTIME=0.5us, STARTVAL=0, OPPVAL=1

Die digitale Quelle für das Steuersignal *M* erhält die Einstellung:

DSTM3: 0s 0, 10us 1

D.h. nach *10 μs* wird vom einschrittigen zum zweischrittigen Betrieb umgeschaltet. Geben Sie der digitalen Quelle für das Freigabe-Signal *EN* folgende Einstellung:

DSTM2: 0s 1, 0.1us 0

Dieses Signal sorgt dafür, dass zu Beginn der mit *DSTM4* eingestellte Anfangszustand geladen wird. Mit der Quelle *DSTM4* stellen Sie den Anfangszustand ein, der über die Eingangssignale *E0* bis *E5* in die Flipflops übernommen wird. Die Einstellung ist völlig beliebig, beginnen Sie jedoch mit einem einfachen Muster:

DSTM4: 0s 00000001

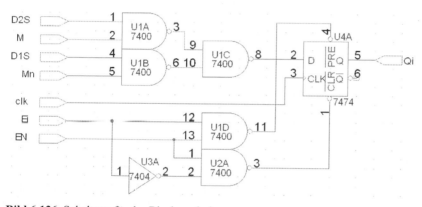

Bild 6.126 Schaltung für das Blocksymbol

Legen Sie ein Simulationsprofil für eine Transienten-Analyse an und geben Sie für RUN TO TIME *20us* ein. Setzen Sie an die Ein- und Ausgangsleitungen Spannungsmarker und starten Sie die Simulation. In PROBE erhalten Sie automatisch das Taktsignal und das Freigabesignal *EN* sowie das Signal *M* und den Anfangszustand *{E[7:0]}* dargestellt. Die Flipflop-Ausgänge *Q0* bis *Q5* müssen Sie noch hinzufügen.

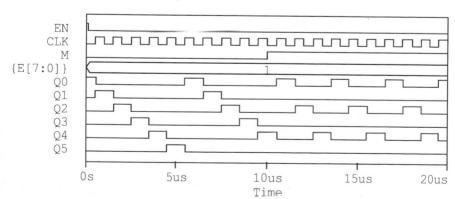

Bild 6.127 Ergebnis der Simulation des rückgekoppelten 6-Bit-Schieberegisters, *M* = 1 ab 10 μs

Mit *EN* = 1 wird die Eingangskombination *E0* bis *E5* in die Flipflops übernommen. Die Schieberegisterzustände werden mit jedem Takt eine Stufe weitergeschoben, wobei der Ausgang *Q5* wieder in die linke Stufe hineinwandert. Sobald *M* = 1 ist, beginnt die zweischrittige Betriebsart. Zu diesem Zeitpunkt ist gerade *Q4* = 1 und alle anderen Ausgänge auf Null. Mit den nächsten Takten wandert der Impuls nach *Q0* und *Q2*, usw. Die Ausgänge *Q1*, *Q3* und *Q5* bleiben immer auf Null.

Ändern Sie die Quelle *DSTM2* so, dass *M* erst zum Zeitpunkt *11 µs* Eins wird. Der Impuls wandert dann vor dem Umschalten noch bis zum Ausgang *Q5* und bleibt deshalb im zweischrittigen Betrieb in den ungeraden Flipflops.

Ändern Sie in der Quelle *DSTM4* das Bitmuster auf *00000011* und führen Sie die Simulation erneut durch (mit *M* = 1 bei 11 µs). Nach dem Umschalten auf zweischrittigen Betrieb wandert ein Impuls durch die geraden und ein weiterer durch die ungeraden Flipflops. Durch Verändern der Quelle *DSTM4* können Sie nun weitere Bitmuster laden und das Verhalten des Umlaufregisters überprüfen.

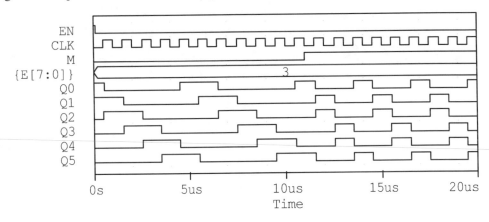

Bild 6.128 Signalverlauf mit dem Bitmuster 000011, *M* = 1 ab 11 µs

6.4.9 8-Bit-Johnson-Zähler

Ein Johnson-Zähler, auch als Switched-Tail-Ring-Counter bezeichnet, ist ein Schieberegister, dessen serieller Ausgang negiert auf den seriellen Eingang geschaltet wird. Folglich enthält das Schieberegister nach n Takten den invertierten Anfangszustand, und nach 2n Takten stellt sich dann der Anfangszustand wieder ein. Auf diese Weise kann ein n-Bit-Schieberegister als Johnson-Zähler für 2n Zählschritte eingesetzt werden. Es ist ein 8-Bit-Johnson-Zähler zu untersuchen.

- Geben Sie in CAPTURE die Schaltung eines 8-Bit-Johnson-Zählers ein. Verwenden Sie dabei den Baustein *74164*, mit dem ein Serien-Serien-Umsetzer bzw. ein Serien-Parallel-Umsetzer realisiert werden kann. Führen Sie den Ausgang der letzten Stufe invertiert auf den seriellen Eingang zurück.

- Führen Sie eine Transienten-Analyse durch und zeigen Sie in PROBE das zeitliche Verhalten des Taktes und der Flipflop-Ausgangssignale beim Schieben.

Die Bauelemente finden Sie über das Menü PLACE/ PART in folgenden Bibliotheken (Libraries):

Bauelement	Bibliothek	Bemerkung
STIM1	source.olb	Digitale Quelle mit 1 Anschlussknoten (1 Bit)
DigClock	source.olb	Digitale Quelle für Taktsignal
7404	eval.olb	Inverter
74164	eval.olb	8-Bit-Schieberegister

Lösung (Datei: *dt_sr_8johnson.opj*)

Beginnen Sie in CAPTURE ein neues Projekt und platzieren Sie das Schieberegister *74164*. Verbinden Sie den *CLR*-Eingang mit einer digitalen Quelle *STIM1* und den Takteingang mit einer Quelle *DigClock*. Führen Sie alle acht Q-Ausgänge auf einen Bus. Geben Sie den acht Leitungen und dem Bus einen Alias-Namen (PLACE/NET ALIAS). Verdrahten Sie den Q-Ausgang *QH* des letzten Flipflops mit dem Eingang eines Inverters *7404*. Der Inverter-Ausgang ist an die beiden intern UND-verknüpften seriellen Eingänge *A* und *B* des Schieberegisters anzuschließen.

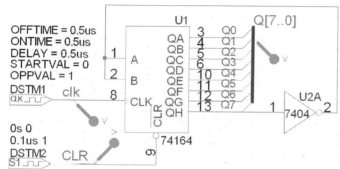

Bild 6.129
Schaltung des Johnson-Zählers

Die Quelle *DigClock* für das Taktsignal wird beispielsweise mit folgenden Parametern eingestellt:

DELAY=0.5us, ONTIME=0.5us, OFFTIME=0.5us, STARTVAL=0, OPPVAL=1

Die digitale Quelle für das Rücksetzsignal erhält die Einstellung:

DSTM2: 0s 0, 0.1us 1

Legen Sie ein Simulationsprofil für eine Transienten-Analyse an und geben Sie für RUN TO TIME *20us* ein. Setzen Sie an die Ein- und Ausgangsleitungen je einen Spannungsmarker und starten Sie die Simulation. In PROBE erhalten Sie automatisch das Taktsignal und das Rücksetzsignal *CLR* sowie die Flipflop-Ausgänge *{Q[7:0]}* dargestellt.

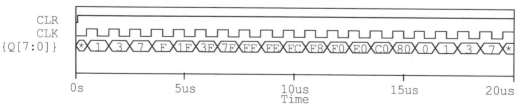

Bild 6.130 Zählfolge des Johnson-Zählers

Nach dem Rücksetzen sind alle Flipflop-Ausgänge auf Null. Deshalb führt der serielle Eingang mit dem ersten Taktimpuls eine Eins in das Schieberegister. Mit jedem weiteren Taktimpuls folgen weitere Einsen bis schließlich alle Ausgänge auf Eins liegen (FF). Dann wird zum seriellen Eingang mit jedem Taktschritt eine Null eingeführt bis wieder nach 16 Taktschritten zum Zeitpunkt *16 µs* der Anfangszustand *00* erreicht ist.

6.4.10 Mod-8-Zähler mit einem 3-Bit-Schieberegister

Bei einem mod-8-Zähler wird eine Zustandsfolge der Länge acht benötigt, d.h. es müssen acht verschiedene Zustände nacheinander erzeugt werden. Die Zustandsfolge ist nun so zu bestimmen, dass sie sich mit einem Schieberegister durchlaufen lässt. Dadurch ist ja vorgegeben, dass beim Übergang in den Folgezustand eine Stufe jeweils den Wert übernimmt, der in der ihr vorausgehenden Stufe gespeichert war. Dem Zustand 111 kann also z.B. nicht unmittelbar der Zustand 000 folgen. Mit einem 3-Bit-Schieberegister ist dies nur möglich, wenn man die Q-Ausgänge über ein Schaltnetz zurückkoppelt. Das Schaltnetz muss so ausgelegt werden, dass es die oben genannte Bedingung erfüllt. Es muss zunächst einmal eine geeignete Zustandsfolge gefunden werden. Hierbei ist das Zustandsdiagramm eine große Hilfe. Bild 6.131 zeigt eine mögliche Zustandsfolge, die mit einem Schieberegister realisiert werden kann.

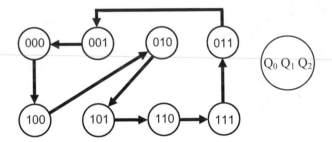

Bild 6.131
Zustandsdiagramm des mod-8-Zählers

Daraus kann (ohne Herleitung) folgende Gleichung des Schaltnetzes für die serielle Eingangsgröße *SE* des Schieberegisters abgeleitet werden:

$$SE = \left(\overline{Q_2} \wedge Q_1\right) \vee \left(Q_2 \wedge \overline{Q_1} \wedge Q_0\right) \vee \left(\overline{Q_2} \wedge \overline{Q_0}\right) \qquad \text{Gl. 6.17}$$

- Platzieren Sie in CAPTURE das 4-Bit-Universal-Schieberegister *74179* und stellen Sie die Betriebsart Schieben ein (*SHIFT* = 1, *LOAD* = 0). Ergänzen Sie das Schieberegister mit einem hierarchischen Block, dem Sie die Schaltung für das Schaltnetz zur Bildung der seriellen Eingangsgröße *SE* aus den Schieberegister-Ausgängen nach obiger Gleichung zuordnen. Verbinden Sie die Schaltung mit einer digitalen Quelle für den Takt und für das Rücksetzsignal *CLR*.

- Führen Sie eine Transienten-Analyse durch und zeigen Sie in PROBE das zeitliche Verhalten des Taktes und der Flipflop-Ausgangssignale (der Zustände) beim Schieben.

Die benötigten Bauele-
mente sind in nebenste-
hender Tabelle gelistet.
Man findet sie über das
Menü PLACE/PART in den
angegebenen Bibliotheken
(Libraries) sowie über
PLACE/POWER.

Bauelement	Bibliothek	Bemerkung
STIM1	source.olb	Digitale Quelle mit 1 Anschlussknoten (1 Bit)
DigClock	source.olb	Digitale Quelle für Taktsignal
7404	eval.olb	Inverter
7408	eval.olb	UND-Gatter mit zwei Eingängen
7432	eval.olb	ODER-Gatter mit zwei Eingängen
74179	eval.olb	4-Bit-Universal-Schieberegister
$D_LO	source.olb	Low-Potenzial Anschlussstelle mit PLACE/POWER
$D_HI	source.olb	High-Potenzial Anschlussstelle mit PLACE/POWER

Lösung (Datei: *dt_sr_mod8vorz_h.opj*)

Platzieren Sie in CAPTURE das Schieberegister *74179*. Verbinden Sie den *CLR*-Eingang mit
einer digitalen Quelle *STIM1* und den Takteingang mit einer Quelle *DigClock*. Schließen Sie
den *LOAD*-Eingang an ein *$D_LO*-Element (PLACE/POWER) und den *SHIFT*-Eingang an ein
$D_HI-Element. Die Quelle *DigClock* für das Taktsignal wird beispielsweise mit folgenden
Parametern eingestellt:

DELAY=0.5us, ONTIME=0.5us, OFFTIME=0.5us, STARTVAL=0, OPPVAL=1

Geben Sie der digitalen Quelle für das Rücksetzsignal die Einstellung:

DSTM2: 0s 0, 0.1us 1

Fügen Sie neben dem Schieberegister einen hierarchischen Block (PLACE/HIERARCHICAL
BLOCK) ein. Im Dialogfenster PLACE HIERARCHICAL BLOCK müssen Sie im Eingabefeld
REFERENCE einen Namen für den Block eingeben, beispielsweise *Schaltnetz*. Klicken Sie auf
den Schaltknopf NO, da diesem Blocksymbol noch eine Schaltung zugeordnet wird. Wählen
Sie unter IMPLEMENTATION TYPE die Option SCHEMATIC VIEW und tippen Sie im Feld
IMPLEMENTATION NAME eine Bezeichnung für den Schematic-Ordner ein, in dem sich später
die zugehörige Schaltung befinden wird, z.B. *Schaltung*. Nach dem Betätigen der Schaltfläche
OK verwandelt sich der Mauszeiger in ein Fadenkreuz, mit dem Sie ein Rechteck für den
Block zeichnen müssen. Am oberen Rand finden Sie jetzt die von Ihnen eingegebene Bezeich-
nung und am unteren Rand wird der Name des Schematic-Ordners aufgeführt.

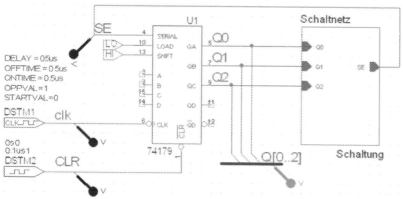

Bild 6.132 Schaltung des mod-8-Zählers mit hierarchischer Struktur

Markieren Sie jetzt das Blocksymbol durch einen Mausklick und wählen Sie im Menü PLACE die Option HIERARCHICAL PIN, um die Anschlüsse des Blocks festzulegen. Im Dialogfenster PLACE HIERARCHICAL PIN geben Sie im Feld NAME die Bezeichnung eines Pins, z.B. $Q0$, ein. Da dies ein 1-Bit-Eingang ist, müssen Sie unter TYPE die Option INPUT wählen und die Schalt-fläche SCALAR markieren. Nach dem Bestätigen der Eingaben klebt am Mauszeiger ein quad-ratisches Kästchen für eine Anschlussstelle, das Sie gemäß der Anordnung im Bild 6.132 am linken Rand des Blocks platzieren. Erzeugen Sie ebenso die Eingangspins $Q1$ und $Q2$. Für den Ausgang SE müssen Sie unter TYPE die Option OUTPUT wählen. Führen Sie die Q-Ausgänge auf einen Bus. Geben Sie den Leitungen und dem Bus einen Alias-Namen.

Markieren Sie nun das Blocksymbol und wechseln Sie über das Menü VIEW/DESCEND HIERARCHY in die darunter liegende Ebene. Da diese noch nicht existiert, wird der Schematic-Ordner *Schaltung* im Project Manager angelegt und die Seite *PAGE1* geöffnet. In ihr befinden sich vier *Port*-Symbole, die mit den Pins des Blocks korrespondieren. Geben Sie hier die Schaltung gemäß Gl. 6.17 ein (s. Bild 6.133).

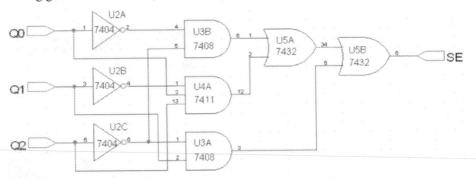

Bild 6.133 Schaltung des Schaltnetzes mit den Eingängen $Q0$, $Q1$, $Q2$ und dem Ausgang SE

Legen Sie ein Simulationsprofil für eine Transienten-Analyse an und geben Sie für RUN TO TIME *10us* ein. Setzen Sie an die Ein- und Ausgangsleitungen je einen Spannungsmarker und starten Sie die Simulation. In PROBE erhalten Sie automatisch das Taktsignal und das Rück-setzsignal *CLR* sowie die Flipflop-Ausgänge *{Q[0:2]}* und das serielle Eingangssignal *SE* dargestellt. Hierbei ist zu beachten, dass beim Schieberegister die niederwertigste Stelle Q_0 links ist (s.a. Bild 6.131). Nach dem Rücksetzen werden die in der Aufgabenstellung vorgege-benen Zustände *0, 4, 2, 5, 6, 7, 3, 1, 0, ..* durchlaufen. Es sind genau acht verschiedene Zustän-de. Die Schaltung stellt also einen mod-8-Zähler dar, sie zählt aber nicht im Dualkode.

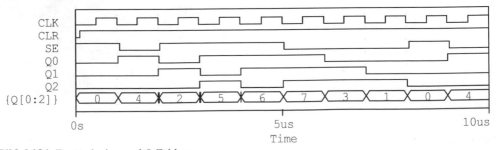

Bild 6.134 Zustände des mod-8-Zählers

6.4.11 Linear rückgekoppeltes Schieberegister (LFSR)

Koppelt man die Q-Ausgänge eines Schieberegisters über Antivalenz-Glieder auf den seriellen Eingang zurück, so kann man einen Pseudo-Zufallsgenerator erhalten, also eine Schaltung, die eine Zufallsfolge mit einer bestimmten Periode wiederholt. Solche Schaltungen werden als linear rückgekoppelte Schieberegister (LFSR) bezeichnet. Dabei muss man für das Rückkopplungsnetz mit Antivalenz-Gliedern bestimmte Bedingungen einhalten, die von der Größe des Schieberegisters abhängen. So sind beispielsweise bei einem 4-Bit-Schieberegister die Ausgänge Q_2 und Q_3 auf ein Antivalenz-Gatter zu schalten. Dann enthält die Zufallsfolge alle Zustände mit Ausnahme von 0000.

- Platzieren Sie in CAPTURE das 4-Bit-Universal-Schieberegister *74194* und verbinden Sie die Steuereingänge *S1* und *S0* mit einer digitalen Quelle. Die Quelle muss so eingestellt werden, dass zunächst der parallele Eingang geladen (*S1 S0* = 11, s. 6.4.3) und danach ständig nach rechts geschoben wird (*S1 S0* = 01). Die parallelen Eingänge *A*, *B*, *C* und *D* sind auf High zu legen. Verbinden Sie den *SR*-Eingang mit dem Ausgang des Antivalenz-Gatters.

- Führen Sie eine Transienten-Analyse durch und zeigen Sie in PROBE das zeitliche Verhalten des Taktes und der Flipflop-Ausgangssignale (der Zustände) beim Schieben.

- Untersuchen Sie andere Zufallsfolgen, indem Sie z.B. größere Schieberegister verwenden. Dabei müssen abhängig von der Anzahl n von Schieberegisterstufen die in Tabelle 6.12 aufgeführten Ausgänge des Schieberegisters an ein Antivalenz-Gatter angeschlossen werden.

Tabelle 6.12
Zusammenhang zwischen der Anzahl Schieberegisterstufen und der verwendeten Ausgänge

n Stufen	Ausgangsindizes			
3	1	2		
4	2	3		
5	2	4		
6	4	5		
7	3	6		
8	2	4	6	7
9	4	8		
10	6	9		
11	8	10		
12	5	7	10	11

Die benötigten Bauelemente sind in nebenstehender Tabelle gelistet. Man findet sie über das Menü PLACE/PART in den angegebenen Bibliotheken (Libraries) sowie über PLACE/POWER.

Bauelement	Bibliothek	Bemerkung
STIM1	source.olb	Digitale Quelle mit 1 Anschlussknoten (1 Bit)
STIM4	source.olb	Digitale Quelle mit 4 Anschlussknoten (4 Bit)
DigClock	source.olb	Digitale Quelle für Taktsignal
7486	eval.olb	Antivalenz-Gatter mit zwei Eingängen
74194	eval.olb	4-Bit-Universal-Schieberegister
$D_HI	source.olb	High-Potenzial Anschlussstelle mit PLACE/POWER

Lösung (Datei: *dt_sr_5zufall.opj*)

Legen Sie in CAPTURE ein neues Projekt an und platzieren Sie das Schieberegister *74194*. Verbinden Sie den *CLR*-Eingang mit einer digitalen Quelle *STIM1* und den Takteingang mit einer Quelle *DigClock*. Schließen Sie alle Eingänge *A*, *B*, *C* und *D* an ein *$D_HI*-Element (PLACE/POWER). Verdrahten Sie die beiden Steuereingänge *S1* und *S0* an zwei digitale Quellen *STIM1* oder an eine Quelle *STIM4* (s. a. die Angaben zu *S1* und *S0* im Abschnitt 6.4.3).

Führen Sie die Q-Ausgänge auf einen Bus. Geben Sie den Leitungen und dem Bus einen Alias-Namen. Die Ausgänge *Q2* und *Q3* schalten Sie auf die Eingänge eines Antivalenz-Gatter *7486*, dessen Ausgang verbinden Sie mit dem seriellen Eingang *SR* des Schieberegisters (s. Bild 6.135).

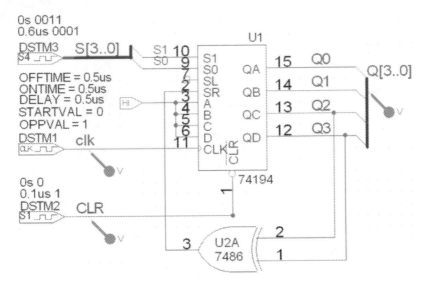

Bild 6.135 Schaltung des Pseudo-Zufallsgenerators

Die Quelle DigClock für das Taktsignal wird beispielsweise mit folgenden Parametern einge-stellt:

   DELAY=0.5us, ONTIME=0.5us, OFFTIME=0.5us, STARTVAL=0, OPPVAL=1

Geben Sie der digitalen Quelle für das Rücksetzsignal die Einstellung:

   DSTM2: 0s 0, 0.1us 1

Stellen Sie die digitale Quelle für die Steuersignale folgendermaßen ein:

   DSTM3: 0s 0011, 0.6us 0001

Legen Sie ein Simulationsprofil für eine Transienten-Analyse an und geben Sie für RUN TO TIME *20us* ein. Setzen Sie an die Ein- und Ausgangsleitungen je einen Spannungsmarker und starten Sie die Simulation. In PROBE erhalten Sie automatisch das Taktsignal und das Rück-setzsignal *CLR* sowie die Flipflop-Ausgänge *{Q[3:0]}* dargestellt. Nach dem Rücksetzen wer-den eine Reihe „zufälliger" Zustände durchlaufen, die sich nach 16 Takten wiederholen.

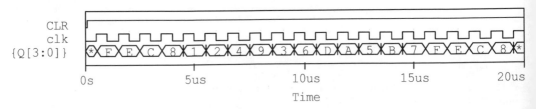

Bild 6.136 Zustandsfolge des Pseudo-Zufallsgenerators

6.4.12 Verschlüsselungsschaltung mit Zufallsgenerator

Für die abhörsichere Übertragung von digitalen Daten werden diese vor der Übertragung verschlüsselt und danach entschlüsselt. In dieser Aufgabe soll eine einfache Schaltung dafür untersucht werden.

Die Verschlüsselung wird mit Hilfe eines Zufallsgenerators und eines Antivalenz-Gatters durchgeführt. Das Prinzip des Zufallsgenerators wurde bereits in der vorhergehenden Aufgabe 6.4.11 behandelt. Hier wird nur eine längere Zufallsfolge mit einem größeren Schieberegister gewählt. Die Entschlüsselung wird dann so durchgeführt, dass wieder die gleiche Zufallsfolge generiert wird. Die folgende Schaltung soll auf ihre Wirkungsweise untersucht werden.

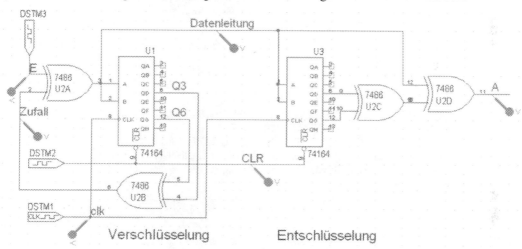

Bild 6.137 Schaltung zur Ver- und Entschlüsselung von Daten

- Geben Sie die oben abgebildete Verschlüsselungsschaltung in CAPTURE ein. Legen Sie zunächst für eine erste Funktionskontrolle die Eingangsdaten E auf Eins. Dann muss das Ausgangssignal A nach der Entschlüsselung auf High liegen.

- Führen Sie eine Transienten-Analyse durch und zeigen Sie in PROBE das zeitliche Verhalten des Taktes, des Eingangssignals E und des Ausgangssignals A.

Die Bauelemente finden Sie über das Menü PLACE/ PART in folgenden Bibliotheken (Libraries):

Bauelement	Bibliothek	Bemerkung
STIM1	source.olb	Digitale Quelle mit 1 Anschlussknoten (1 Bit)
DigClock	source.olb	Digitale Quelle für Taktsignal
7486	eval.olb	Antivalenz-Gatter mit zwei Eingängen
74164	eval.olb	8-Bit-Universal-Schieberegister

Lösung (Datei: *dt_sr_verschl.opj*)

Legen Sie in CAPTURE ein neues Projekt an und geben Sie die in der Aufgabenstellung in Bild 6.137 vorgestellte Schaltung ein. Die Abgriffe der Schieberegister-Ausgangssignale QD und QG bzw. $Q3$ und $Q6$ entsprechen den in der Tabelle 6.12 in der vorhergehenden Aufgabe 6.4.11 gegebenen Anschlüssen für ein siebenstufiges Schieberegister (Anschluss QH wird nicht benutzt).

Die Quelle *DigClock* für das Taktsignal wird beispielsweise mit folgenden Parametern eingestellt:

   DELAY=0.5us, ONTIME=0.5us, OFFTIME=0.5us, STARTVAL=0, OPPVAL=1

Die digitale Quelle für das Rücksetzsignal erhält die Einstellung:

   DSTM2: 0s 0, 0.1us 1

Geben Sie der digitalen Quelle für das Datensignal *E* zunächst folgende Testeinstellung:

   DSTM3: 0s 1

Legen Sie ein Simulationsprofil für eine Transienten-Analyse an und geben Sie für RUN TO
TIME *150us* ein (die Zufallsfolge umfasst 128 verschiedene Zustände, dauert also 128 µs).
Setzen Sie an die Ein- und Ausgangsleitungen je einen Spannungsmarker und starten Sie die
Simulation. In PROBE erhalten Sie automatisch das Taktsignal, das Rücksetzsignal *CLR*, das
Datensignal *E*, die Zufallsfolge *Zufall* sowie das verschlüsselte Signal *Datenleitung* und das
entschlüsselte Ausgangssignal *A* dargestellt.

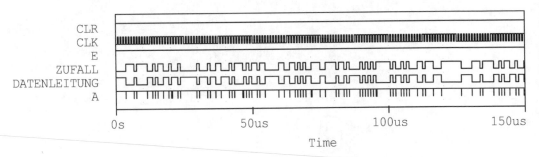

Bild 6.138 Ergebnis der Simulation der Verschlüsselungsschaltung mit *E* = 1

Zunächst erkennt man die Periodizität des Zufallssignals, es wiederholt sich nach *128 µs*. Das
Ausgangssignal *A* ist wie erwartet auf High-Pegel, enthält aber sehr viele Spikes. Diese werden
durch Laufzeitunterschiede in den Gattern erzeugt. In der Praxis kommen dann noch Störungen
und Laufzeitunterschiede auf dem Übertragungsweg hinzu. Wenn Sie die Darstellung in
PROBE etwas spreizen (z.B. mit der Lupe), erkennen Sie, dass die Spikes keine Rolle mehr
spielen, wenn man das Ausgangssignal mit der negativen Taktflanke abtastet. Die Spikes lassen sich durch einen nachgeschalteten Tiefpass gut herausfiltern.

   Nachdem wir gesehen haben, dass die Ver- und Entschlüsselung funktioniert, können wir ein
komplizierteres Datensignal *E* vorgeben. Stellen Sie dazu die Quelle *DSTM3* wie folgt ein:

   0us 0, REPEAT FOREVER, +1us 1, +2us 0, +5us 1, +7us 0, +11us 1, +12us 0,
   ENDREPEAT

Dann sollten Sie die Signalverläufe in Bild 6.139 erhalten. Zunächst sieht man den periodischen Verlauf des Datensignals *E*. Das entschlüsselte Signal *A* hat den gleichen zeitlichen
Verlauf, nur ist es mit Spikes versetzt.

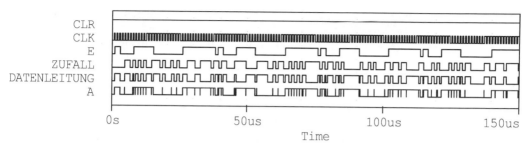

Bild 6.139 Simulation mit „kompliziertem" Datensignal E

6.5 Schaltungen mit Halbleiterspeichern

In diesem Abschnitt werden Schaltungen mit Halbleiterspeicherbausteinen untersucht.

6.5.1 ROM mit vier logischen Funktionen

Ein ROM (Read Only Memory) kann auch verwendet werden, um logische Funktionen zu realisieren. Man geht dabei so vor, dass man eine Funktionstabelle für die gewünschten Funktionen aufstellt und dann die rechte (y-) Seite der Tabelle im ROM ablegt. Die Eingangsvariablen (x-Seite) der Tabelle werden durch die Adresssignale des ROMs gebildet.

In der Praxis wird man sich natürlich einen ROM-Speicherbaustein aussuchen, der die Aufgabenstellung bzgl. Speicherkapazität und Preis am besten erfüllt. In der Demoversion von PSPICE gibt es dagegen keine Wahlmöglichkeit. Es ist nur der Baustein *ROM32kX8break* aus der Breakout-Bibliothek verfügbar.

Es sollen nun folgende vier logische Funktionen mit einem ROM realisiert werden:

$$F_1 = \left[\left(\overline{A} \wedge B \wedge C \wedge D\right) \vee \left(A \wedge \overline{B} \wedge C \wedge D\right) \vee \left(A \wedge B \wedge \overline{C} \wedge D\right) \vee \left(A \wedge B \wedge C \wedge \overline{D}\right)\right] \wedge \overline{E} \qquad \text{Gl. 6.18}$$

$$F_2 = \left[\left(\overline{A} \wedge \overline{B} \wedge C \wedge D\right) \vee \left(B \wedge C \wedge \overline{D}\right)\right] \wedge E \qquad \text{Gl. 6.19}$$

$$F_3 = \left(A \wedge \overline{B} \wedge \overline{C} \wedge D\right) \vee \left(A \wedge \overline{B} \wedge \overline{C} \wedge \overline{D}\right) \vee \left(A \wedge B \wedge E\right) \qquad \text{Gl. 6.20}$$

$$F_4 = \overline{\left(A \wedge B \wedge C \wedge \overline{D}\right) \leftrightarrow \left(\overline{A} \wedge \overline{B} \wedge \overline{C} \wedge \overline{D}\right) \leftrightarrow \left(C \wedge D \wedge E\right)} \qquad \text{Gl. 6.21}$$

- Platzieren Sie in CAPTURE das ROM-Symbol und programmieren Sie es so, dass die vier Funktionen realisiert werden. Dazu muss man zunächst die Funktionstabelle mit den vier Funktionen als Ausgangsvariablen und den Größen E, D, C, B und A als Eingangsgrößen aufstellen. Die Ausgangsgrößen können nun für jede Zeile als hexadezimale Zahl dargestellt werden. Damit erhält man von oben nach unten folgende 32 Hexzahlen:

    08 04 00 00 00 00 00 09 00 04 00 01 00 01 01 00
    08 04 00 04 00 00 02 0E 00 04 00 04 0A 08 08 0C

- Programmieren Sie den ROM-Speicher mit diesen 32 Hexzahlen von der Adresse 0 bis 31. Erweitern Sie in diesem Fall das PSPICE-Modell des ROM-Bausteins mit den Programmdaten.

- Realisieren Sie mit zwei Bausteinen *74161* einen mod-32-Zähler und schließen Sie dessen Ausgänge an die Adressbits *A0, A1, A2, A3* und *A4* des ROMs an. Dadurch werden zyklisch alle programmierten ROM-Plätze ausgelesen.

- Führen Sie eine Transienten-Analyse durch und zeigen Sie in PROBE das zeitliche Verhalten des Taktes sowie der Ein- und Ausgangssignale.

Die Bauelemente finden Sie über das Menü PLACE/PART in folgenden Bibliotheken (Libraries) sowie über PLACE/POWER.

Bauelement	Bibliothek	Bemerkung
STIM1	source.olb	Digitale Quelle mit 1 Anschlussknoten (1 Bit)
DigClock	source.olb	Digitale Quelle für Taktsignal
7486	eval.olb	Antivalenz-Gatter mit zwei Eingängen
74161	eval.olb	4-Bit-Zähler
ROM32kX8break	breakout.olb	ROM 32k x 8
$D_LO	source.olb	Low-Potenzial Anschlussstelle mit PLACE/POWER

Lösung (Datei: *dt_sp_fktn.opj*)

Beginnen Sie in CAPTURE ein neues Projekt und platzieren Sie den Baustein *ROM32kX8break* aus der Breakout-Bibliothek. Dieser Baustein hat 32768 Speicherzellen zu je 8 Bit. Zur Adressierung der Speicherzellen stehen 15 Adressleitungen zur Verfügung. Da wir für unsere Anwendung aber nur 32 Speicherzellen benötigen, die mit 5 Adressleitungen adressiert werden können, müssen alle höheren Adressbits *A5* bis *A14* mit einem Element $D_LO (PLACE/POWER) auf Masse legt werden. Damit der Inhalt einer adressierten Speicherzelle an den Ausgängen O_i anliegt, muss der Freigabeanschluss $\overline{QE}$ ebenfalls auf Masse gelegt werden.

Holen Sie sich aus der Bibliothek zwei Zählerbausteine *74161*. Die Ausgänge *QA* bis *QD* eines der beiden Zähler können direkt an die Adresseingänge *A0* bis *A3* angeschlossen werden. Mit dem verbleibenden Adresseingang *A4* wird der Ausgang *QA* des zweiten Zählerbausteins verbunden. Schließen Sie eine Quelle *DigClock* an die Takteingänge und eine Quelle *STIM1* an die Rücksetzeingänge $\overline{CLR}$ sowie ein $D_HI-Element an die *Load*-Eingänge. Jetzt sind nur noch die Freigabeeingänge *ENT* und *ENP* des ersten Zählers durch Anschluss an High-Potenzial freizugeben. Die Freigabeeingänge *ENT* und *ENP* des zweiten Zählers schließen wir an den *RCO*-Ausgang des ersten an. Dadurch wird der zweite Zähler immer nur dann freigegeben, wenn der erste auf den Maximalwert gezählt hat. Mit der nächsten Taktflanke schaltet dann der erste Zähler auf 0000 zurück und der zweite wird um eine Stelle erhöht. Tatsächlich haben wir damit einen mod-256-Zähler realisiert. Wir nützen davon aber nur die unteren fünf Bit aus. Zuletzt schließen wir noch die fünf unteren Adressleitungen an einen Bus und vergeben einige Alias-Namen (PLACE/NET ALIAS).

Die Schaltung ist jetzt fertig eingegeben, es fehlt nur noch die Programmierung des ROMs. Es gibt prinzipiell zwei Möglichkeiten die Programmdaten zu übergeben. Normalerweise liegen die Programmdaten bereits als Datei im Intel-Hex-Format vor. Dann muss in der Modellbeschreibung des ROM-Bausteins nur der Name dieser Datei angegeben werden. PSPICE liest den Inhalt der Datei vor einer Simulation und programmiert das ROM. Diese Vorgehensweise wird im nächsten Abschnitt 6.5.2 durchgeführt. Die zweite Möglichkeit der Programmierung besteht darin, dass die Programmdaten mit der DATA-Konstruktion direkt im PSPICE-Modell eingetragen werden. Dies wollen wir in diesem Beispiel durchführen.

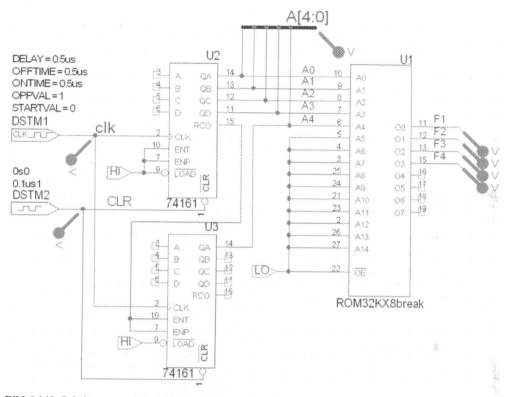

Bild 6.140 Schaltung zum Realisieren und Testen der vier Funktionen

Markieren Sie also den ROM-Baustein durch einen Mausklick auf das Symbol. Gehen Sie dann in das Menü EDIT/PSPICE MODEL. Es öffnet sich der OrCAD Model Editor mit der Modellbeschreibung des ROMs, jedoch noch ohne Programmierung. Suchen Sie die Zeile mit dem Eintrag „*+ *DATA=*". Hier können die Programmdaten eingefügt werden. Entfernen Sie das Kommentarzeichen „*" und setzen Sie nach dem „="-Zeichen die beiden Buchstaben „X$". Damit halten Sie fest, dass die Programmdaten hexadezimale Zahlen sind und nach dem $-Zeichen beginnen. Machen Sie sich eine Leerzeile nach dem „$"-Zeichen, indem Sie den Cursor dahinter setzen und die Return-Taste drücken. Fügen Sie dann die Daten aus der Aufgabenstellung ein. Jede Zeile muss mit einem „+"-Zeichen beginnen. Die fertigen Zeilen sollten dann so aussehen:

```
+ DATA=X$
*Funktionen F1, F2 F3 und F4 ◄────── Kommentarzeile
+ 08 04 00 00 00 00 00 09 00 04 00 01 00 01 01 00
+ 08 04 00 04 00 00 02 0E 00 04 00 04 0A 08 08 0C$ ◄── wichtig
*+ FILE=
```

Ganz wichtig ist, dass Sie das Endezeichen in Form des zweiten „$"-Zeichens (am Ende der vierten Zeile) nicht vergessen! Die Zeile, die mit „*FUNKTIONEN" beginnt, ist eine Kommentarzeile. Speichern Sie die Eingaben und schließen Sie den Editor. Es wird jetzt eine Datei angelegt mit dem Namen Ihrer Schaltung und der Endung lib.

Es folgt die Parametrierung der Quellen. Die Quelle *DigClock* für das Taktsignal wird beispielsweise mit folgenden Parametern eingestellt:

DELAY=0.5us, ONTIME=0.5us, OFFTIME=0.5us, STARTVAL=0, OPPVAL=1

Die digitale Quelle, die das Rücksetzsignal erzeugt, erhält die Einstellung:

DSTM2: 0s 0, 0.1us 1

Legen Sie ein Simulationsprofil für eine Transienten-Analyse an und geben Sie für RUN TO TIME *32us* ein. Setzen Sie an die Ein- und Ausgangsleitungen Spannungsmarker und starten Sie die Simulation. In PROBE erhalten Sie automatisch das Taktsignal und das Rücksetzsignal *CLR* sowie die Adress- und Ausgangssignale. Im folgenden Bild sind zusätzlich noch die Ausgänge für eine hexadezimale Darstellung zusammengefasst: *{F[4:1]}*. Dadurch haben Sie für die Ausgänge die gleiche Darstellung wie sie in der Programmiertabelle bzw. Funktionstabelle steht. Der besseren Lesbarkeit halber ist die Darstellung in zwei Teilbilder aufgeteilt: *0 μs* bis *15 μs* und *15 μs* bis *31 μs*.

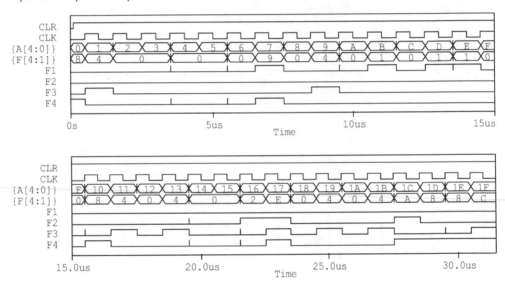

Bild 6.141 Ergebnis der Simulation der vier logischen Funktionen (aufgeteilt in zwei Teilbilder)

Die Ausgänge *F4* bis *F1* haben für jede Eingangskombination den durch die logischen Funktionen in der Funktionstabelle aufgestellten Wert. In PROBE müssen Sie die Darstellung evtl. etwas spreizen, damit alle Zahlen sichtbar werden.

6.5.2 ROM für 4x4-Bit-Multiplikation

Mit ROMs können auch sehr leicht Rechenschaltungen realisiert werden. Es müssen dazu sämtliche möglichen Rechenergebnisse gespeichert werden. Bei einer 4x4-Bit-Multiplikation a * b belegt die Eingangsgröße *a* vier Adressleitungen und die andere Größe *b* weitere vier. Es werden also insgesamt 256 Speicherplätze adressiert, in welche die 256 möglichen Ergebnisse der Multiplikation abgelegt werden müssen.

- Platzieren Sie in CAPTURE das ROM-Symbol und programmieren Sie den Speicherbaustein mit den Ergebnissen aller möglichen 4x4-Bit-Multiplikation. Es müssen also 256 Speicherzellen von der Adresse 0 bis 255 belegt werden.

- Realisieren Sie mit zwei 4-Bit-Zähler-Bausteinen 74161 eine Testschaltung mit einem mod-256-Zähler. Schließen Sie dessen vier unteren Ausgänge (= Multiplikand a) an die Adressleitungen A0, A1, A2 und A3 sowie seine vier oberen Ausgänge (= Multiplikator b) an die Adressleitungen A4, A5, A6 und A7 des ROMs an. Dadurch werden zyklisch alle programmierten ROM-Plätze ausgelesen.

- Führen Sie eine Transienten-Analyse durch und zeigen Sie in PROBE das zeitliche Verhalten des Taktes und der Ein- und Ausgangssignale.

Die Bauelemente finden Sie über das Menü PLACE/PART in folgenden Bibliotheken (Libraries) sowie über PLACE/ POWER.

Bauelement	Bibliothek	Bemerkung
STIM1	source.olb	Digitale Quelle mit 1 Anschlussknoten (1 Bit)
DigClock	source.olb	Digitale Quelle für Taktsignal
7486	eval.olb	Antivalenz-Gatter mit zwei Eingängen
74161	eval.olb	4-Bit-Zähler
ROM32kX8break	breakout.olb	ROM 32k x 8
$D_LO	source.olb	Low-Potenzial Anschlussstelle mit PLACE/POWER
$D_HI	source.olb	High-Potenzial Anschlussstelle mit PLACE/POWER

Lösung (Datei: *dt_sp_4x4mul.opj*)

Beginnen Sie in CAPTURE ein neues Projekt und platzieren Sie den Baustein *ROM32kX8break* aus der Breakout-Bibliothek. Verbinden Sie alle höheren Adressbits A8 bis A14 sowie den Freigabeanschluss $\overline{OE}$ mit einem Element $D_LO (PLACE/POWER) mit Low-Potenzial. Holen Sie sich aus der Bibliothek zwei Zählerbausteine 74161. Die Ausgänge QA bis QD des einen Zählers können direkt an die Adresseingänge A0 bis A3 und die des anderen an die Adresseingänge A4 bis A7 angeschlossen werden. Schließen Sie eine Quelle *DigClock* an die Takteingänge und eine Quelle *STIM1* an die Rücksetzeingänge $\overline{CLR}$ sowie ein $D_HI-Element an die *Load*-Eingänge. Jetzt sind nur noch die Freigabeeingänge ENT und ENP des ersten Zählers durch Anschluss an High-Potenzial freizugeben. Die Freigabeeingänge ENT und ENP des zweiten Zählers schließen wir an den RCO-Ausgang des ersten an. Dadurch wird der zweite Zähler immer nur dann freigegeben, wenn der erste auf den Maximalwert gezählt hat. Mit der nächsten Taktflanke schaltet dann der erste Zähler auf 0000 zurück und der zweite wird um eine Stelle erhöht. Zuletzt schließen wir noch die vier unteren und die vier oberen Adressleitungen an je einem Bus an und vergeben Alias-Namen (PLACE/NET ALIAS).

Die Schaltung ist jetzt fertig eingegeben, es fehlt nur noch die Programmierung des ROMs. Es gibt prinzipiell zwei Möglichkeiten die Programmdaten zu übergeben. Im vorhergehenden Abschnitt wurden die Programmdaten mit der DATA-Konstruktion direkt im PSPICE-Modell eingetragen. In diesem Beispiel soll die zweite Möglichkeit demonstriert werden. Normalerweise liegen die Programmdaten bereits als Datei im Intel-Hex-Format vor. Dieses Format dient häufig zum Übertragen von binären Daten (Programmen oder Daten) über eine serielle Schnittstelle beispielsweise zu einem Programmiergerät. Da für diese Aufgabe eine solche Datei erstellt werden muss, wird im Folgenden der Aufbau näher beschrieben. Die Intel-Hex-Datei ist eine ASCII-Textdatei, mit aus ASCII-Zeichen angeordneten Zeilen, die entsprechend dem Intel-Hex-Format aufgebaut sind. Jede Zeile hat dabei den im Bild 6.143 skizzierten Aufbau.

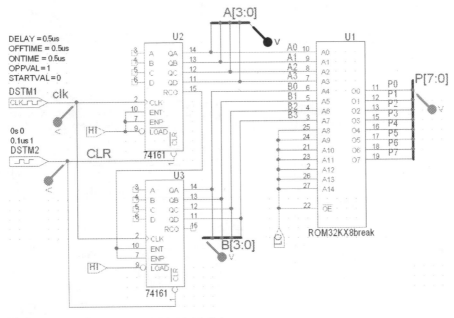

Bild 6.142 Schaltung des 4x4-Bit-Multiplizierers

Jedes quadratische Kästchen in der Grafik steht für ein Byte. Jede Zeile beginnt mit einer Startmarkierung ':'. Danach steht ein Byte für die Anzahl der Bytes im Datenblock der Zeile sowie zwei Bytes für die Anfangsadresse im ROM für diese Daten. Ein weiteres Byte beschreibt den Typ dieser Datenzeile. Dabei steht '00' für Daten und '01' kennzeichnet die letzte Zeile. Jetzt kommen die eigentlichen Datenbytes in der vorher angegeben Anzahl. Das letzte Byte enthält eine Prüfsumme über alle Bytes der Zeile, jedoch ohne die Startmarkierung. Die Prüfsumme wird folgendermaßen gebildet: Man berechnet die Modulo-256-Summe über alle Bytes der Zeile, jedoch ohne die Startmarkierung und bildet von dem Ergebnis das Zweier-Komplement. Damit ergibt die Summe aller Bytes einschließlich der Prüfsumme den Wert 0. Alle Bytes einer Zeile (außer Startmarkierung) werden als ASCII-kodierte Hex-Zahlen dargestellt.

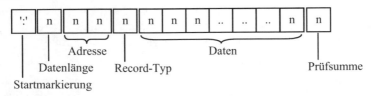

Bild 6.143 Aufbau einer Zeile in einer Intel-Hex-Datei

Die Programmierung des ROM-Bausteins besteht nun aus folgenden drei Schritten:

1. Berechnen aller Produkte der beiden Eingangsgrößen a und b
2. Erstellen einer Intel-Hex-Datei mit den berechneten Daten
3. Einbinden der Intel-Hex-Datei in das PSPICE-Modell des ROM-Bausteins.

Im ersten Schritt müssen die Produkte der beiden Eingangsgrößen a und b berechnet und als Hex-Zahlen dargestellt werden. Da die Eingangsgrößen jeweils nur vier Bit breit sind, passt das Ergebnis in ein Byte. Die folgende Tabelle zeigt das Ergebnis der Berechnung. Die Spaltennummer ist der Multiplikand a und die Zeilennummer der Multiplikator b. Das zugehörige Datenbyte ist das Produkt aus $a * b$.

Tabelle 6.13 Produkte der Eingangsgrößen a und b

```
        a Eingangswerte
 0  1  2  3  4  5  6  7  8  9  A  B  C  D  E  F
───────────────────────────────────────────────────
00 00 00 00 00 00 00 00 00 00 00 00 00 00 00 00 | b = 0
00 01 02 03 04 05 06 07 08 09 0A 0B 0C 0D 0E 0F | b = 1
00 02 04 06 08 0A 0C 0E 10 12 14 16 18 1A 1C 1E | b = 2
00 03 06 09 0C 0F 12 15 18 1B 1E 21 24 27 2A 2D | b = 3
00 04 08 0C 10 14 18 1C 20 24 28 2C 30 34 38 3C | b = 4
00 05 0A 0F 14 19 1E 23 28 2D 32 37 3C 41 46 4B | b = 5
00 06 0C 12 18 1E 24 2A 30 36 3C 42 48 4E 54 5A | b = 6
00 07 0E 15 1C 23 2A 31 38 3F 46 4D 54 5B 62 69 | b = 7
00 08 10 18 20 28 30 38 40 48 50 58 60 68 70 78 | b = 8
00 09 12 1B 24 2D 36 3F 48 51 5A 63 6C 75 7E 87 | b = 9
00 0A 14 1E 28 32 3C 46 50 5A 64 6E 78 82 8C 96 | b = A
00 0B 16 21 2C 37 42 4D 58 63 6E 79 84 8F 9A A5 | b = B
00 0C 18 24 30 3C 48 54 60 6C 78 84 90 9C A8 B4 | b = C
00 0D 1A 27 34 41 4E 5B 68 75 82 8F 9C A9 B6 C3 | b = D
00 0E 1C 2A 38 46 54 62 70 7E 8C 9A A8 B6 C4 D2 | b = E
00 0F 1E 2D 3C 4B 5A 69 78 87 96 A5 B4 C3 D2 E1 | b = F
```

Diese Tabelle wird im zweiten Schritt in eine Intel-Hex-Datei überführt. Jede Zeile der Tabelle bildet den Datenblock einer Zeile der Intel-Hex-Datei. Die Anzahl der Datenbytes ist also in jeder Zeile gleich: $16_{10} = 10_{16}$. Die Prüfsumme muss für jede Zeile neu berechnet werden[5]. Das Ergebnis wird in einer ASCII-Textdatei mit dem Namen *4x4mul-data.txt* gespeichert. Der Inhalt der Datei ist in der folgenden Tabelle abgedruckt. In einer Zeile dürfen keine Leerzeichen oder sonstigen Trennzeichen stehen. Die letzte Zeile markiert das Ende der Datei.

Tabelle 6.14 Inhalt der Intel-Hex-Datei *4x4mul-data.txt*

```
:10000000000000000000000000000000000000000F0
:100010000001020304050607080900A0B0C0D0E0F68
:100020000002040608 0A0C0E10121416181A1C1EE0
:100030000003060900C0F1215181B1E2124272A2D58
:100040000004080C1014181C2024282C3034383CD0
:100050000005 0A0F14191E23282D32373C41464B48
:1000600000060C12181E242A30363C42484E545AC0
:1000700000070E151C232A31383F464D545B626938
:1000800000081018202830384048505860687078B0
:100090000009121B242D363F48515A636C757E8728
:1000A000000A141E28323C46505A646E78828C96A0
:1000B000000B16212C37424D58636E79848F9AA518
:1000C000000C1824303C4854606C7884909CA8B490
:1000D000000D1A2734414E5B6875828F9CA9B6C308
:1000E000000E1C2A38465462707E8C9AA8B6C4D280
:1000F000000F1E2D3C4B5A69788796A5B4C3D2E1F8

:00000001FF  ◄───────────────────────────
```

Diese Zeile kennzeichnet das Dateiende:
Datenlänge: 00
Adresse: 0000
Record-Typ: 01

[5] Für die Berechnung der Prüfsumme und Erstellung der Intel-Hex-Datei stehen im Projektordner die beiden Dateien *Berechn_Prüfs.xls* und *Intel-Hex.doc* zur Verfügung

Im letzten Schritt muss diese Datei nur noch im PSPICE-Modell des ROM-Bausteins eingebunden werden. Markieren Sie deshalb in CAPTURE den ROM-Baustein mit einem Mausklick auf das Symbol. Gehen Sie dann in das Menü EDIT/PSPICE MODEL. Es öffnet sich der
OrCAD Model Editor mit der Modellbeschreibung des ROMs. Suchen Sie die Zeile mit dem
Eintrag „*+ FILE=". Entfernen Sie zunächst das Kommentarzeichen „*" und setzen Sie nach
dem „="-Zeichen den Dateinamen der Intel-Hex-Datei in Anführungszeichen ein, in unserem
Fall also:

   +   FILE="4x4mul-data.txt"

PSPICE liest den Inhalt dieser Datei vor einer Simulation und programmiert das ROM. Speichern Sie die Eingaben und verlassen Sie den Editor.

Es folgt die Parametrierung der Quellen. Die Quelle *DigClock* für das Taktsignal wird beispielsweise mit folgenden Parametern eingestellt:

   DELAY=0.5us, ONTIME=0.5us, OFFTIME=0.5us, STARTVAL=0, OPPVAL=1

Die digitale Quelle, die das Rücksetzsignal erzeugt, erhält die Einstellung:

   DSTM2: 0s 0, 0.1us 1

Legen Sie ein Simulationsprofil für eine Transienten-Analyse an und geben Sie für RUN TO
TIME *260us* ein. Setzen Sie an die Ein- und Ausgangsleitungen je einen Spannungsmarker und
starten Sie die Simulation. In PROBE erhalten Sie automatisch das Taktsignal und das Rücksetzsignal *CLR* sowie die Adress- und Ausgangssignale dargestellt. Die Darstellung ist sehr
unleserlich, da sehr viele Daten vorliegen. Spreizen Sie deshalb gleich die Darstellung über das
Menü PLOT/AXIS SETTINGS/ X AXIS /USER DEFINED von *0* bis *25us*. Mit den horizontalen
Gleitern können Sie alle Multiplikationsergebnisse überprüfen. Hier ein beliebiger Ausschnitt:

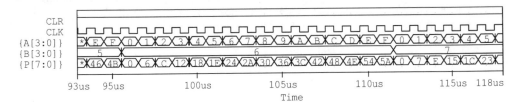

Bild 6.144 Ausschnitt aus dem Ergebnis der Simulation in PROBE

Kontrollieren Sie die Ergebnisse anhand von einigen Beispielen:

   $5 \cdot F = 4B$; $6 \cdot 6 = 24$; $6 \cdot C = 48$; $7 \cdot 3 = 15$ (alles hexadezimale Zahlen)

Im Prinzip funktioniert die Schaltung einwandfrei. Jetzt bleibt nur noch eine Detailüberprü-
fung, ob auch alle im ROM abgelegten Produkte richtig sind. Hier wird in der Praxis gelegentlich schlampig gearbeitet, wie man bei den ersten Pentium-Prozessoren feststellen konnte. Der
als Pentium-Bug Schlagzeilen machende Fehler bei Gleitkomma-Operationen wurde durch
falsche Daten in einem 512 x 8 - ROM für Kehrwertbildung verursacht.

6.5.3 Signalgenerator für Sinus und Dreieck

Ein ROM (Read Only Memory) kann auch für Signal- bzw. Funktionsgeneratoren verwendet werden. Man geht dabei so vor, dass man für eine Periode des Signals die Funktionswerte in einer bestimmten Anzahl von Stützstellen im ROM ablegt. In dieser Aufgabe soll ein ROM so programmiert werden, dass es einen Signalgenerator für Sinus und Dreieck mit jeweils 32 Stützstellen realisiert.

- Platzieren Sie in CAPTURE den ROM-Baustein und steuern Sie seine fünf unteren Adresseingänge mit einem mod-32-Zähler an, den Sie mit zwei 4-Bit-Zählern *74161* realisieren. Schalten Sie die Datenausgänge des ROMs auf einen 8-Bit-DA-Umsetzer *DAC8break* aus der Breakout-Bibliothek. Geben Sie dem Baustein eine Referenz-Gleichspannung (zwischen *REF* und *GND*) von *10 V*. Das Ausgangssignal ist mit einem RC-Tiefpass zu glätten. Wählen Sie eine geeignete Grenzfrequenz. Der Adresseingang *A5* dient zum Umschalten zwischen Sinus- und Dreieckwerten.

- Programmieren Sie den ROM-Speicher mit folgenden 32 Hexzahlen in den Adressen *0* bis *31* für die Sinuswerte an den Stützstellen:

  80 98 B0 C7 DA EA F6 FD FF FD F6 EA DA C7 B0 98 80 68 4F 39 26 16 0A 03 01
  03 0A 16 26 39 4F 68

  Zwischen den Adressen *32* und *63* sind folgende 32 Hexzahlen für das Dreiecksignal abzulegen.

  80 90 A0 B0 C0 D0 E0 F0 FF F0 E0 D0 C0 B0 A0 90 80 70 60 50 40 30 20 10 00 10
  20 30 40 50 60 70

- Führen Sie eine Transienten-Analyse durch und zeigen Sie in PROBE das zeitliche Verhalten des Taktes sowie der Ein- und Ausgangssignale.

Die benötigten Bauelemente sind in nebenstehender Tabelle gelistet. Man findet sie über das Menü PLACE/PART in den angegebenen Bibliotheken (Libraries) sowie über PLACE/POWER.

Bauelement	Bibliothek	Bemerkung
VDC	source.olb	Gleichspannungsquelle
STIM1	source.olb	Digitale Quelle mit 1 Anschlussknoten (1 Bit)
DigClock	source.olb	Digitale Quelle für Taktsignal
74161	eval.olb	4-Bit-Zähler
ROM32kX8break	breakout.olb	ROM 32k x 8
DAC8break	breakout.olb	8-Bit-DA-Umsetzer
$D_LO	source.olb	Low-Potenzial Anschlussstelle mit PLACE/POWER
$D_HI	source.olb	High-Potenzial Anschlussstelle mit PLACE/POWER
R	analog.olb	Widerstand
C	analog.olb	Kondensator

Lösung (Datei: *dt_sp_signgen.opj*)

Beginnen Sie in CAPTURE ein neues Projekt und platzieren Sie den Baustein *ROM32kX8break* aus der Breakout-Bibliothek. Verbinden Sie alle höheren Adressbits *A6* bis *A14* sowie den Freigabeanschluss $\overline{OE}$ mit einem Low-Element *$D_LO* (PLACE/POWER). Holen Sie sich aus der Bibliothek zweimal die Zählerbausteine *74161*. Die Ausgänge *QA* bis *QD* eines der beiden Zähler können direkt an die Adresseingänge *A0* bis *A3* angeschlossen werden.

Mit dem verbleibenden Adresseingang *A4* wird der Ausgang *QA* des zweiten Zählerbausteins verbunden. Schließen Sie eine Quelle *DigClock* an die Takteingänge und eine Quelle *STIM1* an die Rücksetzeingänge $\overline{CLR}$ sowie ein *$D_HI*-Element an die *Load*-Eingänge. Jetzt sind nur noch die Freigabeeingänge *ENT* und *ENP* des ersten Zählers durch Anschluss an High-Potenzial freizugeben. Die Freigabeeingänge *ENT* und *ENP* des zweiten Zählers schließen wir an den *RCO*-Ausgang des ersten an. Dadurch wird der zweite Zähler immer nur dann freigegeben, wenn der erste auf den Maximalwert gezählt hat. Mit der nächsten Taktflanke schaltet dann der erste Zähler auf 0000 zurück und der zweite wird um eine Stelle erhöht. Tatsächlich haben wir damit einen mod-256-Zähler realisiert. Wir nützen davon aber nur die unteren 5 Bits aus, d.h. wir haben hier einen mod-32-Zähler. Den Adresseingang *A5* verbinden wir mit einer weiteren Quelle *STIM1*. Je nachdem, ob die Quelle eine Null oder Eins liefert, werden die ROM-Adressbereiche *0* bis *31* bzw. *32* bis *63* angesteuert. D.h. mit dieser Quelle schalten wir zwischen den Sinus- und Dreieckdaten um.

Schließen Sie die acht Datenausgänge *O0* bis *O7* des ROM-Bausteins an die entsprechenden Dateneingänge *DB0* bis *DB7* des DA-Umsetzers *DAC8break* an. An den Ausgang *OUT* des Umsetzers setzen wir einen RC-Tiefpass mit *R* = 1 k und *C* = 2 nF. Schließen Sie dann noch eine Gleichspannungsquelle *VDC* zwischen den Anschlüssen *REF* und *GND* an und geben Sie ihr nach einem Doppelklick auf das Symbol im Property Editor den Wert *10V*. Zuletzt schließen wir noch die acht Datenausgänge an einen Bus und vergeben Alias-Namen.

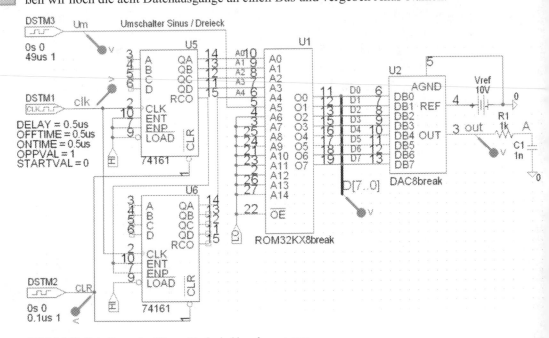

Bild 6.145 Schaltung des Sinus-/Dreieck-Signalgenerators

Die Schaltung ist jetzt fertig eingegeben, es fehlt nur noch die Programmierung des ROMs. Im Abschnitt 6.5.1 wurde erläutert, dass es für die Einbindung der Programmdaten prinzipiell zwei Möglichkeiten gibt. In diesem Beispiel sollen die Daten direkt im PSPICE-Modell eingebunden werden. Alternativ könnte aber auch eine Intel-Hex-Datei angelegt werden (wie in 6.5.2).

Markieren Sie also den ROM-Baustein durch einen Mausklick auf das Symbol. Gehen Sie dann in das Menü EDIT/PSPICE MODEL. Es öffnet sich der OrCAD Model Editor mit der Modellbeschreibung des ROMs, jedoch noch ohne Programmierung. Suchen Sie die Zeile mit dem Eintrag „*+ DATA=". Hier können die Programmdaten eingefügt werden. Entfernen Sie das Kommentarzeichen „*" und setzen Sie nach dem „="-Zeichen die beiden Buchstaben „X$". Damit halten Sie fest, dass die Programmdaten hexadezimale Zahlen sind und die Daten nach dem $-Zeichen beginnen. Machen Sie sich eine Leerzeile nach dem „$"-Zeichen, indem Sie den Cursor dahinter setzen und die Return-Taste drücken. Fügen Sie dann die Daten aus der Aufgabenstellung ein. Jede Zeile muss mit einem „+"-Zeichen beginnen. Die fertigen Zeilen sollten dann so aussehen:

```
+ DATA=X$
* Sinus:
+ 80 98 B0 C7 DA EA F6 FD FF FD F6 EA DA C7 B0 98 ;positive Halbwelle
+ 80 68 4F 39 26 16 0A 03 01 03 0A 16 26 39 4F 68 ;negative Halbwelle
* Dreieck:
+ 80 90 A0 B0 C0 D0 E0 F0 FF F0 E0 D0 C0 B0 A0 90 ;positive Halbwelle
+ 80 70 60 50 40 30 20 10 00 10 20 30 40 50 60 70 $ ;negative Halbwelle
```

Ganz wichtig ist, dass Sie das Endezeichen in Form des zweiten „$"-Zeichens (am Ende der siebten Zeile) nicht vergessen! Speichern Sie die Eingaben und schließen Sie den Editor. Es wird jetzt eine Datei angelegt mit dem Namen Ihrer Schaltung und der Endung lib.

Es folgt die Parametrierung der Quellen. Die Quelle *DigClock* für das Taktsignal wird beispielsweise mit folgenden Parametern eingestellt:

DELAY=0.5us, ONTIME=0.5us, OFFTIME=0.5us, STARTVAL=0, OPPVAL=1

Die digitale Quelle, die das Rücksetzsignal erzeugt, erhält die Einstellung:

DSTM2: 0s 0, 0.1us 1

Die Quelle *DSTM3* dient der Unterscheidung zwischen Sinus- und Dreiecksignal. Bei unserem Test werden zunächst die Sinuswerte angesteuert und dann wird zum Zeitpunkt 49 µs auf die Dreieckwerte umgeschaltet:

DSTM3: 0s 0, 49us 1

Legen Sie ein Simulationsprofil für eine Transienten-Analyse an und geben Sie für RUN TO TIME *100us* ein. Setzen Sie an die Ein- und Ausgangsleitungen Spannungsmarker und starten Sie die Simulation. In PROBE erhalten Sie automatisch das Taktsignal und das Rücksetzsignal *CLR* sowie die Datensignale in einem Diagramm für digitale Signale. Da am Ausgang der Schaltung auch analoge Signale vorliegen, erhalten wir in PROBE ein zweites Diagramm mit den analogen Größen *V(out)* und *V(A)*.

Das analoge Signal *V(out)* zeigt die quantisierten Stufen des Sinus- und des Dreiecksignals am DA-Umsetzerausgang. Der RC-Tiefpass glättet das Signal führt aber auch zu einer Phasenverschiebung und Dämpfung. Der Übergang zwischen den einzelnen Perioden sowie zwischen Sinus und Dreieck ist sauber. Die digitalen Ausgangswerte des ROMs können Sie erst ablesen, wenn Sie den x-Achsen-Maßstab verändern (z.B. über PLOT/ AXIS SETTINGS/ X AXIS USER DEFINED *0* bis *20 µs* einstellen).

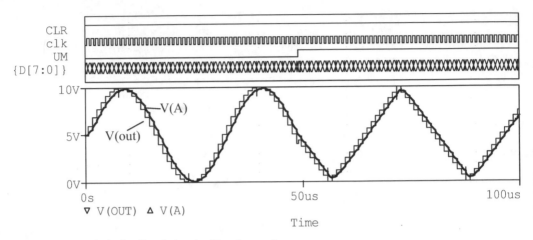

Bild 6.146 Ergebnis der Simulation des Signalgenerators

6.5.4 4-Bit-Vorwärts-/Rückwärtszähler im BCD-Kode

ROM-Speicher können auch verwendet werden, um beliebige Schaltnetze zu realisieren. Somit kann man mit einem ROM auch das Übergangs- und Ausgangsschaltnetz eines Schaltwerkes realisieren. In dieser Aufgabe soll ein synchroner 4-Bit-Vorwärts-/Rückwärtszähler, der im BCD-Kode zählt, untersucht werden. Das Übergangsschaltnetz wird dabei mit einem ROM aufgebaut.

- Platzieren Sie in CAPTURE den ROM-Baustein und verbinden Sie seine unteren vier Datenausgänge *O0* bis *O3* mit den D-Eingängen *1D* bis *4D* des Bausteins *74175*. Die Q-Ausgänge dieses Bausteins sind mit den Adresseingängen *A0* bis *A3* des ROMs zu verdrahten. Schließen Sie eine digitale Quelle *STIM1* an den Adresseingang *A4*, mit der Sie zwischen Vorwärts- und Rückwärtszählen umschalten.

- Programmieren Sie den ROM-Speicher mit 16 Hexzahlen in den Adressen *0* bis *15* für das Vorwärtszählen im BCD-Kode und mit weiteren 16 Hexzahlen von der Adresse *16* bis *31* für das Rückwärtszählen. Falls der Zähler im Störfall in eine Pseudotetrade kommt, soll er mit dem nächsten Takt wieder in den Anfangszustand der regulären Zählweise zurückgehen.

- Führen Sie eine Transienten-Analyse durch und zeigen Sie in PROBE das zeitliche Verhalten des Taktes und der Ein- und Ausgangssignale.

Die Bauelemente finden Sie über das Menü PLACE/PART in folgenden Bibliotheken (Libraries) sowie über PLACE/POWER.

Bauelement	Bibliothek	Bemerkung
STIM1	source.olb	Digitale Quelle mit 1 Anschlussknoten (1 Bit)
DigClock	source.olb	Digitale Quelle für Taktsignal
74175	eval.olb	Vier D-Flipflops
ROM32kX8break	breakout.olb	ROM 32k x 8
$D_LO	source.olb	Low-Potenzial Anschlussstelle mit PLACE/POWER

Lösung (Datei: *dt_sp_4bzhler.opj*)

Beginnen Sie in CAPTURE ein neues Projekt und platzieren Sie zunächst den Baustein
ROM32kX8break aus der Breakout-Bibliothek. Verbinden Sie alle höheren Adressbits *A5* bis
A14 sowie den Freigabeanschluss $\overline{OE}$ mit einem Low-Element *$D_LO* (PLACE/POWER). Holen
Sie sich aus der Bibliothek den Baustein *74175* mit vier D-Flipflops und schließen Sie die D-
Eingänge *1D* bis *4D* an die unteren Datenausgänge *O0* bis *O3*. Die oberen Datenausgänge *O4*
bis *O7* bleiben unbenutzt. Fassen Sie die Q-Ausgänge *1Q* bis *4Q* zu einem Bus zusammen und
verdrahten Sie ihn mit den Adresseingängen *A0* bis *A3* (Zustandsrückkopplung).

Schließen Sie eine Quelle *DigClock* an den Takteingang sowie eine Quelle *STIM1* an den
Rücksetzeingang $\overline{CLR}$ des Bausteins. Den Adresseingang *A4* verbinden wir mit einer weiteren
Quelle *STIM1*. Je nachdem, ob die Quelle eine Null oder Eins liefert werden die ROM-
Adressbereiche *0* bis *15* bzw. *16* bis *31* angesteuert. D.h. mit dieser Quelle schalten wir zwi-
schen Vorwärts- und Rückwärtszählen um. Geben Sie den Leitungen Alias-Namen.

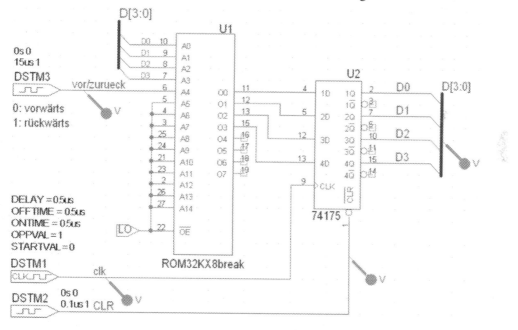

Bild 6.147 Schaltung des BCD-Vorwärts-/Rückwärtszählers

Die Schaltung ist jetzt fertig eingegeben, es fehlt nur noch die Programmierung des ROMs. Im
Abschnitt 6.5.1 wurde erläutert, dass es für die Einbindung der Programmdaten prinzipiell zwei
Möglichkeiten gibt. In diesem Beispiel sollen die Daten direkt im PSPICE-Modell eingebun-
den werden. Alternativ könnte aber auch eine Intel-Hex-Datei angelegt werden.

Markieren Sie also den ROM-Baustein durch einen Mausklick auf das Symbol. Gehen Sie
dann in das Menü EDIT/PSPICE MODEL. Es öffnet sich der OrCAD Model Editor mit der Mo-
dellbeschreibung des ROMs, jedoch noch ohne Programmierung. Suchen Sie die Zeile mit dem
Eintrag „*+ DATA=". Hier können die Programmdaten eingefügt werden. Entfernen Sie das
Kommentarzeichen „*" und setzen Sie nach dem „="-Zeichen die beiden Buchstaben „X$".
Damit halten Sie fest, dass die Programmdaten hexadezimale Zahlen sind und die Daten nach

dem $-Zeichen beginnen. Machen Sie sich eine Leerzeile nach dem „$"-Zeichen, indem Sie den Cursor dahinter setzen und die Return-Taste drücken. Fügen Sie dann die Daten aus der Aufgabenstellung ein. Jede Zeile muss mit einem „+"-Zeichen beginnen. Die fertigen Zeilen sollten dann so aussehen:

```
+ DATA=X$
+ 01 02 03 04 05 06 07 08 09 00 ; BCD-Vorwärtszählen
+ 00 00 00 00 00 00 ; Pseudotetraden beim Vorwärtszählen
+ 09 00 01 02 03 04 05 06 07 08 ; BCD-Rückwärtszählen
+ 09 09 09 09 09 09 $ ; Pseudotetraden beim Rückwärtszählen
```

Ganz wichtig ist, dass Sie das Endezeichen in Form des zweiten „$"-Zeichens (am Ende der fünften Zeile) nicht vergessen! Speichern Sie die Eingaben und schließen Sie den Editor. Es wird jetzt eine Datei angelegt mit dem Namen Ihrer Schaltung und der Endung lib. Gerät der Zähler im Störfall in eine Pseudotetrade *10* bis *15* (bzw. *Ah* bis *Fh*), so geht er mit der nächsten Taktflanke beim Vorwärtszählen in den Zustand *0* und beim Rückwärtszählen in den Zustand *9* (3. und 5. Zeile).

Es folgt die Parametrierung der Quellen. Die Quelle *DigClock* für das Taktsignal wird beispielsweise mit folgenden Parametern eingestellt:

   DELAY=0.5us, ONTIME=0.5us, OFFTIME=0.5us, STARTVAL=0, OPPVAL=1

Die digitale Quelle, die das Rücksetzsignal erzeugt, erhält die Einstellung:

   DSTM2: 0s 0, 0.1us 1

Die Quelle *DSTM3* dient der Unterscheidung zwischen Vorwärts- und Rückwärtszählen. Bei unserem Test wird zunächst das Vorwärtszählen angesteuert und dann zum Zeitpunkt *15 μs* auf Rückwärtszählen umgeschaltet: *DSTM3: 0s 0, 15us 1*

Legen Sie ein Simulationsprofil für eine Transienten-Analyse an und geben Sie für RUN TO TIME *30us* ein. Setzen Sie an die Ein- und Ausgangsleitungen Spannungsmarker und starten Sie die Simulation. In PROBE erhalten Sie automatisch das Taktsignal und das Rücksetzsignal *CLR* sowie das Signal *vor/zurueck* und die Datensignale *{D[3:0]}*. Die Schaltung zählt zunächst vorwärts von *0* bis *9* und beginnt dann wieder bei *0*. Nach dem Umschalten der Zählrichtung wird von *5* auf *0* rückwärts gezählt, dann geht es wieder bei *9* weiter. Die Schaltung erfüllt also die Anforderungen.

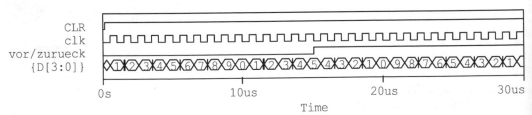

Bild 6.148 Ergebnis der Simulation des BCD-Vorwärts-/Rückwärtszählers

6.6 Schaltwerke

In den vorangehenden Abschnitten mit den Themen Schieberegister, Zähler und Speicherschaltungen wurden bereits zahlreiche Schaltwerke behandelt. In diesem Abschnitt werden noch zwei weitere Schaltwerke untersucht, die nicht in die genannten Kategorien eingeordnet werden konnten.

6.6.1 Gesteuerter Oszillator

Es soll ein Oszillator untersucht werden, der mit einer Eingangsgröße E so angesteuert werden kann, dass er bei $E = 1$ schwingt und bei $E = 0$ auf Low-Potenzial steht. Der gesteuerte Oszillator soll als asynchroner (d.h. ungetakteter) Automat mit einem Schaltnetz in der Rückkopplung und mit Verzögerungsgliedern aufgebaut werden.

Die Funktionsweise des Oszillators kann leicht mit nebenstehendem Zustandsdiagramm beschrieben werden. Wenn $E = 0$ ist, befindet sich der Automat im Zustand 0 (00) und gibt an seinem Ausgang $A = 0$ heraus. Sobald $E = 1$ wird, geht er nach einer Verzögerungszeit τ in den Zustand 1 (01) und gibt $A = 1$ aus. Danach geht der Automat jeweils nach einer Verzögerungszeit τ in die Zustände 3 (11) und 2 (10), wobei $A = 1$ und dann $A = 0$ ist. Nach einer vierten Verzögerungszeit τ befindet sich die Schaltung wieder im Ausgangszustand 0 (00). Das weitere Vorgehen hängt nun abermals von der Eingangsgröße E ab. Ist $E = 1$, schwingt der Automat weiter. Ist aber $E = 0$, so werden keine weiteren Ausgangsimpulse abgegeben.

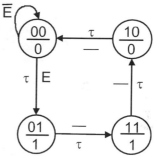

Bild 6.149
Zustandsdiagramm des Oszillators

Die Dauer eines Impulses am Ausgang ist demnach $2\,\tau$ + Verzögerungszeit des Schaltnetzes in der Rückkopplung. Die Zustände werden mit den Zustandsvariablen z_1 und z_0 kodiert. Nach Aufstellen der Zustandsfolgetabelle kann man die minimalen Funktionsgleichungen für die Folgezustände z_1^+ und z_0^+ sowie für die Ausgangsgröße A ermitteln (dies soll hier nicht weiter erläutert werden). Das Ergebnis ist:

$$z_1^+ = z_0 \; ; \quad z_0^+ = \overline{z}_1 \wedge (z_0 \vee E) \; ; \quad A = z_0 \qquad \text{Gl. 6.22}$$

- Geben Sie in CAPTURE zunächst entsprechend den Funktionsgleichungen die Schaltung ein. Die Folgezustände z_0^+ und z_1^+ sind die Eingangsgrößen von zwei Verzögerungsgliedern. Deren Ausgangsgrößen sind die Zustandsgrößen z_0 und z_1. Realisieren Sie die Verzögerungsglieder mit je einem Blocksymbol und geben Sie für die zugehörige Schaltung eine Reihenschaltung von z.B. acht Invertern ein.

- Führen Sie eine Transienten-Analyse durch und zeigen Sie in PROBE das zeitliche Verhalten des Taktes und der Ein- und Ausgangssignale des Automaten.

Die Bauelemente finden Sie über das Menü PLACE/PART in folgenden Bibliotheken (Libraries) sowie über PLACE/POWER und PLACE/HIERARCHICAL BLOCK.

Bauelement	Bibliothek	Bemerkung
STIM1	source.olb	Digitale Quelle mit 1 Anschlussknoten (1 Bit)
7404	eval.olb	Inverter
7408	eval.olb	UND-Gatter mit zwei Eingängen
7432	eval.olb	ODER-Gatter mit zwei Eingängen
$D_LO	source.olb	Low-Potenzial Anschlussstelle mit PLACE/POWER
Blocksymbol		mit PLACE/HIERARCHICAL BLOCK

Lösung (Datei: *dt_sw_oszil.opj*)

Beginnen Sie in CAPTURE ein neues Projekt und geben Sie die Schaltung entsprechend den Funktionsgleichungen ein. Verwenden Sie für die beiden Verzögerungsglieder je ein Blocksymbol aus der Werkzeugpalette und fügen Sie einen Eingangs- und einen Ausgangspin ein. Für nähere Hinweise zum Gebrauch von hierarchischen Blöcken s. Abschnitte 6.1.7 - 6.1.10.

Dem Blocksymbol muss noch eine Schaltung zugeordnet werden. Dies wird etwas weiter unten behandelt. Zunächst benötigt unser Automat noch eine Ergänzung, um einen definierten Anfangszustand herstellen zu können. Dies ist nur bei einer der beiden Zustandsgrößen notwendig. Ergänzen Sie die Schaltung mit einem weiteren *UND*-Gatter, wie im Bild 6.150 dargestellt. Über eine digitale Quelle *STIM1* wird die Zustandsgröße z_0 zu Beginn der Simulation auf Null gesetzt.

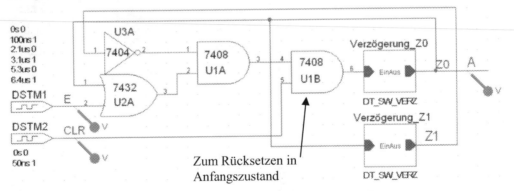

Bild 6.150 Schaltung des gesteuerten Oszillators mit UND-Gatter zum Zurücksetzen

Die Quelle für das Steuersignal *E* stellen wir so ein, dass wir in einem Simulationsdurchlauf mehrere Zyklen von Start und Stop des Oszillators erhalten. Beispielsweise sind die folgenden Parameter geeignet:

DSTM1: 0s 0, 100ns 1, 2.1us 0, 3.1us 1, 5.3us 0, 6.4us 1

Die digitale Quelle, die das Rücksetzsignal erzeugt, erhält die Einstellung:

DSTM2: 0s 0, 50ns 1

Markieren Sie eines der beiden Blocksymbole und öffnen Sie über das Menü VIEW/DESCEND HIERARCHY die darunter liegende Ebene. Es wird im Project Manager ein neuer Schematic-Ordner *DT_SW_VERZ* angelegt und eine Zeichenoberfläche geöffnet, in der sich bereits die zu den Pins korrespondierenden *Port*-Bausteine befinden. Fügen Sie dazwischen die Verzögerungsleitung bestehend aus einer Reihenschaltung von acht Invertern (oder einer beliebigen anderen geradzahligen Anzahl) ein. Nach dem Speichern der Schaltung ist der Automat fertig eingegeben.

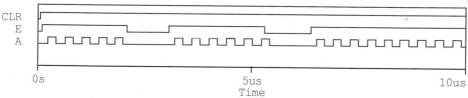

Bild 6.151 Schaltung der Verzögerungsleitung (*dt_sw_verz.opj*)

Legen Sie ein Simulationsprofil für eine Transienten-Analyse an und geben Sie für RUN TO TIME *10us* ein. Setzen Sie an die Ein- und Ausgangsleitungen Spannungsmarker und starten Sie die Simulation. In PROBE erhalten Sie automatisch das Taktsignal und das Ausgangssignal *A* dargestellt.

Bild 6.152 Ergebnis der Simulation

Wie erwartet, beginnt der Oszillator mit $E = 1$ zu schwingen und hört mit $E = 0$ wieder auf. Wenn E während eines High-Impulses zu Null wird, beendet der Automat dennoch aufgrund der Verzögerungsglieder den Impuls nach seiner vollen Impulszeit. Die Dauer eines Impulses ist für den High-Anteil ca. *192 ns* und für den Low-Anteil ca. *205 ns*. Davon werden $2 \cdot 80$ ns = 160 ns durch die Verzögerungsglieder und der Rest durch das Schaltnetz verursacht.

6.6.2 Automat zum Testen auf gerade oder ungerade Parität

Der Bitstrom in der Eingangsleitung E eines Mealy-Automaten soll auf Parität überprüft werden. Die Schaltung soll an ihrem Ausgang anzeigen, ob eine Folge von jeweils vier Bits gerades oder ungerades Gewicht hat. Die Funktionsweise kann mit nebenstehendem Zustandsdiagramm beschrieben werden. Die Ausgangsgrößen wurden folgendermaßen definiert und kodiert:

a_1	a_0	Ausgabe
0	0	keine Ausgabe
0	1	ungerades Gewicht
1	0	gerades Gewicht

Das Schaltwerk soll mit drei taktflankengesteuerten D-Flipflops aufgebaut werden. Die mit Hilfe einer Zustandsfolgetabelle aus dem Zustandsdiagramm abgeleiteten Schaltfunktionen für die Vorbereitungseingänge der Flipflops lauten:

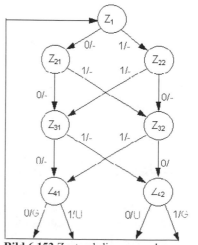

Bild 6.153 Zustandsdiagramm des Mealy-Automaten

$$D_2 = \left(\overline{z}_2 \wedge z_1 \wedge \overline{E}\right) \vee \left(\overline{z}_2 \wedge z_0 \wedge E\right) \vee \left(z_2 \wedge \overline{z}_1 \wedge \overline{z}_0\right) \qquad \text{Gl. 6.23}$$

$$D_1 = \left(\overline{z}_2 \wedge z_1 \wedge E\right) \vee \left(\overline{z}_2 \wedge \overline{z}_0 \wedge E\right) \vee \left(z_2 \wedge \overline{z}_1 \wedge \overline{z}_0 \wedge \overline{E}\right) \vee \left(\overline{z}_2 \wedge \overline{z}_1 \wedge z_0 \wedge \overline{E}\right) \qquad \text{Gl. 6.24}$$

$$D_0 = \left(\overline{z}_2 \wedge \overline{z}_1 \wedge \overline{E}\right) \vee \left(\overline{z}_2 \wedge z_0 \wedge \overline{E}\right) \vee \left(\overline{z}_2 \wedge z_1 \wedge \overline{z}_0 \wedge E\right) \vee \left(z_2 \wedge \overline{z}_1 \wedge \overline{z}_0 \wedge E\right) \qquad \text{Gl. 6.25}$$

Die Funktionsgleichungen für die beiden Ausgangssignale sind:

$$a_0 = \left(z_2 \wedge z_0 \wedge E\right) \vee \left(z_2 \wedge z_1 \wedge \overline{E}\right) \qquad \text{Gl. 6.26}$$

$$a_1 = \left(z_2 \wedge z_0 \wedge \overline{E}\right) \vee \left(z_2 \wedge z_1 \wedge E\right) \qquad \text{Gl. 6.27}$$

- Platzieren Sie in CAPTURE zunächst drei D-Flipflops, welche die Zustandsgrößen z_0, z_1 und z_2 erzeugen. Geben Sie diese Größen zusammen mit dem Eingangssignal E auf einen hierarchischen Block, der das Übergangsschaltnetz repräsentiert und an seinen Ausgängen die Vorbereitungssignale D_0, D_1 und D_2 für die Flipflops liefert. Nehmen Sie für die Eingangsgrößen E eine digitale Quelle *STIM1*, mit der Sie ein beliebiges Bitmuster erzeugen. Schalten Sie die Zustandsgrößen sowie das Eingangsignal E außerdem auf einen zweiten hierarchischen Block, der das Ausgangsschaltnetz enthält und die beiden Ausgangssignale a_0 und a_1 produziert.

- Zeichnen Sie entsprechend den obigen Gleichungen die Schaltung, welche den hierarchischen Block für das Übergangsschaltnetz realisiert.

- Zeichnen Sie entsprechend den obigen Gleichungen die Schaltung, welche den hierarchischen Block für das Ausgangsschaltnetz realisiert.

- Führen Sie eine Transienten-Analyse durch und zeigen Sie in PROBE das zeitliche Verhalten des Taktes und der Ein- und Ausgangssignale des Automaten.

- Nehmen Sie abschließend für die Eingangsgröße E eine Zufallsfolge. Eine Schaltung zum Erzeugen einer Pseudozufallsfolge können Sie beispielsweise der Aufgabe „Zufallsfolge" im Abschnitt 6.4.11 entnehmen.

Die Bauelemente finden Sie über das Menü PLACE/PART in folgenden Bibliotheken (Libraries) sowie über PLACE/POWER.

Bauele-ment	Bibliothek	Bemerkung
STIM1	source.olb	Digitale Quelle mit 1 Anschlussknoten (1 Bit)
DigClock	source.olb	Digitale Quelle für Taktsignal
7404	eval.olb	Inverter
7408	eval.olb	UND-Gatter mit zwei Eingängen
7411	eval.olb	UND-Gatter mit drei Eingängen
7432	eval.olb	ODER-Gatter mit zwei Eingängen
7474	eval.olb	D-Flipflop
$D_HI	source.olb	High-Potenzial Anschlussstelle mit PLACE/POWER

Lösung (Datei: *dt_sw_parit.opj*)

Legen Sie in CAPTURE ein neues Projekt an und geben Sie die Schaltung nach Bild 6.154 mit den beiden hierarchischen Blöcken und den drei Flipflops ein. Die Zustandsgrößen z_0, z_1 und z_2 sind die Ausgangsgrößen der drei D-Flipflops. Die Flipflops erhalten ihr Taktsignal von der Quelle *DigClock* und werden mit einer Quelle *STIM1* zurückgesetzt. Die Eingangsgröße E wird vorerst mit einer digitalen Quelle *STIM1* gebildet.

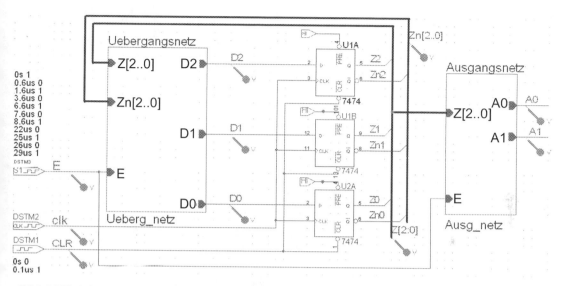

Bild 6.154 Schaltung des Automaten für Paritätprüfung

Markieren Sie das Übergangsschaltnetz und öffnen Sie mit VIEW/DESCEND HIERARCHY die darunter liegende Ebene. Damit wird der Schematic-Ordner *Ueberg_netz* im Project Manager angelegt und eine neue Schaltungsseite geöffnet, in der sich bereits die hierarchischen Ports befinden. Zeichnen Sie entsprechend den Gleichungen die Schaltung (s. Bild 6.155).

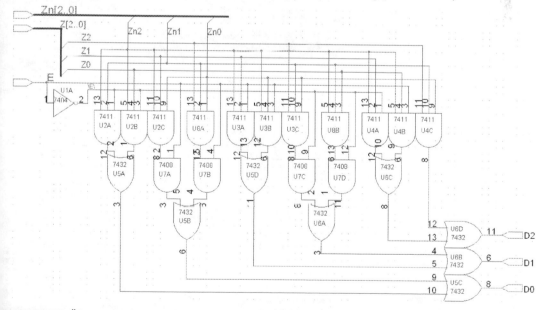

Bild 6.155 Übergangsschaltnetz des Automaten für Paritätsprüfung

Öffnen Sie ebenfalls die zum hierarchischen Block für das Ausgangsschaltnetz gehörende Schaltungsseite (VIEW/DESCEND HIERARCHY) und geben Sie die Schaltung entsprechend den Gleichungen ein (s. Bild 6.156).

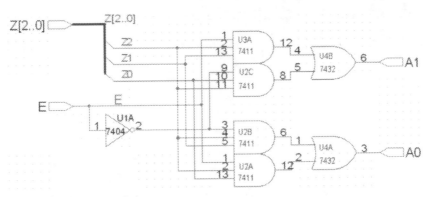

Bild 6.156 Ausgangsschaltnetz

Die Quelle für das Rücksetzsignal *CLR* kann mit folgenden Parametern eingestellt werden:

DSTM1: 0s 0, 0.1us 1

Die digitale Quelle *DigClock*, die das Taktsignal erzeugt, wird folgendermaßen eingestellt:

DELAY=0.5us, ONTIME=0.5us, OFFTIME=0.5us, STARTVAL=0, OPPVAL=1

Das Eingangssignal wird zunächst mit der Quelle DSTM3 generiert. Hier ist ein Beispiel für ein Testmuster:

DSTM3: 0us 1, 0.6us 0, 1.6us 1, 3.6us 0, 6.6us 1, 7.6us 0, 8.6us 1, 22us 0, 25us 1,
26us 0, 20us 1

Legen Sie ein Simulationsprofil für eine Transienten-Analyse an und geben Sie für RUN TO TIME *30us* ein. Setzen Sie an die Ein- und Ausgangsleitungen Spannungsmarker und starten Sie die Simulation. In PROBE erhalten Sie automatisch das Taktsignal sowie das Ein- und Ausgangssignal dargestellt.

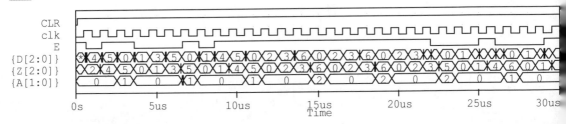

Bild 6.157 Ergebnis der Simulation mit einem einfachen Eingangssignal *E*

Mit jedem Takt geht der Automat abhängig vom Pegel des Eingangssignals einen Zustand weiter durch das Zustandsdiagramm bis er schließlich beim vierten Eingangsbit im Zustand *5* bzw. *6* landet. Dort gibt er dann entweder eins oder zwei für ungerade bzw. gerade Parität aus.

Es ist relativ mühsam mit der Quelle *DSTM3* ein einigermaßen „zufälliges" Bitmuster vorzugeben. Einfacher wird die Sache, wenn man dafür einen Pseudozufallsgenerator einsetzt. Platzieren Sie dafür einen weiteren hierarchischen Block mit den Eingängen *CLR* und *clk* und dem Ausgang *Zufall*. Nehmen Sie für den Block die Schaltung des Pseudozufallsgenerators, wie er in der Aufgabe „Verschlüsselung" im Abschnitt 6.4.12 verwendet wird. In Bild 6.158 sehen Sie die Schaltung. Mit einem zusätzlichen Multiplexer *74157* lässt sich nun wahlweise das Zufallssignal oder das bisherige Quellensignal (DSTM3) zuschalten. Mit derm Zufallsignal ergibt sich ein deutlich abwechslungsreicheres Eingangssignal E.

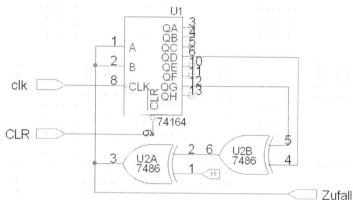

Bild 6.158 Schaltung des Pseudozufallsgenerators

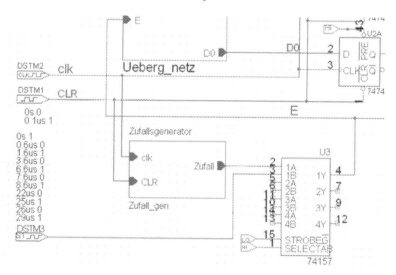

Bild 6.159 Ausschnitt aus Gesamtschaltung: Zufallsgenerator und Multiplexer für Signalauswahl

Mit dieser etwas umfangreicheren Schaltung sind wir am Ende der Sammlung von analogen und digitalen Simulationsbeispielen angekommen. Beginnend bei sehr einfachen bis hin zu komplexeren Schaltungen wurde das Vorgehen bei der Simulation von elektronischen Schaltungen mit PSPICE erläutert. Durch die Auswahl von Bauelementen und Analysearten wurde versucht, eine möglichst breite Basis für den praktischen Einsatz im Berufsleben zu legen. Naturgemäß konnten in dem begrenzten Umfang dieses Buches nicht alle Feinheiten und Spezialitäten von CAPTURE, PSPICE und PROBE behandelt werden. Die Erfahrung mit sehr vielen Studierenden der Fakultät Mechatronik und Elektrotechnik der Hochschule Esslingen zeigt jedoch, dass mit diesen Kenntnissen ein späterer Einsatz von PSPICE auch mit sehr großen Schaltungen leicht möglich ist. Gerade bei großen Schaltungen zeigt sich die Überlegenheit des Schaltplaneditors CAPTURE gegenüber dem Vorgängerprogramm SCHEMATICS. Durch die Möglichkeit komplexe Schaltungen hierarchisch strukturiert eingeben zu können, werden diese deutlich leichter handhabbar.

7 Wie man neue Modelle in CAPTURE einbindet

Die in der Simulation eingesetzten PSPICE-Modelle sind in Bibliotheken untergebracht. Bei den Simulationsbeispielen in den vorhergehenden Kapiteln wurde davon schon rege gebraucht gemacht, ohne genauer auf diese Bibliotheken eingegangen zu sein. Ein in der Simulation eingesetztes Bauteil besteht aus dem Schaltzeichen, das für das Erstellen des Schaltplans benötigt wird, und aus den Informationen für die Berechnung seines Verhaltens. Entsprechend gibt es zwei Arten von Bibliotheken: die *Schaltzeichenbibliotheken* (bzw. Symbolbibliotheken, part library) mit der Dateinamensendung *.olb* in CAPTURE (bzw. *.slb* in SCHEMATICS) enthalten die grafische Information für das Schaltzeichen. Die *Modellbibliotheken* (model library) mit der Dateinamensendung *.lib* dagegen liefern die Informationen für die Erstellung der Netzlisten, mit deren Hilfe das Verhalten des Bauteils berechnet wird.

Tabelle 7.1 Bibliotheken in CAPTURE

Bibliothek	Dateiendung	Aufgabe
Schaltzeichenbibliothek (Symbolbibliothek) part library	.olb	Grafische Informationen für die Darstellung des Schaltzeichens
Modellbibliothek model library	.lib	Informationen zur Erstellung der Netzlisten

Obwohl die Vollversion von CAPTURE bereits die Modelle von mehr als 17.000 (Version 10.0: 20.000) analogen und digitalen Bauteilen beinhaltet, erfordert der technische Fortschritt bei den Bauelementen das ständige Ergänzen von neuen Modellen. Heute bieten die Bauelemente-Hersteller i.d.R. auch SPICE-Modelle zu ihren Bauteilen an. Somit muss der Anwender in den meisten Fällen nur ein bereits vorhandenes Modell in seine Bibliotheken einbauen. Wie man dabei vorgeht wird in der ersten Hälfte dieses Kapitels ausführlich beschrieben.

Übrigens, in der Demo- und Vollversion von OrCAD findet man viele Bauteile ohne Modellbibliothek. Setzt man diese Bauteile für die Simulation ein, so erhält man die Fehlermeldung "*Missing PSpiceTemplate*". Beachten Sie deshalb, dass für die Simulation nur die Bauteile im Ordner *PSpice* geeignet sind.

Gelegentlich hat der Anwender die gleiche Aufgabe, vor der ein Halbleiterhersteller regelmäßig steht, er muss für ein neues Bauteil ein Modell erstellen. Stehen dann die Daten eines Datenblatts und gemessene Kennlinien zur Verfügung, so kann man mit Hilfe des Modell-Editors, einem eigenständigen Programm im OrCAD Programmpaket, relativ leicht zu einem brauchbaren Modell kommen. Für Bauteile, die vom Modell-Editor nicht abgedeckt sind, oder wenn sehr präzise Modelle gefordert werden, muss das Bauteil zunächst individuell durch eine Ersatzschaltung nachgebildet werden, ehe man durch Optimieren der einzelnen Parameter zu einem neuen Modell kommt. Auf die Vorgehensweise bei der Erstellung eines neuen Modells wird in der zweiten Hälfte dieses Kapitels ab Abschnitt 7.4 eingegangen.

Auch die Demoversion von PSPICE gestattet die Einbindung weiterer Bibliotheken. Gegenüber der Vollversion gibt es jedoch eine Begrenzung auf maximal 15 Bauelemente in einer Bibliothek. Sind mehr Bauelemente in einer Bibliothek, so können Änderungen an Bauelementen nicht mehr gespeichert werden. Weiterhin ist die Gesamtzahl der gleichzeitig nutzbaren

Bibliotheken auf maximal 10 begrenzt. Nach der Installation der Demoversion (V9.1) haben Sie bereits die in Tabelle 7.2 aufgeführten Schaltzeichenbibliotheken vorgefunden.

Tabelle 7.2 Schaltzeichenbibliotheken der Demoversion

Bibliothek	Inhalt
abm.olb	Mathematische Operationen für die Modellbildung
analog.olb	Widerstände, Spulen, Kondensatoren, Trafo, Leitungen u.a.
analog_p.olb	Einfache R, L, C Bauteile
breakout.olb	Bauteile mit veränderbaren Modellparametern
capsym.olb	Ports für hierarchischen Schaltungsaufbau
eval.olb	Alle Halbleiter, insbesondere auch logische Schaltkreise
source.olb	Alle Quellen (Spannungsquellen, Stromquellen) u.a.
sourcstm.olb	Stimuluseditor
special.olb	u.a. das Parametersymbol PARAM

Da es möglich ist, Schaltzeichenbibliotheken, die in einem Design gerade nicht benötigt werden, abzumelden, können auch in der Demoversion noch eine Reihe zusätzlicher Bauteile verwendet werden. Man muss also genau wissen, welche Bibliotheken für ein Design momentan erforderlich sind. Die zugehörigen Rechenmodelle sind in der Demoversion hauptsächlich in der Modellbibliothek *eval.lib* integriert. Zusätzlich gibt es nur noch die Modellbibliothek *breakout.lib*. In der Vollversion ist die Anzahl der Modellbibliotheken wesentlich größer. Damit bei einem Design nicht eine große Liste von Modellbibliotheken angegeben werden muss, gibt es die Datei *nom.lib*, in der die vorhandenen Modellbibliotheken aufgeführt sind.

Wenn man neue Modelle einbindet, muss man genau wissen, in welchem Verzeichnis die Dateien abzulegen sind. Bei der Demoversion 9.1 liegen Schaltzeichen- und Modellbibliotheken im selben Verzeichnis, bei der Version 10.0 in verschiedenen Verzeichnissen (s. Tabelle 7.3).

Tabelle 7.3 Verzeichnisse, in denen sich die Bibliotheken befinden

Bibliotheken	Version 9.1	Version 10.0
Schaltzeichen-bibliotheken (*.olb*)	OrCAD_Demo_91\ Capture\Library\Pspice	OrCAD_Demo_10\tools\ capture\library\pspice
Modell-bibliotheken (*.lib*)		OrCAD_Demo_10\tools\ pspice\library

7.1 Modelle von neuen Bauteilen einbinden

In diesem Abschnitt wollen wir Lösungen für folgendes Problem betrachten: Sie benötigen in einer Schaltung ein Bauteil, das noch in keiner Bibliothek vorhanden ist. Vom Hersteller haben Sie aber eine Datei mit dem PSPICE-Modell des Bauteils erhalten. Da die zur Verfügung gestellten Modelle von sehr unterschiedlicher Art sein können, werden wir die Vorgehensweise anhand von verschiedenen Beispielen betrachten.

Grundsätzlich müssen Sie folgende Aktivitäten beherrschen, um neue Bauteile erfolgreich in PSPICE integrieren zu können.

* neue Modellbibliotheken (*.lib*) erstellen
* Modellbibliotheken bei PSPICE anmelden
* neue Schaltzeichenbibliotheken (*.olb*) erstellen
* Schaltzeichenbibliotheken bei PSPICE an- und abmelden

Die Modelle, welche die Bauelemente-Hersteller zur Verfügung stellen, können von sehr unterschiedlicher Art sein. Im günstigsten Fall erhalten Sie eine Modellbibliothek *.lib* und eine Schaltzeichenbibliothek *.olb*. Dann ist die meiste Arbeit schon gemacht und Sie müssen nur noch die folgenden Aktivitäten erledigen:

- Die beiden Bibliotheken im richtigen Verzeichnis (s. Tabelle 7.3) ablegen.

- Mit dem Befehl PLACE/PARTS im Eingabefenster "*Place Part*" über die Schaltfläche "*Add Library*" die neue Schaltzeichenbibliothek *.olb* auswählen.

- Die Modellbibliothek *.lib* im Eingabefenster "*Simulation Settings*" in der Karteikarte "*Libraries*" anmelden. Wenn Sie das vergessen, so erhalten Sie folgende typische Fehlermeldung:

  ERROR -- Subcircuit xyz used by XYZ is undefined

  Die Modellbibliotheksdatei *.lib* ist grundsätzlich eine reine Textdatei mit ASCII-Zeichen.

Leider geht es nicht immer so einfach. Nicht immer sind die benötigten Modelle der Hersteller als einzelne Dateien erhältlich. Häufig sind sie in eine große Datei gepackt (Bsp.: *ti_spice_models.zip*), die zunächst einmal entpackt werden muss. Danach findet man u.U. eine große Menge von Unterverzeichnissen vor, in denen die einzelnen Modelle wieder gepackt sein können. Diese können dann in sehr unterschiedlicher Form vorliegen. In der folgenden Tabelle sind einige der häufig auftretenden Fälle aufgeführt.

Tabelle 7.4 Bibliotheken können in unterschiedlichen Dateitypen vorkommen

Fall	Dateiendung	Bedeutung
a	*.lib* und *.olb*	Beide Bibliotheken sind bereits vorhanden und können direkt verwendet werden.
b	nur *.lib*	Die Schaltzeichenbibliothek muss noch erstellt werden.
c	*.mod*	Es muss zunächst eine Modellbibliothek *.lib* und danach eine Schaltzeichenbibliothek *.olb* erstellt werden.
d	*.txt*	Das Modell liegt nur als reine Textdatei vor. Es muss daraus eine Modellbibliothek *.lib* und danach eine Schaltzeichenbibliothek *.olb* erstellt werden.
e	*.cir*	Das Modell liegt nur als Simulationsdatei *.cir* vor. Die Modellbeschreibung muss näher betrachtet und evtl. ergänzt oder verändert werden, ehe eine Modellbibliothek *.lib* und danach eine Schaltzeichenbibliothek *.olb* erstellt werden.
f	keine Dateiendung	Die Modellbeschreibung muss näher betrachtet und evtl. ergänzt oder verändert werden, ehe eine Modellbibliothek .lib und danach eine Schaltzeichenbibliothek *.olb* erstellt werden.

In den Fällen b bis e wird zunächst der Modell-Editor benötigt, ehe das Schaltzeichen angelegt werden kann. Im Fall b erzeugt der Modell-Editor aus der Datei *.lib* eine Schaltzeichendatei *.olb* mit einem evtl. noch provisorischen Symbol für das Bauteil (Befehle: FILE/NEW, FILE/OPEN, FILE/CREATE CAPTURE PARTS). Basiert das Modell auf dem PSPICE-Befehl .MODEL, dann wird das automatisch erzeugte Symbol in vielen Fällen nur geringfügig zu korrigieren sein. Besteht das Modell jedoch aus einer Subcircuit-Beschreibung, so wird nur ein Standard-Rechteck mit den Anschlüssen erzeugt. Dann ist noch viel Handarbeit mit der Schaltzeichendatei erforderlich.

Im Fall c handelt es sich um eine Modelldatei, die sehr leicht mit dem Modell-Editor in eine Bibliotheksdatei *.lib* transformiert werden kann (Befehle: FILE/NEW, MODEL/IMPORT und anschließend speichern). Danach ist wie bei b noch die Schaltzeichendatei *.olb* zu erzeugen.

Bei d liegt das Modell in Form einer Textdatei *.txt* vor. In diesem Fall muss man sich den Inhalt der Datei genauer anschauen. Häufig kann jedoch die Textdatei unmittelbar in eine Bibliotheksdatei *.lib* umbenannt werden. Dann geht es wie im Fall b beschrieben weiter.

Im Fall e liegt das Modell als eine PSPICE-Simulationsdatei vor, d.h. sie enthält neben der eigentlichen Modellbeschreibung noch Netzwerkangaben zu Quellen sowie Anweisungen für die Simulation. Man muss nun zunächst die eigentliche Modellbeschreibung lokalisieren, herauskopieren und in eine Bibliotheksdatei *.lib* umwandeln. In den meisten Fällen wird dabei das Bauteil durch ein Unternetzwerk (Subcircuit, .SUBCKT) beschrieben sein. Ein wesentlicher Teil der Arbeit besteht dann darin, die richtigen Anschlussknoten des Modells festzustellen und das Subcircuit entsprechend abzuändern bzw. zu ergänzen. Danach geht es wie im Fall b beschrieben weiter.

Der Fall f hat Ähnlichkeit mit Fall d. Man muss zunächst die Modellbeschreibung genau untersuchen, bevor man die weitere Vorgehensweise festlegen kann.

Grundsätzlich liegen als Ergebnis der obigen Aktionen zwei einzelne Bibliotheksdateien (*.lib* und *.olb*) für ein Bauteil vor. Für wenige zusätzliche Bauteile ist dies akzeptabel. Grundsätzlich ist es aber übersichtlicher, Bauteile in größeren Bibliotheken zusammen zufassen, wie Sie dies bereits von den in der Demoversion vorhandenen Bibliotheken kennen. Wir werden dies in einem späteren Abschnitt noch näher betrachten.

7.1.1 Typen von Modellbeschreibungen

In PSPICE können Bauelemente auf zwei verschiedene Arten modelliert werden, mit dem PSPICE-Befehl .MODEL oder als Unternetzwerk mit dem Befehl .SUBCKT.

Mit dem Befehl .MODEL kann auf die Modellbeschreibung von elementaren Bauelementen in PSPICE zugegriffen werden.

 .MODEL <modellname> <modelltyp>

Angefangen von einfachen passiven Bauelementen wie ohmscher Widerstand, Spule und Kondensator bis zu Halbleiterbauteilen wie Diode, npn-Bipolartransistor oder MOSFET sind in PSPICE bereits zahlreiche Modelle vorhanden, auf die über den Modelltyp (<modelltyp>) zugegriffen wird. Der einzelne Modelltyp kann über eine Fülle von Parametern an das jeweilige reale Bauelement angepasst werden. Der Vorteil ist offensichtlich, man muss "nur" noch die passenden Parameterwerte ermitteln, einen geeigneten Modellnamen (<modellname>) vergeben und schon ist das Modell in der Modellbibliothek *.lib* fertig. In vielen Fällen wird dann der Modell-Editor sogar das richtige Schaltsymbol anlegen und die Arbeit ist getan. Beispielsweise sieht das Modell für einen Bipolartransistor für die Beschreibung des Verhaltens über 50 Parameter vor. In der Praxis werden jedoch nur wenige dieser Parameter verwendet. Für den Rest wird mit vorgegebenen Werten gearbeitet. Die Parameter werden von den Herstellern durch Anpassung des simulierten Verhaltens des Bauteils an das reale Verhalten ermittelt (s.a. 7.4.3).

Tabelle 7.5 Beispiele für Modelltypen

Modelltyp	Art des Elements
RES	Ohmscher Widerstand
CAP	Kondensator
IND	Spule
D	Diode
NPN	Npn-Bipolartransistor
NJF	n-Kanal Sperrschicht-FET
NMOS	n-Kanal MOSFET
CORE	Nichtlinearer magnetischer Kern

Komplexere Bauelemente, wie beispielsweise ein Operationsverstärker, benötigen zur Modellierung verschiedene der o.g. elementaren Bauteile, die auf geeignete Weise verschaltet werden müssen. Man spricht dann von so genannten Makromodellen. Ein Makromodell beschreibt das funktionale Verhalten eines Bauelements unabhängig von der tatsächlichen (physikalischen) Schaltungsstruktur. Das Bauteil wird also als "Black Box" von außen betrachtet. Es setzt sich aus bekannten Bauteilen wie Widerständen, Kondensatoren und Transistoren zusammen, die so verschaltet werden, dass sie das gewünschte Klemmenverhalten zeigen. Zusätzlich müssen dann noch die zahlreichen Parameter der verschalteten Bauteile optimiert werden. Ein Makromodell ist also eine PSPICE-Schaltung zur Simulation des Verhaltens eines bestimmten komplexeren Bauteils. Damit die hiermit ermittelte Schaltungsbeschreibung als Modell des Bauteils in anderen Schaltungen integriert werden kann, muss die ermittelte Struktur isoliert werden. Dazu bietet PSPICE mit dem Befehl .SUBCKT die Möglichkeit, so genannte Subcircuits (Unterschaltkreise) zu generieren. Unter einem Subcircuit versteht man eine Teilschaltung, die in einer eigenen Datei oder in einer Bibliothek abgelegt ist und dann für beliebige Schaltungen wieder aufgerufen werden kann.

.SUBCKT <sub_name> [sub_knoten]

Jedem Unterschaltkreis wird ein individueller Name (<sub_name>) vergeben. Er ist über eine Liste von Knotennamen (<sub_knoten>) mit der Außenwelt verbunden. Die richtige Zuordnung dieser Knotennamen zu den einzelnen Anschlüssen eines Bauteils (z.B. Ein- und Ausgänge eines Operationsverstärkers) ist ein ganz wichtiger Punkt bei der Einbindung eines solchen Modells. Ein Subcircuit besteht meistens aus einem oder mehreren eingebundenen PSPICE-Modellen (.MODEL), deren Definition Bestandteil der Beschreibung des Unterschaltkreises ist. Die Beschreibung endet mit dem Befehl .ENDS.

Aufgrund der komplexen und individuellen Beschreibung eines Bauteils als Subcircuit ist der Modell-Editor nicht in der Lage, das richtige Schaltzeichen anzulegen. Stattdessen wird lediglich ein Rechtecksymbol mit allen Anschlüssen erzeugt.

7.2 Einbinden eines neuen Bauteils mit vorhandenem Modell

In diesem Abschnitt werden wir anhand von drei Beispielen das Einbinden von vorhandenen Modellen lernen. In allen Beispielen ist jedoch nur eine Modellbeschreibung gegeben. Zunächst betrachten wir das Modell des bekannten Bipolartransistors *BC550C*, das auf dem Befehl .MODEL basiert. Danach werden wir eine Leuchtdiode einbinden, deren Beschreibung als Subcircuit vorliegt. Zuletzt runden wir die Erläuterung mit dem umfangreichen Modell des Operationsverstärkers *OPA1013* ab, der zweifach in einem Gehäuse untergebracht ist.

7.2.1 Integration eines neuen Transistors

Wir wollen in diesem Abschnitt das Modell des Transistors *BC550C* in CAPTURE einfügen. Im Internet kann man vom Hersteller folgende Modellbeschreibung finden:

```
* BC549/550 NPN EPITAXIAL SILICON TRANSISTOR ELECTRICAL PARAMETERS
* Switching and Amplifier
* Vcbo & Vceo: BC549(Vcbo:30V / Vceo:30V)
*         BC550(Vcbo:50V / Vceo:45V)
* MODEL PARAMETERS FROM MEASURED DATA: BC549
*-----------------------------------------------------------------
.MODEL  BC549/550 NPN LEVEL=1 IS=2.24183E-14 NF=0.996496
+ ISE=1.90217E-14 NE=2 BF=228.4 IKF=0.211766 VAF=161.939
+ NR=0.993 ISC=4.7863E-15 NC=0.996 BR=12.1807 IKR=0.3423
+ VAR=123.229 RB=167.033 IRB=7.079458E-05 RBM=1.12256
+ RE=0.036 RC=0.79 XTB=1.65 EG=1.1737 XTI=3 CJE=1.87E-11
+ VJE=0.732 MJE=0.33 CJC=6.16E-12 VJC=0.395 MJC=0.251
+ XCJC=0.6192 FC=0.5 TF=518.15E-12 XTF=10 VTF=10 ITF=1 TR=10.000E-9
* -----------------------------------------------------------------
* FAIRCHILD     CASE: TO-92     PID: BC549/550
* APR-12-2001 CREATION
```

Kommentarzeilen beginnen mit einem Stern. Die Modellbeschreibung basiert also auf dem PSPICE-Befehl .MODEL für einen NPN-Transistor. Nach dem Ausdruck *".MODEL BC549/550 NPN"* folgen die spezifischen Parameterwerte des Modells für diesen Transistortyp. Da nicht alle Parameter in eine Zeile passen, folgen sie in den nächsten Zeilen, beginnend mit einem '+'-Zeichen. Die Modellbeschreibung des Herstellers ist für die beiden Typen *BC549* und *BC550* identisch. Die Messdaten basieren auf dem Typ *BC549*.

Diese Modellbeschreibung muss jetzt nur noch in einer Bibliotheksdatei mit der Endung *.lib* abgelegt werden. Mit einem einfachen Texteditor legen wir eine reine Textdatei mit dem Namen *BC550.lib* an und kopieren die obige Modellbeschreibung hinein.

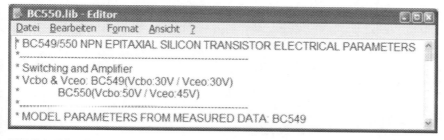

Bild 7.1 Editorfenster mit Modellbeschreibung des Transistors BC550C

Für den Transistor *BC550C* liegt jetzt also die Modellbeschreibung fest. Es fehlt allerdings noch das zugehörige Schaltzeichen in der Bibliothek *BC550.olb*. Um dieses erzeugen und hinzufügen zu können, gibt es in dem Programmpaket OrCAD ein Modul "Model Editor". Sie finden dieses Programm über die Start-Taste von Windows unter Programme im Ordner von PSPICE bzw. ORCAD. Klicken Sie dort auf *"PSPICE Model Editor"*. Es öffnet sich darauf ein neues Fenster mit der Bezeichnung *"OrCAD Model Editor"* (bzw. *"PSPICE Model Editor"* in Version 10.0).

Zunächst müssen Sie eine bestehende Modellbibliothek öffnen (FILE/OPEN) oder eine neue erstellen (FILE/NEW). Da wir bereits eine Modellbibliothek *BC550.lib* erstellt haben, öffnen wird diese. Wir finden dann ein Fenster mit der Bezeichnung "Models List" und darin den Eintrag, dass für den Bipolartransistor (BJT) *BC549/550* ein Modell vorhanden ist. Markiert man diesen Eintrag, so sieht man im rechten Fensterteil die zugehörige Modellbeschreibung.

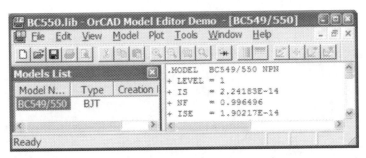

Bild 7.2 Fenster des Modell-Editors mit geöffneter Bibliothek *BC550.lib*.

Markieren Sie nun den Eintrag *BC549/550* im linken Fensterteil und öffnen Sie über FILE/CREATE CAPTURE PARTS das Dialogfenster "*Create Parts for Library*". Hier finden Sie zwei Eingabefelder. Im oberen müssen Sie den Pfad und den Namen der Modellbibliothek angeben. In unserem Fall also *BC550.lib*. Sobald Sie diese Eingabe gemacht haben, bietet Ihnen der Modell-Editor im unteren Eingabefeld den gleichen Dateinamen mit dem Zusatz *.olb* für die Schaltzeichendatei an. In unserem Fall ist das richtig. Wir können also über die Schaltfläche *OK* quittieren. Sie haben aber auch die Möglichkeit, hier einen anderen Bibliotheksnamen zu wählen. Es folgt noch ein Statusfenster des Modell-Editors, in dem die durchgeführten Aktionen notiert sind. In der letzten Zeile sollte *0 Error* und *0 Warning* stehen. Damit hat der Modell-Editor seine Aufgabe erledigt und Sie können ihn wieder schließen (FILE/EXIT).

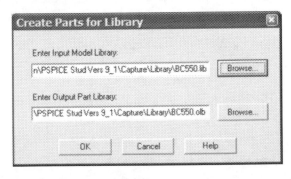

Bild 7.3
Dialogfenster "Create Parts for Library" zum Erzeugen einer Schaltzeichenbibliothek

 Gehen Sie nun in CAPTURE und öffnen Sie dort mit FILE/OPEN LIBRARY die neu erstellte Bibliothek *BC550.olb*. Sie finden dort im Projektmanager das neue Bauteil *BC549/550*. Nach einem Doppelklick auf diesen Eintrag öffnet sich eine Zeichenoberfläche mit dem Schaltzeichen des Transistors. Wie beabsichtigt, ist es ein NPN-Transistor. Da das Modell dieses Bauteils auf dem PSPICE-Befehl *.MODEL* für einen Bipolartransistor basiert, ist in CAPTURE bereits ein Symbol vorhanden. Wir hätten jetzt die Möglichkeit, das Symbol an unsere Vorstellungen anzupassen. Wir werden das an dieser Stelle jedoch nicht tun und stattdessen dieses Fenster mit Klick auf die Schaltfläche ▣ verlassen. Die Aufforderung zu speichern beantworten Sie bitte mit ja.

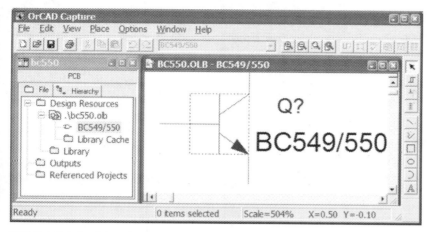

Bild 7.4 Schaltzeichen des neuen Transistors BC549/550

Das neue Bauteil *BC550C* ist nun vollständig angelegt. Ehe wir zu weiteren Themen kommen, wollen wir hier noch einen kurzen Funktionsnachweis erbringen, indem wir die Ausgangs-kennlinien des Transistors simulieren. Da die Vorgehensweise hierfür bereits ausführlich im Abschnitt 5.3.1. erläutert wurde, können wir uns hier auf die wichtigsten Punkte beschränken.

Legen Sie ein neues Projekt "*Test_Trans*" an und geben Sie die folgende Schaltung ein. Im Dialogfenster "*Place Part*" müssen Sie dazu die neue Bibliothek *BC550.olb* einbinden.

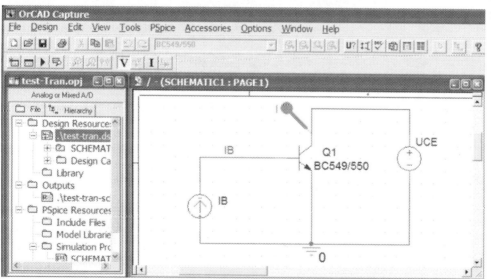

Bild 7.5 Testschaltung mit dem neuen Transistor *BC549/550* zum Simulieren der Ausgangskennlinien

Legen Sie dann unter "*Simulation Settings*" die Einstellung für die Simulation fest. Es wird eine DC-Sweep-Analyse für *UCE* mit überlagerten DC-Sweep für *IB* benötigt. Starten Sie dann die Simulation. In Probe wird die Simulation jedoch mit folgender Fehlermeldung vorzei-tig abgebrochen:

ERROR -- Model BC549/550 used by Q_Q1 is undefined

Dies liegt daran, dass PSPICE nicht die erforderliche Modellbibliothek *BC550.lib* finden konnte. Jede benötigte Modellbibliothek muss bei der Einstellung der Simulationsparameter explizit angegeben werden. Gehen Sie deshalb wieder in CAPTURE zurück und öffnen Sie dort nochmals das Fenster "*Simulation Settings*" und klicken Sie dort auf den Reiter "Libraries". Sie sehen nun in der Mitte ein größeres Feld mit der Bezeichnung "Library files". Dort steht normalerweise mindestens der Eintrag "nom.lib". Es handelt sich dabei um eine Bibliotheksdatei, welche in der Demoversion wiederum die beiden wichtigen Modellbibliotheken "breakout.lib" sowie "eval.lib" hinzufügt. Darunter finden Sie ein Eingabefeld für den Pfad, unter dem PSPICE die Bibliotheken finden kann. In der Demoversion 9.1 ist dies in CAPTURE das Unterverzeichnis LIBRARY/PSPICE (s.a. Tabelle 7.3).

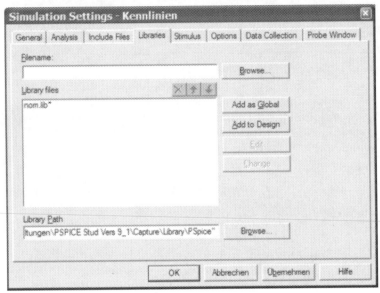

Bild 7.6 Eingabefenster "*Simulation Settings*" zum Eintragen der benötigten Modellbibliotheken

Wir wollen nun die neue Bibliothek *BC550.lib* hinzufügen. Klicken Sie deshalb auf die Schaltfläche "*Browse*", wählen Sie das entsprechende Verzeichnis sowie die Datei und beenden Sie mit OK. Es sollte nun im Eingabefeld "*Filename*" die gewählte Datei einschließlich Pfad eingetragen sein. Sie können nun wählen, ob diese Bibliotheksdatei nur für dieses Design (Testschaltung) verwendet werden soll oder grundsätzlich bei allen Schaltungen. Wir entscheiden uns für den zweiten Fall und klicken deshalb auf die Schaltfläche "*Add as Global*". Danach ist der Filename im Feld "*Library files*" zu sehen. Schließen Sie jetzt mit "*OK*" das Fenster "*Simulation Settings*" und wiederholen Sie die Simulation. Nun sollte keine Fehlermeldung mehr auftreten und in PROBE sollten die Ausgangskennlinien dargestellt werden.

Sie haben also jetzt Ihr erstes Modell eines neuen Bauteils von einem Hersteller in PSPICE integriert. Solange Sie Modelle verwenden, die auf dem PSPICE-Befehl .MODEL beruhen, ist das Hinzufügen der entsprechenden Symbole kein Problem, da diese in der Regel bereits vorhanden sind.

Im nächsten Beispiel wollen wir nun ein Bauteil integrieren, das in Form eines Makromodells beschrieben ist.

7.2.2 Integration eines Modells für eine rote Leuchtdiode

Im folgenden wird ein Bauteil *LED_rt* für eine rote Leuchtdiode angelegt. Das Modell liegt als Subcircuit vor, in dem zwei Dioden, ein Widerstand sowie eine Stromquelle verschaltet sind. Die beiden Dioden sind als Basismodelle mit dem Befehl .MODEL mit speziellen Parameterwerten definiert.

```
* LED_rt.lib
.SUBCKT  LED_rt  10 20
I1  20  15   7.0
D1  10   20   D_a
D2  10   15   D_b
R1  15   20   .1   TC=-6.27E-3,-2.33E-7
*
.MODEL D_a  D ( IS=1.0E-15  RS=100  N=2.15  TT=10.0E-09 CJO=8.285237E-11
+ VJ=1.2076937 M=0.4053107 EG=1.664 XTI=10.78 KF=0 AF=1
+ FC=0.4340008 BV=5.0 IBV=1E-4)
.MODEL D_b  D ( IS=9.0E-15 RS=0.30 N=1.2 TT=0 CJO=0 VJ=1 M=0.5
+ EG=0.1 XTI=-3.84 KF=0 AF=1 FC=0.5 BV=10.0E+13 IBV=0.001)
.ENDS LED_rt
```

Das Modell beschreibt die Leuchtdiode mit folgender Ersatzschaltung:

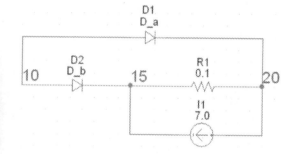

Bild 7.7
Ersatzschaltung für das Modell einer roten Leuchtdiode LED_rt

Die Netzliste beginnt mit dem PSPICE-Befehl *.SUBCKT* gefolgt von dem Bauteilnamen *LED_rt* und den beiden Anschlussbezeichnungen 10 und 20. Die Namen der Anschlussbezeichnungen sind grundsätzlich die wichtigsten Verbindungspunkte zum Symbol in der Schaltzeichenbibliothek. Der PSPICE-Befehl *.ENDS* schließt die Netzliste ab.

Kopieren Sie mit einem Texteditor dieses Modell in eine neue Datei mit dem Namen *LED_rt.lib* . Damit ist die Modellbibliothek erstellt. Jetzt fehlt noch das Schaltzeichen einer Leuchtdiode in der Bibliothek *LED_rt.olb*. Um dieses erzeugen und hinzufügen zu können, benötigen Sie wieder den Modell-Editor (s. Transistor BC550). Öffnen Sie zunächst die Modellbibliothek *LED_rt.lib* (FILE/OPEN) und markieren Sie den Eintrag "*LED_RT*. Öffnen Sie über FILE/CREATE CAPTURE PARTS das Eingabefenster "*Create Parts for Library*" und geben Sie im oberen Eingabefeld den Pfad und Namen der Modellbibliothek *LED_rt.lib* an. Sobald Sie diese Eingabe gemacht haben, bietet Ihnen der Modell-Editor im unteren Eingabefeld den gewünschten Dateinamen *LED_rt.olb* für die Schaltzeichendatei an. Nach dem Quittieren mit der Schaltfläche OK wird für das neue Bauteil ein Schaltzeichen angelegt. Verlassen Sie nun den Modell-Editor und öffnen Sie in CAPTURE die Schaltzeichenbibliothek *LED_rt.olb* (FILE/OPEN LIBRARY).

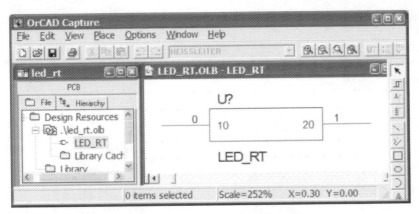

Bild 7.8 Geöffnete Schaltzeichendatei *LED_rt.olb* mit dem neuen Bauteil *LED_RT*

Das neue Bauteil *LED_RT* ist in der Bibliothek vorhanden, aber der Modell-Editor hat für das Bauteil nur ein Standardsymbol für ein zweipoliges Bauteil angelegt, wie Sie leicht durch einen Doppelklick auf den Bauteilnamen im Projektmanager sehen können. Wir müssen also zunächst die Zeichnung löschen und ein neues Symbol zeichnen. Klicken Sie auf den Rand des Rechtecks. Sie sehen dann einen gestrichelt dargestellten Rahmen, welcher die grafischen Elemente im Bauteil-Editor begrenzt. Vergrößern Sie diesen durch Ziehen an den Ecken nach allen Seiten. Die Anschlüsse des Bauteils gehen dabei mit nach außen. Es erfordert etwas Fingerspitzengefühl, den Begrenzungsrahmen vom Rechteck des Bauteils zu trennen. Löschen Sie dann alle Elemente innerhalb der Box. Wenn Sie mit dem Zoom-Symbol die Darstellung so weit wie möglich vergrößern, wird es Ihnen leichter fallen, das neue Symbol zu zeichnen. Auf der Zeichenoberfläche sollten die Rasterpunkte sichtbar sein. Wenn nicht, können Sie diese über OPTIONS/PREFERENCES unter GRID DISPLAY sichtbar machen (PART AND SYMBOL GRID VISIBLE).

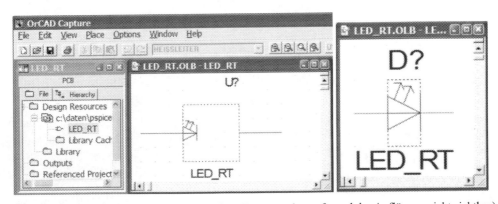

Bild 7.9 Symbol einer LED im Bauteil-Editor (Rasterpunkte aufgrund der Auflösung nicht sichtbar) links: Begrenzungsbox noch geweitet, rechts: fertig

Das Dreieck des LED-Symbols hat eine Größe von einem Raster in der Höhe und Breite. Um das Dreieck mittig zwischen den Pins platzieren zu können, muss das Platzierungsraster über das Ikon deaktiviert werden. Die Zeichnung wird über den Befehl PLACE/LINE oder über das Ikon platziert. Es ist nicht ganz einfach und Sie werden vermutlich häufiger einzelne Zeichnungsteile wiederholen müssen. Sobald Sie damit fertig sind, schalten Sie das Raster wieder ein.

Markieren Sie die gestrichelte Begrenzungsbox und ziehen Sie diese an den Ecken wieder zum Bauteil hin. Die rot dargestellten Anschlüsse des Bauteils sind jetzt im Vergleich zu anderen Dioden-Bauteilen noch zu lang. Führen Sie deshalb einen Doppelklick auf einem Anschluss aus. Es öffnet sich dann das Fenster *"Pin Properties"*. Ändern Sie im Eingabefeld *"Shape"* die Größe des Anschlusses auf *"Short"* und wählen Sie im Feld *"Type"* den Anschlusstyp *"Passive"*. Machen Sie es ebenso beim anderen Anschluss.

Tabelle 7.6 Mögliche Formen eines Anschlusses (Eingabefeld *"Shape"*)

	Clock	Taktsymbol
	Dot	Negation
	Clock-Dot	Negiertes Taktsymbol
	Line	Normaler Anschluss, drei Raster lang
	Short	Normaler Anschluss, ein Raster lang
	Zero-Length	Normaler Anschluss mit Rasterlänge 0

Tabelle 7.7 Anschlusstypen (Eingabefeld *"Type"*)

3 State	Ein 3-State-Anschluss hat drei mögliche Zustände: low, high und hochohmig
Bidirectional	Ein bidirektionaler Anschluss ist entweder ein Eingang oder ein Ausgang
Input	Ein Eingangsanschluss, an den ein Signal angelegt wird
Open Collector	Ein Open-Collector-Ausgang hat keinen Kollektor-Widerstand. Dieser Anschluss wird benötigt, um "wired-or"-Verbindung mit anderen Ausgängen zu machen.
Open Emitter	Ein Open-Emitter-Ausgang hat keinen Emitter-Widerstand. Er muss extern hinzugefügt werden.
Output	An einen Ausgangs-Anschluss legt das Bauteil ein Signal.
Passive	Ein passiver Anschluss wird typischerweise an ein passives Bauteil gelegt, das selbst keine Energiequelle hat. Bsp.: Anschlüsse eines Widerstands.
Power	An einen Power-Anschluss muss entweder eine Quelle oder die Masse angeschlossen werden. Sie werden beispielsweise bei Logik-Bausteinen verwendet. Power-Anschlüsse sind unsichtbar.

Es sind noch einige Eigenschaften des Bauteils einzustellen. Führen Sie deshalb außerhalb des Bauteilsymbols auf der Zeichenoberfläche einen Doppelklick aus. Es öffnet sich dann das Fenster *"User Properties"*. Markieren Sie den Namen der Eigenschaft *"Pin Names Visible"*. Es erscheint darauf der Wert dieser Eigenschaft im Eingabefeld darunter. Ändern Sie diesen in *"False"*, so dass die Namen der Anschlüsse nicht mehr am Symbol angezeigt werden. Machen

Sie es ebenso mit den Anschlussnummern ("*Pin Numbers Visible*"). Bei "*Implementation Type*" sollte stehen, dass es sich um ein PSpice-Modell handelt. Bei "*Implementation*" sollte der Name des zugehörigen Modells "*LED_RT*" stehen. Weiterhin sollte die Eigenschaft "*PSpice-Template*" mit dem Value "*X^@REFDES %10 %20 @MODEL*" vorhanden sein. Diese drei Eigenschaften wurden vom Modell-Editor angelegt und bilden die Verbindung zur Modellbeschreibung (mehr dazu im Abschnitt 7.4). Schließen Sie dann das Fenster "*User Properties*" wieder.

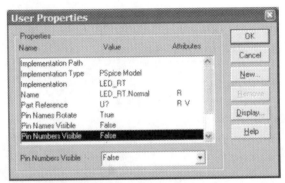

Bild 7.10 Eingabefeld "*User Properties*" zum Festlegen der Symboleigenschaften

Unser Bauteilsymbol ist nun nahezu fertig. Der Modell-Editor hat den *Part Reference Prefix* dieses Bauteils auf *U* festgelegt. Für eine Leuchtdiode wäre allerdings der Buchstabe *D* passender. Öffnen Sie dazu über den Befehl OPTIONS/PACKAGE PROPERTIES das Fenster "*Edit Part Properties*" und ändern Sie dort den "*Part Reference Prefix*" auf *D*. Das Häkchen bei "*Pin Number Visible*" bitte wegklicken, wir wollen ja die Pin-Nummern nicht sichtbar haben. Schließen Sie dann dieses Dialogfenster und anschließend den Schaltzeicheneditor. Befolgen Sie die Aufforderung zum Speichern. Das Schaltzeichen ist nun fertig und in der Schaltzeichenbibliothek *LED_rt.olb* verfügbar.

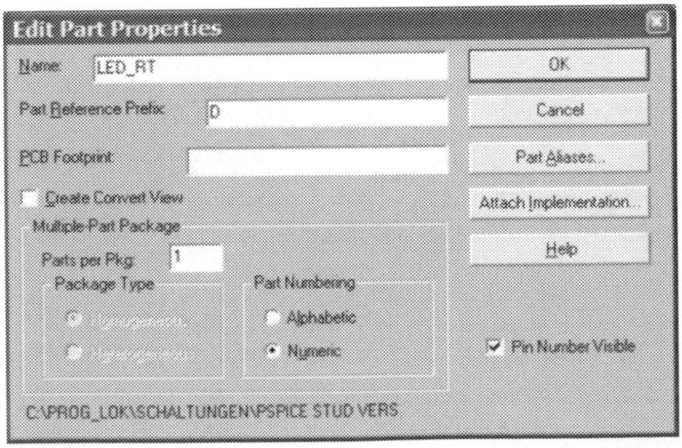

Bild 7.11 Fenster "*Edit Part Porperties*" zum Ändern des "*Part Reference Prefix*"

Hinweis:
Die Demoversion erlaubt maximal 15 Bauteile in einer Bibliothek. Einige mitgelieferte Bibliotheken enthalten weit mehr als 15 Bauteile. Das hat dann zur Folge, dass Sie diese Symbole

nicht verändern können. Es ist zwar möglich, den Bauteil-Editor zu öffnen, wenn Sie den auftretenden Warnhinweis durch einen Klick bestätigen. Sie können aber evtl. Änderungen nicht
mehr speichern.

Test des neuen Bauteils LED_RT:

Das neue Bauteil wollen wir wieder testen, indem wir seine Kennlinie simulieren. Wir erzeugen dazu wie im Abschnitt 5.1.1 die Durchlasskennlinie der roten LED. In PROBE können wir
dann leicht erkennen, dass die Durchlassspannung bei ca. 1,5V liegt, einem durchaus praxis-
nahen Wert für eine rote Leuchtdiode.

7.2.3 Einbindung eines Bauteils mit zwei Einheiten im Gehäuse

Wir wollen nun den single-supply Präzisions-Operationsverstärker OPA1013 von TI (früher
Burr-Brown) integrieren. Jeweils zwei dieser OPs sind in einem 8-Pin-DIP-Gehäuse untergebracht. Dabei sollen speziell auch die Pin-Nummern (Packaging) berücksichtigt werden.

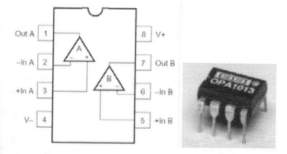

Bild 7.12 Anschlüsse des *OPA1013* in einem DIP-Gehäuse

Texas Instruments stellt seine PSPICE-Modelle in der Datei *ti_spice_models.zip* zur Verfügung. Nach dem Entpacken enthält man sehr viele Unterverzeichnisse, jeweils für ein Bauteil.
Teilweise liefert TI die Modelle bereits für CAPTURE aufbereitet als *name.lib* und *name.olb*,
sodass die Bauteile sofort eingesetzt werden können. Einige Modelle liegen auch noch zusätzlich als Subcircuit-Beschreibung in einer Textdatei oder aufbereitet für das Programm
WORKBENCH vor.

Viele Hersteller bieten ihre Modelle auch in unterschiedlichen Niveaus an. Als Beispiel wie
eine solche Unterteilung aussehen kann ist in der folgenden Tabelle die Unterteilung der Modelle von Burr-Brown aufgeführt. Nicht jedes Modell ist in allen Levels verfügbar. Je nach
Zweck der Simulation wird man sich das geeignete Modell heraussuchen. Häufig wird man
zunächst auch mit einfachen Modellen zurechtkommen.

Tabelle 7.8 Einteilung der Modelniveaus für die Bauteile von Burr-Brown (TI)

Level I	Standard Macromodel	Modelle mit der PSPICE Parts Software von MicroSim erstellt. Es wird das Standardmodell für OPs nach Boyle verwendet.
Level II	Enhanced Macromodel	Verbesserte Modelle für höhere Genauigkeit in der Simulation, Kennzeichnung mit E
Level III	Multi-Pole/Zero Macromodel	Diese Modelle berücksichtigen mehr als zwei Pole und zusätzliche Nullstellen im Modell Kennzeichnung mit M
Level IV	Simplified Circuit Model	Diese Modelle basieren auf individuellen Transistorschaltungen. Damit werden die genauesten Simulationsergebnisse bei längerer Rechenzeit erzielt. Kennzeichnung mit X

Das Bauteil *OPA1013* liegt als Standard und Enhanced Macromodel vor. Wir wollen im folgenden das Standardmodell verwenden, das in der Datei *OPA1013.mod* gespeichert ist. Man kann diese Datei mit einem Texteditor öffnen und findet dann folgende Modellbeschreibung (gekürzt) vor.

```
* OPA1013 OPERATIONAL AMPLIFIER "MACROMODEL" SUBCIRCUIT
* CREATED USING PARTS RELEASE 4.03 ON 10/09/90 AT 15:20
* REV.A
*
* CONNECTIONS:   NON-INVERTING INPUT
*                | INVERTING INPUT
*                | | POSITIVE POWER SUPPLY
*                | | | NEGATIVE POWER SUPPLY
*                | | | | OUTPUT
*                | | | | |
.SUBCKT  OPA1013  1 2 3 4 5
C1   11 12 6.062E-12
C2    6  7 21.00E-12
DC    5 53 DX
DE   54  5 DX
DLP  90 91 DX
DLN  92 90 DX
DP    4  3 DX
EGND 99  0 POLY(2) (3,0) (4,0) 0 .5 .5
FB    7 99 POLY(5) VB VC VE VLP VLN 0 1.624E9 -2E9 2E9 2E9 -2E9
GA    6  0 11 12 92.36E-6
GCM   0  6 10 99 130.5E-12
IEE   3 10 DC 8.418E-6
HLIM 90  0 VLIM 1K
Q1   11  2 13 QX
Q2   12  1 14 QX
R2    6  9 100.0E3
RC1   4 11 10.83E3
RC2   4 12 10.83E3
RE1  13 10 4.659E3
RE2  14 10 4.659E3
REE  10 99 23.76E6
RO1   8  5 120
RO2   7 99 30
```

```
RP   3  4 87.82E3
VB   9  0 DC 0
VC   3 53 DC 1
VE   54 4 DC 1
VLIM  7  8 DC 0
VLP  91  0 DC 30
VLN   0 92 DC 30
.MODEL DX D(IS=800.0E-18)
.MODEL QX PNP(IS=800.0E-18 BF=466.7)
.ENDS
```

Das Makromodell ist als Subcircuit-Beschreibung erstellt. Die wichtigsten Kommentarzeilen sind die Zeilen ab *CONNECTIONS: Hier ist beschrieben wie die Anschlussknoten in der Befehlszeile

.SUBCKT OPA1013 1 2 3 4 5

zu interpretieren sind. Dies ist für die Verwendung des Modells und die Erstellung des Symbols von großer Bedeutung. Bitte beachten Sie, dass in vielen Fällen die Zuordnung des Kommentars zu der Knotenbezeichnung (1 2 3 4 5) in der Spalte verschoben ist. Die Knotenbezeichnungen dürfen nicht mit den Pins des Gehäuses verwechselt werden. Es sind lediglich die Knoten im PSPICE-Modell. In unserem Fall gilt also folgende Zuordnung zwischen Knoten, Verbindungsbezeichnung und Gehäusepin (s.a. Bild 7.12):

Tabelle 7.9 Zuordnung der Anschlussknoten des Modells zu den Verbindungen des OPs und Pins

Knoten	Verbindung	Gehäusepin
1	Nicht invertierender Eingang	3 (Teil A) bzw. 5 (Teil B)
2	Invertierender Eingang	2 (Teil A) bzw. 6 (Teil B)
3	Positive Spannungsversorgung	8
4	Negative Spannungsversorgung	4
5	Ausgang	1 (Teil A) bzw. 7 (Teil B)

Modelle, die in der Form *name.mod* (hier: *OPA1013.mod*) vorliegen, können im Modell-Editor besonders einfach behandelt werden. Gehen Sie also wieder in den Modell-Editor (Windows Start-Symbol, Programme, PSPICE, Modell Editor). Öffnen Sie zuerst mit FILE/NEW die Models List und danach über MODEL/IMPORT ein Fenster zum Öffnen einer *name.mod* Datei. Suchen Sie die Datei *OPA1013.mod* und quittieren Sie mit OK. Sofort sehen Sie im linken Fenster den Namen *OPA1013* und dass es sich um ein Subcircuit handelt. Im rechten Fenster können Sie die bereits oben vorgestellte Modellbeschreibung des Operationsverstärkers sehen.

Speichern Sie das Makromodell zunächst über FILE/SAVE als Bibliotheksdatei *OPA1013.lib* im gewünschten Verzeichnis. Ändern Sie dazu den vom Modell-Editor vorgegebenen Namen ab. Das hätten Sie zwar auch mit einem Text-Editor machen können, aber so ist es bequemer.

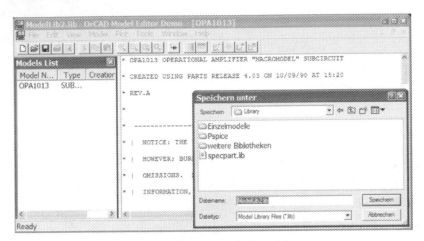

Bild 7.13 Eine mod-Datei als Bibliotheksdatei *.lib* speichern

Der nächste Schritt ist Ihnen bereits vom Transistor und von der LED bekannt. Wählen Sie FILE/CREATE CAPTURE PARTS, um zur Modellbibliothek eine Schaltzeichenbibliothek mit dem Symbol anzulegen. Geben Sie als *Input Model Library* den Pfad und Namen der gerade angelegten Bibliothek *OPA1013.lib* an. Den Namen *OPA1013.olb* für die Schaltzeichenbibliothek können Sie akzeptieren. Nach Klick auf *OK* ist die Bibliothek angelegt. Schließen Sie nun den Modell-Editor und gehen Sie in CAPTURE.

Öffnen Sie in CAPTURE über FILE/OPEN/LIBRARY die soeben angelegt Schaltzeichenbibliothek *OPA1013.olb*. Sie sehen dann nach einem Doppelklick auf den Bibliotheksnamen im Part-Editor ein provisorisches Symbol des OPs mit allen Anschlüssen. Die Nummern außerhalb des Rechtecks sind provisorische Pin-Nummern, die innerhalb sind die Anschlussknoten des Modells (s. .SUBCKT). Im nächsten Schritt werden wir das Symbol für den Operationsverstärker neu zeichnen. Sie müssen sich jetzt entscheiden, ob Sie dafür das traditionelle Dreieck-Symbol oder lieber das nach DIN genormte Rechtecksymbol verwenden wollen. Wir wollen hier die zweite Variante wählen.

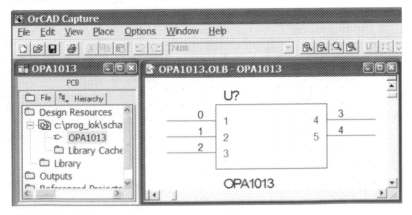

Bild 7.14 Provisorisches Symbol des *OPA1013*

Beim Zeichnen des Symbol müssen Sie zunächst nur die Nummern innerhalb des Rechtecks (Anschlussknoten) berücksichtigen. Durch die Modellbeschreibung kennen Sie ja den Zusammenhang zwischen Knoten und Verbindung (s. Tabelle 7.9). Aus dem Datenblatt des Bauteils (s. Bild 7.12) wissen Sie, dass der OP zwei Eingänge (invertierend und nicht invertierend), einen Ausgang und zwei Anschlüsse für die Spannungsversorgung hat. Es befinden sich zwei Operationsverstärker in einem Gehäuse. Wir erstellen zunächst nur das Symbol für einen der beiden Teile. Später wird noch die Anordnung im Gehäuse berücksichtigt.

Die Vorgehensweise ist im Wesentlichen im Bild 7.15 dokumentiert. Die im Bild angegeben Schritte beziehen sich auf die folgenden Erläuterungen.

Schrittfolge:

1. Vergrößern Sie zunächst die gestrichelte Umrandungsbox (Part Body Border), indem Sie diese an den Ecken nach außen ziehen. Sollte dabei auch eine Linie des Rechtecks mitgehen, so können Sie diese leicht wieder zurückführen.

2. Bringen Sie das Rechteck für das Symbol des OPA1013 auf eine angemessene Größe (Koordinaten: oben links X=0.0, Y=0.0, unten rechts: X=0.3, Y=0.4; auf der Statuszeile des CAPTURE-Fensters ablesen). Verteilen Sie anschließend die Anschlüsse, indem Sie jeweils einen Anschluss markieren und soweit um die Umrandungsbox ziehen, bis er am richtigen Platz ist.

    Hinweis: Die Anschlüsse können zunächst nicht auf die Ecken der Umrandungsbox gelegt werden. Wenn dies dennoch erwünscht wird (z.B. bei einem Transistor), dann legt man den Anschluss zunächst eine Rasterung von der Ecke entfernt an und verkleinert daraufhin die Umrandungsbox entsprechend.

3. Die Umrandungsbox wieder an den Ecken heranziehen bis die Anschlüsse an das Rechteck anstoßen.

4. Rasterfunktion mit der Schaltfunktion "*Snap to Grid*" deaktivieren und mit PLACE/ LINE ein Dreieck zeichnen. Mit PLACE/ ELLIPSE zwei kleine Kreise zeichnen und diese zu einem Unendlichkeitssymbol ∞ rechts vom Dreieck zusammensetzen.

5. Mit PLACE/TEXT die Eingänge mit '+' bzw. '-' sowie die Versorgungsanschlüsse mit 'U+' bzw. 'U-' beschriften. Die Knotennummern sind dabei noch störend. Sie werden aber später entfernt.

    Wichtig: Rasterfunktion wieder einstellen

6. Jetzt werden die Anschlussleitungen noch gekürzt und die Pin-Nummern auf die richtigen Werte gesetzt. Führen Sie dazu auf dem invertierenden Anschluss einen Doppelklick aus. Ändern Sie im Fenster "*Pin Properties*" den Wert im Feld "*Shape*" auf "*Short*" und im Feld "*Type*" auf "*Input*". Die Pin-Nummer ändern wir im Feld "*Number*" auf 2, da wir zunächst von Operationsverstärker *A* nach Bild 7.12 ausgehen. Gehen Sie beim nicht invertierenden Eingang ähnlich vor, vergeben Sie aber die Pin-Nummer 3.
    Beim Anschluss der Versorgungsspannung U+:
       Shape: *Short*, Type: *Input*, Number: *8*
    Beim Anschluss der Versorgungsspannung U-:
       Shape: *Short*, Type: *Input*, Number: *4*
    Den Anschlüssen der Versorgungsspannung wird jeweils der Type "*Input*" gegeben, weil diese Anschlüsse bei einem OP normalerweise sichtbar sein sollen. Würde man stattdessen den Typ "*Power*" vergeben, so wären sie später nicht sichtbar.

Beim Ausgang:

Shape: *Short*, Type: *Output*, Number: *1*

Verändern Sie keinesfalls den Wert im Feld "*Name*", da dieser Wert die Verbindung zum Makromodell darstellt.

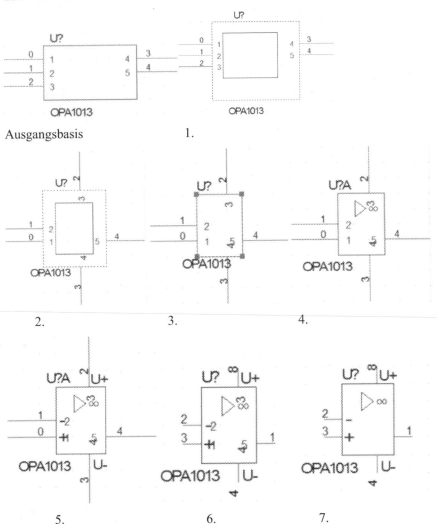

Bild 7.15 Fortschreitende Schritte beim Zeichnen des neuen Symbols

7. Die Zahlen im Inneren des Rechtecks (die Anschlussnummern) sind jetzt nicht mehr notwendig. Wir wollen sie deshalb ausblenden. Führen Sie auf der Zeichenoberfläche außerhalb des Symbols einen Doppelklick durch. Das Fenster "*User Properties*" öffnet sich. Wählen Sie die Eigenschaft "*Pin Names Visible*" und setzen Sie den Wert auf "*False*".

8. Jetzt wollen wir noch einstellen, dass im Gehäuse des *OPA1013* zwei gleiche Operationsverstärker untergebracht sind. Öffnen Sie über OPTIONS/PACKAGE PROPERTIES

das Dialogfenster "*Edit Part Properties*". Ändern Sie hier im Eingabefeld "*Parts per Pkg:*" den Wert auf *2*.

Enthält ein Gehäuse mehr als ein Bauteil, muss festgelegt werden, wie die einzelnen Teile bezeichnet werden (Part Numbering). Man kann sie entweder mit einem zusätzlichen Buchstaben (*U?A, alphabetic*) oder einer Ziffer (*U?1, numeric*) kennzeichnen. Wir entscheiden uns für Buchstaben und klicken deshalb auf den Knopf "*Alphabetic*" im Bereich "*Part Numbering*".

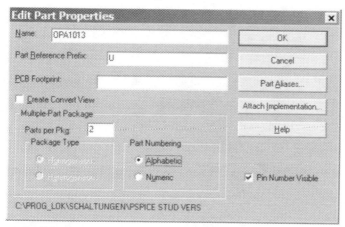

Bild 7.16 Eingabefenster "*Edit Part Properties*"

9. Öffnen Sie das Pulldown-Menü "*View*" von CAPTURE während der Symbol-Editor noch geöffnet ist. Sie sehen dann vor dem Menüpunkt "*Part*" einen Punkt, d.h. auf der Zeichenoberfläche des Part-Editors befindet sich gerade das Symbol eines Bauteils. Wählen Sie jetzt den Eintrag "*Package*" aus. Die Darstellung im Editor-Fenster verändert sich darauf. Sie sehen jetzt die Package-Darstellung, d.h. den Inhalt des ganzen Gehäuses. Da wir im vorhergehenden Schritt festgelegt haben, dass das Gehäuse zwei Teile beinhaltet, sehen wir jetzt auch genau zwei Teile. In beiden Fällen handelt es sich um unser Symbol des *OPA1013*. Die Teile werden durch die Bezeichnungen "*U?A*" und "*U?B*" unterschieden. Der einzige Unterschied liegt darin, dass im linken Fensterteil das Symbol Pin-Nummern hat, im rechten nicht. Das ist auch ganz logisch, denn wir haben bisher nur die Pin-Nummern für einen Operationsverstärker eingegeben.

10. Führen Sie auf dem zweiten Teil einen Doppelklick aus. Sie kommen dadurch in die Darstellung "*Part*" mit dem zweiten Bauteil. Alternativ können Sie auch über VIEW/PART wieder auf die Bauteilansicht gehen und über VIEW/NEXT PART zum zweiten Teil wechseln. Ergänzen Sie die Pin-Nummern wie im folgenden Bild dargestellt (s.a. Bild 7.12).

11. Speichern Sie das Symbol und verlassen Sie den Editor.

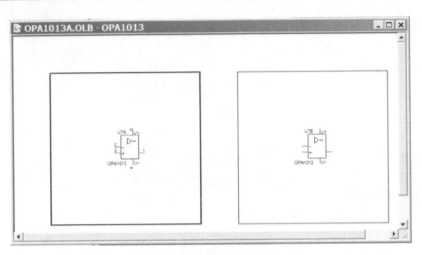

Bild 7.17 Package-Darstellung des Bauteils *OPA1013*

Bild 7.18 Die Pin-Nummern des zweiten Teils

Das neue Bauteil ist jetzt vollständig angelegt und setzt sich aus den beiden Bibliotheken OPA1013.lib und OPA1013.olb zusammen. Wir wollen nun diesen Baustein in einer kleinen Testschaltung überprüfen. Schließen Sie deshalb den Projektmanager mit der Bibliothek und legen Sie ein neues Projekt an. Geben Sie die folgende Schaltung eines invertierenden Verstärkers ein. Testen Sie nacheinander die Teile A und B des OPA1013. Die Ergebnisse sollten identisch sein. Für diesen kurzen Test wollen wir den Amplitudengang dieser Schaltung simulieren. Legen Sie deshalb ein Simulationsprofil an und wählen Sie eine AC-Sweep-Analyse mit folgenden Parametern:

logarithmisch, Start-Frequenz: *1Hz*, End-Frequenz: *1MHz*, Punkte/Dekade: *100*.

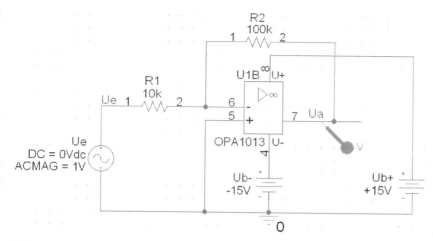

Bild 7.19 Testschaltung für den *OPA1013*: invertierender Verstärker

Denken Sie auch daran, dass im Fenster "*Simulation Settings*" die Bibliothek *OPA1013.lib* angegeben werden muss. Klicken Sie dazu auf "Libraries" und wählen Sie mit "Browse" die Datei aus. Mit einem Klick auf "*Add as Global*" wird sie übernommen. Jetzt können Sie die Simulation durchführen. Das Ergebnis entspricht prinzipiell den Erwartungen und bestätigt die korrekte Einbindung des neuen Modells.

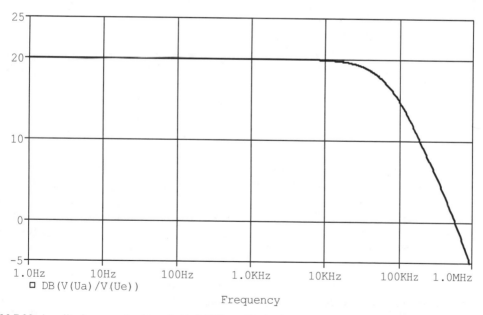

Bild 7.20 Amplitudengang des invertierenden Verstärkers mit dem OPA1013

7.3 Erstellen einer neuen Schaltzeichenbibliothek

Bisher haben wir für jedes neue Bauteil eigene Bibliotheken angelegt. In der Praxis ist es aber komfortabler mehrere thematisch ähnliche Bauteile in einer Bibliothek zu haben. Für die Demoversion ist dies auch deshalb von Bedeutung, da die Anzahl von gleichzeitig verwendeten Bibliotheken begrenzt ist.

Wir wollen nun eine leere Schaltzeichenbibliothek mit dem Namen *specpart.olb* für unsere speziellen Bauteile erstellen. Gehen Sie dazu in CAPTURE und öffnen Sie über FILE/NEW/LIBRARY den Projektmanager. Im Fenster des Projektmanagers erkennen Sie unter *Design Resources*, dass eine neue Bibliothek mit dem Standardnamen *library1.olb* angelegt wurde.

Da wir die Bibliothek mit *specpart.olb* bezeichnen wollen, müssen wir den Namen ändern. Markieren Sie dazu den Namen mit einem einfachen Mausklick und wählen Sie über FILE/SAVE AS ein Unterverzeichnis. Achten Sie darauf, dass die Bibliothek im OrCAD Verzeichnis für Schaltzeichenbibliotheken (Version 9.1:..\Capture\Library) abgelegt wird. Dann können Sie die Bauteile in allen Schaltplänen einsetzen. Falls Sie später einmal Bauteile speziell nur für einen Schaltplan erstellen, so können Sie die zugehörige Bibliothek auch im aktuellen Verzeichnis des Schaltplans speichern. Achten Sie unbedingt darauf, dass der Dateityp .olb (für OrCAD Library) gewählt ist. Mit einem Klick auf die Schaltfläche *Speichern* wird die neue Bibliothek angelegt.

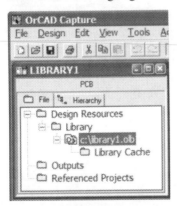 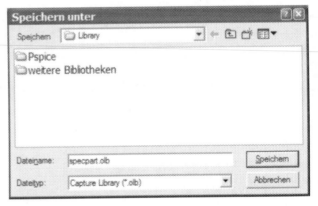

Bild 7.21 Die neue Bibliothek *library1.olb* im Projektmanager wird als *specpart.olb* gespeichert

Im Projektmanager können Sie jetzt feststellen, dass sich der Bibliotheksname geändert hat. Jedoch steht in der Kopfzeile des Projektmanagerfensters noch der alte Bibliotheksname. Wenn Sie den Projektmanager verlassen und dann gleich wieder die Bibliothek *specpart.olb* öffnen, wird auch in der Kopfzeile des Projektmanagers der richtige Bibliotheksname stehen.

Die neue Bibliothek ist noch leer, d.h. sie enthält noch keine Schaltzeichen. Sie erkennen das daran, dass zwischen dem Bibliotheksnamen und dem Ordner Library Cache keine Einträge vorhanden sind. Im nächsten Schritt wollen wir nacheinander die drei neuen Bauteile (BC550, LED_rt, OPA1013) in die neue Bibliothek kopieren. Somit sind Sie in der Lage, sich Bibliotheken zusammenzustellen, die wirklich die Bauteile enthalten, die Sie tatsächlich benötigen.

7.3.1 Ein Bauteil in eine Bibliothek kopieren

Sie befinden sich immer noch in CAPTURE und haben im Projektmanager die Bibliothek *specpart.olb* geöffnet. Öffnen Sie nun über FILE/OPEN/LIBRARY ein zweites Projektmanager-fenster mit der Bibliothek *BC550.olb* des Transistors. Sorgen Sie dafür, dass sich beide Fenster nebeneinander befinden. Wir wollen nun den Transistor in unsere Bibliothek *specpart.olb* kopieren. Markieren Sie zunächst das Teil *BC549/550* mit einem Mausklick und fertigen Sie über EDIT/COPY (<Ctrl> + <C>) eine Kopie an. Anschließend markieren Sie im Projektmana-ger mit der neuen Bibliothek den Namen *specpart.olb* und fügen über FILE/PASTE (<Ctrl> + <V>) das Bauteil ein. An dem Eintrag ⌐ BC549/550 können Sie sofort sehen, dass sich das Bauteil in der Bibliothek befindet. Wiederholen Sie dieses Verfahren für die Bauteile LED_rt und *OPA1013*. Selbstverständlich können Sie Bauteile aus allen Bibliotheken kopieren, z.B. den Timer 555D aus der Bibliothek *eval.olb*.

Hinweis: Sie können auch ein Bauteil markieren und mit der Maus in die andere Bibliothek ziehen. Dann wird das Bauteil aber verschoben und steht in der ursprünglichen Bib-liothek nicht mehr zur Verfügung.

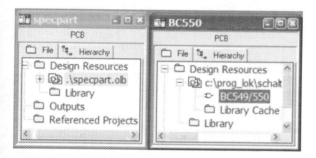

Bild 7.22 In Capture sind die beiden Bibliotheken *specpart.olb* und *BC550.olb* geöffnet, rechts: vier Bauteile wurden bereits in die Bibliothek kopiert

Alle neuen Bauteile befinden sich jetzt in der Bibliothek *specpart.olb*. Dies sind aber jeweils nur die Symbole der Bauteile. Die Modelle für die Simulation befinden sich nach wie vor in den Bibliotheken *BC550.lib*, *LED_rt.lib* und *OPA1013.lib* und müssen einzeln unter "Simula-tion Settings/Libraries" angegeben werden. Da es natürlich einfacher ist nur eine Bibliothek *specpart.lib*, die alle Modelle enthält, einzubinden, wollen wir diese anlegen.

Öffnen Sie einen Texteditor und kopieren Sie alle drei Modellbeschreibungen untereinander hinein. Die Reihenfolge ist egal. Fügen Sie als Trennung zwischen die Modelle jeweils eine Zeile ein, die mit *$ beginnt. Diese neue Textdatei wird als *specpart.lib* gespeichert. Denken Sie daran, diese Modellbibliothek in Ihre Projekte einzubinden.

Anmerkung: Sollten Sie auch ein Bauteil aus der Bibliothek *eval.olb* kopiert haben, so brau-chen Sie dessen Modell nicht extra zu kopieren. Es befindet sich in der Biblio-thek *eval.lib*, die über die Bibliothek *nom.lib* i.d.R. immer eingebunden ist.

7.4 Eigene Modelle erstellen

In den vorangehenden Abschnitten dieses Kapitels geht es um die Einbindung von fertigen Modellen, wie sie z.B. von den Halbleiterherstellern erhältlich sind. Im Folgenden wird erläutert, wie man eigene Modelle in Form von Subcircuits erstellt und integriert. Die Vorgehensweise wird wieder anhand von Beispielen verdeutlicht.

Grundsätzlich beruht die Erstellung eines neuen Simulationsmodell auf folgenden Teilschritten:

1. Aufstellen der Gleichungen und Kennlinien, die das Bauelement/System beschreiben.
2. Elektrisches Ersatzschaltbild in CAPTURE zeichnen.
3. Für alle nicht elektrischen Vorgänge elektrische Analogien aufstellen und in Ersatzschaltbildern darstellen.
4. Aus den Ersatzschaltbildern ein Makromodell aufstellen.
5. Ein Symbol für das neue Bauteil zeichnen.
6. Das neue Modell durch Testschaltungen überprüfen, z.B. durch den Vergleich mit bekannten Kennlinien.

Das Hauptproblem liegt somit in der Bildung der Ersatzschaltbilder für die elektrischen und nicht elektrischen Vorgänge. Darauf kann hier nicht näher eingegangen werden. Als Beispiel wird auf die Modellierung eines NTC-Widerstands in [7], S.92f, verwiesen werden. Im Folgenden liegt der Schwerpunkt auf der Vorgehensweise in CAPTURE.

7.4.1 Modell einer Frequenzweiche eines Lautsprechers.

Es soll die Frequenzweiche eines Lautsprechers als neues Bauteil modelliert werden. Die Frequenzweiche setzt sich aus einer LC-Kombination zusammen, die vom Lautsprecher, repräsentiert durch einen Ersatzwiderstand, belastet wird.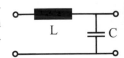

Damit diese LC-Schaltung als neues Bauteil in beliebigen anderen Stromläufen eingesetzt werden kann, müssen folgende Arbeitsschritte durchgeführt werden:

1. Schaltung in CAPTURE eingeben, mit Signalquelle sowie Lastwiderstand ergänzen und simulieren, um seine Eigenschaften kennen zu lernen.
2. Nach erfolgreicher Simulation der Schaltung können die Signalquelle und der Lastwiderstand entfernt werden. Die Anschlüsse sind mit geeigneten Anschlussklemmen zu versehen.
3. Daraus ist eine Subcircuit-Beschreibung abzuleiten und in einer Modellbibliothek *.lib* zu speichern.
4. Zeichnen eines neuen Symbols. Hier muss auch der Zusammenhang zwischen Symbol und zugehörigem Rechenmodell (Modellbibliothek *.lib*) definiert werden. Das neue Symbol ist in einer Schaltzeichenbibliothek *.olb* abzulegen.
5. Test des neuen Bauelements

7.4.1.1 Erstellen der Modellbibliothek für die Frequenzweiche

Zunächst ist die Schaltung in CAPTURE zu erstellen und zu simulieren. Beginnen Sie dazu ein neues Projekt und geben Sie die Schaltung der Frequenzweiche ein. Sie soll durch einen ohmschen Widerstand $R_L=8\Omega$ belastet und von einer Wechselspannungsquelle *VAC* gespeist werden.

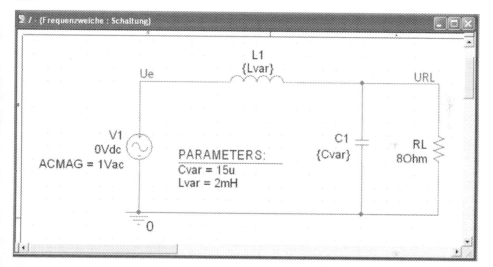

Bild 7.23 Schaltung der Frequenzweiche mit Belastungswiderstand und Wechselspannungsquelle
Datei: *lfw.opj*

Die Induktivität und Kapazität werden mit *{Lvar}* und *{Cvar}* und dem Parameterblock *PARAM* veränderlich angelegt, sodass deren Einfluss auf die Eigenschaft der Schaltung simuliert werden kann.

Legen Sie ein neues Simulationsprofil mit einer AC-Sweep-Analyse an:

logarithmisch, Start-Frequ.: 1 Hz, End-Frequ.: 1 MHz (*1MegHz*), 100 Punkte/Dekade

Zusätzlich einen Parametric Sweep mit:

Global Parameter: *Cvar*, Start-Wert: 1 µF, End-Wert: 200 µF, Inkrement: 40 µF

Das Simulationsergebnis ist im Bild 7.24 als Amplitudengang $\left|\dfrac{U_{RL}}{U_e}\right|_{DB}$ dargestellt.

Nachdem nun sichergestellt ist, dass die Schaltung funktioniert, können wir darangehen, die Frequenzweiche als ein Subcircuit zu erstellen. Entfernen Sie die Spannungsquelle, das Massesymbol und den Belastungswiderstand. Fügen Sie an den beiden Eingangsklemmen auf der linken Seite über PLACE/PORT je eine zweiseitige Anschlussklemme *PORTBOTH-L* aus der Bibliothek *CAPSYM.olb* ein. Benennen Sie die Klemmen nach einem Doppelklick auf das Symbol in '*1*' und '*2*' (Sie könnten hier auch sprechendere Namen wie '*In*' und '*GND*' nehmen). Machen Sie es auf der rechten Seite genauso. Die obere Klemme wollen wir mit '*3*' bezeichnen. Die untere Klemme muss die gleiche Bezeichnung wie links unten erhalten, da es sich ja um den gleichen Knoten handelt (s. Bild 7.25). Selbstverständlich kann diese Anschlussklemme auch entfallen. Speichern und schließen Sie nun das Zeichenfenster.

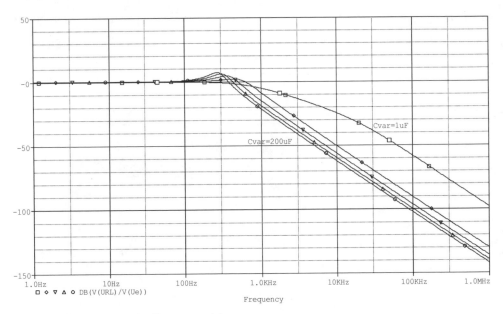

Bild 7.24 Amplitudengang der Frequenzweiche

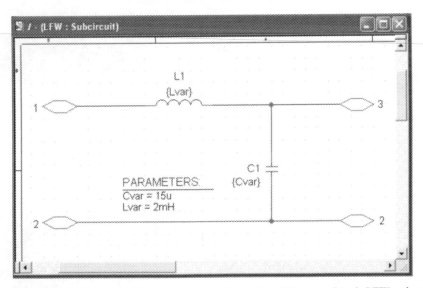

Bild 7.25 Schaltung der Frequenzweiche mit Anschlussklemmen, Datei: *LFW_sub.opj*

Markieren Sie im Fenster des Projektmanagers den Stromlaufplan. Dann können Sie über TOOLS/CREAT NETLIST die Subcircuit-Beschreibung erzeugen. Es öffnet sich das Fenster "*Create Netlist*". Wählen Sie die Karteikarte "*PSpice*" und markieren Sie das Kästchen "*Create SubCircuit Format Netlist*". Im Eingabefeld "*Netlist File*" können Sie noch Pfad und Namen der zu erzeugenden Datei ändern. Markieren Sie auch das Kästchen "*View Output*", dann sehen Sie sofort nach dem Klick auf die Schaltfläche *OK* das Ergebnis.

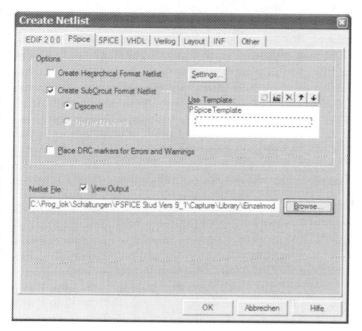

Bild 7.26 Eingabefeld "*Create Netlist*"

Die erzeugte Datei hat folgenden Inhalt:

```
* source LFW_SUB
.SUBCKT LFW 1 2 3
C_C1     2 3 {Cvar}
L_L1     1 3 {Lvar}
.ENDS
.PARAM  Cvar=15u Lvar=2mH
```

Die Kommentarzeile sagt uns, dass als Quelle das Projekt *LFW_SUB* verwendet wurde. Es wurde eine Subcircuit-Beschreibung mit dem Namen "*LFW*" erstellt. Es wird hierbei automatisch der Name genommen, den Sie vorher dem Schaltplanordner im Projektmanager gegeben haben. Sie können hier nachträglich den Namen noch ändern. Die Ziffern *1*, *2* und *3* beziehen sich auf unsere Anschlussklemmen. Damit später klar verständlich ist, was die Anschlüsse bedeuten, wollen wir dies noch in einer Kommentarzeile ergänzen. Der Subcircuit endet mit dem PSPICE-Befehl *.ENDS*. Danach folgt der Befehl

    .PARAM Cvar=15u Lvar=2mH

In dieser Anweisung finden wir die Parameter wieder, die dem Subcircuit übergeben werden. Jedoch ist die Anweisung in dieser Form für den Subcircuit noch ungeeignet und muss editiert werden.

Falls das Editorfenster noch offen ist, können Sie gleich weiterarbeiten, sonst müssen Sie es erst wieder öffnen. Entfernen Sie die Zeile *.PARAM Cvar=15u Lvar=2mH* und fügen Sie diese am Ende der Zeile *.SUBCKT LFW 1 2 3* wieder ein:

    .SUBCKT LFW 1 2 3   .PARAM Cvar=15u Lvar=2mH

Ersetzen Sie im nächsten Schritt den Ausdruck ".*PARAM*" durch "*PARAMS:*". Damit die Zeile nicht zu lang wird fügen wir nach dem Doppelpunkt einen Zeilenumbruch ein und beginnen die Parameterliste in der nächsten Zeile mit einem '+'-Zeichen. Nach Einfügen von Kommentarzeilen sieht unsere Modellbeschreibung folgendermaßen aus:

```
*        Frequenzweiche für Lautsprecher
*        bestehend aus einem LC-Schaltkreis
*        L und C können als Parameter übergeben werden
*
* source LFW_SUB
*               Eingang
*               | gemeinsame Masse
*               | | Ausgang
*               | | |
.SUBCKT LFW 1 2 3  PARAMS:
+ Cvar=15u Lvar=2mH
C_C1      2 3  {Cvar}
L_L1      1 3  {Lvar}
.ENDS LFW
```

 Speichern Sie das Modell unter dem Namen *lfw.lib* ab. Damit ist das Makromodell für die Frequenzweiche fertig. Im nächsten Schritt wird das zugehörige Symbol erzeugt.

7.4.1.2 Herstellen des Symbols der Frequenzweiche

Die folgenden Schritte für das Erzeugen eines Symbols zur Modellbibliothek sind bereits prinzipiell vom ersten Teil dieses Kapitels (Einbinden von Modellen) bekannt und können daher rasch behandelt werden.

1. Modell-Editor starten und mit FILE/NEW die "*Models List*" öffnen.

2. Mit FILE/OPEN die soeben erstellte Modellbibliothek *LFW.lib* öffnen und in "*Models List*" markieren.

3. Über FILE/CREATE CAPTURE PARTS das Eingabefenster "*Create Parts for Library*" öffnen, die Modellbibliothek auswählen und als Schaltzeichenbibliothek den Namen *LFW.olb* verwenden. Speichern.

4. In CAPTURE über FILE/OPEN LIBRARY die Schaltzeichenbibliothek *LFW.olb* öffnen. Es wurde bereits ein Standard-Rechtecksymbol für das Bauteil "Frequenzweiche" angelegt (s. Bild 7.27).

5. Den gestrichelten Begrenzungskasten (*Part Body Border*) markieren und nach außen vergrößern.

6. Das eigentliche Rechteck für das neue Symbol so weit wie möglich verkleinern (Breite und Höhe je zwei Rastermaße).

7. Begrenzungskasten wieder heranziehen. Den linken unteren Anschluss markieren und auf die Unterseite ziehen.

8. Nacheinander einen Doppelklick auf die Anschlussleitungen durchführen und im Fenster "*Pin Properties*" folgende Änderungen durchführen: Shape: *Short*, Type: *Passive*

9. Nach einem Doppelklick auf die Zeichenfläche außerhalb des Symbols öffnet sich das
    Fenster *"User Properties"*. Verändern Sie die Eigenschaft *"Pin Names Visible"* und
    "Pin Numbers Visible" auf *False*, damit die Anschlussnamen im Inneren des Symbols
    und die Pin-Nummern außerhalb verschwinden.

10. Mit PLACE/TEXT werden die Anschlüsse noch beschriftet. Dabei ist es sinnvoll, die
    Rasterung mit der Schaltfläche *"Snap to Grid"* auszuschalten. Zuletzt wird über
    OPTIONS/PACKAGE PROPERTIES noch der *"Part Reference Prefix"* auf den Buchstaben
    F geändert.
    Wichtig: Rasterung wieder ausschalten und speichern.

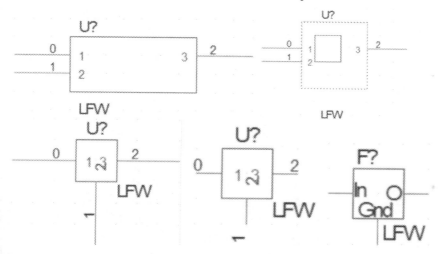

Bild 7.27 Einzelne Fortschrittsbilder zum Erstellen des Symbols, Datei *lfw.olb*

Wichtige Hinweise:

Wir haben uns die Schaltzeichenbibliothek durch den Modell-Editor erstellen lassen. Dieser
hat mit den Informationen der Modellbibliothek ein Standard-Symbol erzeugt. Dadurch wurde
für uns vor allem die wichtige Verbindung zwischen dem Symbol und der zugehörigen Modellbeschreibung angelegt. Solange wir die Anschlussnamen im Symbol oder den Namen der
Modelbibliothek nicht ändern, brauchen wir uns nicht weiter darum kümmern.

Dennoch sollen an dieser Stelle einige Hinweise die Zusammenhänge noch vertiefen. Im Eingabefenster *"User Properties"* hat der Modell-Editor eine Eigenschaft mit dem Namen *"PSpiceTemplate"* angelegt, mit der die Verbindung zur Modellbibliothek beschrieben wird. In unserem Fall hat diese Eigenschaft den Wert (*Value*):

    X^@REFDES %1 %2 %3 @MODEL PARAMS: ?CVAR|CVAR=@CVAR||CVAR=15U|
    ?LVAR|LVAR=@LVAR||LVAR=2MH|

Dieser Eintrag darf keinen Zeilenumbruch enthalten. Nach dem Ausdruck *"X^@REFDES"*
werden die Namen der Anschlüsse in der Reihenfolge aufgeführt, wie sie in der Modellbeschreibung vorkommen. Nach dem Ausdruck *"PARAMS:"* sind die beiden Parameter mit ihren
vorgegebenen Werten aufgeführt. Ohne Modell-Editor muss man die Eigenschaft *"PSpice-
Template"* selbst anlegen und den teilweise komplizierten Ausdruck fehlerfrei eingeben. Die
beiden Parameter *Lvar* und *Cvar* sind zusätzlich noch als Eigenschaft angelegt mit dem vorge-

gebenen Wert als Value. Die Eigenschaft "*Implementation Type*" muss den Wert "*PSpice Model*" haben. Bei der Eigenschaft "*Implementation*" muss als Wert der Name der Modellbeschreibung (hier *LFW*) stehen.

7.4.1.3 Test des neuen Bauteils

Als letzter Schritt ist das neue Bauteil *LFW* noch zu testen. Wir ändern dazu unsere ursprüngliche Schaltung (s. Bild 7.23) um, indem wir die Elemente *L* und *C* entfernen und dafür das neue Bauelement *LFW* einfügen. Nach einem Doppelklick auf das Symbol machen wir im "*Property Editor*" die Eigenschaften *Cvar* und *Lvar* sichtbar (Spalten Cvar und Lvar markieren und über "*Display*" die Einstellung "*Name and Value*" wählen). Den Wert von Cvar ersetzen wir durch einen globalen Parameter {Cv}, so dass wir zusätzlich zum AC-Sweep noch einen Parameter-Sweep durchführen können. Im Bauteil "PARAMS" muss ebenfalls der Parameter *Cv* stehen, sowie im Eingabefeld "*Simulation Settings*" unter "*Global Parameter*" beim *Parametic Sweep*.

 Unbedingt ist daran zu denken, bei den "*Simulation Settings*" auf die Karteikarte "*Libraries*" zu gehen und die neue Bibliothek "*LFW.lib*" als global anzumelden.

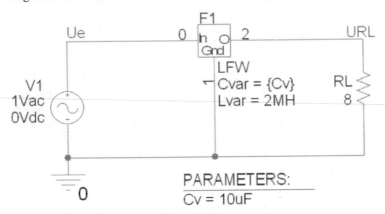

Bild 7.28 Testschaltung für das neue Bauteil LFW

Die mit dem neuen Bauteil "LFW" simulierten Ergebnisse sind identisch mit den Ergebnisse der LC-Schaltung zu Beginn. Somit haben wir das Bauteil korrekt erstellt.

7.4.2 Modelle von logischen Schaltkreisen erstellen

In diesem Beispiel soll ein Bauteil modelliert werden, in dem sich zwei verschiedene digitale Schaltungen befinden. Um den Aufwand für das Beispiel gering zu halten, wird ein UND-Gatter mit sechs Eingängen und das synchrone Monoflop aus Abschnitt 6.2.7 gewählt. Die beiden Schaltungen sollen als zwei verschiedene Parts in einem Package untergebracht werden. Dazu werden wir weiter unten das heterogene Bauteil *digIC* erstellen. Das UND-Gatter wird auch eine so genannte Convert-Darstellung haben. Diese zeigt die DeMorgen-Entsprechung des UND-Gatters: ein NOR-Gatter mit sechs negierten Eingängen. Das neu zu erstellende Bauteil kann somit wie im folgenden Bild dargestellt beschrieben werden.

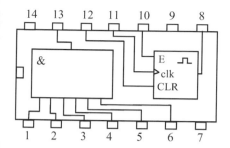

Bild 7.29 Struktur des zu erstellenden Bauteils mit einem UND-Anteil und einem synchronen Monoflop

Zunächst wird in CAPTURE ein neues Projekt angelegt und das UND-Gatter mit sechs Eingängen gezeichnet. Dazu wird dreimal das Bauteil 7411 verwendet. Da die Schaltung sehr einfach ist, können wir auf einen Funktionstest verzichten und sogleich die zweiseitigen Anschlussklemmen *PORTBOTH-L* mit dem Befehl PLACE/PORT anbringen sowie beschriften.

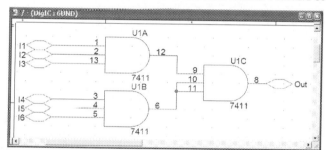

Bild 7.30 Schaltung des UND-Gatters mit sechs Eingängen mit Anschlussklemmen, Datei: *6UND.opj*

Markieren Sie im Fenster des Projektmanagers den Stromlaufplan. Dann können Sie über TOOLS/CREAT NETLIST die Subcircuit-Beschreibung erzeugen. Es öffnet sich das Fenster *"Create Netlist"*. Wählen Sie die Karteikarte *"PSpice"* und markieren Sie das Kästchen *"Create SubCircuit Format Netlist"*. Im Eingabefeld *"Netlist File"* können Sie noch Pfad und Namen der zu erzeugenden Datei ändern. Markieren Sie auch das Kästchen *"View Output"*, dann sehen Sie sofort nach dem Klick auf die Schaltfläche *OK* das Ergebnis. Ändern Sie den Namen des Modells um in *"6UND"* und fügen Sie noch Kommentarzeilen hinzu. Speichern Sie die Datei unter dem Namen *"6UND.lib"* ab.

```
* Bibliotheksdatei 6UND.lib
* UND-Gatter mit 6 Eingängen
* source 6UND
.SUBCKT 6UND    I1 I2 I3 I4 I5 I6 Out
X_U1A       I1 I2 I3 N00009 $G_DPWR $G_DGND 7411 PARAMS:
+ IO_LEVEL=0 MNTYMXDLY=0
X_U1B       I4 I5 I6 N00021 $G_DPWR $G_DGND 7411 PARAMS:
+ IO_LEVEL=0 MNTYMXDLY=0
X_U1C       N00009 N00021 N00021 OUT $G_DPWR $G_DGND 7411 PARAMS:
+ IO_LEVEL=0 MNTYMXDLY=0
.ENDS  6UND
```

Schließen Sie nun das Projekt und legen Sie ein neues Projekt für das synchrone Monoflop an. Geben Sie die im folgenden Bild dargestellte Schaltung ein und erzeugen Sie auf die gleiche

Weise die Subcircuit-Netzliste. Wir wollen das Modell "*Monoflop*" nennen. Führen Sie die unten dargestellten Änderungen und Ergänzungen durch und speichern Sie das Model unter dem Namen "*Monoflop.lib*".

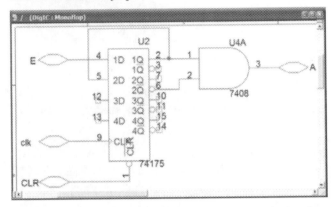

Bild 7.31 Schaltung des synchronen Monoflops, Datei *Monoflop.opj*

Inhalt der Modellbibliothek *Monoflop.lib*:

```
* Bibliotheksdatei Monoflop.lib
* Synchrones Monflop
* source Monoflop
*                       Ausgang
*                       | Takteingang
*                       |  | Rücksetzeingang negiert
*                       |  |  | Signaleingang
*                       |  |  |  |
.SUBCKT  Monoflop  A clk CLR  E
X_U2      CLR CLK E N00483 M_UN0001 M_UN0002 N00483 M_UN0003 M_UN0004
+    M_UN0005  M_UN0006  N00486 M_UN0007 M_UN0008 $G_DPWR $G_DGND 74175
PARAMS:
+ IO_LEVEL=0 MNTYMXDLY=0
X_U4A     N00483 N00486 A $G_DPWR $G_DGND 7408 PARAMS:
+ IO_LEVEL=0 MNTYMXDLY=0
.ENDS Monoflop
```

Die Makromodelle für beide Schaltungsteile sind nun erstellt und liegen als zwei Modellbibliotheken vor. Wir werden das zunächst so lassen, sie am Ende aber noch in einer Bibliothek zusammenfassen. Schließen Sie nun das Projekt und erstellen Sie in CAPTURE eine neue Schaltzeichenbibliothek: FILE/NEW LIBRARY. Ändern Sie den Namen der Bibliothek mit FILE/SAVE AS gleich um in *digIC.olb*. Markieren Sie im Projektmanager den Bibliotheksnamen und öffnen Sie über DESIGN/NEW PART das Dialogfenster "*New Part Properties*". Führen Sie folgende Eingaben durch:

NAME:	*digIC*	CREATE CONVERT VIEW:	markieren
PART REFERENCE PREFIX:	U	*Heterogeneous* wählen	
PARTS PER PCKG:	2	PART NUMBERING:	*Alphabetic*

Der *Package Type* muss in diesem Fall als heterogen festgelegt werden, da das Bauteil zwei verschiedene Schaltungen enthält. Der *Part Reference Prefix* zeigt die Art von Bauteil, die erstellt wird. *U* steht für ein Standard-Chip. Da wir für das UND-Gatter eine Convert-Darstelung erzeugen wollen, müssen wir das entsprechende Feld markieren.

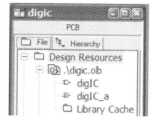

Mit einem Klick auf die Schaltfläche "*Part Aliases*" können Sie zu diesem Bauteil so genannte Alias-Bauteile erzeugen, die im Symbol und den Pins identisch sind, aber eine andere Implementierung erhalten. Sie kommen zum Dialogfeld "*Part Aliases*". Da bisher kein Bauteil-Alias-Name zugewiesen wurde, ist das Listenfeld "*Alias Names*" noch leer. Öffnen Sie über die Schaltfläche "*New*" das Dialogfeld "*New Alias*" und gebcn Sie im Textfeld "*Name*" einen Alias-Name ein, z.B. "*digIC_a*". Das Dialogfeld "*Part Aliases*" zeigt den neu eingegeben Alias-Namen. Im Projektmanager können Sie die Alias-Bauteile an dem Minus-Zeichen im Symbol erkennen (s. Bild). Schließen Sie jetzt die Dialogfenster "*Part Aliases*" und "*New Part Properties*".

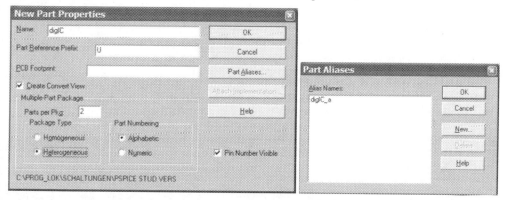

Bild 7.32 Dialogfenster "*New Part Properties*" für das UND-Gatter mit sechs Eingängen sowie "*Part Aliases*" für die Eingabe eines Bauteil-Alias-Namen

An dieser Stelle sind einige Definitionen hilfreich:

Package: ein physikalisches Objekt, das ein oder mehrere logische Bauteile enthalten kann. Jedes Teil in dem Package wird mit einer einheitlichen Kennzeichnung (part reference) versehen. Z.B. enthält das Bauteil 7411 drei UND-Gatter. Jedes UND-Gatter dieses ICs wird mit dem Buchstaben U und einer laufenden Nummer sowie einem Buchstaben A, B oder C versehen (z.B. U1A).

Homogeneous Parts: Wenn ein Package mehrere Teile enthält, die grafisch identisch sind, so spricht man von homogenen Bauteilen.

Heterogeneous Parts: Wenn ein Package mehrere Teile enthält, die grafisch verschieden sind oder unterschiedliche Anzahl von Pins haben, so spricht man von heterogenen Bauteilen.

Convert-Darstellung: Es handelt sich hier um ein alternatives Symbol für ein Bauteil. Häufig werden Convert-Darstellung durch Anwendung von DeMorgan erhalten. Wechselt man also zu einer Convert-Darstellung, so ändert man nicht das Bauteil, sondern nur seine Darstellung (z.B. NOR statt NAND). Bei Einfügen eines Bauteils mit PLACE/PART kann man wählen, ob das Bauteil in der Convert-Darstellung eingesetzt werden soll (falls vorhanden).

Bauteil-Alias-Name: Zu einem Bauteil mit einem bestimmten Namen können weitere soge-nannte Alias-Bauteile definiert werden, welche die gleiche Symbolgra-fik und Package-Informationen haben wie das Basis-Bauteil, aber ande-re Namen erhalten. Ein typisches Beispiel ist das NAND-Gatter in der TTL-Bibliothek (der Vollversion). Neben dem Basis-Bauteil 7400 sind weitere Implementierungen wie 74LS00 oder 74AC00 vorhanden. Der einzige Unterschied zwischen den Bauteilen ist der Name. Der Alias-Name wird als Value-Eigenschaft zugewiesen und unter dem Bauteil-Symbol auf dem Arbeitsblatt angezeigt.

Sie befinden sich jetzt im Schaltzeicheneditor (falls nicht, Doppelklick auf das Bauteil digIC ausführen) und sehen eine Zeichenfläche vor sich, in der sich bereits ein Begrenzungskasten (*Part Body Border*) befindet (s. Bild 7.33). In diesen Rahmen wollen wir das Symbol eines UND-Gatter mit sechs Eingängen nach dem Vorbild von Bild 7.29 zeichnen. Wir gehen dabei in folgenden Schritten vor:

1.   Mit PLACE/RETANGLE ein Rechteck zeichnen, beginnend links oben (X=0.0, Y=0.0) sieben Raster nach unten und vier Raster nach rechts (Ecke rechts unten bei X=0.4, Y=0.7).

2.   Die sechs Anschlüsse für die Eingänge können wir auf einmal mit PLACE/PIN ARRAY erstellen. Geben Sie im Fenster "*Place Pin Array*" die Eingaben entsprechend der nachfolgenden Tabelle ein.

Tabelle 7.10 Eingaben im Dialogfenster "*Place Pin Array*" für die Eingänge des UND-Gatters

Starting Name:	I1	Buchstaben von einer Nummer gefolgt für die fortlau-fende Benennung der Anschlüsse. Muss mit den Anga-ben der Modellbibliothek *6UND* identisch sein
Starting Number:	1	Nummer der Pins des ICs. Muss mit Bild 7.29 überein-stimmen. Falls die Pin-Nummern nicht fortlaufend sind, müssen die Angaben hinterher noch durch Doppelklick auf der Leitung korrigiert werden.
Number of Pins:	6	Die Anzahl der zu erstellenden Pins
Increment:	1	Die Nummerierung erhöht sich jeweils um 1.
Pin Spacing:	1	Die Pins haben den Abstand einer Rasterung.
Shape:	Line	Normale Anschlussform
Type:	Input	Es sind Eingangsleitungen.

3.   Zeichnen Sie mit PLACE/PIN den Ausgang des Gatters: Name: *Out*, Number: *13*, Width: *Scalar*, Shape: *Line*, Type: *Output*.

4.   Ziehen Sie den Begrenzungskasten an seinen Ecken an das Rechteck heran.

5.   Zeichnen Sie mit PLACE/TEXT ein &-Zeichen in die obere rechte Ecke des Symbols

6.   Führen Sie auf der Zeichenoberfläche außerhalb des Symbols einen Doppelklick durch und geben Sie folgende Werte (Values) zu den einzelnen Eigenschaften des Di-alogfensters "*User Properties*" ein:

Implementation: 6UND
Implemenatation Type: PSPice Model
Value: 6UND

Zusätzlich müssen Sie noch über die Schaltfläche "*New*" eine neue Eigenschaft mit dem Namen "*PSpiceTemplate*" und dem Value

"*X^@REFDES %I1 %I2 %I3 %I4 %I5 %I6 %OUT @MODEL*"

hinzufügen. Damit wird der Bezug zum Modell "*6UND*" mit seinen Anschlüssen hergestellt.

7. Speichern Sie das Bauteil

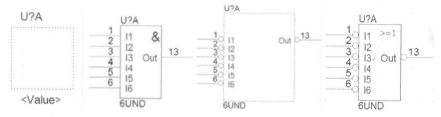

Bild 7.33 Fortschrittsbilder beim Erstellen des Symbols für das UND-Gatter mit sechs Eingängen (links) sowie der Convert-Darstellung als NOR-Gatter (rechts)

Im nächsten Schritt ist die Convert-Darstellung zum UND-Gatter zu zeichnen. Über das Menü "*View*" können Sie leicht zwischen der Normal- und Convert-Darstellung sowie zwischen Part- und Package-Darstellung umschalten. Dabei gehen Sie wie folgt vor:

8. Mit VIEW/CONVERT auf die Convert-Darstellung umschalten. Sie erhalten jetzt eine neue Zeichenfläche, in der sich bereits die Begrenzungsbox mit allen Anschlüssen der Normal-Darstellung befinden.

9. Zeichnen Sie wieder das Rechteck ein und verschieben Sie die Anschlüsse an die exakt gleichen Positionen wie in der Normal-Darstellung, damit später in der Schaltung das Bauteil ausgetauscht werden kann, ohne die Leitungen neu verlegen zu müssen. Im Zweifel hilft ein Umschalten auf die Normal-Darstellung mit VIEW/NORMAL.

10. Führen Sie die Beschriftung nach Bild 7.33 durch.

11. Die Angaben im Dialogfenster "*User Properties*" müssen wie in der Normal-Darstellung wiederholt werden (s. dort Schritt 6.).

12. Speichern

Das Bauteil *6UND* mit dem UND-Gatter ist nun vollständig in der Normal- und Convert-Darstellung angelegt. Damit ist das erste Bauteil des Bausteins *digIC* abgeschlossen und wir können mit dem zweiten Teil, dem synchronen Monoflop "*Monoflop*" beginnen. Schalten Sie zunächst im Schaltzeicheneditor mit VIEW/PACKAGE auf die Darstellung des Package um. Sie sehen zwei Rechtecke. In dem einen befindet sich unser UND-Gatter und in dem anderen sind lediglich Platzhalter für die Value-Eigenschaft und Part Reference vorhanden. Mit einem Doppelklick in dieses Rechteck öffnet sich die Part-Darstellung des noch zu zeichnenden Monoflops.

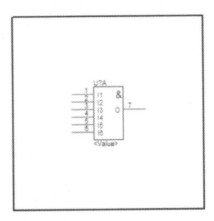

Bild 7.34 Package-Darstellung des Bauteils *digIC* mit dem bereits erstellten UND-Gatter und den Platzhaltern für das zweite Teil

Zeichnen Sie in den Begrenzungsrahmen für das zweite Teil ein Rechteck geeigneter Größe und legen Sie mit PLACE/PIN drei Eingangsleitungen und eine Ausgangsleitung an. Die Eingangsleitungen unterscheiden sich in der Eigenschaft *Shape*: Oben *Line*, Mitte *Clock*, Unten *Dot*. Achten Sie darauf, dass Sie für die Anschlüsse die richtigen Namen und Nummern vergeben.

Im Dialogfenster "*User Properties*" sind folgende Angaben zu machen.

Implementation:	*MONOFLOP*
Implemenatation Type:	*PSPice Model*
Value:	*MONOFLOP*

Zusätzlich müssen Sie noch über die Schaltfläche "*New*" eine neue Eigenschaft mit dem Namen "*PSpiceTemplate*" und dem Value

"X^@REFDES %A %CLK %CLR %E @MODEL "

hinzufügen. Damit wird der Bezug zum Modell "*MONOFLOP*" mit seinen Anschlüssen hergestellt.

Schalten Sie mit VIEW/CONVERT auf die Convert-Darstellung um. Zeichnen Sie dort exakt das gleiche Symbol (evtl. von der Normal-Darstellung kopieren), denn für das Monoflop gibt es keine spezielle Convert-Darstellung. Denken Sie daran, auch im Dialogfenster "*User Properties*" die Angaben wieder durchzuführen.

Damit ist das Package *digIC* fertig. Sie können sich zuletzt in der Package-Darstellung in normal und convert von der Vollständigkeit überzeugen. Speichern Sie und schließen Sie den Projektmanager mit der Bibliothek *digIC.olb*.

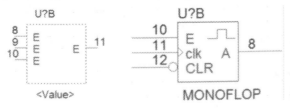

Bild 7.35
Part-Darstellung für das Monoflop
links: zu Beginn, rechts: fertig

Abschließend wollen wir das neue Bauteil noch in einer kleinen Testschaltung überprüfen. Geben Sie dazu in einem neuen Projekt die Schaltung in Bild 7.36 ein. Sie müssen dazu im Dialogfenster "*Place Part*" die neue Bibliothek *digIC.olb* einbinden. Sie sehen dann in der "*Part List*" das neue Bauteil *digIC* sowie das Alias-Bauteil "*digIC_a*". Wenn Sie das Bauteil *digIC* markieren, wird Ihnen im Abschnitt "*Graphic*" gezeigt, dass es eine Normal- und Convert-Darstellung gibt. Durch Markieren sehen Sie im Fenster das jeweilige Symbol. Unter "*Packing*" sehen Sie, dass das Bauteil zwei Teile A und B enthält und dass der Typ heterogen ist. Wählen Sie zunächst die Normal-Darstellung und platzieren Sie nacheinander die Teile A und B.

Ergänzen Sie die Schaltung mit digitalen Quellen und Alias-Namen. Stellen Sie die Quellen so ein, dass die Bauteile mit sinnvollen Testmustern angesteuert werden (Hinweis: s. die Darstellung in PROBE weiter unten). Legen Sie ein Simulationsprofil für eine Transienten-Analyse an und ergänzen Sie in der Karteikarte "*Libraries*" die beiden Bibliotheken *6UND.lib* sowie *Monoflop.lib*. Starten Sie die Simulation. Das Simulationsergebnis in Probe bestätigt die richtige Funktion der neuen Bauteile.

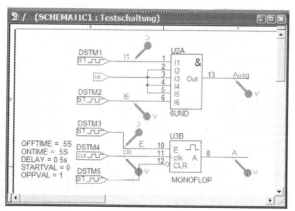

Bild 7.36 Testschaltung für das UND-Gatter und Monoflop

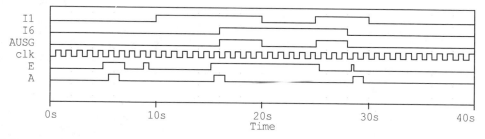

Bild 7.37 Simulationsergebnis der Testschaltung

Zuletzt ist noch die Convert-Darstellung zu überprüfen. Entfernen Sie die beiden Bauteile wieder und fügen Sie diese als convert wieder neu hinzu. Eine weitere Simulation sollte das gleiche Ergebnis wie vorher bringen.

Es bleibt noch ein "Schönheitsfehler": die Modellbeschreibungen des Bauteils *digIC* befinden sich in zwei separaten Bibliotheken *6UND.lib* sowie *Monoflop.lib*. Wir wollen nun beide Modellbeschreibungen in einer Datei *digIC.lib* unterbringen. Legen Sie mit einem Editor eine neue Datei mit dem Namen *digIC.lib* an und kopieren sie beide Modellbeschreibungen hinein. Am Anfang und Ende eines Modells müssen Sie noch Zeilen einfügen, die mit den Zeichen *\$ beginnen, damit die Modelle klar voneinander getrennt sind. Entfernen Sie dann im Dialogfenster "*Simulation Settings*" die beiden Bibliotheken und fügen Sie die Bibliothek *digIC.lib* als global hinzu. Da PSPICE alle angegebenen Modellbibliotheken nach den benötigten Modellen durchsucht, spielt es keine Rolle wie die Bibliothek benannt ist und wie viele Modelle sich darin befinden. Eine neue Simulation sollte das vorhergehende Ergebnis bestätigen.

7.4.3 Modelle mit dem Modell-Editor erstellen

Bisher haben wir den Modell-Editor lediglich für die Erstellung einer Schaltzeichenbibliothek mit Hilfe einer vorhandenen Modellbibliothek verwendet. Aber der Modell-Editor kann wesentlich mehr. Er ist nämlich dafür ausgelegt, auf der Basis vorhandener Datenblätter oder gemessener Kennlinien neue Modelle zu erstellen, d.h. die Modellbibliothek *.lib* zu bilden. Die Modelle basieren auf den in PSPICE vorhandenen Simulationsmodellen sowie auf fest vorgegebenen Makromodellstrukturen. Deshalb ist sein Einsatz auf die folgenden Bauteile beschränkt:

Dioden	JFETs	Spannungskomparatoren
Bipolartransistoren	MOSFETs	Spannungsreferenzen
Darlington-Transistoren	Operationsverstärker	Spannungsregler
IGBTs	Ferritkernspulen	

Leider ist der Modell-Editor in der Demo-Version auf Dioden-Modelle beschränkt. Deshalb wird in diesem Abschnitt nur relativ kurz auf die prinzipiellen Möglichkeiten eingegangen.

Sind die PSPICE-Parameter eines Bauteils teilweise bekannt, so können diese einschließlich Toleranzen im Modell-Editor als Grundlage für das neue Modell eingegeben werden. Die noch fehlenden Parameter müssen aus Kennlinien ermittelt werden. Dieser Schritt erfordert theoretische Kenntnisse zur mathematischen Beschreibung der Bauteile. Kennlinien können als Wertepaare eingegeben werden. In einem Extraktionsprozess ermittelt der Modell-Editor die Kennlinien des Modells, die dann mit den gemessenen Kennlinien verglichen werden können. Mit dem Programmteil OPTIMIZER können die ermittelten Parameter noch näher an das reale Verhalten angepasst werden.

Als Beispiel wollen wir die Schottky-Diode *BAS40* von Philips modellieren. Vom Hersteller sind Datenblatt und Modell (*BAS40_Ph.lib*) erhältlich. Gehen Sie in den Modell-Editor und öffnen Sie mit File/New eine neue *Models List*. Damit erscheint das Menü "*Model*", in dem Sie mit MODEL/NEW das Dialogfeld "*New*" für die Generierung neuer Simulationsmodelle öffnen. Geben Sie im Feld "*Model*" einen Namen ein, z.B. *BAS40_ModEd* und wählen Sie aus der Liste "*From Model*" den einzigen in der Demo-Version vorhandenen Eintrag "*Diode*". Es öffnen sich verschiedene Fenster (s. Bild 7.38) für die Eingabe der PSPICE-Parameter und Kennlinienwertepaare.

Folgende Kennlinien können durch Wertepaare bestimmt werden: Durchlasskennlinie, Sperrkennlinie, Sperrkapazität, Durchbruchkennlinie sowie Freiwerdezeit (reverse recovery time). Im Datenblatt der Diode finden wir leicht die Durchlasskennlinie, Sperrkennlinie und Sperrkapazität. Entnehmen Sie den Kennlinien jeweils einige Wertepaare und geben Sie diese im Modell-Editor ein. Durch Klick auf die Schaltfläche *"Update Graph"* (oder *"Auto Refresh"*) sehen Sie sofort die Wertepaare als "Messpunkte" im Diagramm. Wenn alle Messwertepaare eingegeben sind, können Sie über TOOLS/EXTRACT PARAMETERS die PSPICE-Parameter neu berechnen lassen. Wenn Sie der Meinung sind, dass das Model fertig ist, fertigen Sie über MODEL/EXPORT eine *.mod*-Datei und mit FILE/SAVE eine *.lib*-Datei z.B. mit dem Namen *BAS40_ModEd.lib*. Mit FILE/CREATE CAPTURE PARTS wird wie gewohnt die Schaltzeichenbibliothek *BAS40_ModEd.olb* erzeugt. Schließen Sie mit FILE/CLOSE dieses Modell. Generieren Sie ebenfalls eine Schaltzeichenbibliothek für das Modell des Herstellers.

Die im Datenblatt vorhandenen Kennlinien sind nicht sehr genau und umfangreich. Mit eigenen Messungen können wesentlich bessere Kennlinien gewonnen werden. Entsprechend darf man auch nicht allzu große Erwartungen an das Modell haben. Für eine genauere Vorgehensweise müsste man sich zusätzlich die mathematische Beschreibung der Kennlinien heranziehen. Dennoch wollen wir kurz die ermittelten PSPICE-Parameter mit denen im Model des Herstellers in einer Tabelle gegenüberstellen (s. Tabelle 7.11). In einer kleinen Testschaltung können die Durchlasskennlinien der beiden Dioden-Modelle verglichen werden.

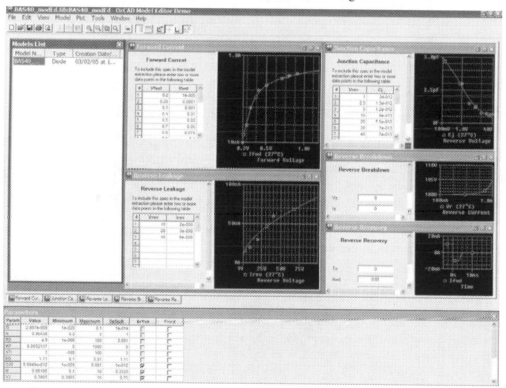

Bild 7.38 Oberfläche des Modell-Editors für die Generierung eines neuen Diodenmodells

Der Modell-Editor ist somit ein mächtiges Werkzeug für Entwickler, die professionell Modelle für neue Bauteile entwickeln wollen. Der normale Anwender von Elektronik-Bauelementen wird dieses Werkzeug im Wesentlichen nur für die Erzeugung der Schaltzeichenbibliothek bei vorhandener Modellbibliothek gebrauchen.

Parameter	Modell Philips	Ergebnis Modell-Editor
IS	1.419E-08	5.7E-10
N	1.025	0.8
BV	44	100
IBV	1.255E-07	1E-4
RS	4.942	4.67
CJO	4.046E-12	5.6E-12
VJ	0.323	0.39
M	0.4154	0.55
FC	0.5	0.5
TT	0	5E-9
EG	0.69	1.11
XTI	2	3

Tabelle 7.11
Gegenüberstellung der PSPICE-Parameter von Herstellermodell und Generierung durch Modell-Editor

7.5 Aufgaben

Aufgabe 7.1
Von Epcos sind die beiden Bibliotheken *ntc.lib* sowie *ntc.olb* mit Modellen verschiedener NTC-Widerstände erhältlich. Kopieren Sie eines dieser Modelle in Ihre Bibliothek *specpart.olb* und *specpart.lib*. Testen Sie das Modell.

Aufgabe 7.2
Erzeugen Sie mit Hilfe der nachfolgenden Modellbeschreibung ein Bauteil für eine blaue LED. Kopieren Sie dazu das Modell in eine Datei *LED_bl.lib* und erzeugen Sie mit dem Modell-Editor eine eigene Bibliotheik *LED_bl.olb*. Da das Modell auf dem PSPICE-Befehl .MODEL basiert, finden Sie in CAPTURE bereits ein Diodensymbol vor. Passen Sie dieses einem LED-Symbol an. Erzeugen Sie anschließend die Durchlasskennlinie des Bauteils. Entspricht die Durchlassspannung einer blauen LED?

```
*Typ BLUE SiC LED: Vf=3.4V Vr=5V If=40mA trr=3uS
.MODEL LED_BL D (IS=93.1P RS=42M N=7.47 BV=5 IBV=30U
+ CJO=2.97P VJ=.75 M=.333 TT=4.32U)
```

Aufgabe 7.3
Erzeugen Sie auf die gleiche Weise mit Hilfe der nachfolgenden Modellbeschreibung ein Bauteil für eine grüne LED.

```
*Typ RED,GREEN,YELLOW,AMBER GaAs LED: Vf=2.1V Vr=4V If=40mA trr=3uS
.MODEL LED_GN D (IS=93.1P RS=42M N=4.61 BV=4 IBV=10U
+ CJO=2.97P VJ=.75 M=.333 TT=4.32U)
```

Aufgabe 7.4
Für den Operationsverstärker AD8610 liefert der Hersteller die Modellbeschreibung als Datei *ad8610.cir*. Die Pin-Belegung des Bauteils ist im folgenden Bild gegeben. Entwickeln Sie die beiden Bibliotheken *.lib* und *.olb* zu diesem Bauteil.

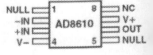

8 Analog Behavioral Modeling (ABM)

In den vorhergehenden Kapiteln haben wir Schaltungen mit Bauelementen aus den Bibliotheken *eval.olb* und *analog.olb* aufgebaut. Diese Bauelemente zeichnen sich dadurch aus, dass die Bibliotheken nicht nur die Modelle von realen Bauteilen, sondern auch weitere Informationen (z.B. die Pinbelegung) für das spätere Layout enthalten. D.h. die eingegebene Schaltung kann nach der Simulation direkt in ein Leiterkarten-Layout überführt werden.

Darüber hinaus erlaubt PSPICE auch die Definition von Funktionsblöcken in Form von Übertragungsfunktionen und Wertetabellen mit Hilfe sogenannter ABM-Bausteinen (Analog Behavioral Modeling). In diesen ABM-Modellen sind zahlreiche Funktionsblöcke, wie Transferfunktionen, Filter, Wertetabellen, Begrenzer und Laplace-Funktionen, verfügbar.

8.1 Gesteuerte Quellen

Die ABM-Modelle basieren auf gesteuerten Spannungs- oder Stromquellen (E, F, G, H, s. Tabelle 8.1). Dabei werden Spannung bzw. Strom am Eingang mittels Gleichung oder Wertetabelle ausgewertet, um den Ausgang zu steuern. Man findet die gesteuerten Quellen in der Bibliothek *analog.olb*. Die darauf aufgebauten ABM-Modelle sind in der Bibliothek *abm.olb*.

Tabelle 8.1 Gesteuerte Quelle in der Bibliothek *analog.olb*

Bauteil	Symbol	Beschreibung
E	E1 ... E	spannungsgesteuerte Spannungsquelle
G	G1 ... G	spannungsgesteuerte Stromquelle
H	H1 ... H	stromgesteuerte Spannungsquelle
F	F1 ... F	stromgesteuerte Stromquelle

Diese vier Quellen haben jeweils nur eine Eigenschaft *GAIN*, mit der im Property-Editor die Verstärkung zwischen Ein- und Ausgang eingestellt werden kann. Weitere ähnlich funktionierende gesteuerte Quellen sind in der Bibliothek *abm.olb*: *EVALUE, GVALUE*. Diese beiden Quellen haben die Eigenschaft *EXPR*. Hier kann für die Beziehung zwischen Ein- und Ausgang ein beliebiger mathematischer Ausdruck definiert werden. Dies wollen wir anhand der Kennlinie eines JFET-Transistors näher betrachten.

8.1.1 Modell eines JFET-Transistors mit gesteuerter Quelle   (Datei: *spgequ2.opj*)

Mit den gesteuerten Quellen kann beispielsweise das Verhalten von elektronischen Bauteilen, wie Operationsverstärker oder JFET, leicht modelliert werden. JFET-Transistoren sind spannungsgesteuerte Bauelemente, deren Ausgangsstrom von der Eingangsspannung abhängt. Dieses Verhalten soll im folgenden Beispiel mit einer spannungsgesteuerten Stromquelle simuliert.

Für die Simulation der Übertragungskennlinie eines JFET wird die mathematische Beschreibung der Kennlinie benötigt:

$$I_D = I_{DSS} \cdot \left(1 - \frac{U_{GS}}{U_p}\right)^2 , \text{ mit:}$$

I_{DSS}: Sättigungsstrom
U_{GS}: Gate-Source-Spannung
U_p: Abschnürspannung, mit $U_{GS}=U_p : I_D \approx 0$
I_D: Drainstrom

Gl. 8.1

Für die Simulation soll von dem in Abschnitt 5.4.1 verwendeten JFET ausgegangen werden. Dessen Parameter sind: I_{DSS} = 12 mA und U_p = -3,0 V. Damit kann die Gleichung wie folgt umgeschrieben werden:

$$I_D = 12mA \cdot \left(1 - \frac{U_{GS}}{-3V}\right)^2$$

Gl. 8.2

Die spannungsgesteuerte Stromquelle *GVALUE* (Bibliothek *abm.olb*), die hier verwendet wird, beschreibt den Zusammenhang zwischen den beiden Eingängen und dem Ausgang mit der Eigenschaft *EXPR*. Hierfür kann jede beliebige mathematische Funktion eingegeben werden, also auch die oben aufgestellte Gleichung des JFET. An die beiden Eingänge wird mit einer Spannungsquelle die Gate-Source-Spannung angelegt. Auf diese Spannung kann mit dem Ausdruck *V(%IN+,%IN-)* zugegriffen werden. Für die Potenzbildung x^y steht der mathematische Ausdruck *PWR(x,y)* zur Verfügung (s. Tabelle 8.11). Somit ergibt sich für die Eigenschaft *EXPR* folgender Ausdruck:

-12mA*PWR(1-V(%IN+,%IN-)/-3V,2)

Gl. 8.3

Das Minuszeichen realisiert die Phasenverschiebung von 180° zwischen Spannung und Strom. Damit kann die Schaltung eingegeben und simuliert werden.

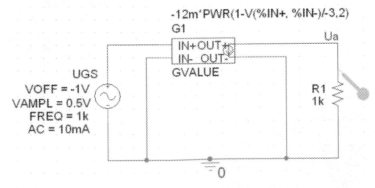

Bild 8.1 Modell eines JFETs mit der spannungsgesteuerten Stromquelle *GVALUE*, Datei: *spgequ2.opj*

Das Ergebnis der DC-Sweep-Analyse (mit *V(UGS)* von -3.0V bis 0V) ist im folgenden Bild zu sehen. Es ist weitgehend mit der im Abschnitt 5.4.1 simulierten Kennlinie identisch. Aber ein wesentlicher Unterschied zu dem dort verwendeten Bauelement *J2N3819* aus der Bibliothek *eval.olb* liegt darin, dass das *GVALUE*-Element hier nur für die Simulation der Übertragungs-kennlinie ausgelegt ist und keinesfalls als JFET-Bauteil in einem Leiterkarten-Layout verwendet werden kann.

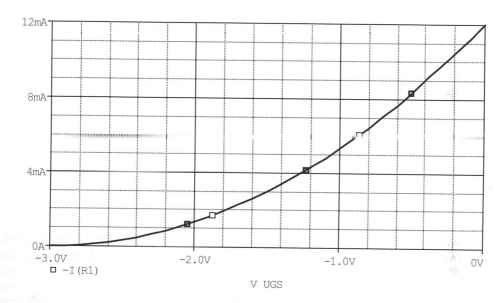

Bild 8.2 Übertragungskennlinie simuliert mit dem Element *GVALUE*

Das Element *GVALUE* erlaubt nicht nur die Beschreibung eines gewünschten Verhaltens in Form einer mathematischen Gleichung, sondern auch als Messwertpaare in einer Tabelle. Dies soll im folgenden Beispiel gezeigt werden.

8.1.2 Modell einer nichtlinearen Kapazität mit gesteuerter Quelle (Datei: *spgKond.opj*)

Bei einer nichtlinearen, spannungsabhängigen Kapazität C(u) gilt folgende Strom-Spannungs-beziehung:

$i(t,u) = C(u) * du/dt.$ Gl. 8.4

Die Funktion *C(u)* wollen wir nun als Tabellenwerte in der Eigen-schaft *EXPR* des Elements *GVALUE* eingeben (Eine Beschreibung als Polynom wäre selbstverständlich auch möglich), da in der Praxis die Beziehung zwischen Kapazität und Spannung eines Kondensa-tors häufig messtechnisch bestimmt wird. Diese Messwerte geben wir mit Hilfe der PSPICE-*Funktion TABLE* (s. Tabelle 8.11) in die Eigenschaft *EXPR* ein. Wir gehen bei diesem Beispiel von folgen-den Messwerten für C(u) in nebenstehender Tabelle aus.

Tabelle 8.2
Messwerte C = f(U)

U/V	C/µF
0	1
15	1,19
30	1,47
45	1,89
60	2,38

Die Ableitung der Spannung nach der Zeit *du/dt* kann in PSPICE mit der Funktion *DDT( )* (s. Tabelle 8.11) realisiert werden. Somit ergibt sich folgender Ausdruck für die Eigenschaft EXPR:

TABLE(V(%IN+, %IN-),0V,1e-6,15V,1.19e-6,30V,1.47e-6,45V,1.89e-6,60V,2.38e-6)* DDT(V(%IN+,%IN-))   Gl. 8.5

Das erste Element in der Tabellenliste bezeichnet die Eingangsgröße (x-Größe) der Tabelle. In diesem Fall ist dies die Spannung zwischen den beiden Eingangsknoten. Diese Spannung wird in PSPICE mit dem Ausdruck *V(%IN+, %IN-)* beschrieben. Als Quelle wird das Element *VSRC* eingesetzt, dessen Eigenschaft *TRAN* folgenden Ausdruck erhält:

  TRAN = PWL(0,1V,59s,60V).

Die Spannungsquelle erzeugt also eine mit der Zeit linear ansteigende Spannung von 0 V bis 60 V. Damit ist alles vorbereitet, um die Schaltung einzugeben.

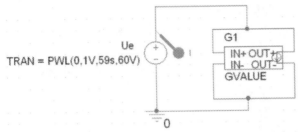

TABLE(V(%IN+, %IN-),0V,1e-6,15V,1.19e-6,30V,1.47e-6,45V,1.89e-6,60V,2.38e-6)"DDT(V(%IN+,%IN-))

Bild 8.3 Schaltung mit nichtlinearer Kapazität modelliert mit *GVALUE*, Datei: *spgKond.opj*

Das Ergebnis der Transienten-Analyse ist im nächsten Bild zu sehen. Dargestellt ist der Verlauf von *C(u)*. Stellt man obige Gleichung (Gl. 8.4) *i(t,u) = C(u) * du/dt* um, so ergibt sich:

$C(u) = i / du/dt.$ Gl. 8.6

Daraus erhält man den in PROBE einzugebenden Ausdruck: *-I(Ue)/D(V(Ue:+))*

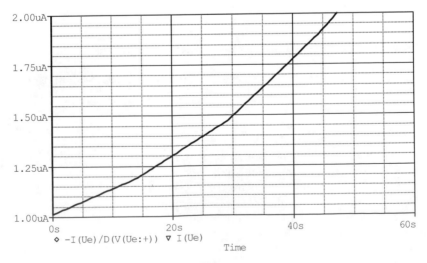

Bild 8.4 Ergebnis der Simulation: *C = f(U)*

Der Operator *D( )* steht für die Ableitung nach der Zeit. Das Minuszeichen muss eingefügt werden, da PSPICE den Strom von Spannungsquellen vom positiven zum negativen Knoten angibt. Das Diagramm wurde mit PLOT/AXIS SETTINGS auf den interessierenden Bereich zugeschnitten.

8.2 Beschreibung der ABM-Modell

Die zahlreichen Modelle in der Bibliothek *abm.olb* können in verschiedene Gruppen eingeteilt werden, um einen leichteren Überblick zu erhalten: Basisfunktionen, Begrenzer, Tschebyscheff Filter, Integral- und Differential-Funktionen, Tabellen, Laplace-Funktion und allgemeine ABM-Blöcke.

Nichtlineare Operatoren wirken nur in der DC- oder Transientenanalyse. In der AC-Analyse erfolgt zuerst eine Linearisierung im Arbeitspunkt.

8.2.1 Basisfunktionen

Mit diesen Modellen stehen Basisfunktionen zur Verfügung (s. Tabelle 8.3). Teilweise haben diese einfachen Funktionen keine Eigenschaft (Property) zum Einstellen der Funktionsweise. Beispiele zur Anwendung findet man gleich im nächsten Abschnitt, aber auch in den Abschnitten 8.2.2.1, 8.3.1 und 8.3.2.

Tabelle 8.3 ABM-Modelle mit Basisfunktionen

Bauteil	Symbol	Beschreibung	Properties
CONST	1.000	Konstanter Wert: Der mit der VALUE-Eigenschaft spezifizierte Wert liegt am Ausgang an.	VALUE: Wert
SUM		Summierer: Die beiden Eingangsspannungen werden addiert, die Summe liegt am Ausgang an.	
MULT		Multiplizierer: Die beiden Eingangsspannungen werden multipliziert, das Produkt liegt am Ausgang an.	
GAIN	1E3	Verstärkung: Die Eingangsspannung wird mit dem konstanten Wert GAIN multipliziert und am Ausgang angelegt.	GAIN: Verstärkung
DIFF		Subtrahierer: Die beiden Eingangsspannungen werden subtrahiert, die Differenz liegt am Ausgang an.	

8.2.1.1 Amplitudenmoduliertes Signal   (Datei: *am-mod.opj*)

Das Element *MULT* wird später noch für die Simulation von digitalen Filtern (s. 8.3) eingesetzt, es eignet sich aber auch gut für die Generierung eines amplitudenmodulierten Signals:

$$u_{am}(t) = [A + \hat{u}_m \cos(2\,\pi f_m t)]\cos(2\,\pi f_T t) = A\,[1 + m\cos(2\,\pi f_m t)]\cos(2\,\pi f_T t) \qquad \text{Gl. 8.7}$$

Die Gleichung beschreibt die Modulation eines hochfrequenten sinusförmigen Trägers der
Frequenz f_T mit einer Modulationsfrequenz f_m. Für die Simulation wird die Amplitude des
Träger auf *1 V*, die Amplitude des Modulationssignals auf $\hat{u}_m = 0{,}5\ V$ und dessen Offset *A=1V*
festgelegt. Die Schaltung sowie das Ergebnis der Transienten-Analyse sind nachfolgend abge-
bildet. Eine Fourier-Transformation (TRACE / FOURIER) zeigt das Ergebnis der Modulation im
Frequenzbereich (s. Bild 8.7). Deutlich ist bei 5 kHz die Trägerfrequenz f_T und im Abstand
von 500 Hz nach unten und oben zwei weitere von der modulierenden Frequenz f_m verursachte
Spektrallinien.

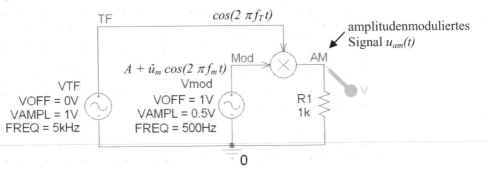

Bild 8.5 Schaltung für die Amplitudenmodulation mit dem Element *MULT*, Datei: *am-mod.opj*

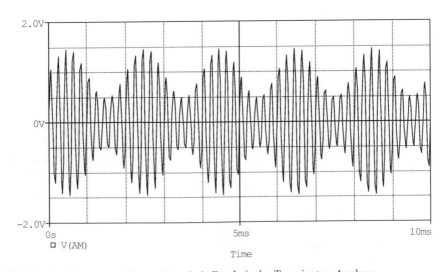

Bild 8.6 Amplitudenmoduliertes Signal als Ergebnis der Transienten-Analyse

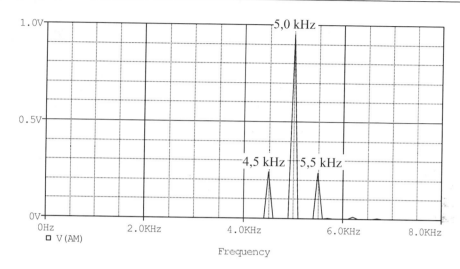

Bild 8.7 Spektrallinien des amplitudenmodulierten Signals

8.2.2 Begrenzer (Limiter)

Mit Begrenzern kann ein Ausgang auf einen bestimmten Wertebereich eingeschränkt werden. Es stehen die Typen *LIMIT*, *GLIMIT* und *SOFTLIM* zur Verfügung. Mit diesen Elementen kann beispielsweise der Spannungsbereich eines simulierten Signals auf die Größe einer realen Versorgungsspannung beschränkt werden, wie wir im nächsten Beispiel sehen werden.

Tabelle 8.4 ABM-Modelle mit Begrenzern (Limitern)

Bauteil	Symbol	Beschreibung	Properties
LIMIT	10 ... 0	Scharfer Begrenzer: Die Eingangsspannung wird auf den oberen und unteren Grenzwert beschränkt am Ausgang zur Verfügung gestellt.	HI: oberer Grenzwert LO: unterer Grenzwert
GLIMIT	10 1k 0	Begrenzer mit Verstärkung: Die Eingangsspannung wird mit GAIN verstärkt und auf den oberen und unteren Grenzwert beschränkt am Ausgang zur Verfügung gestellt.	HI: oberer Grenzwert LO: unterer Grenzwert GAIN: Verstärkung
SOFTLIM	10 1k 0	Weicher Begrenzer: Die Eingangsspannung wird mit einer kontinuierlich definierten Begrenzerfunktion beschränkt und am Ausgang zur Verfügung gestellt.	HI: oberer Grenzwert LO: unterer Grenzwert GAIN: Verstärkung [A, B, V, TANH: interne Variablen für die Definition der Begrenzerfunktion]

8.2.2.1 Begrenzung der Ausgangsspannung eines idealen Operationsverstärkers (Datei: *idealOP*

Bei einem nichtinvertierenden Verstärker mit einem Operationsverstärker wird das Prinzip der Gegenkopplung angewendet: der Operationsverstärker verstärkt das Differenzsignal aus Eingangssignal U_e und rückgekoppeltem Ausgangssignal mit sehr hoher Verstärkung V_0. Wenn das rückgekoppelte Ausgangssignal U_a mit dem Faktor k multipliziert wird, ergibt sich folgende Beziehung:

$$U_a = V_0 \, (U_e - k \, U_a).$$ Gl. 8.8

Durch Umstellen erhält man daraus die Verstärkung V_u der rückgekoppelten Schaltung:

$$V_u = \frac{U_a}{U_e} = \frac{V_0}{1 + k \cdot V_0} \approx \frac{1}{k}, \text{ mit } k \cdot V_0 \gg 1.$$ Gl. 8.9

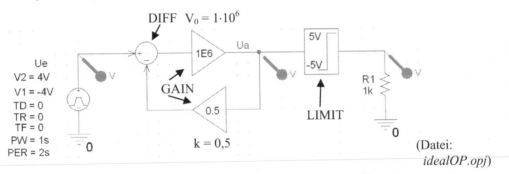

(Datei: *idealOP.opj*)

Bild 8.8 Gegenkopplungsstruktur eines nichtinvertierenden Verstärkers mit Begrenzung von U_a

In der oben stehenden Schaltung wird die Rückkopplungsstruktur mit den Elementen *DIFF* und *GAIN* realisiert. Ein Begrenzerelement *LIMIT* beschränkt die Ausgangsspannung auf die Größe der Versorgungsspannung von ±5 V. Spannungsquelle: *VPULS*.

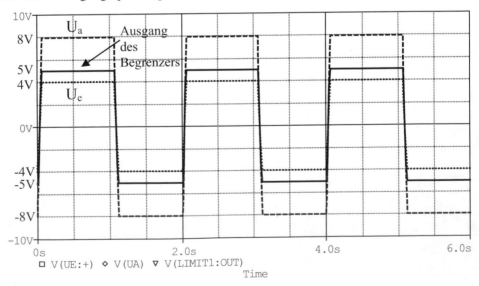

Bild 8.9 Eingangs- und Ausgangssignale der Gegenkopplungsstruktur

Durch den Rückkopplungsfaktor $k = 0,5$ ist eine Gesamtverstärkung von $V_u \approx 1/k = 2$ zu erwarten. In Probe kann für U_a der Wert $\pm 8\ V$ abgelesen werden, d.h. das Zweifache der Eingangsspannung. Der Begrenzer reduziert wie erwartet das Ausgangssignal auf den Wert $\pm 5\ V$.

8.2.3 Tschebyscheff Filter

Mit der Gruppe der Tschebyscheff-Filter können Tiefpass, Hochpass, Bandpass und Bandsperre realisiert werden. Die Grenzfrequenzen und Dämpfungen sind einstellbar. Eine Alternative zum Tschebyscheff Filter bietet das Element *FTABLE* (8.2.5), das weiter unten besprochen wird, sowie die Laplace-Funktion *LAPLACE* (8.2.6) und digitale Filter (8.3).

Tabelle 8.5 ABM-Modelle mit Tschebyscheff Filter

Bauteil	Symbol	Beschreibung	Properties
LOPASS	100Hz 10Hz 1dB 50dB	Tiefpass: Die Eigenschaften definieren die Eckfrequenzen für Sperr- und Durchlassbereich, die maximale Welligkeit im Durchlassbereich, sowie die Dämpfung im Sperrbereich.	FS: Eckfrequenz Sperrbereich FP: Eckfrequenz Durchlassbereich RIPPLE: Welligkeit im Durchlassbereich in dB STOP: Dämpfung im Sperrbereich in dB
HIPASS	100Hz 10Hz 1dB 50dB	Hochpass: Die Eigenschaften definieren die Eckfrequenzen für Sperr- und Durchlassbereich, die maximale Welligkeit im Durchlassbereich, sowie die Dämpfung im Sperrbereich.	FS: Eckfrequenz Sperrbereich FP: Eckfrequenz Durchlassbereich RIPPLE: Welligkeit im Durchlassbereich in dB STOP: Dämpfung im Sperrbereich in dB
BANDPASS	1000Hz 300Hz 100Hz 10Hz 1dB 50dB	Bandpass: Die Eigenschaften definieren die Eckfrequenzen für den Übergang vom Sperr- in den Durchlassbereich, sowie die Eckfrequenzen für den Übergang vom Durchlass- in den Sperrbereich, die maximale Welligkeit im Durchlassbereich, sowie die Dämpfung im Sperrbereich.	F0, F1: Eckfrequenzen im unteren Frequenzbereich F2, F3: Eckfrequenzen im oberen Frequenzbereich RIPPLE: Welligkeit im Durchlassbereich in dB STOP: Dämpfung im Sperrbereich in dB
BANDREJ	1000Hz 300Hz 100Hz 10Hz 1dB 50dB	Bandsperre (Notch): Die Eigenschaften definieren die Eckfrequenzen für den Übergang vom Durchlass- in den Sperrbereich, sowie die Eckfrequenzen für den Übergang vom Sperr- in den Durchlassbereich, die maximale Welligkeit im Durchlassbereich, sowie die Dämpfung im Sperrbereich.	F0, F1: Eckfrequenzen im unteren Frequenzbereich F2, F3: Eckfrequenzen im oberen Frequenzbereich RIPPLE: Welligkeit im Durchlassbereich in dB STOP: Dämpfung im Sperrbereich in dB

8.2.3.1 Beispiel mit Tschebyscheff-Bandpass   (Datei: *bandpass.opj*)

Als Beispiel für die Anwendung der Tschebyscheff-Filter soll ein Bandpass mit folgenden Eckdaten realisiert werden:

F_0 = 800 Hz, F_1 = 1,2 kHz, F_2 = 5 kHz, F_3 = 7 kHz,
Welligkeit im Durchlassbereich: 2 dB, Dämpfung im Sperrbereich: > 50 dB.

Nach der Eingabe der Schaltung (s. Bild 8.10) wird eine AC-Sweep-Analyse durchgeführt und der Amplitudengang in dB dargestellt. Das Ergebnis zeigen Bild 8.11 und Bild 8.12. Im Amplitudengang sind die Eckfrequenzen eingezeichnet. Die Ausschnittvergrößerung zeigt die bei den Eigenschaften eingestellte Welligkeit im Durchlassbereich von 2 dB.

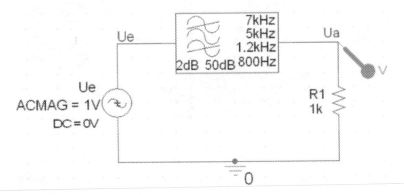

Bild 8.10 Schaltung mit Tschebyscheff-Bandpass, Datei: *bandpass.opj*

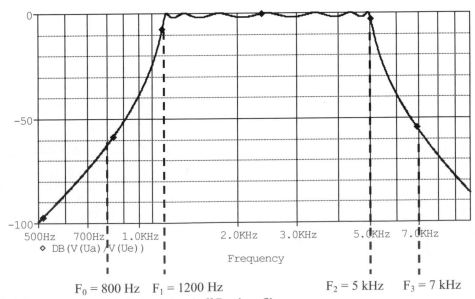

F_0 = 800 Hz F_1 = 1200 Hz F_2 = 5 kHz F_3 = 7 kHz
Bild 8.11 Amplitudengang des Tschebyscheff-Bandpassfilters

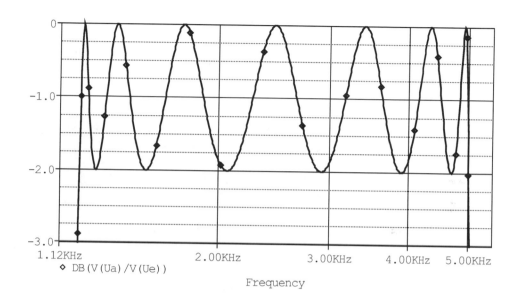

Bild 8.12 Ausschnitt des Amplitudengangs mit Durchlassbereich

8.2.4 Integral- und Differentialfunktionen

Mit den Bauteilen in dieser Gruppe können ein einfacher Integrator und ein einfacher Differentiator realisiert werden. Anstelle dieser ABM-Elemente können auch die mathematischen
Ausdrücke *SDT( )* und *DDT( )* (s. Tabelle 8.11) in Gleichungen eingesetzt werden.

Tabelle 8.6 ABM-Modelle mit Integrator und Differentiator

Bauteil	Symbol	Beschreibung	Properties
INTEG	1.0 0v	Integrator: Mit den Eigenschaften können Verstärkung GAIN und Anfangs- wert IC eingestellt werden. Das Bauteil nutzt eine Schaltung mit Stromquelle und Kapazität für den Anfangswert.	IC: Anfangswert für den Integratorausgang GAIN: Verstärkung
DIFFER	d/dt 1.0	Differentiator: Es kann die Verstärkung GAIN eingestellt werden. Das Bauteil nutzt eine Schaltung mit Span- nungsquelle und Kapazität.	GAIN: Verstärkung

8.2.5 Wertetabellen

Mit Tabellen lassen sich auf einfache Weise Ein- und Ausgangswerte zu beliebigen Funktionen verknüpfen. Mit dem Element *TABLE* können bis zu fünf Stützstellen einer Funktionen definiert werden. Ähnlich arbeiten auch die Elemente *ETABLE* und *GTABLE*, die keine Begrenzung bei der Anzahl von Stützstellen haben. Stattdessen kann man auch den mathematischen Ausdruck *TABLE( )* (s. Tabelle 8.11) verwenden, bei dem die Anzahl der Wertepaare nur durch die Zeilenlänge beschränkt ist. Das Element *FTABLE* erlaubt die Definition von Amplituden- und Phasengängen mit maximal fünf Stützstellen.

Tabelle 8.7 ABM-Modelle mit Wertetabellen

Bauteil	Symbol	Beschreibung	Properties
TABLE		Wertetabelle: Die Tabelle kann mit einem bis zu fünf Wertepaaren ROWn aufgebaut werden. Jedes Wertepaar enthält einen zusammengehörigen Eingangs- und Ausgangswert. Zwischen diesen Stützstellen erfolgt eine lineare Interpolation. Für Eingangswerte außerhalb der Stützstellen ist der Ausgang konstant mit einem Wert gleich dem Eintrag mit kleinsten (oder größten) Eingangswert. Somit kann auch eine obere und untere Begrenzung mit integriert werden.	ROW1..ROW5 ROWi ist ein (Eingang, Ausgang)-Wertepaar, i = 1 … 5 max. 5 Wertepaare
FTABLE		Amplitudengangtabelle: Mit dieser Tabelle kann ein Amplituden- und Phasengang vorgegeben werden. Die Eingabe erfolgt entweder als Amplituden-/Phasengangswerte oder als komplexe Zahlen. In beiden Fällen wird die Tabelle in Amplitude (dB, logarithmisch) und Phase (Grad, linear) gewandelt. Zwischen den Stützstellen wird interpoliert. Für Frequenzen außerhalb des Tabellenbereichs wird die Amplitude auf 0 DB begrenzt.	ROW*i*: (Frequenz, Amplitude, Pha... oder (Frequenz, Realteil, Imaginär... teil), i = 1 … 5, max. 5 Wertepaare R_I: Tabellentyp, wenn keine Angabe: ROW-Angab... werden als (Frequenz, Amplitude, Phase) interpretiert. Wenn irgendein Wert (wie z.B. YI... so wird die Tabelle als (Frequenz, Realteil, Imaginärteil) interpretiert DELAY: Gruppenverzögerung, w... keine Angabe, wird 0 angenomme... MAGUNITS: Einheit der Amplitu... denangabe; entweder DB (Dezibe... oder MAG (Amplitude); wenn kei... Angabe wird DB angenommen PHASEUNITS: Einheit der Phase entweder DEG (Grad) oder RAD (Bogenmaß); ohne Angabe wird DEG angenommen

EFREQ	TABLE = (10,-60,90) (E1 IN+ OUT+ IN- OUT- EFREQ V(%IN+, %IN-)	Tabelle mit Stützwerten für Amplitudengang und Phasengang:	Maximal 5 Eingabetriplets der folgenden Art: (Frequenz in Hz, Amplitude in dB, Phasenwinkel in Grad)
GTABLE	G1 IN+OUT+ IN- OUT- GTABLE V(%IN+, %IN-)	Spannungsgesteuerte Stromquelle mit Wertetabelle:	TABLE: enthält die Stützpunkte einer Kurve in der Form: $(x_1,y_1)(x_2,y_2)...(x_n,y_n)$ EXPR: ein beliebiger mathematischer Ausdruck, mit dem die Beziehung zwischen Ein- und Ausgang beschrieben wird.
ETABLE	E1 IN+OUT+ IN- OUT- ETABLE V(%IN+, %IN-)	Spannungsgesteuerte Spannungsquelle mit Wertetabelle:	wie bei GTABLE

8.2.5.1 Bandpass mit Tabellen

(Datei: *bandsp.opj*)

Mit den Elementen *FTABLE* und *EFREQ* wollen wir nun jeweils denselben Bandpass realisieren. Die Stützstellen werden wie folgt vorgegeben:

Frequenz in Hz	Amplitude in dB	Phasenwinkel in Grad
10	-60	90
600	-40	80
680	0	0
760	-40	-80
10k	-60	-90

Nach dem Platzieren der beiden Tabellen-Bausteine werden die Werte der Stützstellen im Property-Editor eingegeben. Beim Element *EFREQ* als Klammerausdrücke unter der Eigenschaft *TABLE*, bei *FTABLE* als einzelne Werte mit Leerzeichen dazwischen unter den Eigenschaften *ROW1* bis *ROW5*.

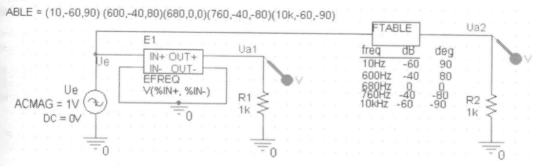

Bild 8.13 Bandpass mit den Elementen EFREQ und FTABLE, Datei: *bandsp.opj*

Das Ergebnis der Simulation der Amplituden- und Phasengänge zeigt, dass beide Elemente ein identisches Ergebnis liefern.

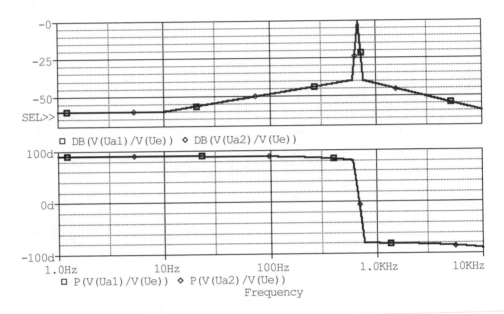

Bild 8.14 Ergebnis der Simulation mit *EFREQ* und *FTABLE*

8.2.5.2 Kennlinie einer LED   (Datei: *LED.opj*)

Ein ABM-Modell eines nichtlinearen Bauteils kann durch Messung der Kennlinie und Eingabe der Messpunkte in einer Tabelle bestimmt werden. Dafür eignen sich besonders die Elemente *ETABLE* und *GTABLE*. Alternativ könnte auch eine mathematische Beschreibung der Kennlinie (z.B. als Polynom) verwendet werden. Als Beispiel soll die gemessene Kennlinie einer LED simuliert werden, deren Messpunkte in der nebenstehenden Tabelle aufgeführt sind.

Eine LED zeigt das Verhalten einer spannungsgesteuerten Stromquelle. Deshalb verwenden wir für die Simulation das Element *GTABLE*. In dessen Eigenschaft *TABLE* gegeben wir, wie im folgenden Bild dargestellt, die gemessenen Stützwerte als x,y-Wertepaare ein. Die Eigenschaft *EXPR* erhält den Ausdruck *V(%IN+, %IN-)*, da sich die x-Werte auf die Spannung zwischen den beiden Eingangsklemmen beziehen.

Tabelle 8.8 Messwerte einer LED

U/V	I/mA
0	0
1,53	0,001
1,59	0,002
1,60	0,003
1,65	0,008
1,67	0,009
1,70	0,012
1,75	0,05
1,79	0,15
1,8	0,2
1,82	0,41

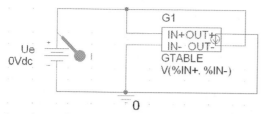

TABLE = (0,0) (1.53,0.001m)(1.59,0.002m)(1.60,0.003m)(1.65,0.008m)(1.67,0.009m)(1.70,0.012m)(1.75, 0.05m)

Bild 8.15 Schaltung zur Simulation der Kennlinie einer LED mit der Eigenschaft *TABLE*, Datei: *LED.opj*

In einem DC-Sweep wird die Eingangsspannung *Ue* im Bereich von 0 V bis 1,82 V verändert. Das Ergebnis zeigt das folgende Bild, das der U-I-Kennlinie einer LED entspricht.

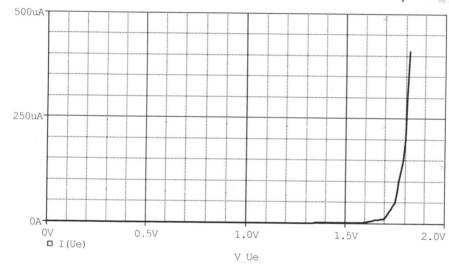

Bild 8.16 Mit den Stützwerten simulierte Kennlinie der LED

8.2.6 Laplace Funktion

Das LAPLACE-Bauteil spezifiziert eine Laplace-Transformation, die auf den Eingang angewendet wird, um den Ausgang zu berechnen.

Tabelle 8.9 Laplace-Funktion

Bauteil	Symbol	Beschreibung	Properties	
LAPLACE	$\dfrac{1}{1 + s}$	Laplace-Transformation: Das Bauteil realisiert eine Laplace-Funktion, deren Zähler und Nenner als Eigenschaften eingegeben werden müssen	NUM:	Ausdruck für den Zähler der Laplace-Funktion
			DENUM:	Ausdruck für den Nenner der Laplace-Funktion

8.2.6.1 Tiefpass 1. Ordnung   (Datei: *TP1.opj*)

Ein einfacher Tiefpass 1. Ordnung mit der Zeitkonstanten τ = 0,1 ms kann als Laplace-Transformierte wie folgt beschrieben werden:

$$F(s) = \frac{1}{1 + 0,0001 \cdot s}$$ Gl. 8.10

Die Grenzfrequenz dieses Tiefpasses liegt bei *fg = 10000/2π = 1591 Hz*. Mit dem Element *LAPLACE* kann das Filter auf sehr einfache Weise realisiert werden. Die Eigenschaft *NUM* beschreibt den Zähler, es ist also *NUM = 1* zu setzen. Der Nenner wird mit *DENUM* beschrieben, somit ist für *DENUM* der Ausdruck *1+0.0001*s* einzugeben.

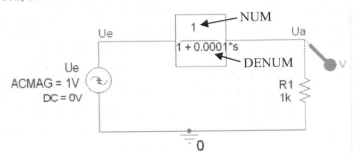

Bild 8.17 Schaltung des Tiefpasses mit dem *LAPLACE*-Element, Datei: *TP1.opj*

Eine AC-Sweep-Analyse bestätigt das erwartete Frequenzverhalten.

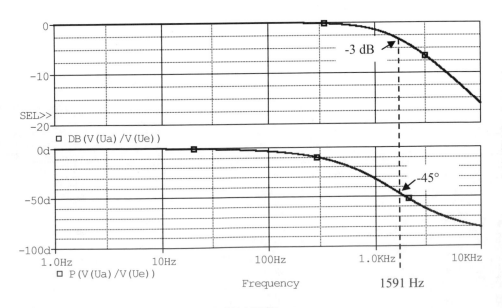

Bild 8.18 Ergebnis der Simulation mit dem *LAPLACE*-Element

8.2.7 Allgemeine ABM-Funktionen

Mit den Bauteilen ABM, ABMn, ABM/I und ABMn/I können beliebige Funktionen realisiert werden. Die Bauteile unterscheiden sich in ihrem Ausgang (*V*: Spannung, *I*: Strom) sowie in der Anzahl der Eingänge. Jedes Bauteil hat einen Satz von vier Ausdrücken *EXPn* als Eigenschaft, mit denen die gewünschte Funktion beschrieben wird. Bei der Bildung der Netzliste werden diese Ausdrücke der Reihe nach aneinandergehängt. Somit kann die gewünschte Funktion in mehrere Teilausdrücke aufgeteilt werden. Wie bei den anderen ABM-Modellen auch, werden die Eingangsgrößen in den Eigenschaften mit den Bezeichnungen *%IN1* ... *%IN3* angesprochen.

Tabelle 8.10 Allgemeine ABM-Funktionen

Bauteil	Symbol	Beschreibung	Properties
ABM	3.14159265	kein Eingang, Ausgang als Spannung	EXP1, EXP2, EXP3, EXP4
ABM1	(V(%IN) * 100)/1000	ein Eingang, Ausgang als Spannung	EXP1, EXP2, EXP3, EXP4
ABM2	(V(%IN1) +V(%IN2)) / 2.0	zwei Eingänge, Ausgang als Spannung	EXP1, EXP2, EXP3, EXP4
ABM3	(V(%IN1) +V(%IN2) +V(%IN3)) / 3.0	drei Eingänge, Ausgang als Spannung	EXP1, EXP2, EXP3, EXP4
ABM/I	1.4142136	kein Eingang, Ausgang als Strom	EXP1, EXP2, EXP3, EXP4
ABM1/I	(V(%IN) + 100) / 1000	ein Eingang, Ausgang als Strom	EXP1, EXP2, EXP3, EXP4
ABM2/I	(V(%IN1) + V(%IN2)) / 2.0	zwei Eingänge, Ausgang als Strom	EXP1, EXP2, EXP3, EXP4
ABM3/I	(V(%IN1) +V(%IN2) +V(%IN3)) / 3.0	drei Eingänge, Ausgang als Strom	EXP1, EXP2, EXP3, EXP4

8.2.8 Mathematische Funktionen

Es stehen eine Reihe von mathematischen Funktionen zur Verfügung, die in den Eigenschaften der ABM-Modelle verwendet werden können. Die wichtigsten Funktionen sind in der folgenden Tabelle aufgeführt.

Tabelle 8.11 Mathematische Funktionen, x ist Eingangsgröße

Bauteil	Beschreibung
ABS( )	Betrag: |x|
ATAN( ), ARCTAN( )	Cotangensfunktion: $\tan^{-1} x$, Eingang x im Bogenmaß
COS( )	Cosinusfunktion: $\cos x$, Eingang x im Bogenmaß
DDT( )	Ableitung nach der Zeit: $DDT(x) = dx/dt$, (nur für Transienten Analyse!)
EXP( )	e^x
LOG( )	Logarithmus: $\ln x$
LOG10( )	Logarithmus: $\log_{10} x$
PWR(,)	Potenzieren: $PWR(x,y)$ $\rightarrow$ $\|x\|^y$, dies entspricht dem binären Operator **
PWRS(,)	Potenzieren: $PWRS(x,y)$ $\rightarrow$ $+\|x\|^y$, wenn $x > 0$ und $-\|x\|^y$, wenn $x < 0$
SIN( )	Sinusfunktion: $\sin x$, Eingang x im Bogenmaß
SQRT( )	Quadratwurzel: $\sqrt{x}$
SDT( )	Integral über die Zeit: $SDT(x) = \int x\, dt$, (nur für Transienten Analyse!)
TAN( )	Tangensfunktion: $\tan x$, Eingang x im Bogenmaß
TABLE($x,x_1,y_1,$ $x_2,y_2,\ldots x_n,y_n$)	Tabelle mit x_i,y_i – Wertepaare: das erste **x** steht für die Eingangsgröße, auf die sich die Tabellenwerte beziehen. wenn $x_i > x_n$: $y_i = y_n$ wenn $x_i < x_1$: $y_i = y_1$
allgemeine Operatoren	+: Addition; -: Subtraktion; *: Multiplikation; /: Division; **: Potenzierung

Bezieht sich x auf die Spannung zwischen zwei Eingangsknoten eines Bauteils mit der Bezeichnung *IN+* und *IN-*, so ist für x folgender Ausdruck einzusetzen: *V(%IN+,%IN-)* .

8.2.8.1 IF-THEN-Ausdrücke

IF-THEN-Ausdrücke können auch in ABM-Bauteilen eingesetzt werden. Die Syntax ist:

IF(argument,then,else)   Gl. 8.11

Die Syntaxelemente *argument*, *then* und *else* können Verweise auf Spannungsknoten, Ströme durch Spannungsquellen sowie arithmetische, logische und relationale Symbole enthalten. Zwei Beispiele sollen dies verdeutlichen.

If(V(Ue)*V(U1)<=200m,30,1)   Gl. 8.12

Es werden die Spannungen der beiden Knoten *Ue* und *U1* multipliziert. Wenn das Produkt kleiner oder gleich 200 mV ist, ergibt dieser Ausdruck den Wert 30, andernfalls den Wert 1.

If(I(V1)==60m&V(Messpunkt)>10,{1/RL1},{RL2})   Gl. 8.13

Wenn der Strom durch die Spannungsquelle *V1* gleich 60 mA ist (Symbol: ==, 2 Gleichheitszeichen) und (&) die Spannung am Knoten „*Messpunkt*" größer 10 V ist, dann ergibt der Ausdruck den Wert von *1/RL1*, andernfalls den Wert von *RL2*. *RL1* und *RL2* sind globale Variablen, die mit dem Element *PARAM* definiert sind.

Hinweise: Der Operator != (ungleich) arbeitet in älteren Versionen fehlerhaft.

8.3 Simulation digitaler Filter

Die Bauteile der ABM-Bibliothek eignen sich sehr gut, um die Funktionsweise von digitalen Filtern zu untersuchen. Die Grundstruktur von digitalen Filtern besteht nur aus Addierern (SUM), Multiplizierern (MULT), konstanten Faktoren (CONST) und aus Totzeitgliedern (s. Bild 8.19). Die Totzeitglieder (Verzögerungsglieder) lassen sich leicht mit dem Bauteil *LAPLACE* realisieren. Alle genannten Bauteile haben wir bereits in Tabelle 8.3 und Tabelle 8.9 kennengelernt. An dieser Stelle ist es nicht möglich, die Theorie und die Arbeitsweise von digitalen Filtern darzustellen. Dafür sei auf die entsprechende Fachliteratur verwiesen, z.B. [13]. Hier geht es nur um die Anwendung ohne die Details herzuleiten.

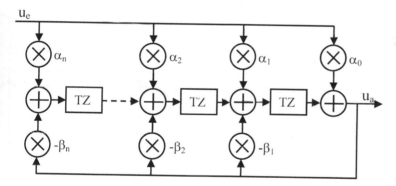

Bild 8.19 Prinzipielle Struktur eines digitalen Filters, TZ: Totzeitglied (Verzögerungsglied)

Sehr häufig werden digitale Filter nach der in Bild 8.19 dargestellten prinzipiellen Struktur aufgebaut. Grundsätzlich unterscheidet man dabei zwei verschiedene Typen, FIR-Filter und IIR-Filter. Bei den FIR-Filtern (Finite Impulse Response) verzichtet man auf die Rückkopplung der Ausgangsspannung. Folglich sind alle Koeffizienten β_i = 0, d.h. die abgebildete Schaltung besteht dann nur aus der oberen Hälfte. Bei IIR-Filtern (Infinite Impuls Response) werden sowohl die α_i-Koeffizienten als auch die β_i-Koeffizienten verwendet.

Die Arbeitsweise von digitalen Filtern wird stark durch die Abtastfrequenz f_a bestimmt, da ein Filter nach dem Abtasttheorem nur für Frequenzen f < f_a eingesetzt werden kann. Mit Hilfe der Laplace-Transformation kann das Totzeitglied mit folgendem Ausdruck beschrieben werden:

$$\frac{1}{e^{\frac{s}{f_a}}} \qquad \text{Gl. 8.14}$$

Die Simulation von digitalen Filtern mit den ABM-Elementen wollen wir nun mit zwei IIR-Filter-Beispielen näher erläutern, einem Tschebyscheff-Tiefpass 2. Ordnung und einem Butterworth-Hochpass 3. Ordnung.

8.3.1 Simulation eines Tschebyscheff-Tiefpasses zweiter Ordnung   (Datei: *tptsch2o.opj*)

Ein Tiefpass oder Hochpass zweiter Ordnung besteht aus zwei Totzeitgliedern. Mit den obigen Erläuterungen kommt man zu der folgenden Schaltung. Darin sind zwar schon die Faktoren α_i und β_i eingetragen. Die Erklärung erfolgt jedoch erst weiter unten.

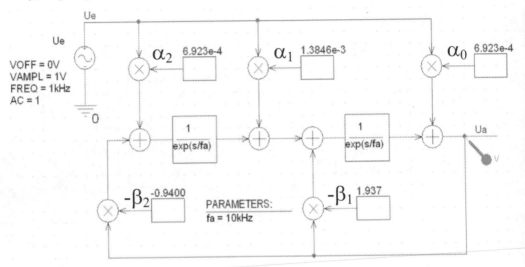

Bild 8.20 Schaltung des Tschebyscheff-Tiefpasses zweiter Ordnung (α, β zur Verdeutlichung hinzugefügt), Datei: *tptsch2o.opj*

Damit die Abtastfrequenz *fa* jederzeit leicht geändert werden kann, ist diese als Variable mit dem Parameterblock *PARAM* angelegt und erhält dort den Wert 10 kHz. Die Faktoren α_i und β_i werden mit den Elementen *CONST* in die Multiplikationsstelle *MULT* eingegeben. Eine Alternative ergibt sich mit dem Element *GAIN*, das die Eingabe etwas vereinfacht, aber nicht mehr so deutlich die ursprüngliche Struktur wiedergibt, wie das nachfolgende Bild zeigt.

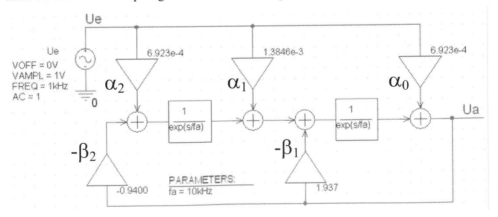

Bild 8.21 Schaltung des Tschebyscheff-Tiefpasses zweiter Ordnung mit dem Element *GAIN*, Datei: *tptsch2o_2.opj*

Bestimmung der Filterkoeffizienten:

Die Bestimmung der Filterkoeffizienten ist für einen Nichtfilterexperten sicherlich der schwerste Schritt, aber glücklicherweise gibt es heute dafür Rechner-Programme. In der Literatur, z.B. [13], findet man die Formeln für die Berechnung der Koeffizieten α_i und β_i abhängig vom gewünschten Filtertyp und Ordnung. Für das Beispiel dieses Tiefpasses wurden die Koeffizienten für eine Grenzfrequenz von f_g = 100 Hz aus [13] entnommen. Im nächsten Beispiel wird gezeigt, wie man sich die Koeffizienten mit Hilfe des Internets berechnen lassen kann.

Nach einer AC-Sweep-Analyse im Bereich von 1 Hz bis 4 kHz (4 kHz < f_a) erhält man die folgenden Ergebnisse für den Amplituden- und Phasengang. Wie gewünscht liegt die Grenzfrequenz bei 100 Hz, wie man mit der Cursor-Funktion ablesen kann. Die Kurve fällt im Sperrbereich mit 40 dB/Dekade ab.

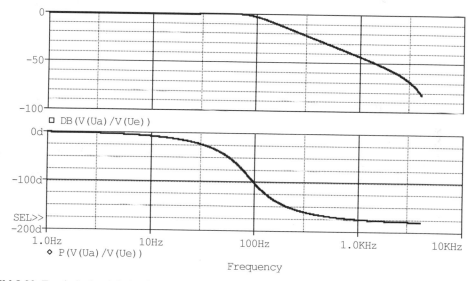

Bild 8.22 Ergebnis der AC-Analyse des Tschebyscheff-Tiefpasses

Bei IIR-Filtern ist auch noch die Gruppenlaufzeit interessant. Diese kann in PROBE mit dem Ausdruck *G(V(Ua)/V(Ue))* dargestellt werden.

8.3.2 Simulation eines Butterworth-Hochpasses dritter Ordnung (Datei: *buhp3o44.opj*)

Die grundsätzliche Struktur ist wie im vorhergehenden Beispiel, nur besteht der Hochpass dritter Ordnung jetzt aus drei Totzeitgliedern und es müssen sieben Filterkoeffizienten bestimmt werden. Das Filter soll für eine Grenzfrequenz f_g = 12 kHz und eine Abtastrate von 44 kHz ausgelegt werden.

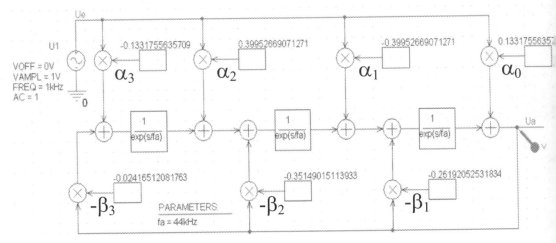

Bild 8.23 Schaltung des Butterworth-Hochpasses dritter Ordnung, Abtastfrequenz f_a = 44 kHz, (α, β zur Verdeutlichung hinzugefügt), Datei: *buhp3o44.opj*

Bestimmung der Filterkoeffizienten:

Für die Berechnung der Filterkoeffizienten α_i und β_i stehen professionelle (teuere) Computerprogramme (z.B. DSP Filter Design, FIWIZ) zur Verfügung. Darüber hinaus gibt es Internetbasierte Berechnungsprogramme (z.B. CMSA Filter Designer, IIR Digital Filter Design applet von dsptutor.com oder die Web-Seite von Tony Fischer). Glücklicherweise gibt es auch „freeware"-Lösungen wie DSPlay 3.01 von Roger Cattin und WinFilter von Adrian Kundert. Das zuletzt genannte Programm WINFILTER ist eine einfach zu bedienende und kompakte Software, die von der Seite http://www.winfilter.20m.com/ heruntergeladen werden kann. Das Programm erfordert keine Installation. Eine Alternative ist die Web-Seite von Tony Fischer (s. Anhang A4), die jedoch etwas mehr Aufwand erfordert.

Nach dem Aufruf von WINFILTER müssen lediglich die gewünschten Filterdaten eingegeben werden (s. Bild 8.24):

Filter: IIR, Type: High Pass, Model: Butterworth, Abtastfrequenz Fsample (Hz): 44000,
Grenzfrequenz Fcut1 (Hz): 12000, Filter Order: 3,
die gewünschte Quantifizierung der Koeffizienten: Float

Mit einem Klick auf die Schaltfläche CALCULATE FILTER wird das Filter berechnet und grafisch angezeigt. Die Koeffizienten selbst sind noch nicht sichtbar. Diese findet man im C-Code, der über das Menü OUTPUT / GENERATE C CODE erzeugt wird. Es muss dazu ein Dateiname eingegeben werden. In dieser Datei stehen die Koeffizienten in den Arrays *ACoeff [ ]* und *BCoeff [ ]*. Zu beachten ist, dass im Array *BCoeff [ ]* die Koeffizienten β_i stehen, aber in der Schaltung die Faktoren -β_i benötigt werden. D.h. die Werte müssen mit negativen Vorzeichen eingesetzt werden.

Diese sieben Koeffizienten werden wie oben gezeigt in die Elemente *CONST* der Schaltung eingegeben. Die AC-Sweep-Analyse liefert daraufhin das Ergebnis in Bild 8.25, oben ist der Amplitudengang und unten der Phasengang dargestellt. Auch hier kann mit *G(V(Ua)/V(Ue))* wieder die Gruppenlaufzeit dargestellt werden.

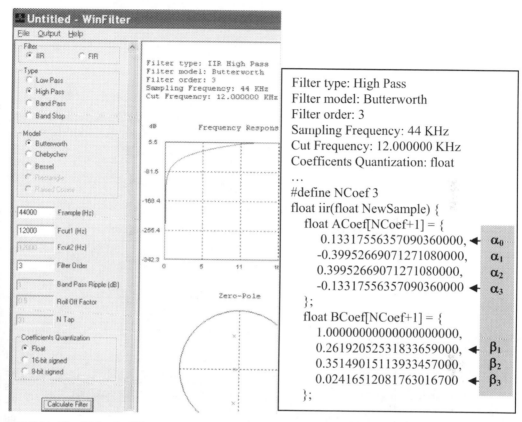

Bild 8.24 Oberfläche des Filterprogramms WINFILTER und Ergebnis mit Filter-Koeffizienten

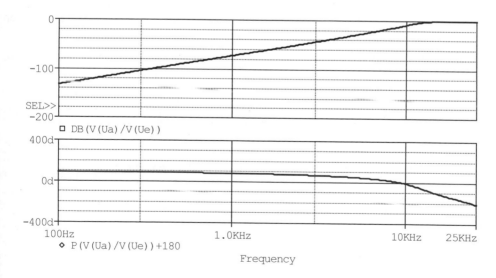

Bild 8.25 Ergebnis der AC-Sweep-Analyse des Butterworth-Hochpasses

Die Grenzfrequenz liegt wie gewünscht bei $f_g = 12\ kHz$, der Amplitudengang geht mit 60 dB/ Dekade in den Sperrbereich über.

Bei einem Filter ist immer auch Wirkungsweise im Zeitbereich interessant. Wir löschen deshalb die Signalquelle und setzen die Quelle *VPULSE* ein, z.B. mit den folgenden Parametern: *V1=0V, V2=5V, TD=1ms, TR=10ns,TF=10ns, PW=5ms und PER=10ms*.

Nach einer Transienten-Analyse erhalten wir die Sprungantwort des Butterworth-Hochpasses in Bild 8.26. Wie zu erwarten war, werden die Gleichanteile des Eingangssprungs unterdrückt und nur die hochfrequenten Anteile an den Sprungstellen bei t = 1 ms und t = 6 ms bewirken eine Änderung des Ausgangssignals. Deutlich ist am Ausgangssignal die Wirkung der Totzeiten zu erkennen. Mit der Cursor-Funktion kann die Totzeit zu $T_a = 1/f_a = 227\ \mu s$ abgelesen werden.

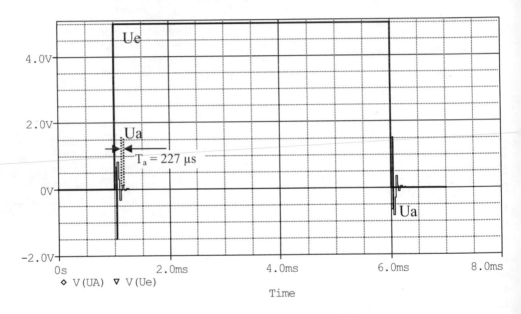

Bild 8.26 Ergebnis der Transienten-Analyse des Butterworth-Hochpasses: Sprungantwort

Bei digitalen Hoch- und Tiefpassfiltern entspricht die gewählte Ordnung der Anzahl der Totzeitgliedern. Bei Bandpass- und Bandsperrefilter werden doppelt so viele Totzeitglieder wie die Ordnung des Filters benötigt. In PSPICE ist der zusätzliche Arbeitsaufwand jedoch nicht so erheblich, da durch Copy und Paste die Arbeit sehr erleichtert wird. Die Schaltungen werden jedoch so groß, dass sie hier nicht mehr lesbar abgebildet werden konnten. Deshalb wurde auf ein solches Beispiel verzichtet.

Noch ein Wort zu den ABM-Modellen selbst. Auch diese Modelle können wie alle anderen Modelle in PSPICE abgeändert oder neu erstellt werden. Die Vorgehensweise dazu ist in Kapitel 7 ausführlich erläutert.

9 OrCAD Demoversion 10.0

Unterschiede zwischen der OrCAD Demoversion 10.0, der OrCAD Lite Release 9.2 und der PSPICE-Demoversion 9.1

Bei der PSPICE-Demoversion 9.1 (Studentenversion 9.1) handelt es sich um eine Software für die Simulation von elektronischen Schaltkreisen. Die OrCAD Versionen 9.2 und 10.0 umfassen darüber hinaus Evaluationsprogramme zur ganzen OrCAD-Produktfamilie einschließlich Platinen-Layout. Der Platzbedarf dieser drei Versionen auf der Festplatte ist sehr unterschiedlich. Während die Studentenversion 9.1 mit bescheidenen 30 MB auskommt, benötigt die Lite Release 9.2 bereits 300 MB und die Version 10.0 nahezu 400 MB. Die Studentenversion 9.1 läuft ab WINDOWS 95, die Version 10 erfordert WINDOWS XP. Alle drei Versionen sind gegenüber den Vollversionen eingeschränkt. Sie erlauben die Simulation von Schaltungen mit maximal 64 Netzknoten. Die Studentenversion lässt dabei maximal 10 Transistoren und 50 Bauteile in einer Schaltung zu. Es gibt dabei keine Beschränkung der Anzahl analoger Unterschaltkreise (Subcircuits). Die beiden OrCAD Versionen erlauben bis zu 20 Transistoren und 60 Bauteile (einschließlich hierarchischer Blöcke) in einer Schaltung, sind aber auf maximal zwei Subcircuits limitiert. Bei allen drei Versionen können die Bibliotheken beliebig groß sein. Bei mehr als 15 Bauteilen ist aber nach einer Änderung keine Speicherung mehr möglich.

Alle drei Versionen sind mit dem Schaltplaneditor CAPTURE erhältlich. Die Versionen 9.x lassen bei der Installation wahlweise auch den älteren Schaltplaneditor SCHEMATICS zu. Die Simulations-Software PSPICE und die Darstellungs-Software PROBE ist bei allen Versionen praktisch identisch.

Die größten Vorteile der Versionen 9.x sind der geringere Festplattenspeicherbedarf sowie die unbeschränkte Anzahl von Subcircuits. Die Modelle vieler komplexer Bauteile basieren auf Subcircuits (s. Kapitel 7). In den kostenlosen Versionen lassen sich eigene Modelle nur auf der Basis von Subcircuits erstellen (Ausnahme Dioden). Somit stellt die Limitierung der Demoversion 10.0 auf maximal zwei Subcircuits eine sehr starke Einschränkung dar. Neue Bauteile, seien es selbst erstellte oder aus dem Internet bezogene, können deshalb nur noch beschränkt in einer Schaltung eingesetzt werden. Beim Überschreiten dieser Limitierung reagiert die OrCAD Demoversion 10.0 mit folgender Fehlermeldung:

    ERROR -- Circuit Too Large!
    EVALUATION VERSION Limit Exceeded for "X" Devices!

Die Demoversion 10.0 hat aber im Detail einige Verbesserungen, die später noch näher beschrieben werden.

9.1 Installation der OrCAD Demoversion 10.0

Vorarbeiten:

• Überprüfen Sie, ob auf Ihrem Computer WINDOWS-XP installiert ist, denn nur dann können Sie die OrCAD Demoversion 10.0 zum Laufen bringen.

- Falls auf Ihrem Computer bereits die Studentenversion 9.1 (oder eine ältere Version) installiert ist, sollten Sie diese vorher deinstallieren[1]. Die OrCAD Lite Release 9.2 kann installiert bleiben.

- Virenschutzprogramme müssen vorher ausgeschaltet und andere WINDOWS-Programme geschlossen werden.

Gehen Sie bei der Installation der OrCAD Demoversion 10.0 wie folgt vor:

1. Die Software liegt nach einem Download vom Internet in Form einer gepackten Datei (z.B. *OrCAD_Demo_121903.zip*) vor. Entpacken Sie diese Datei z.B. mit WINZIP in einem temporären Verzeichnis. Dieser Schritt entfällt bei Installation von einer CD.

2. Starten Sie die Installation durch einen Doppelklick auf den Dateinamen *Setup.exe* im WINDOWS-EXPLORER.

3. Zunächst müssen Sie ein Lizenz-Abkommen mit CADENCE durch Klick auf YES akzeptieren. Danach den Hinweis, dass alle Virenschutzprogramme auszuschalten sind, mit OK bestätigen.

4. Sie werden aufgefordert, Ihren Namen und den Namen Ihrer Firma einzugeben. Das Installationsprogramm besteht in beiden Fällen darauf, dass Sie irgendetwas eingeben, sonst geht es nicht weiter. Gleich darauf müssen Sie die Registrierung nochmals bestätigen.

5. Sie haben dann die Möglichkeit, den gewünschten Installationspfad sowie die Pfade für den Arbeitsbereich und die Footprint-Bibliothek einzugeben. Zuletzt bestimmen Sie noch den Programmordner im Startmenü von WINDOWS bevor die eigentliche Installation beginnt. Die Installation dauert je nach Rechner mehrere Minuten und teilweise hat man den Eindruck, das Programm könnte hängen geblieben sein. Bringen Sie also etwas Geduld mit.

6. Möglicherweise öffnet sich am Ende der Installation das Fenster "*Product File Extension Registration*". Es teilt Ihnen mit, dass eine oder mehrere Dateiendungen für OrCAD benötigt werden, aber unter WINDOWS für andere Programme registriert sind. Prüfen Sie eventuelle Auswirkungen auf andere Programm, ehe Sie auf JA klicken. Im Zweifel lieber auf NEIN klicken.

7. Möglicherweise öffnet sich auch noch das Fenster "*Text Editor File Extension Registration*". Es wird nachgefragt, ob Sie bestimmte Dateiendungen einem Editor zuordnen wollen, damit sich bei einem Klick auf solche Dateinamen automatisch ein Editor öffnet. Auch hier gilt, im Zweifel lieber auf NEIN klicken.

---

[1] Verwenden Sie für die Deinstallation das Uninstall-Programm der Evaluations-Version 9.1. Dieses finden Sie über das Startmenü (Start-Button) unter EINSTELLUNGEN/SYSTEMSTEUERUNG/SOFTWARE. In der Liste der installierten Software PSPICE heraussuchen und markieren. Dann auf die Schaltfläche ÄNDERN/ENTFERNEN klicken. Es werden nur die Dateien entfernt, die bei der Erstinstallation von PSPICE angelegt wurden. Dies bedeutet, dass alle selbst angelegten Ordner, insbesondere die Projekt-Ordner und –Dateien erhalten bleiben. Dennoch ist eine Sicherungskopie der eigenen Projekte immer erforderlich. Bei Bedarf kann die Evaluations-Version jederzeit wieder installiert werden.

8. Am Ende können Sie im Fenster "*OrCAD 10.0 Demo Setup / Setup Complete*" noch wählen, ob Sie gleich zwei Dokumente ansehen wollen. Darauf können Sie im Augenblick gut verzichten, denn die Informationen gehen Ihnen nicht verloren.

9. Das Programm steht jetzt unter dem Titel "*OrCAD 10.0 Demo*" im Startmenü. Wählen Sie zum Starten des Programms den Eintrag CAPTURE CIS Demo.

9.2 Veränderungen in der Demoversion 10.0

Die OrCAD Demoversion 10.0 unterscheidet sich für den Anwender zunächst nur wenig von den Versionen 9.x, sofern dort ebenfalls CAPTURE als Schaltplaneditor verwendet wird. Einige wichtige Änderungen werden im Folgenden erläutert.

Neues Dateiensystem:

Bei den bisherigen Versionen werden alle Dateien eines Designs in einem Verzeichnis abgelegt. Dies kann bei mehreren Schaltplanordnern und Simulationsprofilen sehr schnell unübersichtlich werden. In der Version 10.0 gibt es ein neues Dateiensystem, das die Dateien in verschiedenen Unterordnern ablegt.

Als Beispiel wollen wir die Transistorschaltung aus Abschnitt 5.3.1 betrachten. Sie besteht aus einer Zeichnung (*Page1*) in einem Ordner *SCHEMATIC1* sowie zwei Simulationsprofilen *Ausgangs-Kennlinien* und *Eingangs-Kennlinien*. Das Projekt befindet sich in dem Unterverzeichnis *Transistor*. OrCAD legt in diesem Unterverzeichnis die in Bild 9.1 dargestellte Dateienstruktur an. Für jedes Simulationsprofil wird ein eigenes Unterverzeichnis angelegt, in dem man die Simulationsergebnisse und Einstellungen in PROBE finden kann.

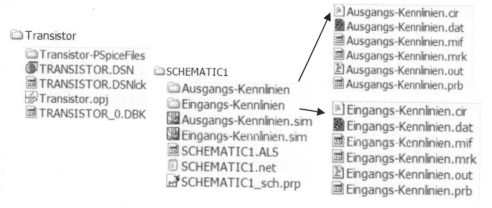

Bild 9.1 Dateienstruktur zum Design "Transistor"

Konsequenterweise konvertiert OrCAD ein Projekt der Version 9.x zunächst in die neue Struktur[2]. Beim Öffnen eines alten Designs fragt das Programm im Dialogfenster "*Update Old Projekt*" nach, ob das Projekt konvertiert werden soll. Dies sollte man bestätigen. Geben Sie im

---

[2] Vor der Konvertierung müssen Schrägstriche (/ vorwärts oder \ rückwärts) in Schematic-Namen entfernt werden (DESIGN/RENAME), sonst schlägt die Konvertierung fehl.

folgenden Fenster "*Specify New Project Location*" im Feld "*New Project Path*" das neue Verzeichnis an. OrCAD führt dann die Konvertierung durch und bestätigt dies im Fenster "*Conversion Summary*", in dem ganz oben die Meldung "*The conversion of the project was successful*" stehen sollte. Ein Klick auf die Schaltfläche "*SAVE*" rettet diese Information in einer Textdatei. Danach ist das Projekt geöffnet.

Hinweis: Legen Sie das konvertierte Projekt immer in einem neuen Verzeichnis an, denn es kann nicht mehr mit älteren OrCAD-Versionen bearbeitet werden.

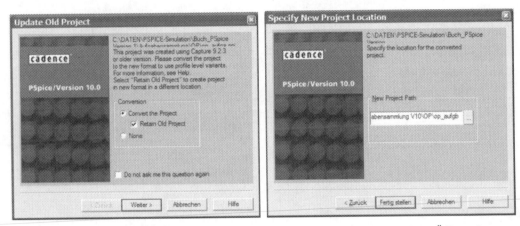

Bild 9.2 Dialogfenster "*Update Old Project*" und "*Specify New Project Location*" beim Öffnen eines Projekts der Versionen 9.x

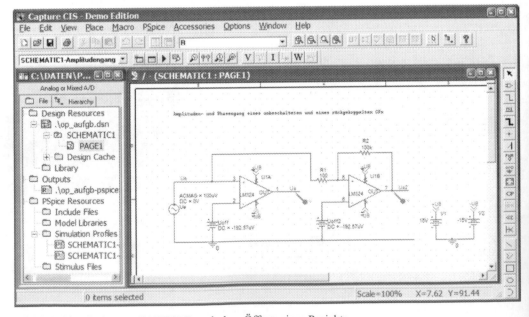

Bild 9.3 Oberfläche von CAPTURE nach dem Öffnen eines Projekts

Verbesserungen bei Simulationsprofilen:

Simulationsprofile können jetzt auch von anderen Projekten übernommen werden. Wie gewohnt wird ein neues Simulationsprofil über PSPICE/NEW SIMULATION PROFILE gestartet. Im Dialogfeld "*New Simulation*" kann jetzt das Simulationsprofil eines anderen OrCAD-V10-Projekts ausgewählt werden (s. Bild 9.4). Simulationsprofile von älteren OrCAD-Versionen können erst übernommen werden, wenn das gesamte Projekt vorher auf die neue Dateistruktur von Version 10.0 konvertiert wurde (s.a. "*neues Dateiensystem*").

Im Dialogfenster "*Simulation Settings*" wurden die Karteikarten "*Include Files*", "*Libraries*" und "*Stimulus*" zu einer Karte "*Configuration Files*" zusammengefasst. Dort kann in der Rubrik *Category* ausgewählt werden, ob ein Stimulus-File, eine Bibliotheksdatei oder eine Include-Datei eingebunden werden soll. Die weitere Handhabung ist dann wie gewohnt.

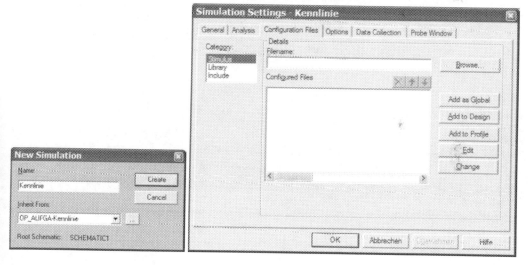

Bild 9.4 Dialogfenster "*New Simulation*" beim Anlegen eines neuen Simulationsprofils sowie "*Simulation Settings*"

Leichtere Bedienung des Property-Editor:

In früheren Versionen von CAPTURE konnte man mit dem Property-Editor die Eigenschaften einzelner Objekte in einem Design oder einer Schematic-Seite bearbeiten. In der Version 10.0 können jetzt die Eigenschaften eines Designs oder aller Seiten eines Schematic-Ordners in einem Editor-Fenster bearbeitet werden. Beispielsweise kann man die Datei .*dsn* im Projektmanager mit einem Mausklick markieren und über EDIT/OBJECT PROPERTIES (oder Menü der rechten Maustaste) die Eigenschaften aller Objekte in diesem Design anzeigen (s. Bild 9.5).

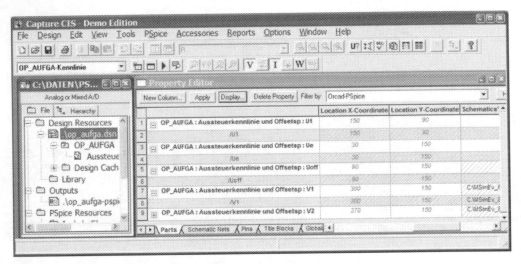

Bild 9.5 Eigenschaften aller Objekte im Design "*op_aufga.dsn*"

Leichteres Rückgängigmachen von Design-Änderungen:

Design-Änderungen kann man jetzt über die Undo/Redo-Funktion viel umfassender wieder rückgängig machen. Dabei gibt es zwei Möglichkeiten, einerseits lässt sich der alte Zustand schrittweise wieder zurücksetzen. Andererseits kann man jederzeit so genannte *Label States*, vergleichbar mit Buchzeichen, setzen (EDIT/LABEL STATE/SET) und dann sehr leicht mit EDIT/LABEL STATE/GOTO zwischen verschiedenen Design-Zuständen hin- und herspringen. Dadurch wird gerade im Experimentierstadium die Arbeit sehr erleichtert. Diese Funktion steht im Schematic-Editor, Part-Editor und im Property-Editor zur Verfügung.

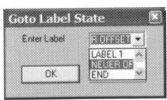

Bild 9.6
Dialogfenster "*Goto Label State*" zum Rücksprung
auf vorhergehende Design-Zustände

Dynamischer Port/Pin-Update bei hierarchischen Blöcken

Wenn man hierarchische Blöcke im Design verwendet, hat man mit OrCAD 10.0 eine komfortable Möglichkeit, Änderungen der Ports oder Pins zwischen einem Block und der darunter liegenden Schaltung zu synchronisieren. Werden in einem Block neue Pins hinzugefügt oder bestehende geändert, so können diese Änderungen über VIEW/SYNCHRONIZE DOWN auf die Ports der darunter liegenden Schematic-Zeichnung automatisch übertragen werden. Ebenso können Änderungen an der Schematic-Zeichnung über VIEW/SYNCHRONIZE UP auf den darüber liegenden Block übertragen werden. In komplexeren hierarchischen Designs werden die Änderungen mit VIEW/SYNCHRONIZE ACROSS auf alle dazwischen liegenden Blöcken übernommen.

Kleinere Verbesserungen im Part-Editor

Der Part-Editor wird für das Anlegen der Symbole neuer Bauteile benötigt. Das Zeichnen neuer Symbole war teilweise nicht einfach. Es wurden folgende Verbesserungen durchgeführt:

- Gruppen von Pins können leichter verschoben werden

- Es können jetzt Pin-Name und Pin-Nummer separat vom Pin selbst verschoben werden. Dadurch wird es bei Bauteilen mit vielen Pins leichter, die Bezeichnungen zu platzieren.

- In heterogenen Bauteilen können einzelne Parts separat gelöscht werden.

Hilfesystem und Handbücher der OrCAD Demoversion 10.0

Das Hilfesystem wurde deutlich verbessert. Mit der Funktionstaste F1 öffnet sich das "*Capture Knowledge System*". Auf der Startseite kann eine POWERPOINT-Folienpräsentation über das Capture Knowledge System gestartet werden.

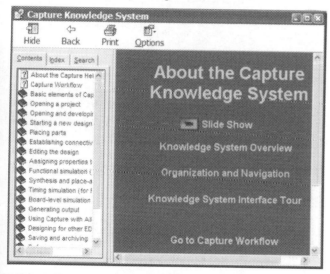

Bild 9.7 Capture Knowledge System

Im OrCAD Verzeichnis *Doc* wird bei der Installation eine umfangreiche Dokumentation abgelegt. Wichtig sind vor allem die folgenden beiden Dokumente:

User Guide: *pspug.pdf*

Reference Manual: *pspcref.pdf*

Einen leichten Zugriff auf diese Dokumente hat man über das WINDOWS-Startmenü. Gehen Sie zu OrCAD 10.0 Demo und wählen Sie dort den Eintrag "*Flow Documentation Gateway*". Es öffnet sich eine html-Seite, mit der die gewünschten Dokumente übersichtlich ausgewählt werden können. Weitergehende Information erhält man im Startmenü über "*Online Documentation*". Es öffnet sich das Fenster "*CDSDoc: Library*", mit dem auf weitere Dokumente im Internet zugegriffen werden kann.

Anhang

A1 Überblick über die verwendeten Analysearten, Bauteile und Quellen

Bias-Point-Analyse

Bauteil	Abschnitt	Nebensweep bzw. zusätzliche Analysen	Signal-quellen	Aufgabe
Z-Diode	5.2.2	Sensitivity, DC-Sweep	VDC	Spannungsstabilisierung
Transistor	5.3.7	Transienten-Analyse	VSIN, VDC	Kollektorschaltung
FET	5.4.1	DC-Sweep	VSRC	Kennlinien und Arbeitspunkt FET
OP	5.5.1	DC-Sweep	VSIN, VDC	Übertragungskennlinie, Offsetspannung, Eingangsströme
OP	5.5.3	DC-Sweep, Transfer-Function	VDC	Invertierender Verstärker, Kennlinie und Spannungen
OP	5.5.4	DC-Sweep, Transfer-Function	VDC	Nichtinvertierender Verstärker, Kennlinie und Spannungen
OP	5.5.6	Transienten-Analyse, Transfer-Function	VDC, VSIN	Subtrahierer

Transfer-Function-Analyse

Bauteil	Abschnitt	Nebensweep bzw. zusätzliche Analysen	Signal-quellen	Aufgabe
FET	5.4.4	Transienten-Analyse, AC-Sweep	VSIN, VDC	FET in Drain-Schaltung
OP	5.5.3	Bias-Point-Detail, DC-Sweep	VDC	Invertierender Verstärker, Kennlinie und Spannungen
OP	5.5.4	Bias-Point-Detail, DC-Sweep	VDC	Nichtinvertierender Verstärker, Kennlinie und Spannungen
OP	5.5.6	Bias-Point-Detail, Transienten-Analyse	VDC, VSIN	Subtrahierer

DC-Sensitivity-Analyse

Bauteil	Abschnitt	Nebensweep bzw. zusätzliche Analysen	Signal-quellen	Aufgabe
Z-Diode	5.2.2	Bias-Point-Detail, DC-Sweep	VDC	Spannungsstabilisierung

Parametric-Sweep

Bauteil	Abschnitt	Nebensweep bzw. zusätzliche Analysen	Signal-quellen	Aufgabe
FET	5.4.3	AC-Sweep	VSIN, VDC	Amplituden- und Phasengang
FET	5.4.10	Parametric mit Spannungsqu.	VSRC	Konstantstromquelle mit JFET
OP	5.5.5	Parametric mit Global Parameter, AC-Sweep	VDC, VSRC	Amplituden- und Phasengang
OP	5.5.11	Parametric mit Global Parameter, AC-Sweep	VDC, VPULSE	Tiefpass erster Ordnung
OP	5.5.10	Parametric mit Global Param., AC-Sweep, Transienten-Anal.	VDC, VPULSE	Hochpass erster Ordnung
OP	5.5.12	Parametric mit Global Parameter, AC-Sweep	VDC, VSIN	Bandpass

DC-Sweep-Analyse

Bauteil	Abschnitt	Nebensweep bzw. zusätzliche Analysen	Signal-quellen	Aufgabe
Diode	5.1.1			Kennlinie
Diode	5.1.2	Parametric, Model Parameter		Abhängigkeit Durchlasskurve vom Emissionskoeffizienten u. Bahnwiderstand
Diode	5.1.3	Secondary-Sweep für Temp.		Temperaturabhängigkeit der Kennlinie
Z-Diode	5.2.1		ISRC	Kennlinien
Z-Diode	5.2.2	Bias-Point-Detail, Sensitivity	VDC	Spannungsstabilisierung
Z-Diode	5.2.3	Bias-Point-Detail	VDC	Spannungsstabilisierung mit veränderlicher Last
Z-Diode	5.2.6		VSRC	Solllspannungsmesser
Transistor	5.3.1	Secondary-Sweep	ISRC, VSRC	Kennlinien
Transistor, Z-Diode	5.3.6	Secondary-Sweep	VDC	Konstantstromquellen
Transisotr	5.3.9	Mit Global Parameter	VDC	Indikator für Widerstandsänderung
FET	5.4.1	Secondary-Sweep, Bias-Point-Detail	VSRC	Kennlinien
FET	5.4.5	Secondary-Sweep mit Temperatur und Global Parameter	VSRC	FET als steuerbarer Widerstand
MOSFET	5.4.9	Secondary -Sweep, Transienten-Analyse	VSRC, VPULSE	CMOS-Inverter
FET	5.4.10	Parametric mit Spannungsqu.	VSRC	Konstantstromquelle mit JFET
OP	5.5.1	Bias-Point-Detail	VSIN, VDC	Übertragungskennlinie, Offsetspannung, Eingangsströme
OP	5.5.3	Bias-Point-Detail, Transfer-Function	VDC	Invertierender Verstärker, Kennlinie und Spannungen
OP	5.5.4	Bias-Point-Detail, Transfer Function	VDC	Nichtinvertierender Verstärker, Kennlinie und Spannungen

Transienten-Analyse

Bauteil	Abschnitt	Nebensweep bzw. zusätzliche Analysen	Signal-quellen	Aufgabe
Diode	5.1.4		VSRC mit tran=PULSE	Umschaltverhalten
Diode	5.1.5		VSIN	Einweggleichrichter ohne C
Diode	5.1.6	Parametric, Global Parameter	VSIN	Einweggleichrichter mit C
Diode	5.1.7	Parametric, Global Parameter	VSIN	Zweiweggleichrichter
Z-Diode	5.2.4		VSRC mit tran=PWL	Spannungsbegrenzung
Z-Diode	5.2.5		VSIN	Begrenzerschaltung mit zwei Z-Dioden
Transistor	5.3.2		VSIN, VDC	Kleinsignalverstärker Emitterschaltung
Transistor	5.3.7	Bias-Point-Detail	VSIN, VDC	Kollektorschaltung
Transistor	5.3.8	Parametric, Global Parameter	VSIN, VDC	Impedanzwandler mit Kollektorschaltung
Transistor	5.3.10		VDC	Blinkgeber
Transistor	5.3.11	AC-Sweep	VSIN, VDC	Schaltung eines einfachen OPs
Transistor	5.3.12		VSIN, VDC	Komplementäre Ausgangsstufe
FET	5.4.2		VSIN, VDC	Kleinsignalverstärker, Source-Schaltung
FET	5.4.4	Transfer-Function, AC-Sweep	VSIN, VDC	FET in Drain-Schaltung
MOSFET	5.4.7		VPULSE	MOSFET als Schalter
FET und MOSFET	5.4.8		VSRC,VPWL,VPULSE	Sample and Hold Schaltung
MOSFET	5.4.9	DC-Sweep, Transienten-Analyse	VSRC, VPULSE	CMOS-Inverter

Fortsetzung Transienten-Analyse:

OP	5.5.6	Bias-Point-Detail, Transfer-Funct.	VDC, VSIN	Subtrahierer
OP	5.5.7		VDC,VPULSE	Addierer
OP	5.5.8	AC-Sweep	VDC, VSRC, VPULSE	Integrator, Amplitudengang, Ausgangssignal
OP	5.5.9	AC-Sweep	VDC, VPULSE	Differenzierer, Amplitudengang, Ausgangssignal
OP	5.5.10	Parametric mit Global Parameter, AC-Sweep,	VDC, VPULSE	Hochpass erster Ordnung
OP	5.5.13		VDC,VPWL	Fensterkomparator
Schmitt-Trigger	6.1.11		VPWL	Digitaler Schmitt-Trigger
OP und Schmitt-Trigger	6.1.12		VSRC, VDC, VPULSE,	Pegelumsetzer analog zu digital

Fourier-Analyse

Bauteil	Abschnitt	Nebensweep bzw. zusätzliche Analysen	Signal-quellen	Aufgabe
Transistor	5.3.3		VSIN, VDC	Klirrfaktor Kleinsignalverstärker Emitterschaltung

Wechselstromanalyse und Frequenzgang (AC-Sweep)

Bauteil	Abschnitt	Nebensweep bzw. zusätzliche Analysen	Signal-quellen	Aufgabe
Transistor	5.3.4	Parametric, Global Parameter	VSIN, VDC	Amplituden- und Phasengang Kleinsignalverstärker
Transistor	5.3.11	Transientenanalyse	VSIN, VDC	Schaltung eines einfachen OPs
FET	5.4.3	Parametric, Global Parameter	VSIN, VDC	Amplituden- und Phasengang
FET	5.4.4	Transfer-Function, Transienten-Analyse	VSIN, VDC	FET in Drain-Schaltung
FET	5.4.6		VSIN	Mehrstufiger Verstärker in Source-Schaltung
OP	5.5.2		VAC, VDC	Amplituden- und Phasengang
OP	5.5.5	Parametric mit Global Param.	VDC, VSRC	Amplituden- und Phasengang
OP	5.5.8	Transienten-Analyse	VDC, VSRC, VPULSE	Integrator, Amplitudengang, Ausgangssignal
OP	5.5.9	Transienten-Analyse	VDC, VPULSE	Differenzierer, Amplitudengang, Ausgangssignal
OP	5.5.11	Parametric mit Global Parameter	VDC, VPULSE	Tiefpass erster Ordnung
OP	5.5.10	Parametric mit Global Parameter, Transienten-Analyse	VDC, VPULSE	Hochpass erster Ordnung
OP	5.5.12	Parametric mit Global Parameter	VDC, VSIN	Bandpass

Rauschanalyse

Bauteil	Abschnitt	Nebensweep bzw. zusätzliche Analysen	Signal-quellen	Aufgabe
Transistor	5.3.5	AC-Sweep	VSIN, VDC	Rauschanalyse Kleinsignalverstärker

Digitaltechnik

Die Aufgaben zur Digitaltechnik verwenden ausschließlich die Transienten-Analyse.

Die nachfolgende Tabelle gibt einen Überblick über die in den digitalen Schaltungen eingesetzten Quellen.

Quelle	Abschnitte	Aufgabengebiet
STIM1	6.1.1 - 6.1.8 6.2.1 - 6.2.10 6.3.1 - 6.3.10 6.4.1 - 6.4.12 6.5.1 - 6.5.4 6.6.1 - 6.6.2	Schaltnetze Kippschaltungen Zähler Schieberegister Halbleiterspeicher Schaltwerke
STIM4	6.1.8 - 6.1.10 6.3.7 6.4.1, 6.4.3, 6.4.7, 6.4.11	Schaltnetze Zähler Schieberegister
STIM8	6.3.8 6.4.6, 6.4.8	Zähler Schieberegister
DigClock	6.2.3, 6.2.5 - 6.2.10 6.3.1 - 6.3.11 6.4.1 - 6.4.3, 6.4.5 - 6.4.12 6.5.1 - 6.5.5 6.6.2	Kippschaltungen Zähler Schieberegister Halbleiterspeicher Schaltwerke
DigStim1	6.3.7 6.4.4	Zähler Schieberegister
FileStim4	6.4.3	Schieberegister

Hierarchische Strukturen

In folgenden Aufgaben kommen hierarchische Strukturen mit dem hierarchischen Blocksymbol vor:

Abschnitt	Aufgabe
6.1.7	1-Bit-Vergleicher (Bottom-up-Design)
6.1.8	4-Bit-Vergleicher (Bottom-up-Design)
6.1.9	4-Bit-Volladdierer (Top-Down-Design)
6.1.10	4-Bit-Multiplizierer (Top-Down -Design)
6.4.8	6-Bit-Umlaufregister mit zwei verschiedenen Schrittweiten
6.4.10	Mod-8-Zähler mit 3-Bit-Schieberegister
6.6.1	Gesteuerter Oszillator
6.6.2	Automat zum Testen auf gerade oder ungerade Parität

A2 Antworten auf häufig gestellte Fragen

Frage: Bei der Simulation einer analogen Schaltung erhalte ich die Fehlermeldung:
ERROR -- Node xyz is floating
Was muss ich tun, um diesen Fehler zu beheben?

Antwort: Es wurde wahrscheinlich kein Massesymbol gesetzt (s.a. S. 13).
Wenn aber zusätzlich noch die Meldung
ERROR -- Less than 2 connections at node xyz
erscheint, so ist vermutlich ein Bauteil in der Schaltung an einer Stelle nicht richtig verbunden.

Frage: Bei einer DC-Sweep-Analyse erhalte ich folgende Fehlermeldung:
*Analysis directives:
.DC LIN I_I1 0 200mA 1,1mA
----------------------------$
ERROR -- Must be 'I' or 'V'
Was ist die Ursache?

Antwort: Sie wollen die DC-Analyse in Schritten (Increment) von 1,1 mA durchführen und haben deshalb im Feld *Increment* den Wert 1,1mA eingegeben. Da Pspice aber kein Komma versteht, muss die richtige Eingabe lauten: 1.1mA. Eine ähnliche Fehlermeldung erhält man auch, wenn zwischen Wert und Einheit Leerzeichen sind, also bei der Eingabe: 1.1 mA

Frage: Dürfen Verbindungsleitungen andere Leitungen kreuzen?

Antwort: Ja, beim Kreuzen von Leitungen haben diese keine elektrische Verbindung miteinander. Kreuzt eine Leitung allerdings genau den Anschlusspunkt eines Bauteils, wird eine elektrische Verbindung hergestellt. Man erkennt dies aber beim Zeichnen leicht am roten Punkt und dem Warnhinweisschild.

Frage: Was muss ich bei der Eingabe der Parameterwerte beachten?

Antwort: Für die Größenangabe (Maßvorsätze) stehen die Buchstaben f, p, n, u, m, k, meg, g und t zur Verfügung (s. S. 15). Sie können klein oder groß geschrieben werden. Der beliebteste Fehler betrifft die Größenangabe Mega, statt meg bzw. MEG zu verwenden wird fälschlicherweise gerne ein großes M eingegeben. D

Frage: Ich habe das Problem, dass ich die Eigenschaften der Quelle VSIN zwar im Schaltplan editieren kann, jedoch nicht im Property Editor.

Antwort: Damit die Attribute einer Quelle im Property Editor bearbeitet werden können, muss in der Liste FILTER BY: der Eintrag *PSpice* ausgewählt werden. Außerdem muss der Reiter PARTS am unteren Ende des Property Editors aktiv sein.

Frage: Ich habe eine neue Schaltung eingegeben und die Simulation bricht mit folgender Fehlermeldung ab:
ERROR – Subcircuit (bzw. Model) *xyz* used by *XXY* is undefined.
Was muss ich tun, um diesen Fehler zu beheben?

Antwort: PSPICE vermisst die zu einem Bauteil gehörende Modellbeschreibung. Diese muss sich in einer Modellbibliothek *.lib* befinden. Die benötigten Bibliotheken müssen im Dialogfeld "*Simulation Settings*" in der Kartekarte "*Libraries*" (bzw. "*Configuration Files/Library*" bei V10.0) angemeldet werden. Solange nur Bauteile der Demoversion verwendet werden, genügt es die Bibliothek *nom.lib* anzumelden. Werden zusätzliche Bauteile verwendet, müssen die zugehörigen Bibliotheken ebenfalls angegeben werden.

Frage: Wenn ich meine Schaltung mit der OrCAD-Version 9.1 oder höher simuliere, erhalte ich die Fehlermeldung "*Missing PSpiceTemplate*".

Antwort: Es wurde im Design ein Bauelement (Symbol) verwendet, bei dem keine Verbindung zu einer Modelbibliothek eingetragen ist. Entweder handelt es sich hier um eines der vielen Bauteilen, für die kein Simulationsmodell vorhanden ist oder es wurde ein neues Bauteil kreiert, bei dem die Eigenschaft *PSpiceTemplate* noch fehlt (s. Kapitel 7 Modelle).

Frage: Kann ich meine CAPTURE-Schaltungen von der Version 9.1 auch unter Version 10.0 verwenden?

Antwort: Ja, CAPTURE übersetzt die alten Dateien automatisch in die neue Filestruktur.

Frage: Welche der vielen Dateien aus dem Ordner OrCAD_Data (der Demoversion 10.0) muss ich kopieren, wenn ich ein Projekt speichern oder weitergeben möchte? (auch V9.x)

Antwort: Sie benötigen die Dateien *.dsn, *. opj, *.prb, *.mrk, *.sim und *.lib falls vorhanden. Natürlich müssen auch eigene oder nicht ursprünglich in OrCAD vorhandene Symbolbibliotheken *.olb gespeichert werden.

Frage: Kann ich meine mit SCHEMATICS erstellten Schaltungen auch unter CAPTURE verwenden?

Antwort: Ja, Sie können diese in CAPTURE mit FILE/IMPORT DESIGN übersetzen lassen. Sie müssen dabei Namen und Pfad der INI-Datei angeben, die zu dem Programm gehört, von dem Sie importieren wollen. Dazu müssen aber beide Programmversionen installiert sein (das kann manchmal zu Problemen führen). Die INI-Dateien haben die folgenden Namen:

Version 8, Evaluationsversion:	Windows/MSIM_EVL.ini
Version 8, Vollversion:	Windows/MSIM.ini
Studentenversion 9.1:	Windows/PSPICEEV.ini
alle Vollversionen ab Version 9.1	../PSPICE/PSPICE.ini

Es können beim Import Probleme mit dem Rastermaß auftreten. Stellen Sie deshalb vorher in SCHEMATICS das Raster auf 0,10 inch (2,5 mm) ein und lassen Sie alle Objekte in das Raster schnappen.
Achten Sie auch darauf, das die SDT-Bibliothek nicht den gleichen Namen haben wie die Schematic-Datei *.sch*. Evtl. müssen Sie vor dem Import die SCH-Dateien umbenennen.

Frage:	Wie kann ich folgende Fehlermeldung beheben? *Analysis directives: .DC LIN Ue -3.0V 0V 0.1V ------------$ ERROR -- Must be 'I' or 'V'
Antwort:	Der in der DC-Analyse angegebene Name der Spannungsquelle stimmt nicht mit dem tatsächlichen Quellennamen überein. → Richtigen Namen eingeben.

Frage:	Normalerweise befindet sich das Fenster SESSION LOG verkleinert auf meiner CAPTURE-Arbeitsfenster. Jetzt kann ich es jedoch nicht mehr finden.
Antwort:	Wenn das Fenster SESSION LOG mal soweit nach unten gerutscht ist, dass man es nicht mehr sieht, kann es leicht über WINDOWS / SESSION LOG wieder sichtbar gemacht werden.

Frage:	Ich möchte eine AC-Sweep-Analyse durchführen und habe im Dialog-Fenster SIMULATION SETTINGS – AC-SWEEP alle erforderlichen Angaben gemacht. Das PROBE-Fenster öffnet sich, es wird aber kein Diagramm dargestellt (die Fläche bleibt grau). Im linken Fensterteil darunter steht die Meldung: *No AC sources -- AC Sweep ignored*.
Antwort:	Die Eigenschaft *AC* der verwendeten Quelle (z.B. *VSIN*) ist ohne Angabe. Nach Eingabe eines geeigneten Werts, z.B. 1, klappt die Simulation wie erwartet.

Tipps zu den ABM-Elementen

Problem:	Die Ausdrücke in ABM-Elementen können teilweise sehr werden. In der PSPICE-Netzliste ist die Zeilenlänge jedoch auf maximal 132 Zeichen begrenzt. Wenn ein Ausdruck diese Anzahl überschreitet gibt es Fehlermeldungen wie „Line too long" oder „Invalid Device".
Lösung:	Mit einem Leerzeichen an einer geeigneten Stelle, z.B. nach einem Komma, kann man erzwischen, dass PSPICE automatisch eine neue Zeile beginnt. In sehr langen Ausdrücken muss man deshalb nach maximal 132 Zeichen ein Leerzeichen vorsehen. Achtung: Leerzeichen dürfen nicht an beliebigen Stellen stehen.

Weitere hilfreiche Hinweise finden Sie unter dem Schlagwort *Fehlermeldung* im Sachwortverzeichnis.

A3 Funktionen im Trace-Menü von PROBE

Im Programmteil PROBE kann man die gewünschten Signale im Dialogfenster ADD TRACES (TRACE / ADD TRACE ...) auswählen und hinzufügen (s. Bild). In diesem Dialogfenster stehen für komplexere Signaldarstellungen eine ganze Reihe von Funktionen zur Verfügung, die man unter FUNCTIONS OR MACROS auswählen kann, wenn man zuvor im Auswahlfenster *Analog Operators and Functions* ausgewählt hat. Nach einem Klick auf eine Funktion erscheint diese im Fenster Trace Expression. Es muss dann im Klammerausdruck noch das gewünschte Signal oder Signalausdrücke eingefügt werden, Beispiel: *DB(V(Ua)/V(Ue))*.

Bild A3.1 Fensterteil FUNCTIONS OR MACROS im Dialogfenster ADD TRACES

Die arithmetischen Operatoren ( ), *, /, +, - sind selbsterklärend. Mit dem Operator @ kann ein bestimmter Teil einer Kurvenschar oder eine bestimmte Datei angesprochen werden.

Beispiele:

V(Ua)@1	Zeigt das Signal *V(Ua)* im ersten Teil der vorhandenen Daten
V(Ua)@f2	Zeigt das Signal *V(Ua)*, das sich in der zweiten Datei der geladenen Datenfiles befindet
V(Ua)@"path_name"	Zeigt das Signal *V(Ua)*, das in der angegebenen Datei enthalten ist. Die Datei muss bereits geladen sein.
V(Ua)@2@f3	Zeigt das Signal *V(Ua)*, das sich im zweiten Teil in der dritten Datei der geladenen Datenfiles befindet

In der nachfolgenden Tabelle sind die zur Verfügung stehenden Funktionen und ihre Bedeutung aufgeführt.

Tabelle A3.1 Bedeutung der Funktionen im Menu Add Traces

Bezeichnung in Liste	Funktion	Beschreibung
ABS( )	|x|	Betrag
ATAN( ), ARCTAN( )	$\tan^{-1}(x)$	Cotangens von x im Bogenmaß
AVG( )	AVG(x)	Mittelwert von x über dem Bereich der Abszissenvariablen
AVGX(,)	AVG(x,d)	Mittelwert (von x - d bis x) über dem Bereich der Abszissenvariablen
COS( )	cos(x)	Cosinus von x im Bogenmaß
D( )	D(x)	Ableitung von x nach der Abszissenvariablen
DB( )	DB(x)	Betrag in dB (dezibel)
EXP( )	e^x	Exponent
G( )	G(x)	Gruppenlaufzeit in Sekunden
IMG( )	IMG(x)	Imaginärteil einer komplexen Größe
LOG( )	ln(x)	Logarithmus zur Basis e
LOG10( )	$\log_{10}(x)$	Logarithmus zur Basis 10
M( )	M(x)	Magnitude (Größe)
MAX( )	max(x)	Maximalwert von x
MIN( )	min(x)	Minimalwert von x
P( )	P(x)	Phase in Grad
PWR(,)	$PWR(x,y) = x^y$	Betrag von x hoch y
R( )	R(x)	Realteil einer komplexen Größe
RMS( )	RMS(x)	Effektivwert (**R**oot - **M**ean - **S**quare) von x
S( )	S(x)	Integral von x über dem Bereich der Abszissenvariablen
SGN( )	SGN(x)	Signumfunktion
SIN( )	sin(x)	Sinus von x im Bogenmaß
SQRT( )	$\sqrt{x}$	Quadratwurzel
TAN( )	tan(x)	Tangens von x im Bogenmaß

Makros

Makros sind vorgefertigte Ausdrücke mit einer Argumentenliste, die vom Anwender selbst angelegt werden können. Sie können maximal 80 Zeichen umfassen und werden in Dateien mit der Endung *PRB* abgelegt. Argumente werden in Klammern eingetragen. In Klammerausdrücken dürfen keine Leerzeichen enthalten sein. Ein Makro kann sich auf ein anderes beziehen. Makros müssen in folgendem Format angelegt werden:

<macro name>[(arg[,arg]*)] = <definition>

Beispiele:

SUB(A,B) = A-B
2X(A) = 2*A
20X(A) = 10*2X(A)
PI = 3.14159

Auf die gespeicherten Makros kann man über den Dialogfensterteil FUNCTIONS OR MACROS zugreifen, wenn in der Liste *Macros* ausgewählt wurde. Neue Makros werden im Dialogfenster MACROS angelegt, das man über TRACE / MACROS … aufruft.

A4 Berechnung der Filterkoeffizienten im Internet

Die Koeffizienten eines digitalen Filters können leicht auch mit einem Internet-basierten Programm berechnet werden. Unter der Adresse

http://www-users.cs.york.ac.uk/~fisher/mkfilter/trad.html

bietet Tony Fischer eine Unterstützung für die Berechnung der Koeffizienten an. Nach der Auswahl des Filtertyps (z.B. Bessel, Hochpass), der Eingabe der Ordnung (3), der Abtastrate (10000) und der Eckfrequenz (1500) kann die Berechnung gestartet werden. Das Ergebnis ist im Bild A3.2 dargestellt. Wichtig sind die Angaben für *gain*, sowie die Faktoren unter *Recurrence relation*. Beim Hochpass verwenden wir die Angabe *gain at hf* (beim Tiefpass und Bandsperre: *gain at dc*, bei Bandpass: *gain at centre*).

Die Faktoren α_i berechnen sich, wie im Bild gezeigt, aus den ersten vier Faktoren nach Division durch *gain*. Die letzten drei Faktoren sind direkt die gesuchten Koeffizienten $-\beta_i$.

Summary

You specified the following parameters:

filtertype	=	Bessel
passtype	=	Highpass
ripple	=	
order	=	3
samplerate	=	10000
corner1	=	1500
corner2	=	
adzero	=	
logmin	=	

Results

...

gain at dc : mag = 0.000000000e+00
gain at centre: mag = 1.599743257e+00 phase = 0.5526731752 pi
gain at hf : mag = **2.262378610e+00** phase = 0.0000000000 pi

...

Recurrence relation:

$y[n]$ = (**-1** * $x[n-3]$)
   + (**3** * $x[n-2]$)
   + (**-3** * $x[n-1]$)
   + (**1** * $x[n-0]$)

   + (**0.1669972963** * $y[n-3]$)
   + (**-0.8524291062** * $y[n-2]$)
   + (**1.5166749224** * $y[n-1]$)

gain = 2.262378610

α_0 = **-1**/gain = -0.442012665
α_1 = **3**/gain = 1.326037997
α_2 = **-3**/gain = -1.326037997
α_3 = **1**/gain = 0.442012665

$-\beta_3$ = 0.1669972963
$-\beta_2$ = -0.8524291062
$-\beta_1$ = 1.5166749224

Bild A3.2 Ergebnis der Filterkoeffizientenbestimmung für Bessel-Hochpass 3. Ordnung

396

Literaturverzeichnis

[1] CADENCE *PSPICE User's Guide*, Product Version 9.2, June 2000, (pspug.pdf)

[2] CADENCE *PSPICE Quick Reference*, Product Version 9.2, June 2000, (pspqrc.pdf)

[3] CADENCE *PSPICE A/D Reference Guide*, Product Version 9.2, June 2000, (pspcref.pdf)

[4] CADENCE *PSPICE User's Guide*, Product Version 10.0, June 2003, (pspug.pdf)

[5] CADENCE *PSPICE Quick Reference*, Product Version 10.0, June 2003, (pspqrc.pdf)

[6] CADENCE *PSPICE A/D Reference Guide*, Product Version 10.0, June 2003, (pspcref.pdf)

[7] Krämer, F. (Hrsg.) *Das große PSPICE Arbeitsbuch V9*. Fächer Verlag & Didaktik, Karlsruhe, 1999

[8] Krol, P.G. *Das OrCAD Capture Insider-Buch*. Fächer Verlag & Didaktik, Karlsruhe, 1999

[9] Heinemann, R. *PSPICE Einführung in die Elektroniksimulation*. Carl Hanser-Verlag, München/Wien, 4. Auflage, 2004

[10] Bremer, H.-G. *Digitaltechnik interaktiv!*. Springer-Verlag, Berlin, 1998

[11] Ehrhardt, D./ Schulte, J. *Simulieren mit PSPICE*. Vieweg-Verlag, Braunschweig/ Wiesbaden, 2. Auflage, 1995

[12] Lüdtke, R./Stratmann, St. *Design Center - PSPICE unter Windows*. Vieweg-Verlag, Braunschweig/ Wiesbaden, 1996

[13] Tietze, U./Schenk, Ch. *Halbleiterschaltungstechnik*. Springer-Verlag, Berlin, 11. Auflage, 1999

[14] Böhmer, E. *Elemente der angewandten Elektronik*. Vieweg-Verlag, Braunschweig/Wiesbaden, 11. Auflage, 1998

[15] Pernards, P. *Digitaltechnik I*, Grundlagen, Entwurf, Schaltungen, Hüthig Verlag Heidelberg, 4. Auflage, 2001
Digitaltechnik II, Einführung in die Schaltwerke, Hüthig Verlag Heidelberg, 1995

Weitere aktuelle Literatur zum Thema PSPICE ist unter der Adresse www.wlb-stuttgart.de zu finden. Folgen Sie den Links zu den Verbund-Katalogen der deutschen wissenschaftlichen Bibliotheken. Führen Sie dort eine Online-Recherche nach PSPICE und SPICE durch. Sie erhalten dann eine umfassende Zusammenstellung der aktuellen Literatur zu diesem Thema.

Sachwortverzeichnis

Printed in the United States
By Bookmasters